普通高等教育“十二五”规划教材

精密与特

主　编　王贵成　王振龙
副主编　王树林　任家隆
参　编　任旭东　张春燕　翁江翔

机械工业出版社

本书涵盖了原机械类专业教学中精密和超精密加工、特种加工及微细加工等课程的主要内容。全书以系统讲述精细加工工艺技术为主线，以阐明先进加工制造工艺的基本原理和方法为基础，以实现机械、物理、化学和复合加工的综合交叉和融合为重点，以培养学生工程能力和创新能力为目标，构建出集精密加工、特种加工和复合加工技术为一体的现代精密与特种加工技术课程新体系。

本书分为七章。内容包括：概论，精密和超精密切削加工，精密和超精密磨削加工，电火花加工，电化学加工，高能束加工和复合加工，较系统地反映了国内外本领域最新成果及发展趋势。

本书可作为高等工科院校机械类及相关专业的教材，也可供从事精密加工、特种加工和微细加工等技术研究的工程技术人员和研究生参考。

图书在版编目（CIP）数据

精密与特种加工/王贵成，王振龙主编．—北京：机械工业出版社，2013.5（2024.7重印）
普通高等教育“十二五”规划教材
ISBN 978-7-111-41957-0

Ⅰ.①精… Ⅱ.①王… Ⅲ.①精密切削—高等学校—教材②特种加工—高等学校—教材 Ⅳ.①TG506.9②TG66

中国版本图书馆CIP数据核字（2013）第061216号

机械工业出版社（北京市百万庄大街22号 邮政编码100037）
策划编辑：刘小慧 责任编辑：刘小慧 王勇哲 张丹丹 冯 铗
版式设计：潘 蕊 责任校对：张玉琴 肖 琳
封面设计：张 静 责任印制：常天培
北京机工印刷厂有限公司印刷
2024年7月第1版第8次印刷
184mm×260mm·16印张·395千字
标准书号：ISBN 978-7-111-41957-0
定价：45.00元

电话服务 网络服务
客服电话：010-88361066 机 工 官 网：www.cmpbook.com
010-88379833 机 工 官 博：weibo.com/cmp1952
010-68326294 金 书 网：www.golden-book.com
封底无防伪标均为盗版 机工教育服务网：www.cmpedu.com

前　　言

为适应教育部颁布的最新本科专业目录（2012 年版）中机械类专业，特别是“机械设计制造及其自动化”专业的教学需要，按照教育部普通高等学校机械学科教学指导委员会关于课程教学的有关要求，我们结合先进加工制造工艺技术发展及近年来系统开展的机械类专业教学内容和课程体系改革的研究与实践，将原机械类专业“精密和超精密加工”“特种加工”“微细加工”课程的主要教学内容进行系统整合与集成，编写出《精密与特种加工》一书。

本书以系统讲述精细加工工艺为主线，以阐明先进加工制造工艺原理和方法为基础，以实现机械、物理、化学和复合加工的综合交叉与融合为重点，以培养和激发学生的创新意识、创新思维和创新能力为目标，以利于构建出集精密加工、特种加工和复合加工技术为一体的现代精密与特种加工技术课程新体系。

本书编写是新时期机械类专业创新人才培养中教学内容和课程体系改革的一种尝试，在以下几个方面进行了大胆探索：

1. 注重先进性

机械制造技术的基础是制造工艺，只有优化传统加工工艺，以及开发新型加工工艺等，才能实现机械零（部）件的优质、高效、低耗、柔性和洁净化加工目标。本书在内容取舍方面，将精密加工、特种加工和复合加工方法与技术有机地融为一体，在确保其系统完整的基础上，注重其学术思想和技术上的先进性，尽可能吸纳国内外先进制造技术领域及相关领域取得的最新成果，以利于拓宽学生的学术视野，主动适应机械科学的新发展及制造企业（集团）的新需求，使教材具有鲜明的时代特征。

2. 强化综合性

机械制造技术的发展呈现出高度分化又高度综合，以高度综合为主的趋势，特别是材料科学、信息科学和控制理论与技术的发展，使得本学科专业与相关学科专业之间融合与渗透力度不断加大，导致其学科专业所属技术的特征逐渐淡化，新型复合技术及方法的比重显著增加。本书在系统构建方面，强化了技术与方法的综合交叉，努力增强学生综合分析问题的能力，逐步树立大工程学习观和大工程系统观。

3. 突出实用性

精密加工、特种加工和复合加工是现代机械制造业生产中常用的最重要的加工方法，也是先进加工制造工艺技术的核心内容。本书在工程实例选用方面，尽可能结合精密与特种加工生产实际，突出其典型性、系统性和实用性，以利于培养和提高学生解决工程实际问题的能力。此外，为本课程涉及的主要专业术语和词组加注了英语单词或词组，以适应学生英语能力不断提高的新形势及深化国际学术交流的迫切需要。

参加本书各章节编写的人员为：第 1 章和第 3 章，王贵成；第 2 章，王树林、王贵成；第 4 章和第 5 章，王振龙；第 6 章，任旭东、翁江翔；第 7 章，任家隆、张春燕。全书由王贵成和王振龙任主编，王树林和任家隆任副主编。

本书的编写是教学改革的一种尝试，加之编者水平所限，错误和不足之处恳请广大师生及读者给予批评指正。

编　者

于镇江金山

目　　录

第1章 概　　论

1.1 精密与特种加工技术的形成及作用

近年来，随着航空航天（Aerospace Industry）、核能热电（Nuclear Power Thermoelectric Industry）、化学工业（Chemistry Industry）以及微电子工业（Microelectronics Industry）的快速发展，各种新结构、新材料、复杂形态及微小结构的精密零件大量涌现，其结构和形状也越来越复杂，而且此类零部件在加工精度和高可靠性方面也都提出了新的更高要求，这就使得传统的制造工艺技术发展受到了以下严峻挑战：

1. 难加工材料的加工问题

随着材料科学（Materials Science）及冶炼（成型）工艺技术的发展，各种新型难加工材料，如硬质合金、钛合金、耐热钢、淬火钢、不锈钢、金刚石、陶瓷、石英及硅等金属和非金属材料相继涌现，它们都具有高硬度、高韧性或高脆性的特征，采用传统的制造工艺技术几乎无法对其进行有效的加工。

2. 特殊复杂型面零件的加工问题

面对各种特殊复杂型面（Complex Surface）的零件，如原子锅炉、喷气涡轮机叶片、整体涡轮、发动机机匣、锻压模等立体成形表面，各种冷拔模、冲模等特殊端面的型孔，以及喷油嘴、炮管内膛线、喷丝头上的微小孔、窄缝等加工；以及特殊零部件的加工，如大规模集成电路、光盘基片、复印机和打印机的感光鼓、微型机械和机器人零件、薄壁零件、弹性元件等低刚度零件的加工，利用传统的制造方法和工艺技术几乎无法实现其加工。

3. 高精度和高可靠性零件的加工问题

随着制造业（Manufacturing Industry）的快速发展，现代机械装备对零部件的加工精度（Processing Accuracy）和可靠性（Reliability）提出了新的更高要求，如航空航天用的陀螺仪、导弹红外探测器中接收红外线的反射镜、激光核裂变用的曲面镜、雷达的关键元件波导管内腔表面、高精度光学透镜等零件的超精密加工（Ultra-precision Machining）或精细表面加工等，其形状和尺寸精度要求在0.1μm以上，表面粗糙度要求达到Ra0.01μm以上，面对如此高精度和高可靠性零件的制造问题，传统切削加工技术几乎是无能为力。

为解决上述传统制造工艺技术（Manufacturing Technology）发展面临的难题，精密与特种加工技术（Precision and Special Processing Technology）逐步形成并成长为先进加工技术的主要发展方向之一，在机械制造技术领域发挥着越来越大的作用。根据国际生产工程学会（College International pour la Recherche en Productique，CIRP）有关研究报告，近年来，在难加工材料、模具及复杂型面和零件精细加工中，有50%以上的精密零件、75%以上的模具与复杂型面及85%以上的精细零件加工是由精密与特种加工方法完成的。可见，精密与特种加工技术已成为先进制造的主要方法和关键技术，从某种意义上讲，精密与特种加工技术已成为衡量一个国家制造业整体水平及核心竞争力的主要标志。

随着经济全球化和制造业国际化，装备制造业已成为一个国家迈向现代化强国的重要基础。我国制造业对精密与特种加工技术既有强烈的市场需求，又有巨大的发展潜力。目前，我国精密与特种加工的整体水平与工业发达的美国、德国和日本等国家相比还有一定的差距，迫切需要精密与特种加工技术人员顽强拼搏，系统深入地开展精密与特种加工的应用基础研究及推广应用工作。

1.2 精密与特种加工方法及分类

精密与特种加工是一门多学科综合的高新技术，它涉及机械学、光学、电子学、声学、热力学、化学、磁学、微细加工学和复合加工学等多个学术领域，其应用基础研究与技术开发工作是一项复杂的系统工程。

依据零件表面加工的成形原理，精密与特种加工的方法可以分为去除加工（也称为分离加工）、结合加工和变形加工（也称为流动加工）三大类（见表 1.1）。

表 1.1 精密与特种加工方法及分类

分　类	加工成形原理		主要加工方法示例
去除加工（分离加工）	电物理加工		电火花线切割加工、电火花成形加工
	电化学加工、化学加工		电解加工、蚀刻（电子束曝光）、化学机械抛光
	力学加工（力溅射）		切削、磨削、研磨、抛光、超精加工、珩磨、超声加工、离子溅射加工、等离子体加工、喷射加工
	热物理加工（热蒸发、热扩散、热熔解）		电子束加工、激光加工、脱碳处理、气割
结合加工	附着加工	化学	化学镀、化学气相沉积
		电化学	电镀、电铸
		热物理（热熔化）	真空蒸镀、熔化镀
		力物理	离子镀（离子沉积）、物理气相沉积
	注入加工（渗入加工）	化学	氧化、氮化、活性化学反应
		电化学	阳极氧化
		热物理（热扩散）	晶体生长、分子束外延、掺杂、渗碳、烧结
		力物理	离子束外延、离子注入
	连接加工	热物理、电物理	激光焊接、气焊、电焊、快速成形加工、卷绕成形
		化学	化学粘接
变形加工（流动加工）	热流动、表面热流动		锻造、塑性流动加工（气体火焰、高频电流、热射线、电子束、激光）
	粘滞流动		铸造、液体流动加工（金属、塑料、橡胶等注射、压铸）
	分子定向		液晶定向

1. 去除加工

去除加工（Removal Processing）是将工件上多余的材料直接去除，如金刚石刀具（Diamond Cutting Tool）精密与超精密切削、精密与超精密磨削（Precision and Ultra-precision Grinding）、电火花加工（Electrical Discharge Machining）、电解加工（Electrochemical Machining）、电子束加工（Electron Beam Machining）等。该方法的主要特点是加工效率相对较高，加工过程易于控制及便于实现加工自动化。

2. 结合加工

结合加工（Bonding Processing）是利用物理化学的方法将不同的材料结合在一起。按照结合的机理、方法、强弱等又可分为附着（Deposition）、注入（Injection）和连接（Jointed）三种。附着加工又称为沉积加工，是在工件的表面上覆盖一层物质，为弱结合，如电镀气相沉积等；注入加工又称为渗入加工，是在工件的表面渗入某种元素，使之与工件基体材料产生物化反应，以改变工件表层的性能，如表面渗碳、离子注入等；而连接加工是将两种相同或不同的材料通过物化方法连接在一起，如焊接、粘接等。这种方法的主要特点是易于改变工件表层性能及增加零件的表面积，但加工效率不够高。

3. 变形加工

变形加工（Deformation Processing）是利用力、热和分子运动等手段使工件产生变形，进而改变其形状、尺寸和性能，如铸造、锻造及液晶定向等。此种方法的主要特点是通过加工可改变工件的形状和尺寸，但加工精度不高。

若按照零件加工的原理进行分类，则精密与特种加工也可分为传统加工（Traditional Processing）、非传统加工（Non-traditional Processing）和复合加工（Combined Machining）等。传统加工是指用刀具进行的切削加工和磨削加工方法；非传统加工是指利用机械能、电能、光能、声能、热能、化学能、磁能和原子能等对材料进行的特种加工方法；而复合加工是指采用两种或两种以上方法进行的加工，其中包括传统加工和非传统加工的复合，非传统加工和非传统加工的复合，从而使其优势互补，相辅相成。

表 1.2 列出了常用的精密与特种加工方法。目前，在制造业生产中，传统加工方法仍占主导地位，而非传统加工和复合加工是极其重要的发展方向，具有广阔的工程应用前景。

表 1.2 常用的精密与特种加工方法

分类	加工方法		加工工具		精度/μm	表面粗糙度 *Ra* 值/μm	被加工材料	应用
刀具切削加工	切削	精密、超精密车削	天然单晶金刚石刀具、人造聚晶金刚石刀具、立方氮化硼刀具、陶瓷刀具、硬质合金刀具		1~0.1	0.05~0.008	金刚石刀具 有色金属及其合金等软材料 其他材料刀具 各种材料	球、磁盘、反射镜
		精密、超精密铣削						多面棱体
		精密、超精密镗削						活塞销孔
		微孔钻削	硬质合金钻头，高速钢钻头		20~10	0.2	低碳钢、铜、铝、石墨、塑料	印制电路板、石墨模具、喷嘴
磨料加工	磨削	精密、超精密砂轮磨削	氧化铝、碳化硅、立方氮化硼、金刚石等磨料	砂轮	5~0.5	0.05~0.008	黑色金属、硬脆材料、非金属材料	外圆、孔、平面
		精密、超精密砂带磨削		砂带				平面、外圆磁盘、磁头
	研磨	精密、超精密研磨	铸铁、硬木、塑料等研具 氧化铝、碳化硅、金刚石等磨料		1~0.1	0.025~0.008	黑色金属、硬脆材料、非金属材料	外圆、孔、平面
		油石研磨	氧化铝油石、玛瑙油石、电铸金刚石油石					平面
		磁性研磨	磁性磨料		10~1	0.01	黑色金属	外圆 去飞边
		滚动研磨	固结磨料、游离磨料、化学或电解作用液体				黑色金属等	型腔

（续）

分类	加工方法		加工工具	精度/μm	表面粗糙度 Ra 值/μm	被加工材料	应用
磨料加工	抛光	精密、超精密抛光	抛光器 氧化铝、氧化铬等磨料	1～0.1	0.025～0.008	黑色金属、铝合金	外圆、孔、平面
		弹性发射加工	聚氨酯球抛光器、高压抛光液	0.1～0.001	0.025～0.008	黑色金属、非金属材料	平面、型面
		液体动力抛光	带有楔槽工作表面的抛光器 抛光液	0.1～0.01	0.025～0.008	黑色金属、非金属材料、有色金属	平面、圆柱面
		水合抛光	聚氨酯抛光器 抛光液	1～0.1	0.01	黑色金属、非金属材料	平面
		磁流体抛光	非磁性磨料 磁流体	1～0.1	0.01	黑色金属、非金属材料、有色金属	平面
		挤压研抛	粘弹性物质 磨料	5	0.01	黑色金属等	型面、型腔去飞边、倒棱
		喷射加工	磨料 液体	5	0.01～0.002	黑色金属等	孔、型腔
		砂带研抛	砂带 接触轮	1～0.1	0.01～0.008	黑色金属、非金属材料、有色金属	外圆、孔、平面、型面
		超精研抛	研具（脱脂木材、细毛毡）、磨料、纯水	1～0.1	0.01～0.008	黑色金属、非金属材料、有色金属	平面
	超精加工	超精加工	磨条 磨削液	1～0.1	0.025～0.01	黑色金属等	外圆
	珩磨	精密珩磨	磨条 磨削液	1～0.1	0.025～0.01	黑色金属等	孔
特种加工	电火花加工	电火花成形加工	成形电极，脉冲电源、煤油、去离子水	50～1	2.5～0.02	导电金属	型腔模
		电火花线切割加工	钼丝、铜丝、脉冲电源、煤油、去离子水	20～3	2.5～0.16		冲模、样板（切断、开槽）
	电化学加工	电解加工	工具极（铜、不锈钢） 电解液	100～3	1.25～0.06	导电金属	型孔、型面、型腔
		电铸	导电原模 电铸溶液	1	0.02～0.012	金属	成形小零件
	化学加工	蚀刻	掩模板、光敏抗蚀剂、离子束装置、电子束装置	0.1	2.5～0.2	金属、非金属、半导体	刻线、图形
		化学铣削	刻形、光学腐蚀溶液、耐腐蚀涂料	20～10	2.5～0.2	黑色金属、有色金属等	下料、成形加工（如印制电路板）

（续）

分 类	加工方法		加工工具	精度/μm	表面粗糙度 Ra 值/μm	被加工材料	应 用
特种加工	超声加工		超声波发生器、换能器、变幅杆、工具	30～5	2.5～0.04	任何硬脆金属和非金属	型孔、型腔
	微波加工		针状电极（钢丝、铱丝）、波导管	10	6.3～0.12	绝缘材料、半导体	打孔
	红外光加工		红外光发生器	10	6.3～0.12	任何材料	打孔、切削
	电子束加工		电子枪、真空系统、加工装置（工作台）	10～1	6.3～0.12	任何材料	微孔、镀膜、焊接、蚀刻
	离子束加工	离子束去除加工	离子枪、真空系统、加工装置（工作台）	0.01～0.001	0.02～0.01	任何材料	成形表面、刃磨、蚀刻
		离子束附着加工		1～0.1	0.02～0.01		镀膜
		离子束结合加工					注入、掺杂
	激光束加工		激光器、加工装置（工作台）	10～1	6.3～0.12	任何材料	打孔、切割、焊接、热处理
复合加工	电解	精密电解磨削	工具极、电解液、砂轮	20～1	0.08～0.01	导电黑色金属、硬质合金	轧辊、刀具刃磨
		精密电解研磨	工具极、电解液、磨料	1～0.1	0.025～0.008		平面、外圆、孔
		精密电解抛光	工具极、电解液、磨料	10～1	0.05～0.008	导电金属	平面、外圆、孔、型面
	超声	精密超声车削	超声波发生器、换能器、变幅杆、车刀	5～1	0.1～0.01	难加工材料	外圆、孔、端面、型面
		精密超声磨削	超声波发生器、换能器、变幅杆、砂轮	3～1	0.1～0.01		外圆、孔、端面
		精密超声研磨	超声波发生器、换能器、变幅杆、研磨剂研具	1～0.1	0.025～0.008	黑色金属等硬脆材料	外圆、孔、平面
	化学	机械化学研磨	研具、磨料、化学活化研磨剂	0.1～0.01	0.025～0.008	黑色金属、非金属材料	外圆、孔、平面、型面
		机械化学抛光	抛光器、增压活化抛光液	0.01	0.01	各种材料	外圆、孔、平面、型面
		化学机械抛光	抛光器、化学活化抛光液	0.01	0.01		外圆、孔、平面、型面

1.3 精密与特种加工技术的发展

机械制造业是一个国家迈向工业现代化的重要基础。纵观机械制造业形成与发展历史，大体上经历了三个主要阶段：传统机械制造技术（Traditional Mechanical Manufacturing Technology）阶段、现代机械制造技术（Modern Mechanical Manufacturing Technology）阶段和先进机械制造技术（Advanced Mechanical Manufacturing Technology）阶段。传统机械制造技术以“物质和能量”为基础，现代机械制造技术以“物质、能量和信息”为特点，而先进机械制造技术是以“物质、能量、信息和智能”为特征。

随着经济全球化和制造业国际化进程加快，先进加工制造工艺技术朝着高效化、精密化、智能化、集成化、数字化和洁净化方向迈进，优质、高效、低耗、柔性和洁净化是机械制造追求的目标。精密与特种加工理论及应用技术开发已成为彰显各国机械制造业核心竞争力的一个重要领域。

近年来，材料科学、计算机科学（Computer Science）与信息技术（Information Technology）、自动控制（Automatic Control Theory）与人工智能理论（Artificial Intelligence Theory）等与机械制造学科密切相关的学术领域也相继取得了长足的进展，为机械科学与制造技术的迅速发展提供了强有力的支撑。首先，制造工艺技术与材料科学、摩擦学、微纳技术交叉，将系统研究高效精密切削摩擦学、高效精密切削刀具材料及其涂层技术；其次，制造工艺技术与计算机技术、信息技术、人工智能技术交叉，将全面实现精密切削加工过程建模、仿真，建立高速切削数据库；再次，制造工艺技术与信息技术、微纳技术、控制技术、测试技术交叉，将深入研究精密加工过程的在线监控与故障诊断技术。

目前，我国精密与特种加工技术未来将重点研究的主要内容及发展方向如下：

1. 精密和超精密加工

精密和超精密加工包括精密与超精密切削加工技术（Precision and Ultra-precision Machining Technology）和高速与超高速磨削技术（High Speed and Super-high Speed Grinding）。精密与超精密加工技术的科学问题包括：超精密复杂曲面制造技术的理论与方法，微纳加工表面及亚表面完整性的评价与控制，超精密加工装备与新型工具的关键理论与方法。高速与超高速磨削技术的科学问题包括：高速和超高速磨削机理，强力高效磨削工艺及装备的基础理论与关键技术，复杂磨削应力状态下脆/塑性转变理论及硬脆材料磨削损伤学，磨削过程的智能监控理论与技术，新型磨具制备及加工性能定量评价技术及体系。

精密与超精密加工技术的主要发展方向为：精密/超精密切削加工技术，精密/超精密磨削加工技术；工程目标包括研制超光滑曲面加工的工艺和方法，使工件面形精度达到数十纳米和原子级的表面平坦性；提出对微纳米加工表面特性的检测、评价指标和加工条件对表面特性的影响及控制方法，形成表面完整性的评价体系，研制超精密加工装备、新型刀具，实现高效微纳米加工。高速与超高速磨削技术主要研究方向为：高速/超高速磨削技术，硬脆材料及石材高效磨削技术，磨削装备的数控化、智能化及虚拟化，高速和高效磨削的磨料磨具技术；工程目标包括生产效率提高，材料磨除率达到 $2\times10^3 mm^3/s$；减小磨削力，提高磨削表面质量，磨削钢工件时表面残余应力深度小于10μm；实现对镍基耐热合金和钛合金等难磨材料的高速磨削加工；开发智能砂轮和磨削加工过程的仿真、标准和优化软件；研制微晶氧化铝磨料（SG）砂轮等。

2. 特种加工

特种加工包括电加工技术（电火花加工、电化学加工、超声加工）和高能束流加工技术（激光束、电子束、离子束和等离子体束）。电加工技术的主要科学问题为：探索材料去除与增长相结合的可逆微细电加工技术（Micro-electrical Processing Technology），针对特种材料、复杂型面零件的微细电加工，形成系统化的微细电加工技术体系；充分发挥特种加工能量形式的多样性，利用新的能量形式或最新技术发明电加工的新方法和新工艺；采用新理论、测量手段、计算与仿真方法对电加工的基本现象与基本原理进行深入系统的研究。高能束流加工技术的主要科学问题为：重点研究激光与材料的相互作用，及激光与各种金属和非金属材料四种状态（固态、液态、气态和等离子态）相互作用的物理、化学、冶金现象和基本规律；激光加工光束的传输、变换、检测与控制的理论及关键技术；针对下一代计算机芯片、生物芯片、微机电系统的制造，研究激光三维微纳制造新工艺、新方法和新技术。

特种加工的主要发展方向为：进一步深化研究电加工工艺的基本现象、基本原理、基本规律，探索新的电加工工艺方法；用新的现代测量方法和观测手段，从电、磁、光、热、声、力等多个视角对放电的基本现象重新审视和深化研究，力争在高效、高速度、低损耗加工等方面带来重大突破；同纳米学科展开交叉，探讨纳米尺度加工的可能性和有效性；开展微细电火花加工机床应用于生物医学技术方面的探索与研究，利用材料科学及相关学科的最新技术提高电加工的效率和质量；激光光源的小型化和高效化；综合利用激光与传统热源的优点，进一步拓展激光加工材料范围、工艺方法和应用领域；金属零件的激光直接快速成形及微纳制造技术；离子体弧诊断技术及获取优质弧柱的关键技术，特别应深化对等离子体弧稳定性、能量分布等共性指标的控制机理等。

3. 复合加工

复合加工技术（Combined Machining Technology）的科学问题包括：针对新材料、新结构、新生产需求，进行多种能量形式的创新复合，深入揭示其加工机理，探索并掌握加工规律，形成新的复合加工方法；改变零件的内在或表观的材料结构，提高零件的力学性能；揭示多种复合加工之间的内在联系和共性问题，为产生新原理的复合加工建立指导性的基础理论，构建复合加工的结构体系；获得超光滑表面（Ultra Smooth Surface Finishing，USF）、超平坦表面的复合光整加工（Combined Finishing，CF）新原理、新方法的探索。

复合加工技术的主要发展方向为：提高加工精度、表面质量、效率、微细程度，充分发掘、释放复合加工的潜力和极限，突出复合加工的目的性和有效性；针对不断出现的新材料、新结构，研究满足特殊加工需求的复合加工，寻求新的复合加工概念及方法；不仅仅限于零件加工成形，而是要通过影响和改变零件的内在或表观的材料结构，提高零件的力学性能，进一步拓宽复合加工技术应用的新领域。

随着先进加工制造工艺技术的不断发展和完善，精密与特种加工技术对我国机械制造业实现优质、高效、低耗、清洁和灵活生产将发挥重要作用，为进一步提高我国机电产品参与国际市场的竞争能力作出新贡献。

第 2 章　精密和超精密切削加工

2.1　概述

超精密切削是 20 世纪 60 年代发展起来的新技术，它可以直接加工出超光滑表面。超精密切削（Ultra-precision Cutting）可以代替研磨等很费工的手工精加工工序，不仅节省工时，还可以提高零件的加工精度和表面质量。工业发达国家对精密和超精密加工技术极其重视，投入了大量的资金和人力物力开展系统深入的研究，以保证其尖端技术产品处于国际领先地位，进一步提高其产品的国际竞争力。可以说，精密与超精密切削技术的研究及应用水平，已成为衡量一个国家的机械制造技术及制造业水平的重要依据之一。

2.1.1　精密和超精密切削加工分类

根据加工表面及加工刀具的特点，精密和超精密切削加工（Precision and Ultra-precision Machining）可分为精密和超精密车削、铣削、镗削和钻削加工四大类，见表 2.1。

表 2.1　精密和超精密切削加工方法

切削方法	切削工具	精度/μm	表面粗糙度 *Ra* 值/μm	被加工材料	应　　用
精密、超精密车削	天然单晶金刚石刀具、人造聚晶金刚石刀具、立方氮化硼刀具、陶瓷刀具、硬质合金刀具	1 ~ 0.1	0.05 ~ 0.008	金刚石刀具：有色金属及其合金等软材料；其他材料刀具：各种材料	球、磁盘、反射镜
精密、超精密铣削					多面棱体
精密、超精密镗削					活塞销孔
微孔加工	硬质合金钻头、高速钢钻头	20 ~ 10	0.2		印制电路板、石墨模具、喷嘴

精密切削研究是从金刚石精密车削（PCD precision turning）开始的。应用天然单晶金刚石车刀对铝、铜和其他软金属及其合金进行精密切削加工，可以得到极高的加工精度和极小的表面粗糙度值，从而产生了金刚石精密车削加工方法。在此基础上，又发展了金刚石精密铣削和镗削的加工方法，它们分别用于加工平面、型面和内孔，也可以得到极高的加工精度（Machining Accuracy）和表面质量（Surface Quality）。金刚石刀具精密切削是当前加工软金属材料最主要的精密加工方法。除金刚石刀具材料外，还发展了立方氮化硼（PCBN）、复方氮化硅（Compound SiN）和复合陶瓷（Composite Ceramic）等新型超硬刀具材料，它们主要用于黑色金属的精密加工。

2.1.2　精密和超精密切削加工与经济性

由于精密加工机床价格昂贵，加工环境与条件要求极高，因此精密加工总是与高加工成本联系在一起。在过去相当长的一段时期，这种观点限制了精密加工的应用范围，它主要应用于军事、航空航天等部门。近年来，随着科学技术的发展和人们生活水平的提高，精密加工产品已进入了国民经济和人民生活的各个领域，其生产方式也从过去的单件小批量生产走向批量生产。在机械制造行业，精密加工机床不再仅用于后方车间加工工具（Machining Tool）、夹具（Fixture）和量具（Measuring Tool），工业发达国家已将精密加工机床直接用于产品零件的精密加工，产生了显著的经济效益。

例如，加工一块直径为100mm的离轴抛物面反射镜，用金刚石精密车削工艺成本只有用研磨—抛光（Polishing）—手工修琢（Manual Dressing）传统工艺成本的十几分之一，而且精度更高，加工周期由12个月缩短为3周。我国精密加工技术比较落后，当前某些精密机械产品尚靠进口，还有些精密产品靠老工人手艺制造，因而废品率极高。例如现在生产的某种高精度惯性仪表，从十几台甚至几十台中才挑选出一台乃至几台合格品，磁盘生产质量尚未完全过关，激光打印机的多面棱镜尚不能生产。

通过精密和超精密切削加工，提高零件的加工精度，还可以达到以下效果：

1. 提高产品的稳定性和可靠性

英国Rolls-Royce公司的资料表明，将飞机发动机转子叶片的加工精度由60μm提高到12μm，加工表面粗糙度由*Ra*0.5μm减小到*Ra*0.2μm，则发动机的压缩效率将从89%提高到94%。20世纪80年代初，苏联从日本引进了四台精密数控铣床，用于加工螺旋桨曲面，使其潜艇的水下航行噪声大幅度下降，即使使用精密的声呐探测装置也很难发现潜艇的行踪，此事震惊了西方的国防部门。

2. 促进产品的小型化和微型化

传动齿轮（Gear）的齿形（Tooth Profile）及齿距误差（Pitch Error）直接影响了其传递扭矩（Transfer Torque）的能力。若将该误差从目前的3～6μm降低到1μm，则齿轮箱单位重量所能传递的扭矩将提高近一倍，从而可使目前的齿轮箱尺寸大大缩小。IBM公司开发的磁盘，其记忆密度由1957年的300bit/cm^{2}提高到1982年的254万bit/cm^2，提高了近1万倍，这在很大程度上应归功于磁盘基片加工精度的提高和表面粗糙度值的减小。

3. 增强零件的互换性并推进自动化生产

自动化装配（Automatic Assembly）是提高装配生产率和装配质量的重要手段。自动化装配的前提是零件必须完全互换，这就要求严格控制零件的加工公差，从而导致零件的加工精度要求极高，精密加工使之成为可能。

正因为精密加工具有这些优良的特性，因此得到了世界各国的高度重视。我国必须大力发展精密加工技术，使其为我国国防事业和国民经济发展提供强有力的支撑。

2.1.3 实现精密和超精密加工的基本条件

精密和超精密加工技术是一项涉及内容广泛的综合性高新技术。实现精密加工，不仅需要精密的机床设备和工具，也需要稳定的环境条件，还需运用计算技术进行实时检测和反馈补偿，只有将各种技术成果集成起来，才有可能实现和发展精密加工。为了实现精密和超精密加工，必须具备以下基本条件：

1. 精密加工机床

精密加工机床（Technology of Precision Machine Tool）是实现精密加工的首要条件。各国投入了大量的人力、物力和资金对它进行研究。目前主要研究方向是提高机床主轴精度，工作台（Workbench）的直线运动精度（Linear Motion Accuracy）以及刀具的微量进给精度（Micro Feed Accuracy）。精密机床主轴轴承要求具有很高的回转精度，转动平稳，无振动，其关键在于主轴轴承。早期的精密主轴采用超精密级的滚动轴承，而目前使用的精密主轴轴承是静、动态性能更加优异的液体静压轴承（Hydrodynamic Journal Bearing）和空气静压轴承（Aerostatic Bearing）。工作台的直线运动精度是由导轨决定的。精密机床使用的导轨有滚动导轨（Rolling Guide）、液体静压导轨（Hydrostatic Slideway）、气浮导轨（Gas Floating Guide）和空气静压导轨（Aerostatic Guide）。为了提高刀具的进给精度，必须使用微量进给装置（Micro Feed Device）。微量进给装置有多种结构形式和多种工作原理，目前只有弹性变形式（Elastic Deformation Form）和电致伸缩式（Electro Striction）微量进给机构比较适用，尤其是电致伸缩微量进给装置，可以进行自动化控制，有较好的动态特性，在精密机床进给系统中得到广泛的应用。

2. 金刚石刀具

精密切削加工必须能够均匀地切除极薄的金属层，而微量切除是精密加工的重要特征之一。金刚石刀具（PCD）是精密切削的重要手段。金刚石刀具有两个重要的问题要解决：一是金刚石晶体的晶面选择，这对刀具的使用性能有重要影响；二是金刚石刀具刃口的锋利性，即刀具刃口的圆弧半径，它直接影响到切削加工的最小切削深度，影响到微量切除能力和加工质量。先进国家刃磨金刚石刀具的刃口半径可以达到几个纳米（nm）的水平。我国在这方面的研究相对落后，刃磨金刚石刀具的刃口半径只能达到0.1～0.3μm。另外，当刃口半径小于0.01μm时，必须解决测量上的技术难题。

3. 精密切削机理及变化规律

精密切削是微量切削（Minimal Cutting）。微量切削过程中许多变形机理方面的问题都有其特殊性，如积屑瘤（Built-up Edge）的形成，鳞刺（Scale Thorn）的产生，切削参数及加工条件对切削过程的影响，以及它们对加工精度和表面质量的影响，都与常规切削有很大的不同。因此，必须对微量切削机理方面的问题进行深入研究，掌握其变化规律，以便更好地利用精密加工技术提高零件的加工精度和表面质量。

4. 稳定的加工环境

精密加工必须在稳定的加工环境下进行，主要包括恒温（Constant Temperature）、防振（Anti Vibration）和空气净化（Air Purification）三个方面的条件。精密加工必须在严格的多层恒温条件下进行，即不仅工作间应保持恒温，还必须对机床本身采取特殊的恒温措施，使加工区的温度变化极小。为了提高精密加工系统的动态稳定性，除在机床结构设计和制造上采取各种减振措施外，还必须用隔振系统来消除外界振动的影响。由于精密加工的加工精度和表面粗糙度要求极高，空气中的尘埃将直接影响加工零件的精度和表面粗糙度，因此必须对加工环境的空气进行净化，对大于某一尺寸的尘埃进行过滤。国外已研制成功了对0.1μm的尘埃有99%净化效率的高效过滤器。

5. 误差补偿技术

当加工精度高于一定程度后，若仍然采用提高机床的制造精度，保证加工环境的稳定性等误差预防措施提高加工精度，这将会使成本大幅度增加。这时应采取误差补偿（Error Compensation）措施，即通过消除或抵消误差本身的影响，达到提高加工精度的目的。国外的一些著名精密机床，均采用了误差补偿的方法，取得了很好的效果。

6. 精密测量技术

精密加工离不开精密测量技术（Technology of Precision Measurement），精密加工要求测量精度比加工精度高一个数量级。目前，精密加工中所使用的测量仪器多以干涉法和高灵敏度电动测微技术为基础，如激光干涉仪（Laser Interferometer）、多次光波干涉显微镜（Multiple Light Wave Interference Microscope）及重复反射干涉仪（Repeated Reflection Interferometer）等。国外广泛采用非接触式测量方法并研究原子级精度的测量技术。Johaness 公司生产的多次光波干涉显微镜的分辨率为 0.5nm，最近出现的隧道扫描显微镜的分辨率为 0.01nm，是目前世界上精度最高的测量仪之一。最新的研究证实，在扫描隧道显微镜下可移动原子，实现精密工程的最终目标——原子级精密加工。

2.2 超精密机床

超精密机床是实现超精密加工的先决条件。随着加工精度要求的提高和精密加工技术的发展，机床的精度不断提高，超精密机床获得了迅速的发展。

第二次世界大战后，为了满足国防工业和尖端技术发展的需要，美国率先发展了金刚石刀具精密切削技术，并为此开发了空气轴承（Air Bearing）的高性能精密车床。美国在这方面投入了大量的财力、人力和物力，并研究开发了超精密切削机床（Ultra-precision Machining Tool）。超精密机床是综合性新技术的结晶，它综合应用多项近代新技术，使精密机床产生质的飞跃。近年来，精密和超精密切削技术在民用产品中亦得到广泛的应用，如加工计算机磁盘、复印机的硒鼓、录像机磁鼓、激光打印机的多棱镜等。一些高生产率的中小型超精密机床陆续开发成功。现在美国和日本各有 20 多家工厂和研究所生产超精密机床，英国、荷兰、德国等工业发达国家也都有工厂、研究所生产和研究开发超精密机床，并达到了较高的水平。

目前，美国在超精密机床研发和应用的水平最高，它不仅有许多工厂生产中小型超精密机床，而且为了满足国防和尖端技术的需要，还研究开发了大型超精密机床。早在 1983 年，美国 Lawrence Livermore 国家实验室就研制了 DTM-3 和 LODTM 大型金刚石超精密车床，这两台机床是世界公认的水平最高的、达到当时技术最前沿的大型超精密机床。

我国在 20 世纪 60 年代起开始发展精密机床，经过多年的努力，已有相当规模，不仅品种能基本满足生产需要，而且精度和质量都达到了一定的水平。1987 年北京密云机床研究所研究成功加工球面的 JSC-027 型超精密车床。北京航空精密机械研究所研制成功的空气轴承超精密车床（Ultra-precision Turning）和金刚石镗床（Diamond Boring Machine）性能良好。哈尔滨工业大学研制成功的装有激光在线测量的空气轴承主轴数控超精密车床，具有良好的性能。但我国超精密机床的生产和研制起步较晚，和国外的差距还较大，一些关键部件还依赖进口。由于涉及许多保密技术，从国外引进超精密机床受到限制，因此我们必须加大力度研制性能更优越的超精密机床，为国防工业和尖端技术的发展创造条件。

2.2.1 超精密机床的特征及分类

1. 超精密机床的特征

超精密机床是超精密加工最重要、最基本的加工设备，具备以下技术特征：

（1）高精度　高精度包括高静精度（Static Precision）和高动精度（Dynamic Precision），

主要的性能指标有几何精度、定位精度和重复定位精度以及分辨率等。

（2）高刚度　高刚度包括高静刚度（Static Rigidity）和高动刚度（Dynamic Rigidity）。除本身刚度外，还要考虑接触刚度及由工件、机床、刀具、夹具所组成的工艺系统刚度。

（3）高稳定性　高稳定性是指在规定的工作环境下和使用过程中能长时间保持精度，具有良好的耐磨性（Abrasion Resistance）、抗振性（Anti Vibration）和热稳定性（Heat Stability）等。

（4）高自动化　为了保证加工质量的一致性，减少人为因素的影响，采用数控系统实现自动化。

2. 超精密机床分类

超精密机床可以从不同角度来分类。按通用化的程度不同，超精密机床可分为通用型超精密机床（通用性很强，功能齐全，可以加工各种不同的零件，如非球面透镜、激光辐射镜、磁盘基片、配油盘等，价格昂贵）和专用型超精密机床（结构简单，专用于加工某类零件，价格相对便宜一些）。按加工方法不同，超精密机床可分为超精密切削机床、超精密磨削机床、超精密研抛机床以及超精密特种加工设备，见表 2.2。

表 2.2　超精密加工机床的分类

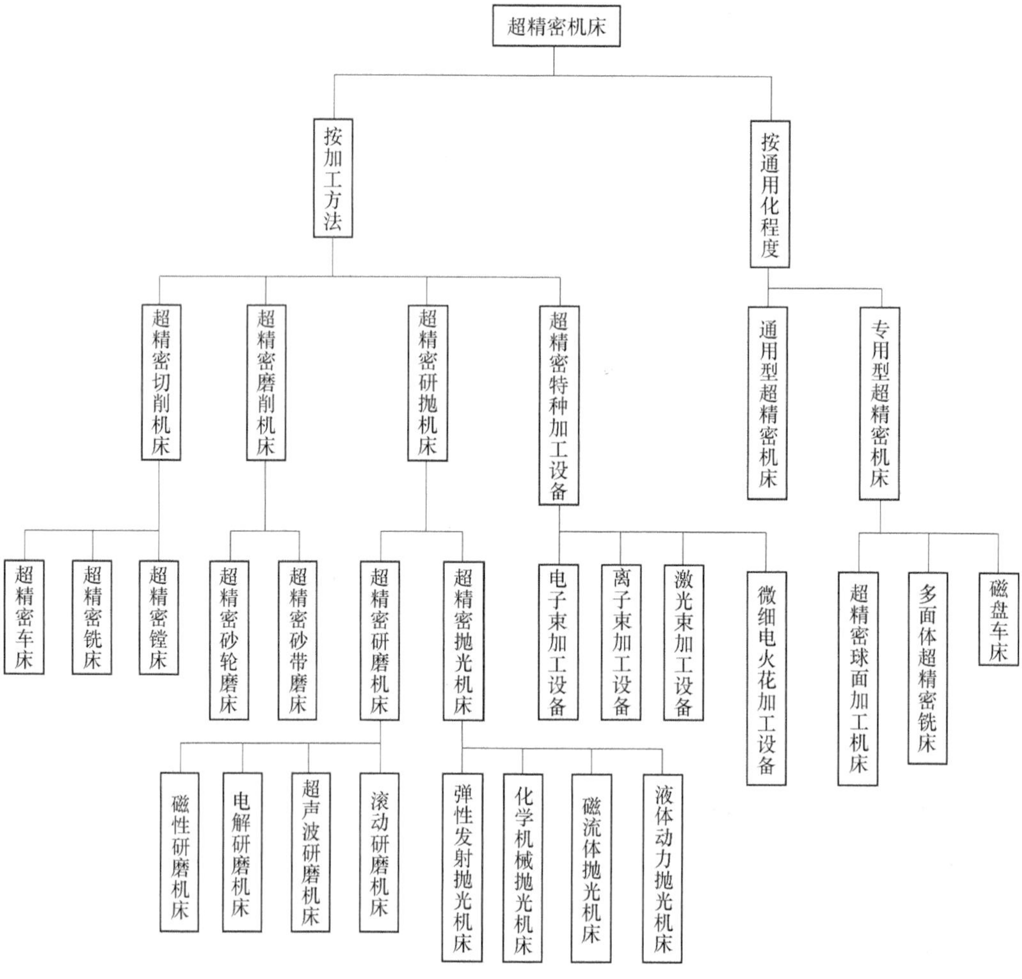

超精密切削机床应用天然单晶金刚石刀具对铜、铝、锗等软金属进行加工。超精密金刚石车床应用最早，发展最快。目前不仅向高精度发展，也向高刚度、大型化发展，加工的材料也向光学玻璃等硬脆材料发展。

超精密磨削机床主要对黑色金属（钢、铁）、陶瓷、半导体功能材料等一些硬脆材料进行加工，用于加工尺寸和形状精度要求很高的伺服阀（Servo-valve）、空气轴承主轴（Air Bearing Spindle）和陀螺仪（Gyroscope）超精密轴承类零件的外圆、孔、平面等，表面粗糙度可达 $Ra0.008 \sim 0.005\mu m$，圆度达 $0.01\mu m$。

超精密研抛机床的共同特点是：机床中各个功能部件的精度并不要求达到超精密级，其加工的关键在于加工原理及方法。通过应用一定的原理及方法，完成人的技艺无法完成的工作。此类机床成本较低，可以满足加工多样化的要求，也可以对黑色金属、有色金属、非金属材料进行抛光，使超精密加工应用领域得以扩大。

超精密特种加工机床设备利用其特有的力、热、声、光、电、磁、原子、化学等能源的物理的、化学的非传统加工方法和复合加工方法进行超精密加工。适于加工高硬度材料（High Hardness Material）和脆性材料（Brittle Material）等难加工材料，也适于加工精密微细零件（Micro Parts）、薄壁零件（Thin-walled Parts）和弹性零件（Elastic Parts）等易变形零件，还可加工复杂成形表面（Complex Forming Surface）、型腔（Cavity）等，如透镜表面的微量修复（Trace Repair）、金刚石刀具的原料加工（Original the Processing）、蚀刻大规模集成电路图形（Etching Large Scale Integrated Circuit Graphics）和光学衍射光栅（Optical Diffraction Grating）。这类设备配以超精密运动部件及控制系统，其应用范围很大，前景广阔。

2.2.2 超精密机床的关键部件及其系统

超精密机床种类繁多，尽管各自在原理和方法上有很大的区别，但有着诸多可继承的关键基础元部件和技术，世界各国都非常重视这些关键基础元部件和技术的开发研究。这是因为，一方面，只有优良的关键基础元部件才能保证有质量优良的加工机床，所以只有重视基础元部件的开发和研究，才能不断提高加工设备的水平，扩展其应用范围；另一方面，优良系列的基础元部件可以快速响应市场需求，缩短超精密加工机床的开发周期。总的说来，超精密机床的关键基础元部件和技术主要包括以下几个部分内容：精密主轴部件（Precision Spindle Assembly）、床身（Lath Bed）和精密导轨（Precision Guide）、超精密运动驱动部件（Ultra-precision Motion Drive Unit）、超精密微量进给装置（Ultra-precision Trace Feed Unit）、超精密运动检测系统（Ultra-precision Detection System）和超精密数控系统（Ultra-precision CNC System）等。

1. 精密主轴部件

精密主轴部件是精密和超精密机床的关键部件之一，它的性能直接影响精密和超精密加工的质量。主轴的回转精度要求极高，并且要求主轴转动平稳、无振动，其关键在于所用的精密轴承。早期的精密主轴轴承采用的是超精密的滚动轴承，但由于制造极为困难，很难进一步提高主轴精度，所以滚动轴承已很少在超精密机床主轴中使用。目前，超精密机床主轴大都使用液体静压轴承和空气静压轴承。

（1）液体静压轴承主轴　液体静压轴承回转精度可达 $0.1\mu m$，且转动平稳，无振动，因此有些超精密机床主轴使用这种轴承。

图2.1所示为典型液体静压轴承主轴结构。液压油通过节流孔进入轴承耦合面间的油腔，使轴在轴套内悬浮，不产生固体摩擦。当轴受力偏歪时，耦合面间泄油的间隙改变，相对油腔产生油的压力差，这种油的压力差将振动主轴回到原来的中心位置。液体静压轴承可达到较高的刚度。为了减小热变形的影响，液体静压推力轴承的两个相对止推面做在同一端，如图2.1所示，这样热变形长度小，不会造成推力轴承间隙的明显变化，有利于保持轴承的刚度和承载能力。

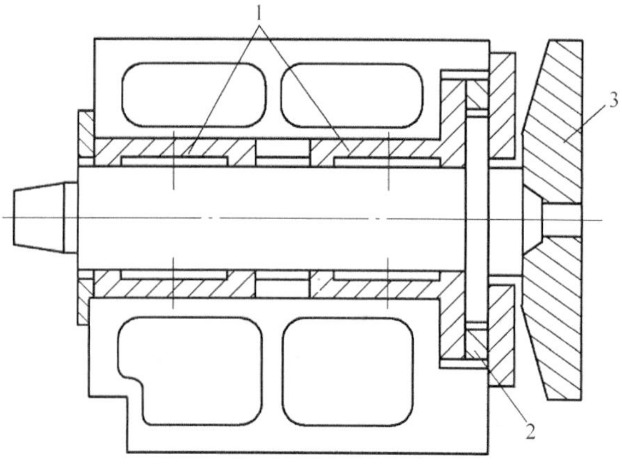

图2.1　典型液体静压轴承主轴结构

1—径向轴承　2—推力轴承　3—真空吸盘

液体静压轴承也存在如下不足：

1）在不同转速时液体静压轴承的油温升高值不相同，因此要控制恒温较难。温升造成的热变形会影响主轴精度。

2）静压油回油时将空气带入油源中，形成微小气泡不易排出，这将降低液体静压轴承的刚度和动态特性。

针对上述问题，目前采取的主要措施有：

1）提高静压油的压力，以减小油中微小气泡的影响。

2）静压轴承用油经温度控制，基本达到恒温；同时轴承采用恒温水冷却，以减小轴承的温升。

采用了这些措施后，液体静压轴承主轴得到了令人满意的性能。

（2）空气静压轴承主轴　空气静压轴承的工作原理和静压轴承（Hydrostatic Bearing）相似，也具有很高的回转精度。由于空气的粘度小，主轴在高速转动时空气温升很小，因此造成的热变形误差很小。空气轴承的刚度较低，只能承受较小的载荷。超精密切削时切削力很小，空气轴承能满足要求，故在超精密机床中得到广泛的应用。

图2.2所示为双半球空气轴承主轴，前后轴承均采用半球状，既是径向轴承（Radial Bearing），又是推力轴承（Thrust Bearing）。由于轴承的气浮面是球面，有自动调心作用，因此可以提高前后轴承的同心度，提高主轴的回转精度。

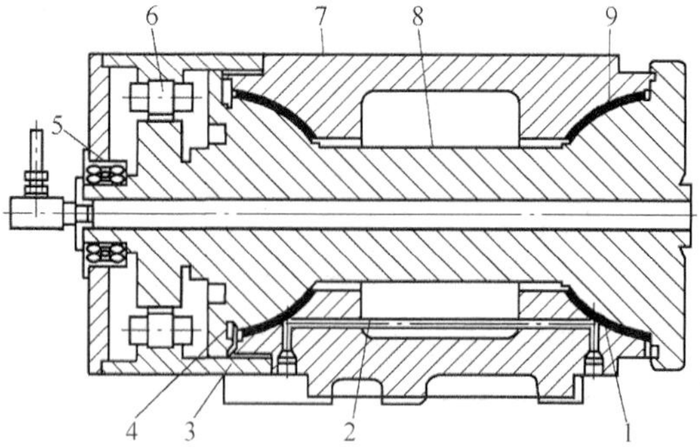

图2.2　内装式双半球空气轴承同轴电动机驱动主轴箱（CUPE）

1—前轴承　2—供气孔　3—后轴承　4—定位环　5—旋转变压器　6—无刷电动机　7—外壳　8—轴　9—多孔石墨

图 2.3 所示为前部用球形后部用圆柱径向空气轴承的主轴，超精密机床中常使用这种结构。这种结构因一端为球形，能同时起到径向和轴向推力轴承的作用，并具有自动调心的功能，可以提高前后轴承的同心度，从而提高了主轴的回转精度。

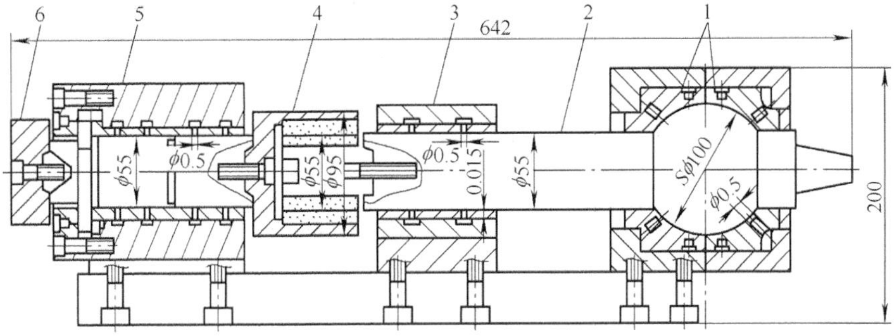

图 2.3 一端为球形轴承一端为圆柱径向轴承的空气轴承主轴（东芝机械）

1—球轴承 2—主轴 3—径向轴承 4—电磁联轴器 5—径向及推力轴承 6—带轮

（3）主轴的驱动方式 主轴驱动方式（Spindle Drive Way）直接影响精密和超精密机床的主轴回转精度。精密和超精密机床主轴主要采用下面几种驱动方式：

1）电动机通过带传动驱动。早期的超精密机床都采用这种驱动方式。采用这种驱动方式时，电动机采用直流电动机或交流变频电动机，可以无级调速，不用齿轮变速，以减少振动。电动机要求经过精密的动平衡并用单独地基，以免振动影响机床精度。传动带用柔软的无接缝的丝质材料制成。为了进一步隔离传动造成的主轴振动，带轮有自己的轴承支撑，经过精密动平衡，通过柔性联轴器与机床主轴相连，如图 2.3 所示。

2）电动机通过柔性联轴器驱动机床主轴。这种方式是将调速电动机通过柔性联轴器（Flexible Coupling）与机床主轴连接在同一轴线上，结构紧凑，目前在超精密机床中使用较普遍。

采用这种主轴驱动方案时，为提高主轴回转精度，电动机应经过精密动平衡，电动机安装时尽量保证电动机轴和主轴同心，并用柔性联轴器消除安装误差引起的振动和回转误差。

3）采用内装式同轴电动机驱动机床主轴。这种方案是将电动机的转子直接装在机床主轴上，电动机的定子装在主轴箱内，依靠机床的高精度空气轴承支承转子的转动。电动机采用无刷直流电动机（Brushless DC Motor），可很方便地进行主轴无级变速，同时可消除电刷引起的摩擦振动，提高主轴的回转精度。同样，各回转部件也必须经过精密动平衡。

内装式同轴电动机驱动机床主轴存在的一个问题是：电动机工作时定子将发热产生温升，使主轴部件产生热变形。采取使电动机定子强制通气冷却或定子外壳做成夹层，通恒温油（或水）冷却等措施，可基本解决这个问题。

2. 床身和精密导轨部件

（1）床身和导轨的材料 床身和导轨是精密机床的基础件，其材料性能对精密机床的整体性能有较大的影响。床身和导轨材料应具有尺寸稳定性好、热膨胀系数小、振动衰减能力强、耐磨性好、加工工艺性好等特性。目前精密机床主要采用下列材料作为床身和导轨材料。

1）优质耐磨铸铁。铸铁是传统的制造床身和导轨的材料，它的优点是工艺性好。通过选用耐磨性好、热膨胀系数低、振动衰减能力强，并经过时效消除内应力的优质合金铸铁作为精密机床的床身和导轨，可以得到满意的结果。铸铁的缺点是抗腐蚀能力不强，易生锈。

2）花岗岩。花岗岩（Granite）现在已成为制造精密机床床身和导轨的首选材料。与铸铁相比，花岗岩在尺寸稳定性、热膨胀系数、振动衰减能力、硬度、耐磨性和抗腐蚀性等方面的性能较优越，用它做精密或超精密机床的床身和导轨是比较理想的。

花岗岩的主要缺点是具有吸湿性，吸湿后产生微量变形，影响精度。另外，花岗岩加工困难，工艺性不如铸铁。

3）人造花岗岩。针对花岗岩不能铸造成形且有吸湿性的特点，国外研制了人造花岗岩。人造花岗岩是由花岗岩碎粒用树脂粘结而成。用不同粒度的花岗岩组合可提高人造花岗岩的体积比，使人造花岗岩具有优良的性能，不仅可铸造成形，吸湿性低，并加强了振动的衰减能力。国外已有公司采用人造花岗岩制成高精度机床床身，效果甚佳，在不少工厂推广应用。

（2）导轨类型

1）滚动导轨。滚动导轨（Rolling Guide）在一般机床和精密机床中应用多年，近年来，由于滚动导轨技术的提高，它的应用面又得到扩大。直线运动的精度可以达到微米级，摩擦因数可以达到0.003以下。

① 直线滚动轴承（Linear Rolling Bearing）。过去滚动导轨都是使用滚柱直线滚动轴承，滚柱带保持架在导轨的耦合面作直线滚动，轴承长度根据工作行程决定。通过使用高精度滚柱和施加一定的预载应力，可以得到较高的直线运动精度。

② 再循环滚动组件。直线滚动轴承的工作长度受到轴承长度的限制。再循环滚动组件由于滚动体的再循环，它的工作行程长度不受限制。

根据滚动体的类型不同，再循环滚动组件有再循环滚柱滚动组件和再循环滚珠滚动组件两种类型。

图2.4所示为单列再循环滚柱滚动组件的外观图和组件使用在矩形导轨时再循环滚柱组件的安装情况。为保证导轨的两侧面导向准确，消除间隙，用调整螺钉侧面给再循环滚动组件施加一定的预载应力，如图2.4b所示。

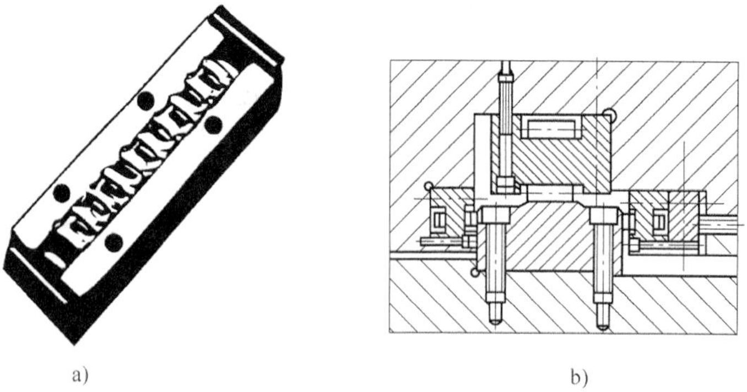

a)　　　　b)

图2.4　单列再循环滚柱滚动组件及其应用

再循环滚珠滚动组件和再循环滚柱滚动组件相比，制造工艺性更好，可以制成更高的精度。再循环滚珠滚动组件的承载能力相对低些。但通过将滚珠的滚道制成凹圆弧截面，承载能力可提高十余倍。

2）液体静压导轨。由于导轨运动速度不高，液体静压导轨的温度升高不严重，而液体静压导轨刚度高，承载能力强，直线运动精度高并且平稳，无爬行现象，因此现在不少的超精密机床使用液体静压导轨。

图2.5a所示为平面型液体静压导轨（Planar Hydrostatic Slideway），要求导轨的运动件上下、左右面都在静压油的作用下，可保证很高的导轨运动精度和很高的刚度。

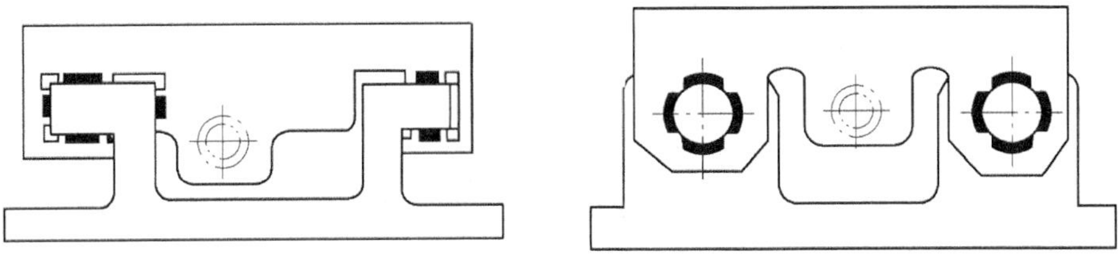

a) b)

图2.5 不同结构的液体静压导轨

图2.5b所示为双圆柱型液体静压导轨（Double Cylindrical Type Hydrostatic Slideway）。圆柱静压导轨本身可以制成很高的精度，但两个圆柱导轨要调整到严格的平行是相当困难的，因此这种结构的液压导轨用得不普遍。

3）气浮导轨和空气静压导轨。气浮导轨和空气静压导轨可以得到很高的直线运动精度，运动平稳，无爬行，摩擦因数几乎为零，不发热，这些特性使得它们在超精密机床中得到较广泛的应用。

当导轨上的运动部件重量很重并且压缩空气压力非常稳定时，可用气浮导轨。气浮导轨常用平导轨，运动导轨的底平面和两侧导轨面有压缩空气，使运动件（滑板或工作台）浮起，如图2.6所示。从图2.6中可看出，工作台的浮起是气浮作用，而侧面是气体静压作用，属于气体静压导轨。气浮导轨的刚度低于空气静压导轨，且受压缩空气压力浮动的影响。

空气静压导轨运动件的导轨面，上下、左右均在静压空气的约束下，因此其刚度和运动精度都高于气浮导轨。图2.7所示为超精密机床的平面型空气静压导轨的结构示意图。从图2.7中可看出，工作台导轨面的上下、左右均在静压作用下，移动导轨浮在中间，基本没有摩擦力。空气静压导轨也有不同形式，其中平面型导轨用得较多。

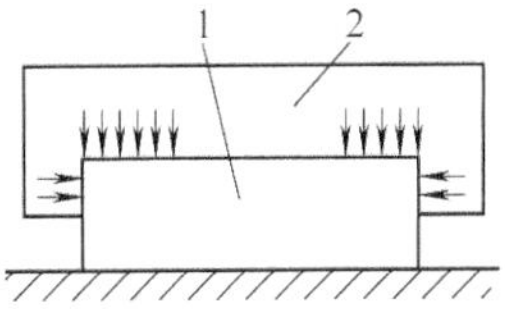

图2.6 气浮导轨

1—床身 2—运动件

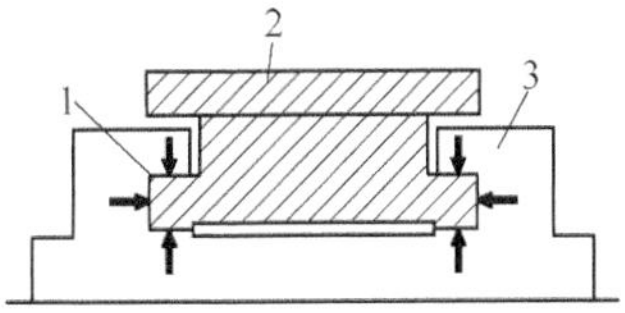

图2.7 平面型空气静压导轨（日立精工）

1—静压空气 2—移动工作台，约2000N 3—底座

3. 进给驱动系统

工件的加工精度是由成形运动的精度决定的。成形运动包括主运动和进给运动。进给运

动的精度是由进给系统精度决定的，因此精密机床必须具有精密的进给驱动精度。

（1）精密数控系统　对于精密和超精密机床，要求刀具相对工件作纵向（z 向）和横向（x 向）运动，因此需要有这两个方向的精密数控系统驱动（Precision CNC System Drive），以便完成各种曲面的精密加工。

为了加工出形状精度很高的非球曲面，要求精密数控系统具有很高的分辨率，达到每脉冲在 z 向或 x 向的移动量为 0.01μm。通过精密双频激光测量系统检测 z 向和 x 向的位移并反馈给精密数控系统，可以达到很高的位移精度要求。

（2）滚珠丝杠副驱动　一般的数控系统都是采用伺服电动机通过滚珠丝杠副驱动机床的滑板或工作台。目前许多精密和超精密机床仍采用精密滚珠丝杠副（Precision Ball Screw Pair）作为进给系统的驱动元件。

图 2.8 所示为滚珠丝杠副的结构原理图。滚珠在丝杠和螺母的螺纹槽内滚动，因此摩擦力很小。通过对滚珠丝杠副进行适当的预紧，可消除正转和反转之间回程间隙，提高其精度。现在高精密级的滚珠丝杠副可以做到相邻螺距误差 0.5 ~ 1μm，积累螺距误差 3 ~ 5μm/300mm。

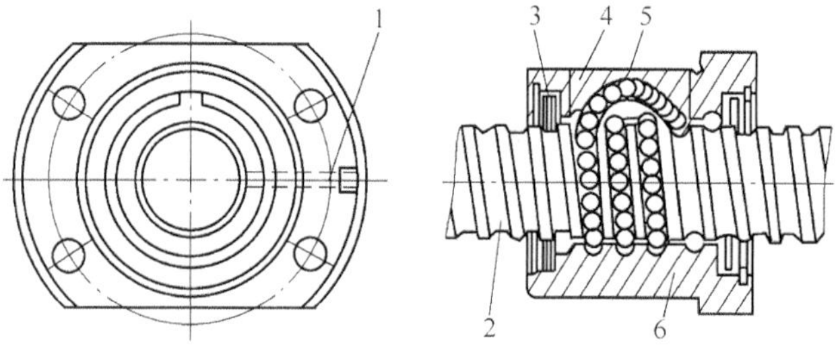

图 2.8　滚珠丝杠副的结构原理图

1—油孔　2—丝杠　3—密封圈　4—油罩　5—滚珠通道　6—螺母

现在的超精密机床中使用滚珠丝杠副时，通过使用双频激光检测系统作为进给量的检测和反馈，可消除丝杠积累误差，提高进给精度。由于丝杠螺距在进给全程中存在误差，会使丝杠和螺母的松紧程度发生变化，导致进给运动的不平衡，因此有些国家已开始研究使用摩擦驱动来取代滚珠丝杠副驱动。

（3）液体静压和空气静压丝杠副驱动　液体静压丝杠副（Hydrostatic Screw Pair）和空气静压丝杠副（Aerostatic Screw Pair）结构极为相似，只是前者使用液压油，后者使用压缩空气，它们的结构如图 2.9 所示。空气静压丝杠副的进给运动极为平稳，但因刚度略低，正反运动变换时将有微量的空行程。液体静压丝杠传动副使用效果很好，但它的制造复杂，因而目前应用还不广泛。与滚珠丝杠副相比，液体静压丝杠副和空气静压丝杠副的进给运动更平稳。

（4）摩擦驱动　为了进一步提高导轨运动的平稳性精度，现在有些超精密机床的进给驱动采用摩擦驱动（Friction Drive），经实际应用，摩擦驱动的使用效果很好，已在一些大型超精密机床进给驱动系统中使用。

图 2.10 所示为摩擦驱动装置。和导轨运动体相连的驱动杆夹在两个摩擦轮之间。上摩

擦轮是用弹簧压板压在驱动杆上，当弹簧压板压力足够时，摩擦轮和驱动杆之间将无滑动。两个摩擦轮均采用静压轴承支承，可以无摩擦转动。直流电动机和下摩擦轮相连，带动下摩擦轮转动，靠摩擦力带动驱动杆，进而带动导轨作非常平稳的直线运动。

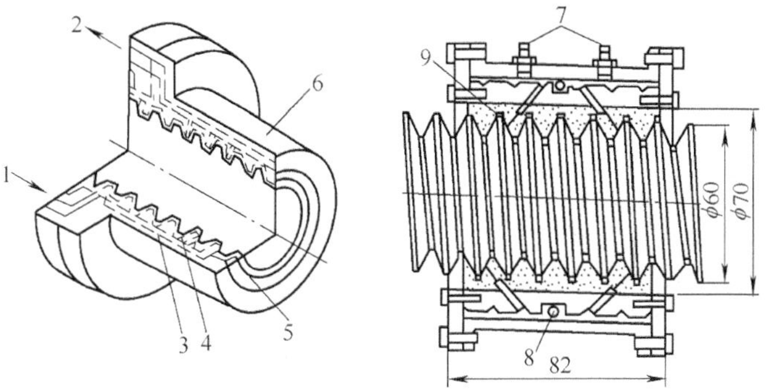

a)　　　　b)

图 2.9　液体和空气静压丝杠传动副

a）液体静压　b）空气静压

1—进油　2—排油　3—油腔　4—外螺纹　5—密封圈　6—螺母　7—进气口　8—排气口　9—树脂

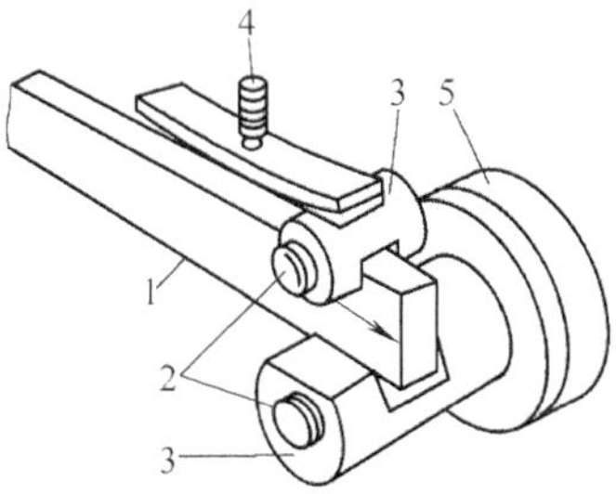

图 2.10　摩擦驱动装置

1—驱动杆　2—摩擦轮　3—静压轴承　4—弹簧压板　5—驱动电动机

4. 微量进给装置

为了实现精密和超精密加工，精密和超精密加工机床必须配有微量进给装置（Trace Feed Unit）。微量进给装置可为精密和超精密加工提供微进给量，进一步提高机床的分辨率；可用于加工误差的在线补偿，提高加工的形状精度；将非轴对称特殊曲线的坐标数值输入控制微量进给装置进给量的计算机中，可加工出非轴对称特殊曲面；还可用于实现超薄切削。目前高精度微量进给装置已可达到 0.01 ~0.001μm 的分辨率。

根据微量进给装置的结构形式、工作原理，可将它归纳为六种类型（见表 2.3）：机械式，弹性变形式，热变形式，液体膜变形式，电磁式，电动式。上述六种类型中，仅有弹性变形式和电致伸缩式微量进给机构的相关技术比较成熟，应用较普遍。尤其是电致伸缩微量进给装置，可以进行自动化控制，有较好的动态特性，可以用于误差在线补偿。

表 2.3　微位移机构和器件

类　别	原　理	简　　图	特　　点	类　别	原　理	简　　图	特　　点
机械式	凸轮	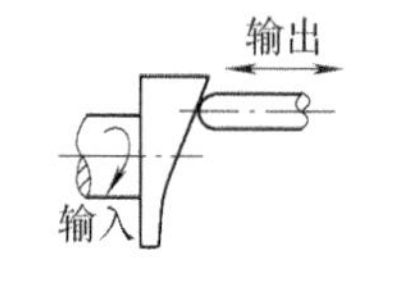	定位精度 2 ~ 1μm 行程大	液体膜变形式	弹性薄膜	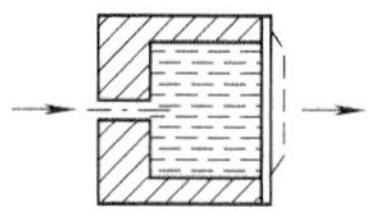	定位精度 ±0.5μm 需要液压系统 稳定、可靠
	斜面	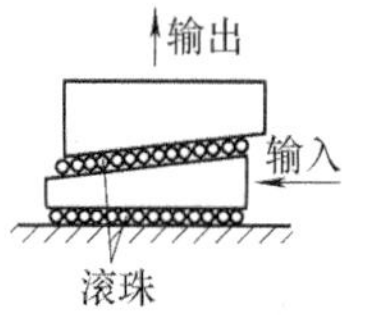	定位精度 0.1μm 行程大	热变形式	电热变形	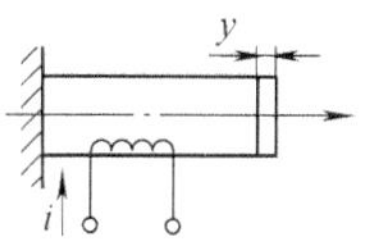	定位精度 0.5μm 有发热问题，需考虑冷却
	杠杆	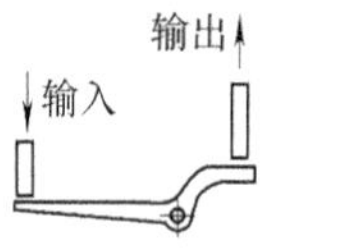	定位精度 2 ~ 1μm 结构简单 应用广泛	电磁式	电磁控制	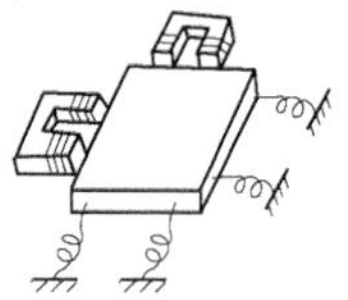	定位精度 0.2μm 行程大 结构简单，易于实现控制 应用广泛
	精密丝杠螺母副	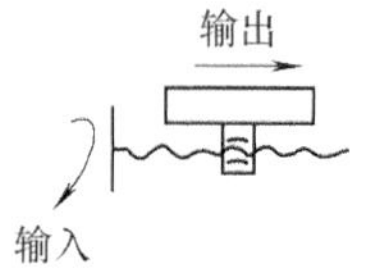	定位精度 0.3μm 行程很大 制造精度要求高		磁致伸缩式	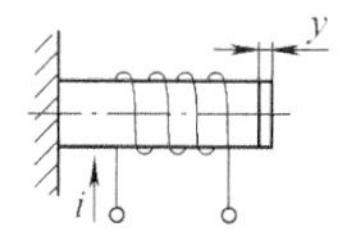	定位精度 0.5μm 有发热问题，需考虑冷却
	差动丝杠螺母副	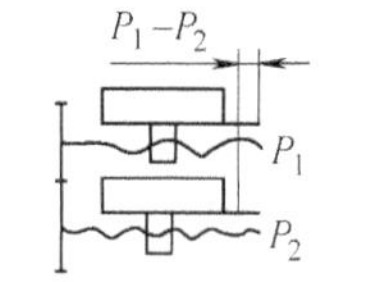	定位精度 0.1μm 行程大 结构复杂 应用广泛	电动式	电致伸缩式	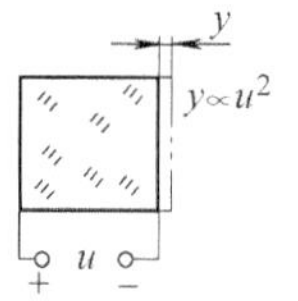	定位精度 0.01μm 变形量与外电压成平方关系 结构紧凑
弹性变形式	薄壁弹性元件	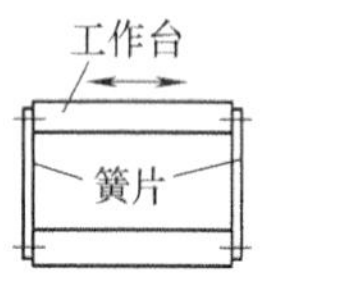	定位精度 ±0.2μm 稳定、无摩擦、无间隙、无爬行 应用广泛		铁电晶体	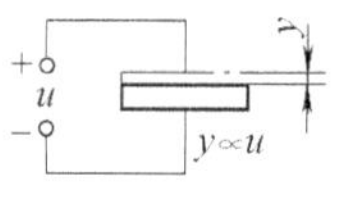	定位精度 0.01μm 分辨率 0.015μm 变形量小
	柔性铰链	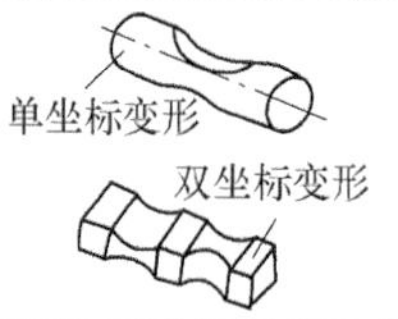	定位精度 ±0.05μm 分辨率 1nm 稳定、无摩擦、无间隙、无爬行 应用广泛		压电晶体	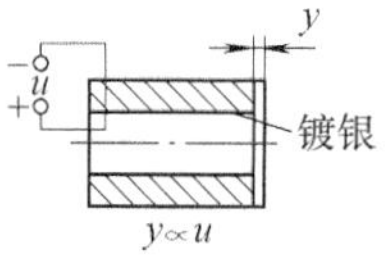	定位精度 0.01μm 分辨率 0.1μm 变形量小 应用广泛

机械结构弹性变形微量进给装置工作稳定可靠，精度重复性好，很适用于手动操作。图 2.11 所示为双 T 形弹性变形微进给装置的工作原理图。当驱动螺钉前进时，T 形弹簧 1 变直伸长，因 B 端固定，C 端压向 T 形弹簧 2。T 形弹簧 2 的 D 端固定，故推动 E 端微位移刀夹作微位移前进。该装置分辨率为 0.01μm，重复精度可达 0.02μm，最大输出位移为 20μm，在输出位移方向上具有足够的静刚度。

压电（Piezoelectric）或电致伸缩微量进给装置具有良好的动态特性，可用于实现自动微量进给。图 2.12 所示为电致伸缩传感器的工作原理图。电致伸缩陶瓷片两片成一对，中间通正电，两侧通负电，将很多对陶瓷片叠在一起，正极连在一起，负极连在一起，即组成一个电致伸缩传感器。陶瓷片在静电场作用下将伸长，当静电场的电压增加时，伸长量也增大。

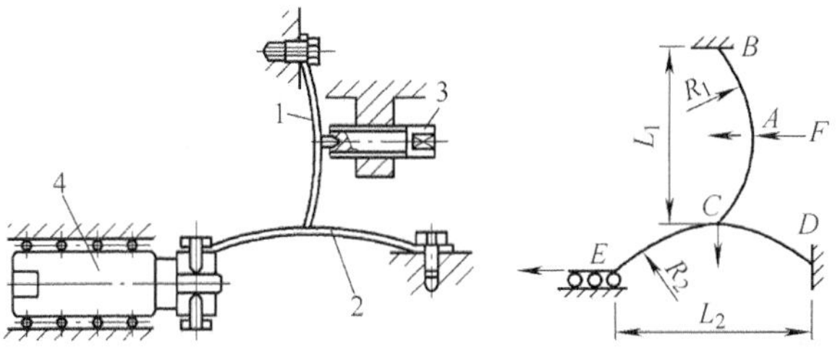

图 2.11　双 T 形弹性变形微进给装置的工作原理图

1、2—T 形弹簧　3—驱动螺钉　4—微位移刀夹

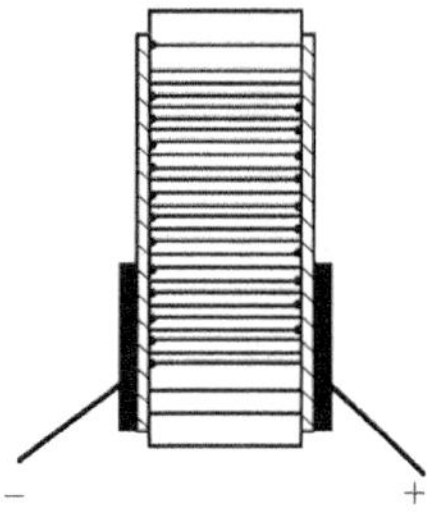

图 2.12　电致伸缩传感器的工作原理图

图 2.13 所示为一种电致伸缩式微量进给装置的机械结构。压电伸缩传感器后侧为固定支承，刀架体上有四个圆孔和台体外侧面形成薄壁变形元件，在圆孔间用三条缝开通，使前面装车刀部分和台体间能作前后弹性变形位移。当压电伸缩传感器在电压作用下伸长时，将推动前面装刀具部分向前移动，实现微量进给。

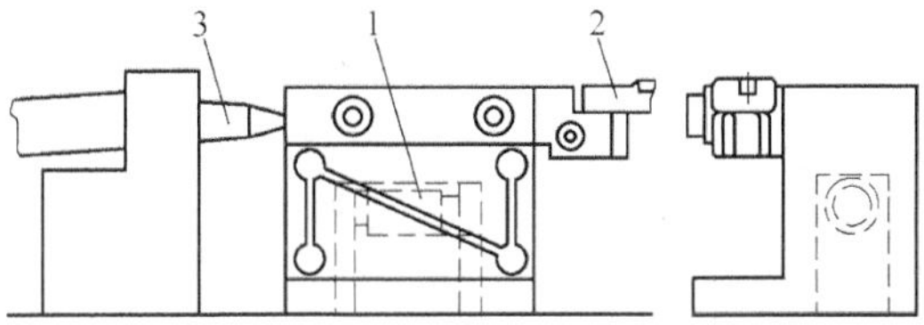

图 2.13　日本冈崎佑一的微量进给装置

1—压电伸缩传感器　2—金刚石刀具　3—测微仪

5. 机床运动部件位移在线检测系统

先进的超精密机床，都装有在线检测系统（Online Detection System），检测机床运动部件的位移，并和精密数控系统组成精密反馈闭环控制系统（Precision Feedback Cyclic Control System），以保证加工的尺寸精度。超精密机床一般都要加工非球回转曲面的工件，对工件加工表面有很严格的形状精度要求。工件的形状一般由两坐标（z 向和 x 向）的精密数控系统来控制工件和刀具的相对位置。机床运动部件的位移用装在机床内部的在线测量系统随机精确检测，将数据反馈给精密数控系统，形成闭环控制，保证了位移运动的高精度。

超精密机床的在线测量系统大部分都是在使用测量分辨率和测量精度都很高的双路双频激光干涉测距仪的同时使用分光镜，很容易实现多路测量。超精密机床常使用的双路双频激光干涉测距仪的分辨率为 0.01μm，测量精度为 0.1μm。而美国 LODTM 大型超精密机床使用了专门研制的 SP125 型双频激光干涉测量仪，测量精度达到 0.3nm。双频激光干涉在线测量系统中，激光发生器产生的热量需要隔离，激光光路需要用封闭罩封闭，并要有温度补偿，所以系统比较复杂。高精度光栅尺的测量分辨率已提高到 0.01μm，使用方便，在一些超精密机床在线检测系统中使用，并且简化了机床结构。但对精度要求更高的超精密机床，仍需要使用双频激光干涉在线测量系统。

6. 机床减振系统

超精密机床使用金刚石刀具作超精密切削时，要求机床工作时极其平稳，不允许有振动，因此必须尽量减少机床内部所有的振动，为此应采取以下措施：

（1）提高机床结构的抗振性，消除、减少机床内的振动

1）各运动部件都应经过精密动平衡，消除或减少机床内部的振源。机床内的主要振源是高速转动的部件，如电动机、主轴等，这些转动的部件必须经过精密动平衡，使振动减小到最小；有可能产生振动的还有电动机和主轴的不同心、空气轴承的振荡、滚珠丝杠和螺母的不同心、导轨运动部件直线运动速度的变化、加工工件有偏心重量等。当发现机床有振动时，必须找出振源，尽量消除，以减小振动。

2）提高机床结构的抗振性。使用很大的机床床身，以降低它的自振频率（Natural Frequency），例如美国 LLL 实验室的 DTM-3 大型超精密机床使用 6.4m×4.6m×1.5m 的巨大花岗岩做床身。如有振动产生，应找到机床结构中易于产生振动的薄弱环节，予以加强，使振动减小。

3）在机床结构的易振动部分，人为地加入阻尼，以减小振动。

4）使用振动衰减能力强的材料制造机床的结构件。铸铁对振动的衰减率高于钢材，花岗岩对振动的衰减率大大高于钢铁，人造花岗岩的振动衰减率又高于天然花岗岩。

由于花岗岩有很好的振动衰减能力和比钢铁低的线膨胀系数，现在很多的超精密机床和三坐标测量机的床身和溜板已采用花岗岩制造，获得较好的使用效果。人造花岗岩的振动衰减能力又比花岗岩高不少，瑞士 Studer 公司用人造花岗岩 Granite 制造高精度 S 系列磨床的床身，效果甚佳，已成为专利，在其他工厂中推广使用。英国 Cranfield 公司的 OAGM 2500 大型精密机床，床身采用焊接钢结构，中间用人造花岗岩填充，有很好的振动衰减能力。

（2）隔离振源，使用隔振沟、隔振墙和空气隔振垫，以减少外界振动的影响

1）超精密机床应尽量远离振源。机床附近的振源，如空压机、泵等应尽量移走。实在无法移走时，应采用单独地基，加隔振材料等措施，使这些无法移走的振源所产生的振动尽量减小对精加工的影响。

美国 LLL 实验室的 LODTM 大型超精密车床使用大量的恒温水通到机床的各部分，以保持机床的恒温。为避免恒温水水泵的振动影响超精密机床，采取以下措施：水泵将恒温水打到水箱中，令其靠自重从水箱流到超精密机床的各有关部分，这样水泵的振动将不影响超精密机床。

2）超精密机床采用单独地基、隔振沟、隔振墙等。为减少外界振动的干扰，地基应有足够的深度，地基周围用隔振沟，沟中使用吸振材料。过去为防止外界振动的传入，使用弹簧将地基架起来，它的隔振频率不够低，且不能自动找水平，故现在用得不多。

美国 LLL 实验室的 LODTM 大型超精密车床，除机床用带隔振沟的地基外，机床装在有隔振墙的单独房间内。隔振墙是双层的，中间有吸声材料，可以减少声波振动的影响。

3）使用空气隔振垫（亦称空气弹簧）。现在超精密机床和精密测量平台底下都用能自动找水平的空气隔振垫，一般可以隔离 2Hz 以上的外界振动。美国 LLL 实验室 LODTM 大型超精密机床用四个很大的空气隔振垫将机床架起来，从图 2.14 中可看到，这些空气隔振垫可以自动保持机床水平。这四个空气隔振垫中有两个是内部相连的，受力时能自动平衡，这样用四个空气隔振垫可以起到三点支承一平面的效果。大型超精密机床使用空气隔振垫后，

隔振后轴承部件的相对振动振幅仅有 2nm。

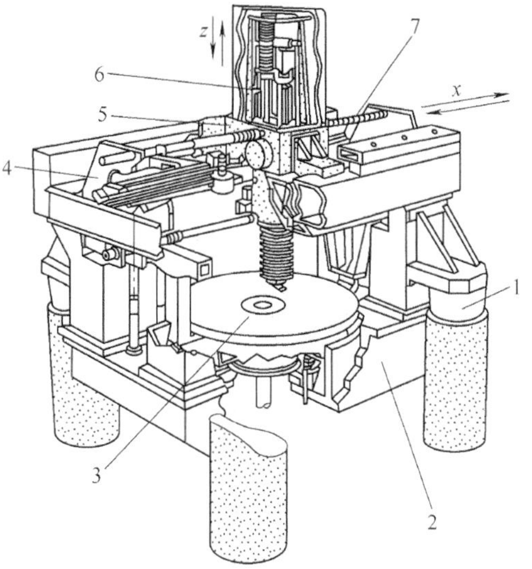

图 2.14　美国 LLL 实验室 LODTM 大型超精密机床的支承
1—空气弹簧　2—床身　3—工作台（直径 1.5m）　4—测量基准架　5—溜板
6—刀座（有重量平衡，行程 0.5m）　7—激光通路波纹管

7. 机床恒温控制系统

（1）温度变化对精密加工精度的影响　据有关文献统计，精密加工中机床热变形和工件温升引起的加工误差占总误差的 40% ~70%。精密加工铝合金零件 100mm 长时，温度变化 1℃，将产生 2.25μm 的误差。若要求确保 0.1μm 的加工精度，环境温度就需要控制在 ±0.05℃范围内。

加工精度为 0.1μm 级、直径 ϕ800mm 的非球曲面加工机床，要求控制机床主轴热伸长为 0.05μm，机床热变形误差控制指标为 0.05μm。

为了控制温度变化对精密加工精度的影响，先进的精密和超精密机床都装有高精度温控系统和热误差自动补偿装置。美国 LLL 实验室对机床热变形进行了基础性研究，在其实验条件下证明，相对位移量与油温呈比例变化，油温变化 0.056℃时，热变形为 0.19μm，在温度变化为 0.006℃时，热变形误差为 0.019μm，由此可见，要提高机床的加工精度，必须严格控制温度变化。

（2）机床温度控制系统　机床温度控制技术是综合技术，涉及机床热源控制、机床材料、机床结构、热平衡控制等多项技术，具体措施如下：

1）尽量减少机床中的热源。如机床主轴采用空气轴承代替液体静压轴承，以减少发热量；使用发热量小的电动机；将发热器件放在机床床身外，如进给电动机和激光管放在机床床身外侧等。

2）采用热膨胀系数小的材料制造机床部件。例如现在不少坐标测量机和超精密机床使用花岗岩、微晶玻璃、铟钢、陶瓷、铟钢铸铁、低线膨胀系数的铸铁等做机床的关键部件。

3）结构合理化。结构合理化使在同样的温度变化条件下，机床的热变形最小。

4）使机床长期处在热平衡状态，使热变形量成为恒定。例如某精密机床在主轴边上加一可调热源，当机床主轴最高转速发热量最大时，附加热源不工作；当主轴为某中间转速时，附加热源供热，使总热量达到机床最高转速时产生的热量；当主轴不转时，附加热源产生热量最大，仍保持总热量恒定；夜间机床不用时，附加热源继续供热，使机床主轴一直处在热平衡状态，保持机床的高精度。

5）使用大量恒温液体浇淋，形成机床附近局部地区小环境的精密恒温。精密和超精密机床要保持恒温可用大量的恒温油（或恒温水）浇淋切削区、关键部件或整个机床。例如有的精密丝杠车床和丝杠磨床的母丝杠做成带内孔的，工作时用恒温油通过丝杠内孔，使母丝杠保持恒温，从而提高了加工丝杠的螺距精度。

在使用三坐标测量机（Three Coordinate Measuring Machine）测量时，操作人员对环境温度有影响，工件和环境温度的波动变化将直接影响测量精度，造成测量误差。图 2. 15 所示为美国 LLL 实验室的三坐标测量机浇淋恒温油控制系统，此系统可控制油温在 30s 的平均值不超过（20 ±0. 0055)℃，显著地提高了测量精度。

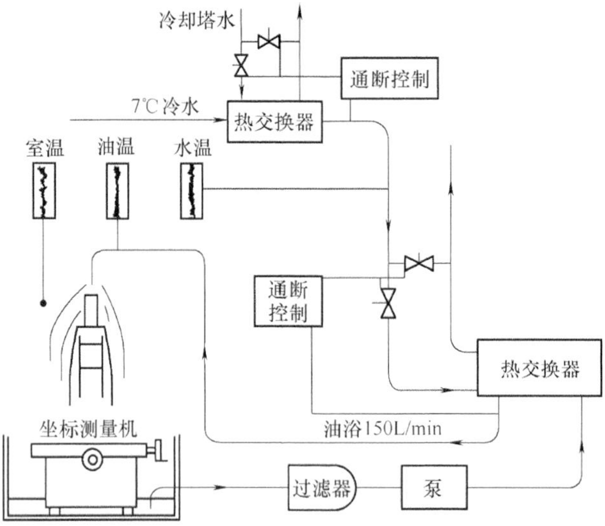

图 2. 15　浇淋恒温油控制系统

2. 2. 3　在线检测与误差补偿技术

精密和超精密加工的精度是依靠检测精度来保证的，而为了消除误差，进一步提高加工精度，必须使用误差补偿技术（Error Compensation Technique）。

保证零件加工精度有两条途径：其一是依靠一定精度的机床来保证，即要求机床的精度高于工件所要求的精度，称之为“蜕化”原则或“母性”原则。普通零件的加工精度一般都是通过这条途径来保证的。对于精密和超精密加工，由于工件的精度要求极高，而要制造出比工件精度更高的机床，在技术上难度很大，耗资也巨大，甚至达到不可能的程度，这就要求人们开辟另一条途径，即利用误差补偿技术，在精度比工件要求低的机床上，加工出高精度的工件，这就是所谓的“进化”原则或“创造性”原则。

精密和超精密加工机床，由于采用了在线检测和误差补偿技术，因此可以加工出精度极高的零件。现在国外生产的超精密机床，都装有双频激光随机检测系统，检测机床运动部件两个坐标方向的位移位置，和精密数控系统组成反馈控制系统，以保证加工的尺寸精度。精密数控系统现在一般都采用闭环控制，即机床运动部件的位移用装在机床内部的双频激光干涉测距系统随机精确检测，将数据反馈给精密数控系统，从而保证位移的高精度。

图 2.16 所示为美国 Pneumo 公司生产的 MSG325 超精密车床的位移激光检测系统。该机床的布局为主轴箱装在纵滑板上作 z 方向运动，刀架装在横滑板上作 x 方向运动。双频激光发生器发出的激光经分光镜分成两路，分别测 z 方向和 x 方向的位移。激光测量系统（Laser Measuring System）的分辨率为 0.01μm，绝对测量精度小于 0.1μm。

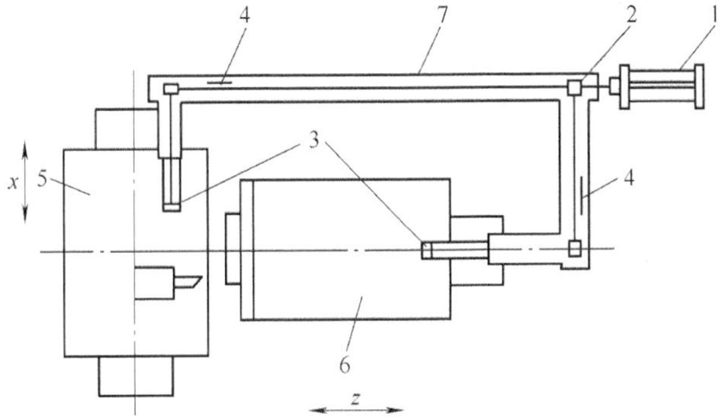

图 2.16 MSG325 超精密车床的位移激光检测系统

1—激光器 2—分光镜 3—移动棱镜 4—接收器 5—横滑板 6—纵滑板 7—封闭罩

图 2.17 所示为哈尔滨工业大学开发的 SI-255 超精密车床车削工件圆度和圆柱度的误差检测和补偿系统。该系统主要由机床主轴回转误差实时测量系统、建模与预报、主从控制系统、驱动电源及电致伸缩微进给机构组成。测量系统中，由带有调速机构的扇形测量架和底座组成测量装置，沿扇形测量架的圆周方向装有三个电容测头 A、B、C，沿其轴线装有另一电容测头 D。四台电容测微仪的输出信号经四路采样保持（S/H），模数转换（A/D）后读入到计算机系统，装在车床主轴后端的光电码盘产生同步脉冲及采样脉冲。由计算机、高速信号处理器构成的数据采集主从系统完成误差信号的采集、数据处理等工作。误差补偿执行

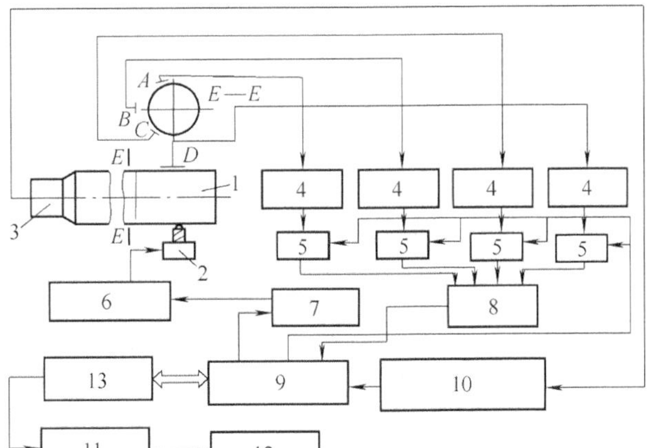

图 2.17 车削工件圆度和圆柱度的误差补偿

1—工件 2—补偿执行机构 3—光电码盘 4—电容测微仪 5—S/H 6—驱动电源 7—D/A 8—A/D
9—高速信号处理器 10—分频电路 11—信号处理 12—建模与预报 13—微机

机构是一个电致伸缩式微进给刀架。采用该套误差补偿系统，效果明显，工件圆度误差平均减小了40%，工件圆柱度误差平均减小23%。

2.2.4 典型超精密机床简介

下面介绍精密和超精密机床发展过程中的一些具有代表性的机床，通过它们的发展过程，可以从一个侧面了解精密和超精密加工技术及其机床的发展过程。

1. Union Carbide 公司的半球车床

1962年，Union Carbide公司研制出最早期使用金刚石刀具实现精密镜面切削的机床。图2.18a所示为该机床的外形构造。它能加工 ϕ100mm 的半球，尺寸精度可以达到 ±0.6μm，表面粗糙度 Ra 为 0.025μm。

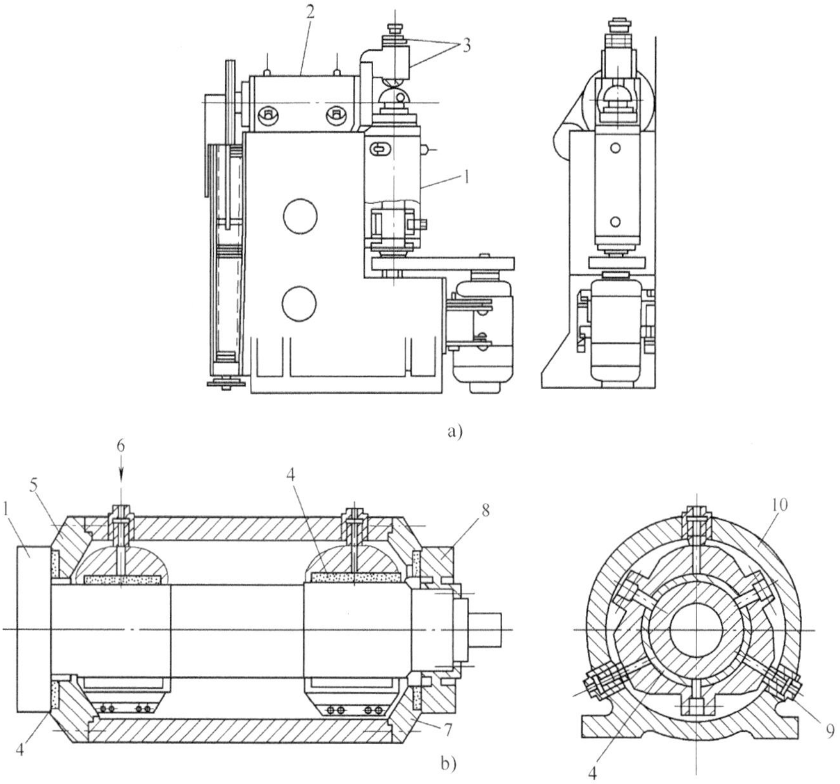

图2.18 Union Carbide公司的半球车床（1号车床）
a）外观结构 b）空气轴承主轴
1—工件主轴 2—刀具头架主轴 3—刀具头架 4—多孔石墨轴衬 5—前止推板 6—进气孔 7—后止推板 8—挠性止推环 9—调整螺钉 10—外壳体

图2.18b所示为这台车床的精密空气轴承主轴的结构。它采用多孔石墨制成轴衬，径向空气轴承的外套可以自动调整定心。这种轴承的回转精度达到0.125μm。

2. Ex-Cell-O 公司的 2m 镜面立式车床

为了加工大功率气体激光核聚研究所需的大直径光学部件，1976年Ex-Cell-O公司开发了金属反射直径达2m的金刚石镜面立式车床（Diamond Mirror Vertical Lathe）。尽管当时该公司已拥有最高精度的滚动轴承制造技术，但对于加工直径为2m的光学部件来说，滚动轴承的回转精度还不够，因此开发了回转精度更高、回转更平稳的新型空气轴承回转轴。图2.19所示为该机床所采用的垂直轴空气轴承工作台结构。这种车床主轴径向圆跳动为0.1～0.13μm，轴向圆跳动为0.15～0.18μm，以2000r/min运转8h的温升在5.6℃内。径向刚度为316N/μm。

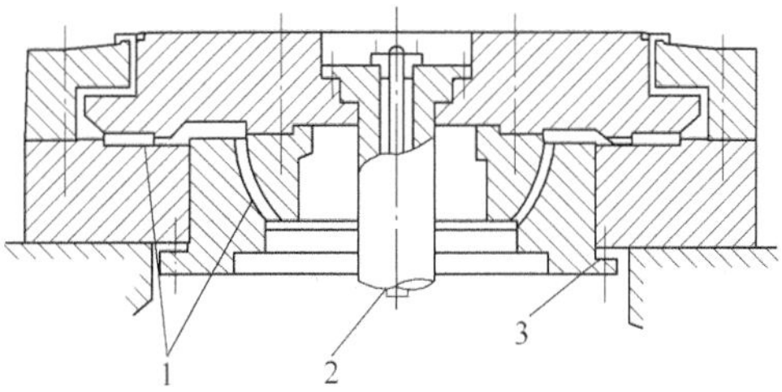

图2.19 垂直轴空气轴承工作台结构
(Ex-Cell-O公司的Ⅲ-B型立轴车床用)
1—多孔石墨轴衬 2—驱动轴 3—空隙

3. 美国LLL实验室DTM-3大型超精密车床

1983年7月，在美国能源部支持下，LLL实验室和高水平的联合碳化物公司Y-12工厂联合研制成功了大型超精密金刚石车床DTM-3。该机床可加工的零件最大直径达ϕ1200mm，最大质量达4500kg。该机床可用于加工激光核聚变所需的各种金属反射镜、红外装置用的零件、大型天体望远镜等。

该机床采用了精密数控伺服方式，具有内装式CNC装置和激光干涉测长仪，可实现精确测量定位。进给驱动系统采用DC电动机与具有静压轴承的摩擦驱动轮联合驱动，进给运动平稳，精度高。为了实现刀具的微量进给，在DC伺服机构内装有压电微位移机构，可实现纳米级微位移。为了消除热变形影响，流体温度控制可达（20±0.0006）℃，空气温度可达（20±0.005）℃。该机床是近20年研究成果的结晶，它与该实验室1984年研制的另一台大型超精密车床LODTM一起被公认为是世界上技术水平最高、精度最高的大型金刚石超精密车床。图2.20所示为该机床的外观图。

图2.20 美国LLL实验室的大型超精密车床（DTM-3）

4. 日本TOYOTA公司的AHN10型高效专用车削、磨削超精密机床

日本在中小型专用高效超精密加工机床方面处于领先地位。图2.21所示为AHN10型机床外形简图。该机床用于加工非球曲面，可完成车削、铣削和磨削加工，特别适用于加工精密钢制模具。它具有一个x向和y向调整刀架及绕B轴转动的高精度转台，借助三轴精密数控，可以加工平面、球面和非球曲面。

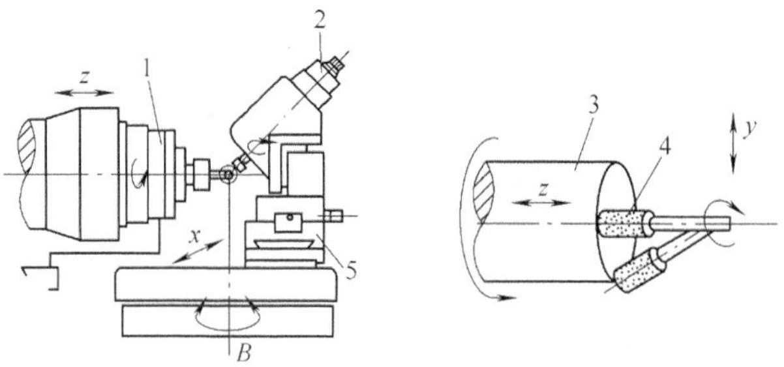

图 2.21　日本 AHN10 型机床磨削模具

1—主轴　2—磨头主轴　3—工件　4—砂轮　5—刀架

机床主轴采用空气轴承，直线移动分辨率为 0.01μm，激光测量反馈，定位精度全行程 0.03μm。*B* 轴回转分辨率为 1.3″。刀具的切削刃（或砂轮廓形）通过显微镜放大显示在屏幕上，易于定位，提高加工精度。该机床加工模具时可达到的形状精度为 0.05μm，表面粗糙度值为 *Ra*0.025μm。

2.3　金刚石刀具及切削机理

超精密切削加工技术在国防和尖端技术的发展中起着重要的作用。现在超精密切削是使用精密的单晶天然金刚石刀具加工有色金属和非金属，可以直接切出超光滑的加工表面。由于切削可以代替研磨等很费工的手工精加工工序，不仅节省工时，还提高了加工精度和加工表面质量，因而受到各国的重视和发展。

金刚石刀具的超精密切削，用于加工铝合金、无氧铜、黄铜、非电解镍等有色金属和某些非金属材料，在符合条件的机床和环境条件下，可以得到超光滑表面，表面粗糙度值 *Ra* 可达到 0.02 ~ 0.005μm，精度小于 0.01μm，金刚石刀具用于加工陀螺仪、激光反射镜、天文望远镜的反射镜、红外反射镜和红外透镜、雷达的波导管内腔、计算机磁盘、激光打印机的多面棱镜、复印机的硒鼓、菲尼尔透镜等，其使用面日益扩大，不仅有为国防尖端技术服务的单件小批生产方式，而且有为民用产品服务的大批量生产方式。因此研究提高超精密切削的加工效率和加工表面质量，研究超精密切削的切削机理，已日益受到人们的重视。

超精密切削也是金属切削的形式之一，它在符合金属切削普遍规律的同时，也有不少特殊规律。这是由金刚石刀具的特殊物理化学性能和切削层极薄等因素造成的，在这里将研究超精密切削一些主要的特殊切削规律。

2.3.1　金刚石特性及金刚石刀具

1. 金刚石特性

金刚石晶体属于立方晶系；天然单晶金刚石通常为 8 面体或 12 面体，人造单晶金刚石常为 6 面体、8 面体和 12 面体；具有各向异性，不同晶向的物理性能相差很大。为了加工制造和使用金刚石，了解金刚石的特性是十分必要的。

（1）硬度　在已知材料中，金刚石的硬度（Hardness）最高。由于其晶体各向异性，因此在不同方向其物理力学性能有着明显的差异。金刚石和其他材料硬度对比见表 2.4，金刚石的其他物理力学性能见表2.5。

表2.4 不同材料的硬度

	金刚石	CBN	SiC	TiC	WC	Al_2O_3	高碳马氏体
硬度 HV	6000~10000 随晶体方向和温度而异	6000~8500	3500	3200	2400	2200	1000

表2.5 金刚石的物理力学性能

硬度	6000~10000HV（随晶体方向和温度而有差别）
抗弯强度	210~490MPa
抗压强度	1500~2500MPa
弹性模量	$9 \sim 10.5 \times 10^{11}$ N/m^2
热导率	(2~4)×418.68W/(m·K)
比热容	0.516J/(g·℃)（常温）
开始氧化温度	900~1000K
开始石墨化温度	1800K（在惰性气体中）
和铝合金、黄铜间的摩擦因数	0.06~0.13（在常温下，随晶体方向不同而有差别）

从表2.5中金刚石的性能看，它有极高的硬度、较高的热导率（Thermal Conductivity），和有色金属间的摩擦因数（Friction Coefficient）低，开始氧化的温度较高，这些都是超精密切削刀具所要求的。此外，单晶金刚石的刃可以研磨得极锋利（*Ra* 值可以达到0.05~0.01μm），没有其他任何材料可以磨至这样锋锐并且能长期切削而磨损很小。因此金刚石成为理想的、不能代替的超精密切削的刀具材料。

（2）耐磨性 金刚石晶体不同的晶面耐磨性（Abrasion Resistance）不同，并且同一晶面上不同方向的耐磨性亦有很大差别。金刚石的耐磨性可用它的相对磨削率来表示。在对金刚石进行研磨加工时，各晶面均有所谓“好磨”和“难磨”方向，其磨削率相差甚大。金刚石硬度极高，研磨加工甚难。因此，为加工金刚石，必须知道各晶面的相对磨削率和各晶面的好磨和难磨方向。

图2.22中给出了研磨（100）、（111）和（110）晶面时研磨方向与磨削率关系的实验结果曲线。磨削率是指单位载荷和单位线速度下的磨削体积［$\mu m^3/(N \cdot m \cdot s^{-1})$］。

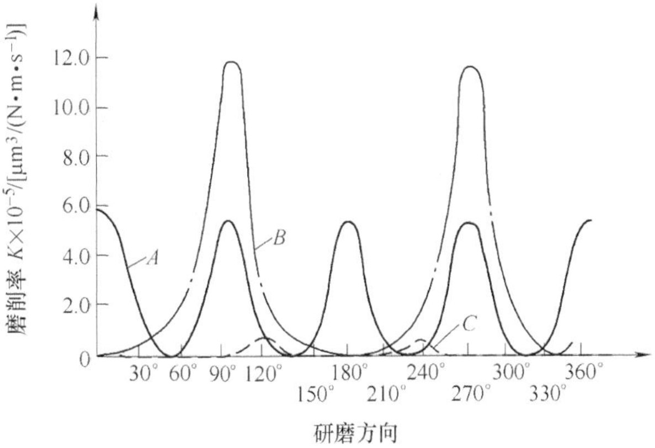

图2.22 不同晶面研磨时研磨方向与磨削率的关系

A—（100）晶面 *B*—（110）晶面 *C*—（111）晶面

从图2.22中可以看到：研磨（100）晶面，磨削率有四个峰值，即有四个磨削率高的方向，各相差90°。研磨（110）晶面，磨削率有两个峰值，即有两个磨削率高的方向，各相差180°。研磨（111）晶面，磨削率有三个峰值，即有三个磨削率高的方向，各相差120°。在高磨削率方向上，（110）晶面的磨削率最高，最容易磨；（100）晶面的磨削率次之，（111）晶面磨削率最低，最不容易磨。

这三个晶面的低磨削率方向的磨削率都极低，研磨甚难，如图2.22所示。

从图2.22可知，（100）、（111）和（110）晶面的好磨和难磨方向如图2.23所示。

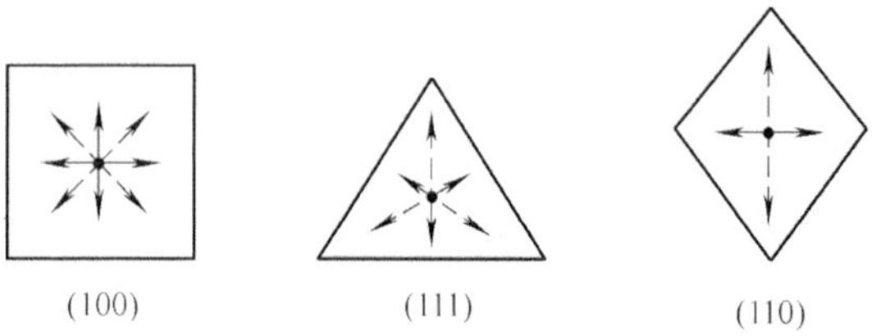

图2.23 金刚石各晶面的好磨和难磨方向

好磨方向← 难磨方向←- - - - - -

金刚石硬度极高，研磨加工效率甚低，因此合适地选择晶面，掌握各晶面的好磨、难磨方向，对加工制造金刚石用品极为重要。

（3）摩擦因数 通过实验，可以得到金刚石晶体研磨时不同晶面、不同方向的摩擦因数。摩擦因数在0.3～0.5之间时，随金刚石晶面、研磨方向的不同而有明显差别：

1）研磨金刚石晶体时，（110）晶面摩擦因数最大，（100）晶面次之，（111）晶面最小。

2）晶面的摩擦因数随摩擦方向不同而有明显差别。（100）晶面有四个波峰和波谷，（110）晶面有两个波峰和波谷，（111）晶面有三个波峰和波谷。

3）金刚石晶体研磨时，各晶面、各方向摩擦因数的变化规律和研磨时磨削率的变化规律非常一致。

4）磨金刚石晶体时，可以根据摩擦力的大小找出所磨晶面的好磨方向。金刚石晶体研磨时摩擦因数大，说明该方向金刚石表层易于微观破损去除，消耗的能量大，研磨消耗的功大，因而研磨温度增高，金刚石表层易于氧化或石墨化，从而提高研磨效率。

根据实际研磨金刚石的经验，如研磨方向找得好，研磨顺手，不仅研磨效率高，并且有时还可看到微细的火花（在黑暗中），说明研磨时存在金刚石的氧化现象。

（4）解理现象 解理现象（Cleavage Phenomenon）是某些晶体特有的现象。晶体受到定向的机械力作用时，可以沿平行于某个平面平整地劈开的现象，称为解理现象。

由于（111）面网的面间距比（100）和（110）面网的面间距都大，并且在面间距大的（111）面网之间（见图2.24），单位晶胞只需击破一个共价键就可以使其劈开，故劈开比较容易。金刚石内部的解理劈开，在绝大多数情况下是与（111）面网平行，在两个相邻的加强（111）面网之间。在解理劈开时，可以得到很平的劈开面。

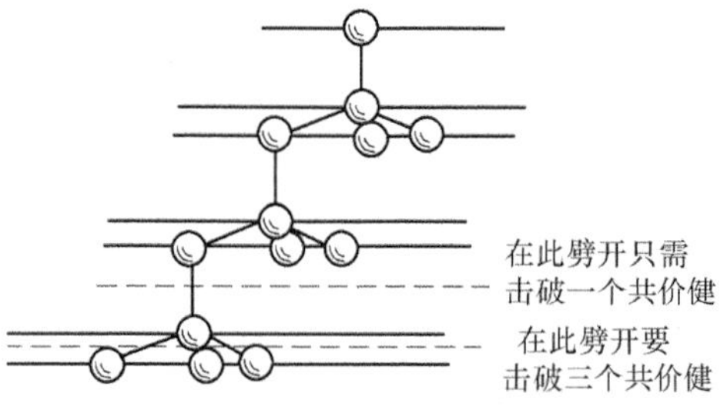

图2.24 （111）面网的碳原子分布示意和解理劈开面

解理现象是金刚石晶体的一个非常重要的特性。金刚石晶体可以沿解理面［（111）面］平整地劈开两半，而且金刚石的破碎和磨损都与解理现象直接有关。要设计、加工制造和使用金刚石工具时，都必须熟悉了解金刚石的解理现象。

2. 金刚石刀具结构

超精密切削一般采用单晶金刚石刀具。衡量金刚石刀具质量的好坏，首先是看能否加工出高质量的超光滑表面（$Ra=0.02\sim0.005\mu m$），其次是它能否有较长的切削时间保持刀锋锐（一般要求切削长度数百千米），并切出极高质量的加工表面。金刚石刀具的设计，主要是满足上述要求。

超精密切削用金刚石刀具在结构上要解决的三个最主要问题是：切削部分的几何形状，前、后面的晶面选择和金刚石在刀具上的固定方法。

（1）金刚石刀具切削部分的几何形状

1）刀头形式。金刚石刀具一般不采用主切削刃和副切削刃相交为一点的尖锐的刀尖，这样的刀尖不仅容易剥落（Flaking）和磨损（Wear），而且在加工表面上留下加工痕迹，使表面粗糙度值增大。金刚石刀具的主切削刃和副切削刃之间采用过渡刃，对加工表面起修光作用。过渡刃有用直线修光刃的，也有用圆弧修光刃的，这有利于获得好的加工表面质量。

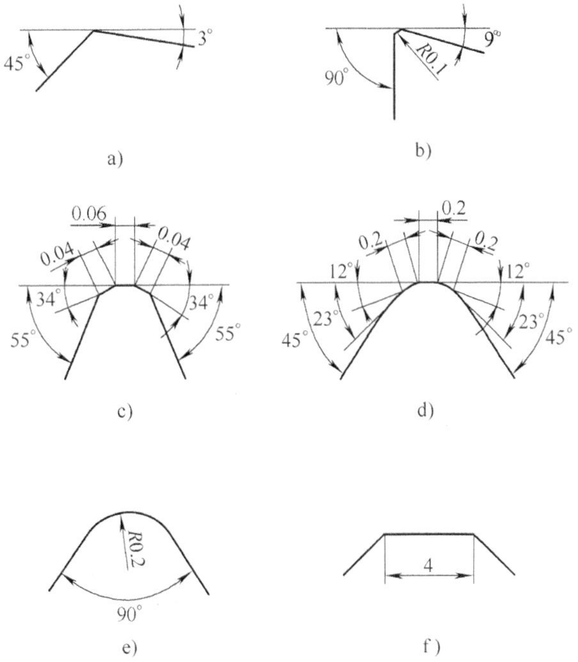

图2.25　金刚石刀具的不同刀头形式

图2.25所示为几种不同的刀头形式。其中图2.25a一般不用，使用的是其他几种形式，有用小圆弧的（见图2.25b），有直线修光刃的（见图2.25c、d、f），有圆弧修光刃的（见图2.25e）。

国内在加工圆柱面、圆锥面和端平面时，多采用直线修光刃，直线修光刃制造研磨容易。这种刀要求对刀良好，直线修光刃应严格和进给方向一致，可以得到令人满意的加工表面（$Ra<0.02\mu m$）。直线修光刃的长度一般取$0.1\sim0.2mm$，修光刃太长会增加径向切削力，修光刃和工件表面过多摩擦会使表面粗糙度值增大，并加速刀具磨损。

国外金刚石刀具较多采用圆弧修光刃。超精密切削时进给量甚小，一般$f<0.02mm/r$，圆弧修光刃留下的残留面积极小，对表面粗糙度影响不大。采用圆弧修光刃时，对刀容易，使用方便，但刀具制造研磨费事，价格要高些，国外标准的金刚石刀具，推荐的修光刃圆弧半径$R=0.5\sim3mm$。

金刚石刀具的主偏角一般采用30°～90°，用得较多的是45°。

2）前角和后角。由于金刚石的脆性，在保证获得较小加工表面粗糙度值的前提下，为增加切削刃的强度，应采用较大的刀具楔角β，故刀具的前角（Rake Angle）和后角（Tool Orthogonal Clearance Angle）都取得较小。

增大金刚石刀具的后角，可减少刀具后面和加工表面的摩擦，可减小表面粗糙度值。曾有试验，后角α_o增大到15°，加工表面质量有明显提高。但为保证切削刃强度，一般取$\alpha_o=5°\sim8°$，用得较多的是5°～6°。加工球面和非球曲面的圆弧修光刃刀具，其后角常取10°。

金刚石刀具的前角 γ_o 根据加工材料选择，切削铝、铜合金时前角 γ_o 可取 $0^\circ \sim 5^\circ$。

（2）金刚石刀具前、后面晶面的选择　由于单晶金刚石晶体的各向异性，各方向的性能（如硬度和耐磨性、微观强度和解理碎裂的概率、研磨加工的难易程度等）相差甚为悬殊。因此金刚石刀具的前面和后面应选用什么晶面为佳，是设计金刚石刀具的一个重要问题。

目前国内金刚石刀具制造厂家从金刚石易于研磨加工角度出发，一般前面和后面都采用（110）晶面或者和（110）晶面相近的面（$\pm 3^\circ \sim \pm 5^\circ$）。这种方法的缺点是未考虑金刚石刀具的使用性能和刀具寿命。

国外的金刚石刀具制造厂家多数不公布其刀具前、后面的晶面选择资料。但有技术资料报道，有选用（100）晶面作为前面或后面的，也有选用（110）晶面作为前面或后面的。选用（111）晶面作为前面或后面者极少，这可能是由于（111）晶面硬度太高，而微观破损强度并不高，研磨加工困难，很难研磨加工出精密金刚石刀具要求的锋锐的切削刃的原因。

建议选用（110）晶面作为前面或后面的理由：

1）（110）晶面研磨加工容易些，研磨加工效率高，容易研磨出锋锐的切削刃。

2）有人做过切削铝合金试验，比较了前面分别是（110）晶面和（100）晶面的两把金刚石车刀切削效果，前面为（110）晶面者，切屑与前面间的摩擦因数要低于另一把刀，因此认为用（110）晶面为前面，摩擦因数低，可提高刀具寿命。但也有人认为该试验做得不够充分，因为金刚石同一晶面在不同方向的摩擦因数是不同的，上述试验没有比较铝合金和（110）、（100）晶面不同方向的摩擦因数。因为试验不充分，结果很难作为依据。

金刚石刀具前后面晶面的选择主要应考虑下面几个因素：刀具耐磨性好；切削刃微观强度高，不易产生微观崩刃；刀具和被加工材料间摩擦因数低，使切削变形小，加工表面质量高；制造研磨容易。我国一些研究者在比较了（100）晶面和（110）晶面作前、后面的优缺点后，推荐金刚石刀具的前面应选（100）晶面，理由如下：

1）（100）晶面的耐磨性明显高于（110）晶面，因此用（100）晶面作为前、后面要比用（110）晶面时刀具有更长的寿命。

2）（100）晶面的微观破损强度要高于（110）晶面，同时（100）晶面受载荷时的破损概率要比（110）晶面低很多，因此用（100）晶面做前、后面时，切削刃有较高的微观强度，产生微观崩刃的概率要小得多。

3）（100）晶面和有色金属之间的摩擦因数要低于（110）晶面的摩擦因数，因此用（100）晶面做前、后面时，可以使切削变形减小，使加工表面的变形和残留应力减小，有利于提高加工表面质量。

研磨加工金刚石刀具时，（100）晶面的研磨效率低于（110）晶面，因此制造刀具的工时要长一些，这是选用（110）晶面的优点。但刀具晶面的选择，主要应该考虑的是刀具的使用性能，而不能只考虑刀具制造效率的高低，因此应该选用（100）晶面做刀具的前、后面。用（100）晶面做刀具的前、后面时，切削刃的微观强度高，不易产生微观崩刃，因此研磨出锋锐、完善、高质量的金刚石刀具切削刃，反而要容易些。

在金刚石的晶体结构中，有三组相互垂直的（100）晶面。用于加工铝合金或铜合金的金刚石刀具，常取后角 $\alpha_o = 5^\circ \sim 6^\circ$，前角 $\gamma_o = -5^\circ \sim -6^\circ$。这时刀具楔角为 90°，前面和后面均可选用（100）晶面，由于（100）晶面微观强度高，这时制造金刚石刀具易于研磨出锋锐切削刃。使用这种金刚石刀具也容易在较长时间的切削后仍保持切削刃锋锐，这对延长刀具寿命是很有利的。

（3）金刚石在刀杆上的固定方法　通常，金刚石固定在小刀头上，小刀头用螺钉或压板固定在车刀刀杆上。这种结构并无特殊之处，不再介绍。金刚石车刀也有将金刚石直接固定在车刀刀杆上的。

金刚石在小刀头上的固定方法有：

1）机械夹固（Mechanical Clamping Solid ）。这种夹固方式需将金刚石的底面和加压面磨平，用压板加压固定在小刀头上。用这种方式固定时，需要较大颗粒的金刚石。

2）用粉末冶金法（Powder Metallurgy）固定。将金刚石放在合金粉末中，经加压在真空中烧结，使金刚石固定在小刀头内。这种固定方法可使用较小颗粒的金刚石，对金刚石的使用较为经济，因此目前国际上用得较多。用这种方法固定金刚石时，要使用热压真空烧结炉，价格较高。有的单位试验用冷压，在保护气体中进行烧结，亦获得良好效果，而所用设备却大为简化。使用这种固定方法时，要注意正确选用合金粉末的成分比例，使烧结后能有较高的硬度和强度，保证金刚石有坚实的支承面，在使用中不会松动或塑性变形。

3）使用粘结或钎焊固定金刚石。有使用无机粘结剂（Inorganic Binder）或其他粘结剂固定金刚石的，粘结强度都不高，金刚石容易脱落。使用钎焊方法固定金刚石是一种好办法，但金刚石钎焊是一项高度保密技术。

金刚石刀具的加工研磨和用钝重磨，是一项保密性很强、难度很大的技术。国外金刚石刀具的使用厂多数都不自己刃磨，而将金刚石刀具送回原制造厂重磨。重磨收费很高且很不方便。Sumitomo 公司推出一次性使用不重磨的精密金刚石刀具。使用的金刚石颗粒很小，因此价格比较便宜。将金刚石钎焊在硬质合金片上，再用螺钉夹固在车刀刀杆上。刀片结构见表 2.6。刀片上的金刚石由制造厂研磨得很锋锐，用钝后不再重磨。因所用金刚石颗粒小，价格较低，对使用超精密切削不太多的工厂，这种刀具是适用的。

表 2.6　一次性使用的不重磨精密金刚石刀具

<table>
<tr><th rowspan="2">形　状</th><th rowspan="2">刀尖圆弧半径 R</th><th colspan="4">尺寸/mm</th></tr>
<tr><th>内接圆直径 φA</th><th>厚度 T</th><th>刀尖圆弧半径 R</th><th>孔径 d</th></tr>
<tr><td rowspan="4">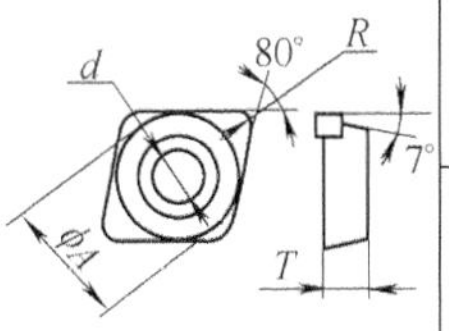
</td><td rowspan="3">
</td><td rowspan="3">6.35</td><td rowspan="3">2.38</td><td>0.1</td><td rowspan="3">3.75</td></tr>
<tr><td>0.2</td></tr>
<tr><td>0.4</td></tr>
<tr><td>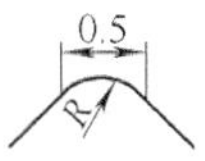
</td><td>6.35</td><td>2.38</td><td>0.8</td><td>3.75</td></tr>
</table>

3. 金刚石刀具的制造

一颗单晶金刚石毛坯，要做成精密金刚石刀具，首先要经过晶体定向，确定制成刀具的前面、后面的空间位置，确定需要磨去的部分，然后进行研磨。金刚石研磨又分粗研和精研。一般采用高速旋转的铸铁盘加金刚石微粉进行粗研磨。基本成形后，最后进行精研，要求磨出锋锐、完好无缺陷的切削刃。磨好的金刚石刀具要经过严格检验，保证切削刃的质量，使之能切出超光滑的加工表面。

金刚石刀具的粗研费时很长，要提高其磨削效率。金刚石刀具的精研要求保证切削刃的质量，达到极其锋锐而无缺陷。金刚石刀具的质量和所使用的精密研磨机及研磨技术直接有关。

（1）金刚石定向　由于金刚石晶体各向异性，不同晶向性能差别甚大，在制造金刚石刀具时，必须正确选择晶体方向。对金刚石原料必须先进行晶体定向，才能制造刀具。

现在采用的金刚石晶体定向方法有人工目测定向、X 射线定向和激光定向。这三种金刚石晶体定向的方法，各有其优缺点，现分别说明如下：

1）金刚石晶体的人工目测定向。优质的单晶金刚石原料都是规整的晶体，可以用目测定向方法确定它的各晶面，这是最方便、最实用的晶体定向方法。但对于不规整的晶体或已经磨制加工过的金刚石，目测定向方法就无法使用了。

2）金刚石晶体的 X 射线定向。金刚石晶体目测定向法虽然简单易行，但定向精度低，使用有局限性。在科研实验中或定向精度要求较高时，采用 X 射线晶体定向。

X 射线晶体定向原理如下：当一定波长的 X 光束穿透晶体，它会使晶体内原子的电子开始振动，该振动电子将在各个方向发出散射光。该散射光在某些方向被反射增强，形成所谓衍射光束，它能在荧光屏幕上被观察到，并能使照相底片感光。

3）金刚石晶体的激光定向。金刚石晶体的激光定向法是金刚石晶体的新定向方法。这种定向方法所用的设备价格低，操作方便，有足够的定向精度，是一种较好的、实用的晶体定向新方法。

金刚石晶体的激光定向原理就是利用金刚石在不同结晶方向上的晶体结构不同，对激光反射而形成的衍射图像不同而进行的。激光晶体定向的原理如图 2.26 所示。由氦氖激光管产生激光束，通过屏幕上的小孔，照射到金刚石表面。金刚石表面存在一些在生长过程中形成的形状规则的晶界晶纹和微观凹坑。当相干性比较好的激光照射到金刚石晶体表面上的这些晶纹和微观凹坑时，如被激光照射的金刚石表面是某晶面面网，转动金刚石使被测晶面与激光束相垂直，激光被反射到屏幕上，形成特征衍射光像，可根据衍射光像的图形知道被激光照射的晶面是什么晶面，也就确定了该晶面在金刚石晶体内的空间方位。

（2）金刚石研磨

1）金刚石刀具的研磨机。生产中使用的精密金刚石刀具研磨机的结构较为简单，其结构原理如图 2.27 所示。

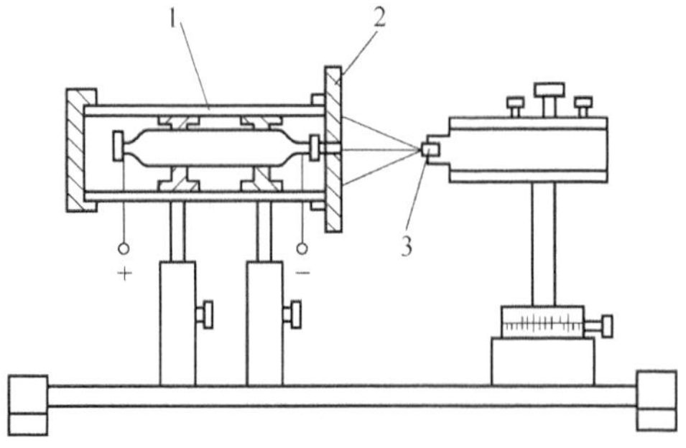

图 2.26　金刚石晶体的激光定向原理

1—激光管　2—屏幕　3—金刚石

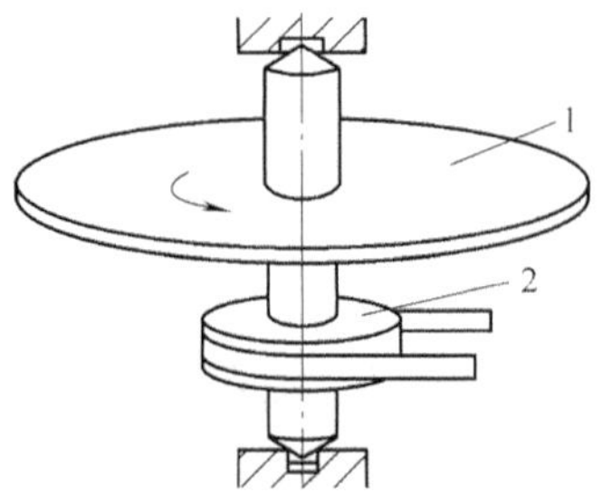

图 2.27　金刚石刀具研磨机结构原理图

1—研磨盘　2—带轮

铸铁研磨盘装在两端有精密反顶尖的轴上，顶尖座用硬木制成（红木或梨木），使它能自动适应研磨盘轴的顶尖，达到较高的旋转精度。研磨盘的轴由柔软的丝质平带带动旋转，以减少振动，使研磨盘很平稳地转动。研磨机具有较好的刚度和抗振性。

研磨盘用优质铸铁制造，要求表面平整，不得有砂眼或其他缺陷。研磨盘的直径一般取300mm，转速为2000～3000r/min。研磨盘装在轴上后，要连轴进行精密平衡，以保证转动时的平稳性和无振动。

研磨时金刚石小刀头装在夹具中，按要求的角度调整好。加一定负载压在研磨盘上，再加上金刚石微粉对金刚石进行研磨加工。研磨盘的表面要定期修整，除去研磨盘表面留下的划痕。

由于超精密切削技术的迅速发展，对金刚石刀具的要求不断提高，上述结构的研磨机有时已不能满足要求。目前已出现空气轴承主轴的研磨机，使金刚石刀具的制造技术又提高了一步。

2）金刚石刀具的粗研。金刚石刀具粗研的主要任务是去除余量，这时的主要问题是如何提高研磨效率。金刚石粗研效率与下列因素有关：研磨方向、研磨速度和压力、使用的金刚石微粉的粒度等。

研磨金刚石时必须找到所磨晶面的好磨方向。偏离好磨方向，将使磨削效率大幅度下降。如沿难磨方向研磨时，将发生打滑、振动、发出噪声和磨不动等现象。找准好磨方向时，可感到磨削平稳，此时研磨效率较高。

研磨线速度越高，研磨效率也越高。可通过提高研磨盘转速或增大研磨盘直径来提高研磨速度。但转速的提高受机床动态性能的限制，过高的转速易引起振动，降低研磨效率和质量。加大研磨盘直径将使研磨机体积增大，且因研磨盘重量过大，研磨机起动和停车时的惯性过大，因此研磨盘直径应有其合理值。

加大研磨压力，也可提高研磨效率。但压力过大，会影响金刚石表面的研磨质量。

研磨金刚石所用的微粉粒度对研磨效率有直接影响。采用粗粒度的金刚石微粉可提高研磨效率，但使研磨表面粗糙度值增大，且易产生切削刃的微小崩刃。因此，一般粗研初期可使用粒度较粗的金刚石微粉，在后期则采用粒度较细的金刚石微粉，以获得较高的研磨表面质量和良好的切削刃状态。

3）金刚石刀具的精研。金刚石刀具的精研加工是制造精密金刚石刀具的关键工序，这时考虑问题的出发点是如何提高研磨质量，使切削刃研制得更为锋锐。下面将讨论各因素对精研刀具质量的影响。

① 磨料粒度。研磨金刚石刀具所用的金刚石微粉粒度越小时，研磨表面的粗糙度值也越小。

生产中研磨金刚石刀具时，粗研和精研都在同一块研磨盘上进行，即将研磨盘分为若干同心圆带，在大圆周处加粗金刚石微粉用于粗研，在小圆周处加细金刚石微粉，用于精研。

② 研磨盘质量。研磨盘（Abrasive Disk）的质量对研磨效果影响很大。研磨盘的材质是否均匀细密，微孔尺寸是否一致及分布是否均匀，都直接影响研磨效率和质量。

研磨盘表面是否平整，对研磨质量也有很大影响。研磨盘表面若不平整且有较多划痕，则研磨出的金刚石表面粗糙度值较大，切削刃很难磨制得锋锐平直。有些深的磨痕要经过多次研磨抛光才能去除，不仅影响研磨效率，而且影响研磨表面质量。

③ 研磨方向。研磨金刚石刀具时要注意研磨方向，应采取逆磨，也就是沿切削刃指向刀体内的方向研磨。逆磨时切削刃承受压应力，而顺磨时切削刃承受拉应力。由于金刚石晶体的抗压强度大于抗拉强度，故顺磨时易产生崩刃，而逆磨时易得到锋锐完好的切削刃。

④ 精抛。精抛（Finishing Polishing）是指研磨时让金刚石作垂直于研磨方向的法向运动，以除去磨痕。金刚石刀具的最后精抛，对刀具的研磨质量影响很大。精抛操作通常是人工进行，精抛时所加压力的大小及均匀性、摆动速度均匀与否都直接影响抛光质量。精抛完毕后要在运动中将金刚石刀具迅速地提离研磨盘。

2.3.2 切削变形及切削过程

金属切削过程，就其本质而言，是材料在刀具的作用下产生剪切断裂、摩擦挤压和滑移变形的过程，精密切削过程也不例外。但在精密和超精密切削中，由于采用的是微量切削方法，一些对普通切削影响不显著的因素将成为影响精密切削过程的主要因素。因此，应该对精密切削的特殊性进行系统的研究，掌握其变化规律，以便更好地应用这一新技术。

1. 切削变形

（1）过渡切削　为了研究精密切削过程的切削机理，了解切削过程中的各种现象，首先分析过渡切削（Transition Cutting）的过程。以回转刀具的切削情况为例，分析在过渡切削过程中刀具切削刃与工件表面的接触情况及工件材料的变形情况。

图 2.28 所示为单刃回转刀具铣削平面的切削过程。为了反映整个工艺系统的弹性特性，假设刀具支持在具有一定弹性模数的支承上。图 2.28b 为切削剖面的情况，从刀具切削刃和工件接触开始，刀具在工件上滑动一定的距离，工件表面仅产生弹性变形，在切削刃移开之后，工件表面仍能恢复到原来的状态。切削刃在工件表面上的这种滑动称为弹性滑动。随着刀具的继续回转，切削刃上的切削深度不断增大，在工件表面上开始产生塑性变形，在此塑性变形区内，切削刃在工件表面滑过之后，工件表面被刻划出沟痕，但此时并没有真正切除材料。切削刃在工件表面上的这种滑动称为塑性滑动。在塑性滑动之后，随着刀具切入深度的增加，刀具前面上产生了切屑，开始了切削过程。图 2.28b 中的点画线为切削刃的运动轨迹，实线为被加工表面上的轮廓线。由于工件表面上产生了弹塑性变形，所以切削刃的运动轨迹与被加工表面上形成的轮廓线不重合。

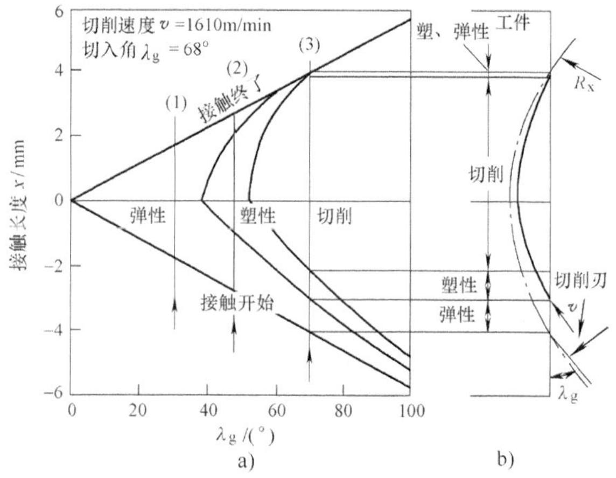

图 2.28　过渡切削过程

通过改变刀具的切入角λ_g可以依次改变刀具与工件的最大干涉深度，从而可以得到如图 2.28a 所示的曲线。当切削刃的最大干涉深度很小，即切入角 λ_g很小时，便是图 2.28a 中的（1）状态。此时，刀具仅在工件表面滑过，工件表面没有刀具切入的痕迹，在刀具和被加工表面的全部接触长度上处于弹性变形区域。当刀具与工件的最大干涉深度达到一定的数值时，形成如图 2.28a 中（2）的切削状态。在切削开始的一段长度内为弹性滑动区域，然后进入塑性变形区，在切削刃滑动过去后，在塑性变形区域内将留下沟痕，但并不产生切屑。继续增大刀具与工件的最大干涉深度，便形成图 2. 28a 中（3）的切削状态。在切削刃和工件表面的接触初期为弹性滑动区域，随着切入深度的增大，之后为塑性滑动区域，再之后为切削区域，在工件表面上有塑性变形和除去切屑所形成的沟槽。随着切入深度的减小，之后又过渡到塑性变形区和弹性变形区。

必须指出，在塑性滑动区域内也存在弹性变形区，而在切削区域内则既存在切屑去除区，也存在塑性变形区和弹性变形区。

（2）最小切削深度　零件最终工序的最小切削深度（Minimum Cutting Depth）应等于或小于零件的加工精度（允许的加工误差）。因此，一种加工方法的最小切削深度反映了它的精加工能力。

根据过渡切削过程的分析可知，当切削深度太小时，切削刃对工作表面的作用只是弹性滑动或塑性滑动，并没有产生切屑，因此最小切削深度要受到一些因素的限制。

以车削过程为例，对最小切削深度问题进行分析。车削过程能够成立，主要应满足下列条件：

1）切削过程应当是连续的、稳定的。

2）应当保持有较高的加工精度和表面质量。

3）刀具应有较长的使用寿命。

在精密切削中，采用的是微量切削方法，切削深度较小，切削功能主要由刀具切削刃的刃口圆弧承担，能否从被加工材料上切下切屑，主要取决于刀具刃口圆弧处被加工材料质点受力情况。如图 2. 29 所示，分析正交切削条件下，切削刃口圆弧处任一质点 i 的受力情况。由于是正交切削，质点 i 仅有两个方向的切削力，即垂直力 F_{yi} 和水平力 F_{zi}。水平力 F_{zi} 使被切削材料质点向前移动，经过挤压形成切屑，而垂直力 F_{yi} 则将被切削材料压向被切削零件本体，不能构成切屑形成条件。最终能否形成切屑，取决于作用在此质点上的切削力 F_{yi} 和 F_{zi} 的比值。

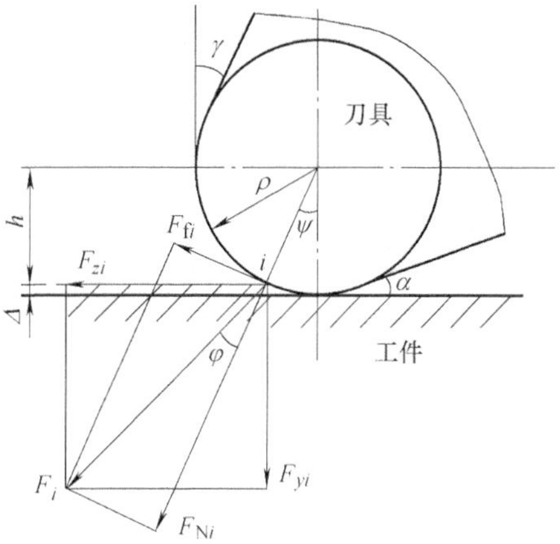

图 2. 29　材料质点受力分析

根据材料的最大切应力理论可知，最大切应力应发生在与切削合力 F_i 成 45°角的方向上。此时，若切削合力 F_i 的方向与切削运动方向成 45°角，即 $F_{zi} = F_{yi}$，则作用在材料质点 i 上的最大切应力与切削运动方向一致，该质点 i 处材料被刀具推向前方，形成切屑，而质点 i 处位置以下的材料不能形成切屑，只产生弹、塑性变形。因此，当 $F_{zi} > F_{yi}$ 时，材料质点被推向切削运动方向，形成切屑；当 $F_{zi} < F_{yi}$ 时，材料质点被压向零件本体，被加工材料表面形成挤压过程，无切屑产生。$F_{zi} = F_{yi}$ 时所对应的切削深度 Δ 便是最小切削深度。这时质点 i 对应的角度

$$\psi = 45° - \varphi$$

对应的最小切削深度 Δ 可表示为

$$\Delta = \rho - h = \rho(1 - \cos\psi)$$

由此可见，最小切削深度与刀具的刃口半径和刀具与工件材料之间的摩擦因数有密切关系。

2. 精密切削过程

精密切削采用了极小的切削深度，切削过程中有其特殊的切削现象。

首先分析刃口圆弧处的碾压现象，如图2.30所示。在刃口圆弧处，不同的切削深度，刀具的实际前角是变化的。如果$\Delta<\rho$，则实际前角变为负前角。当切削深度很小时，实际前角为较大的负前角，在刀具刃口圆弧处将产生很大的挤压摩擦作用，称之为碾压效应。这时，被加工表面通常将产生残余压应力。

另外，再分析刀尖圆弧处的碾压，如图2.31所示。在精密车削加工中，加工余量很小，切削刃的直线部分通常不参加切削，而只是部分圆弧刃参加切削。这时，刀尖圆弧上各点上的主偏角κ_r是变化的，且小于名义值。刀尖圆弧处的副偏角也是如此。另外，在刀尖圆弧上各点的切削厚度也是变化的，最大厚度为a_{max}，最小厚度为零。当切削厚度逐渐变小，切削深度达到最小时，将不会产生切削作用，仅有弹性变形和塑性变形，这时该处仅有碾压作用。由于图2.31中有剖面线的部分作为切屑被除去之后，由刀尖圆弧在被加工零件上留下的圆弧形表面并非全部留下形成加工表面，其中大部分将在后续的加工中被切除，仅在刀尖附近留下的圆弧形轮廓才成为最终的加工表面，因此，在形成加工表面的刀尖处所对应的切屑有极小的厚度，甚至接近零。由此可看到，在被加工表面形成过程中伴随的碾压作用占很大的比重，可以认为，被加工表面的质量在很大程度上受碾压效果的影响。

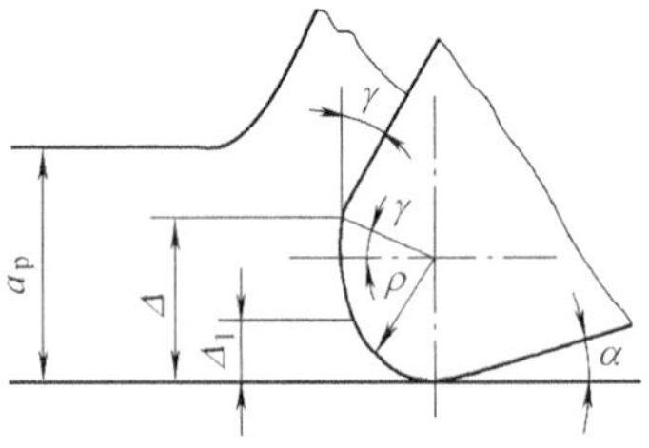

图2.30　刃口圆弧处的碾压

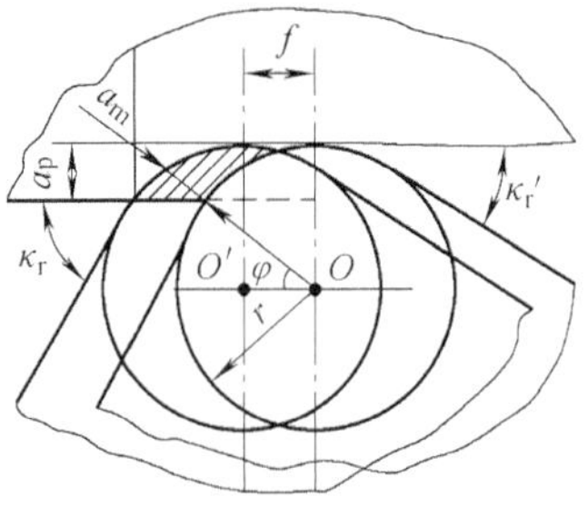

图2.31　刀尖圆弧处的碾压

3. 精密切削加工的特殊性

超精密切削也是金属切削的一种，它当然也遵循金属切削的普遍规律。但由于超精密切削采用的金刚石刀具具有特殊的物理化学性能，并且精密切削时的切削层极薄，这就造成了它具有一些特殊规律。

例如，在切削速度选择方面，普通切削时，切削速度与刀具寿命密切相关。而精密切削时使用天然单晶金刚石刀具，切削刃可磨得极锋利，金刚石的硬度极高，耐磨性好，热导率高，与工件材料的摩擦因数小，因此切削温度低，切削速度对金刚石刀具的磨损影响甚微。精密切削要求得到超光滑的加工表面和高的加工精度，因此其切削速度通常是根据所使用的超精密机床的动特性和切削系统的动特性选取，即选择振动最小的转速。只要避开机床和切削系统的共振区，低速和高速都可以得到较好的加工表面质量。在加工批量小时，可选低速进行切削，在大批量要求生产率高时，可选高速进行切削。

在积屑瘤影响方面，普通切削时积屑瘤可使刀具实际切削前角增大，使切削力有所下降。而在精密切削时，积屑瘤将使金刚石刀具的刃口半径显著增加，实际切削厚度增大，工件、切屑与刀具的摩擦加剧，从而导致切削力明显增大，加工表面质量严重恶化。

在切削力方面，普通切削时，$F_z > F_y$，而超精密切削时，往往是 $F_z < F_y$。

另外，工件材料对精密切削有重要影响。其主要原因有：① 表面出现不纯物，造成不规则的空穴和划伤；② 结晶的晶界出现阶梯；③ 加工工件有残留变形和残留应力；④ 与金刚石刀具的亲和性好，易产生粘接现象等。

有资料报道，1986 年日本大阪大学和美国 LLL 实验室开始合作，在高性能的超精密机床上，使用极锋锐的金刚石刀具（刃口半径只有数纳米），实现了切削厚度为 1nm 的连续、稳定的切削，这有助于得到极高的加工精度和表面质量。

2.3.3 刀具磨损、破损及寿命

金刚石具有许多独特的优点，它作为刀具材料，在精密切削中得到广泛的应用，因此有必要着重讨论金刚石刀具磨损、破损及其寿命问题。

1. 金刚石刀具的磨损、破损

（1）金刚石刀具的磨损形式　图 2.32 所示为金刚石刀具磨损区概貌。图 2.33a 所示为金刚石刀具正常磨损情况，图 2.33b 所示为金刚石刀具剧烈磨损情况。

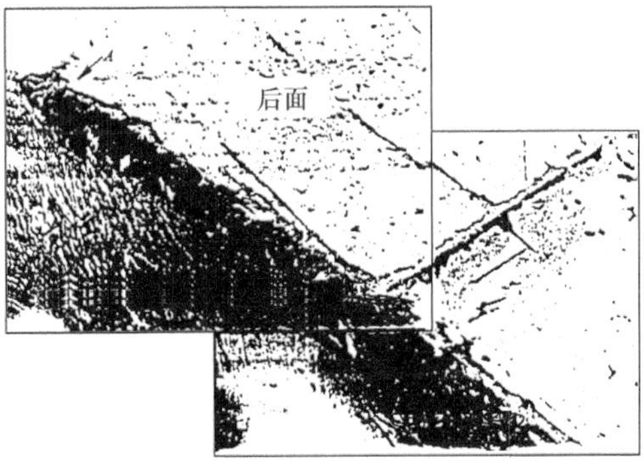

图 2.32　金刚石刀具磨损区概貌

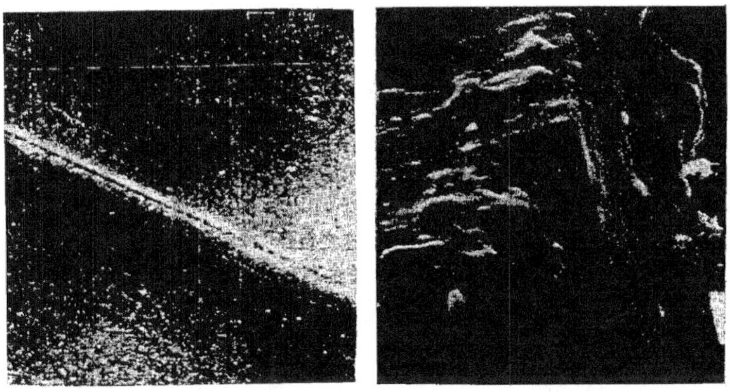

a)　　b)

图 2.33　金刚石刀具的磨损情况

金刚石刀具的磨损可分为机械磨损、破损和碳化磨损。常见的磨损形式为机械磨损和破损，碳化磨损较少见。

1）机械磨损。机械磨损（Mechanical Wear）是由于机械摩擦所造成的磨损。刀具开始切削的初磨阶段，刀具和工件、切屑的接触表面高低不平，形成犬牙交错现象，在相对运动中，双方的高峰都逐渐被磨平。更普遍的机械磨损现象是由于切屑或工件表面有一些微小的硬质点，如碳化物等，在刀具前面上划出沟纹而造成的磨料磨损（Abrasive Wear）。

金刚石刀具使用一段时间后，在前后面上出现细长而光滑的磨损带，倒棱逐渐变成圆滑过渡的圆弧，随着加工的继续会形成较大的圆弧或者发展成前面和后面之间的斜面。

随着切削距离的增长，副后面上磨损增大，并出现两段不同的磨损部分，这两部分的长度相同，等于进给量。直线刃刀具的磨损情况如图 2.34 所示，右边的磨损部分磨损量很大，称为第Ⅰ磨损区，主要是因为由这段切削刃去除加工余量。左边磨损部分的磨损量较小，称为第Ⅱ磨损区，这是因为右边部分的切削刃出现了磨损，使左边部分切削刃参加切削，切去Ⅰ区残留的余量，因此Ⅱ区的切削刃也产生了一定的磨损。但由于Ⅰ区切削刃切削的深度远远大于Ⅱ区切削刃的切削深度，两个磨损区的磨损量大不相同，即形成了阶梯形磨损（Step Wear）。

前面上的磨损是切屑流过前面引起的，在切屑的摩擦下，通常形成一条凹槽形的磨损带。磨损凹槽的形状和刀具形状有关。图 2.35 所示为刀尖半径为 2μm 的切削刃前面上出现的磨损凹槽的形状。图 2.35 中左边为凹槽的剖面图，刀具材料为天然金刚石。工件材料为铝镁合金。当切削距离为 100km 时，凹槽的深度达到 0.1μm。

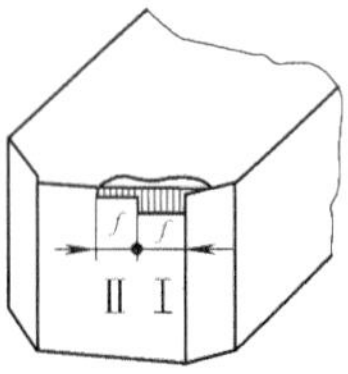

图 2.34　阶梯形磨损

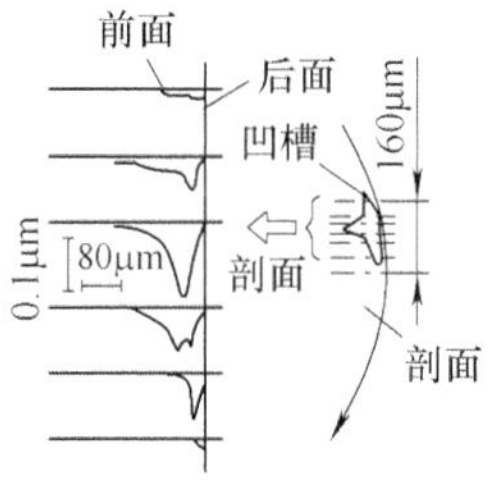

图 2.35　磨损凹槽

金刚石刀具的这种机械磨损量非常微小，刀具后面的磨损区及前面的磨损凹槽表面非常平滑，使用这种磨损的刀具进行加工不会显著地影响加工表面质量。

这种机械磨损主要产生在用金刚石刀具加工铝、铜、尼龙等物质材料时。加工这些材料时，切削过程稳定，无冲击振动。

2）刀具的破损。金刚石刀具破损的原因为以下几种：

① 裂纹。结构缺陷可产生裂纹。另外，当切屑经过刀具表面时，金刚石受到循环应力的作用，也可产生裂纹。刀具表面研磨应力也会产生裂纹。这些裂纹在切削过程中会加剧，进而造成刀具的严重破损。

② 碎裂。由于金刚石材料较脆，在切削过程中受到冲击和振动都会使金刚石切削刃产生微细的解理，形成碎裂（Fragmentation）。刀具的碎裂会降低切削刃的表面质量，影响加工质量，甚至会形成较大范围的解理。

③ 解理。当垂直于金刚石（111）晶面的拉力超过某特定值时，两相邻的（111）面分离，产生解理劈开。如果金刚石晶面方向选择不当，切削力容易引起金刚石的解理，使刀具寿命急剧下降，尤其是在有冲击振动、切削不稳定的条件下，更容易产生解理。最新研究表明，为了增加切削刃的微观强度，减小破损概率，应选用微观强度最高的（110）晶面作为金刚石刀具的前、后面。

（2）刀具磨损对加工质量的影响　刀具的磨损形式在很大程度上取决于工件材料性质、金刚石特性的利用及机床的动态性能。特别是金刚石的特性与磨损有很大关系，合理地使用金刚石刀具，可以在较长时间内保持较高的加工质量。

为了研究刀具的磨损形式与加工质量的关系，有关学者进行了相关的试验，试验结果如图 2. 36和图 2. 37 所示。

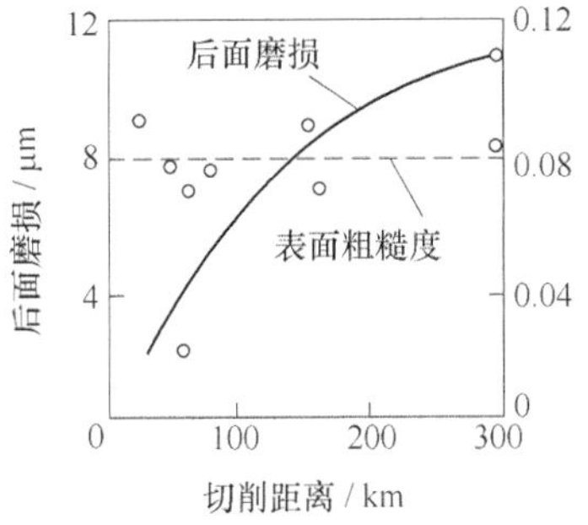

图 2. 36　后面磨损及表面粗糙度同切削距离的关系
工件材料：铝合金；刀具：直刃刀

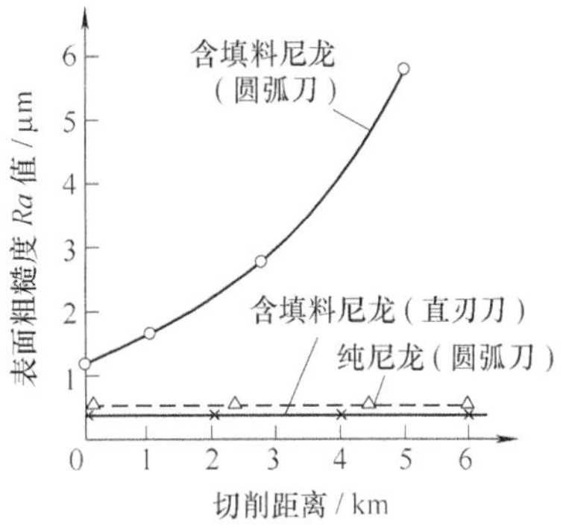

图 2. 37　表面粗糙度同切削距离之间的关系
工件材料：尼龙

从图 2. 36 可知，用直刃金刚石刀具加工铝合金时，刀具表面产生机械磨损，刀具表面磨损区的表面光滑。用这类磨损的刀具加工时，对工件加工表面粗糙度影响不大。虽然随着切削距离的增加，刀具磨损量不断增加，但由于这种磨损面很光滑，所以加工表面的粗糙度不发生改变。

图 2. 37 所示为加工尼龙时工件表面粗糙度和加工距离之间的关系。在加工纯尼龙时，刀具不产生破损，加工表面粗糙度一直能保持不变。从图 2. 37 还可看出，用圆弧刀切削含硬质点填料的尼龙时，工件表面粗糙度随着切削距离的增加而增加。这是因为尼龙中的硬质点填料在切削过程中会反复冲击刀具表面，使金刚石刀具产生破损，随着切削距离的增加，加工表面质量急剧恶化。用直刃刀具切削含硬质点填料尼龙时，虽然也会产生破损，但由于破损只产生在切削刃的一部分长度上，最后精修切削刃仍能保证加工表面的质量。若破损扩展到精修刃上，则会影响表面质量。

2. 刀具寿命

刀具磨损到一定程度就不能继续使用，否则将降低加工零件的尺寸精度和加工表面质量，同时也增加刀具的消耗，增加加工成本。

如图 2. 38 所示，刀具的磨损过程一般可以划分为三个阶段：

（1）初期磨损阶段（Initial Wear Stage）　这一阶段磨损很快。这是因为新刀具表面粗糙，且存在各种缺陷（如氧化层、脱碳层等），刀具刚开始切削时，切屑能很快将表面高低不平处及缺陷层磨去所致。

(2) 正常磨损阶段 (Normal Wear Stage) 当表面突出的各点被磨平后，磨损情况就稳定了，磨损量随切削路程增加而成正比地增加，其磨损速度比初期磨损阶段要慢。这是因为高峰磨去后，刀面上的接触面积增加，接触应力减小的结果。

(3) 急剧磨损阶段 (Rapid Wear Stage) 当磨损量达到一定时，刀具变钝，切削温度上升，切削力增大，磨损原因发生了变化，磨损速度上升，切削刃失去了切削能力。生产中应当避免这种急剧磨损，在正常磨损结束之前及时换刀或刃磨刀具。

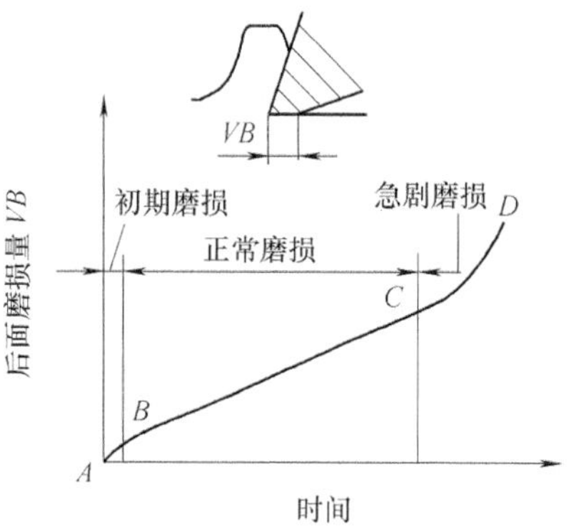

图 2.38 刀具的磨损过程

一般情况下，刀具磨钝标准有两种：

1) 工艺磨损限度 Δ_g。工艺磨损限度 (Process Wear Limit) 是根据工件表面粗糙度及尺寸精度的要求而制定的，当刀具磨损到一定数值时，工件表面粗糙度值增大，尺寸精度下降，并有可能超出所要求的表面粗糙度及公差范围，因此必须予以限制。精密加工都采用这种工艺磨损限度 Δ_g。

2) 合理磨损限度 (Fair Wear Limit) Δ_h。这是由合理使用刀具材料的观点出发而制定的磨损限度。刀具磨损限度定得太大或太小都会浪费刀具材料。只有取正常磨损阶段终了之前的磨损量作为磨损限度 Δ_h，才能最经济地使用刀具。

刀具磨损到磨损限度时，应当及时更换刀具。刀具由开始切削到磨钝为止的切削总时间称为刀具寿命，它代表刀具磨损的快慢程度。在生产中，由于工人不可能经常测量刀具磨损大小，因此通常是按一定的时间间隔来更换刀具。目前，一些先进的机床具有在线自动检测系统，可以根据检测结果，合理地确定出刀具的更换时间。

刀具寿命愈长，则表示刀具的磨损愈慢，因此影响刀具磨损的因素，都会影响刀具寿命。由于刀具寿命对生产率的影响很大，各种影响刀具寿命的因素，都在不同程度上影响了切削加工，所以这些因素可用来作为衡量对切削加工影响程度的重要指标。例如，工件材料对刀具磨损及寿命的影响就是衡量这种材料加工性的最主要指标；刀具材料的耐磨性就是衡量该刀具材料切削性能的主要指标；刀具角度对刀具磨损及寿命的影响是刀具角度合理性的主要标志。因此刀具寿命是衡量切削过程中诸因素利弊、效率的重要标准之一。

天然单晶金刚石是精密切削中最重要的刀具材料，它是目前已知的最硬材料，金刚石刀具的磨损及寿命具有特殊性。

用天然单晶金刚石刀具对有色金属进行精密切削，如切削条件正常，刀具无意外损伤，则刀具磨损极慢，刀具寿命极高。

天然单晶金刚石刀具用于精密切削，其破损或磨损而不能继续使用的标志是加工表面粗糙度超过规定值。金刚石刀具寿命平时以其切削路程的长度表示。如切削条件正常，金刚石刀具寿命可达数百千米。

实际使用中，由于切削时的振动或切削刃的碰撞，切削刃会产生微小崩刃而不能继续使用，金刚石刀具寿命达不到上述指标。因此天然单晶金刚石刀具只能在机床主轴转动非常平稳的高精度机床上使用，否则振动会使金刚石刀具很快产生切削刃微观崩刃，不能继续使用。金刚石刀具要求使用维护极其小心，不允许在有振动的机床上使用。在刀具设计时，应正确选择金刚石晶体方向，以保证切削刃具有较高的微观强度，减少解理破损的产生概率。通过这些措施，可提高金刚石刀具寿命。

2.4　精密切削加工零件的棱边（毛刺）质量

在传统的机械加工中，通常注重零（部）件表面的质量，而对其棱边（毛刺）的形态关注不够。通常仅仅在设计制造和检测中大都以圆角的形式（如 *R*2、*R*1.0、*R*0.5 等）给出棱边（毛刺）的技术要求。特殊情况下，在工件加工工艺安排中增加去毛刺工序，以满足零（部）件使用性能对其棱边（毛刺）的技术要求。但在现代机械加工条件下，工件经过机械加工后，其表面及表面层的形貌与状态发生变化的同时，棱边（已加工表面与已加工表面、加工表面与加工表面、未加工表面与已加工表面之间形成的边、角、棱等部位的统称）的形态也发生了变化。而随着精密、超精密加工和自动化加工技术的发展，精密零（部）件特别是微小构件的加工中往往对其棱边形态也提出了新的具体要求，这就要求将工件的棱边（毛刺）质量纳入到加工质量评价体系中来，并将其与零（部）件表面的质量和表层的质量（性能）一起作为现代机械加工质量的评价要素。

在各种机械加工中，工件的边、角、棱等部位经过切削后常常产生毛刺（Burr），这对生产操作者的安全构成一定的威胁，并直接影响到工件的加工精度及其表面质量。尤其是在精密加工、柔性制造系统和其他自动化加工中，去除毛刺作业往往成为降低系统生产效率、增大工件加工成本的直接原因之一。

因此，要消除安全生产的隐患，促进精密加工和自动化加工技术的迅速发展，迫切需要解决金属切削毛刺的生成及其控制的问题。20 世纪 70 年代中期，工业发达的美国、德国和日本等国家的机械工程专家和学者相继开始对毛刺进行研究并取得相关成果。我国学者也从 20 世纪 80 年代初期开始系统地研究毛刺的形成机理及主动控制技术。

2.4.1　毛刺的特征参数及分类体系

1. 毛刺的概念及形态

所谓金属切削毛刺，是指在切削加工中，被切削层材料在刀具前面和切削刃的作用下，经受强烈挤压而产生很大的塑性变形，在切屑与工件表面断裂分离的过程中其一部分材料仍滞留在工件的边、角、棱等部位上，所形成的超出工件理想尺寸的多余金属材料。毛刺的形成直接影响到被加工工件的尺寸精度和形位精度，成为影响和制约精密和超精密加工及自动化加工的关键技术之一。通常情况下，切削毛刺的形状如图 2.39 所示。

通常情况下，表征毛刺特征的参数有毛刺高度（Burr Height）、毛刺根部厚度（Burr Root Thickness）和毛刺根圆半径（Burr Root Cycle Radius）等，如图 2.40 所示。其中，H 表示毛刺高度，是在横截面上测得的工件终端面与毛刺轮廓之间的最大距离；B 表示毛刺根部厚度，是在工件终端面上测得的毛刺凸起点至工件理想加工表面间的距离；R 表示毛刺根圆半径，是在横截面上测得的毛刺截面尺寸之一。

显然，毛刺的高度尺寸 H 直接影响工件的尺寸精度及形位精度，而毛刺根部厚度 B 则影响去除毛刺的作业量，R 则反映了毛刺实体体积的大小，并直接影响和制约去除毛刺的难易程度。

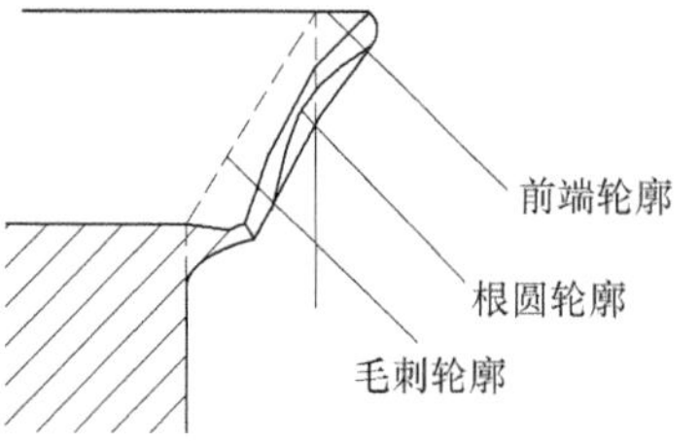

图 2.39　金属切削毛刺的外观形状

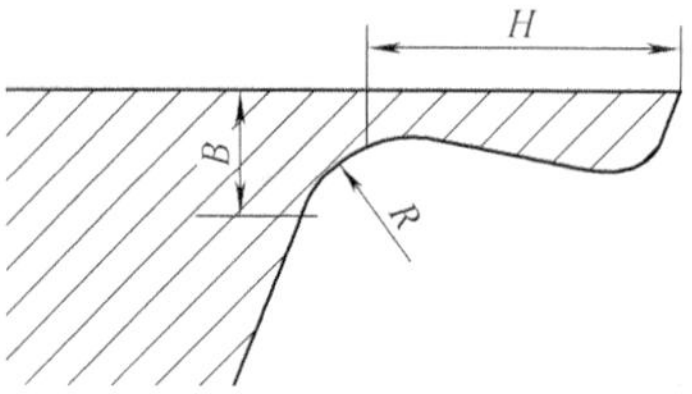

图 2.40　毛刺主要特征参数

图 2.41 所示为常见切削加工中产生的毛刺形态。

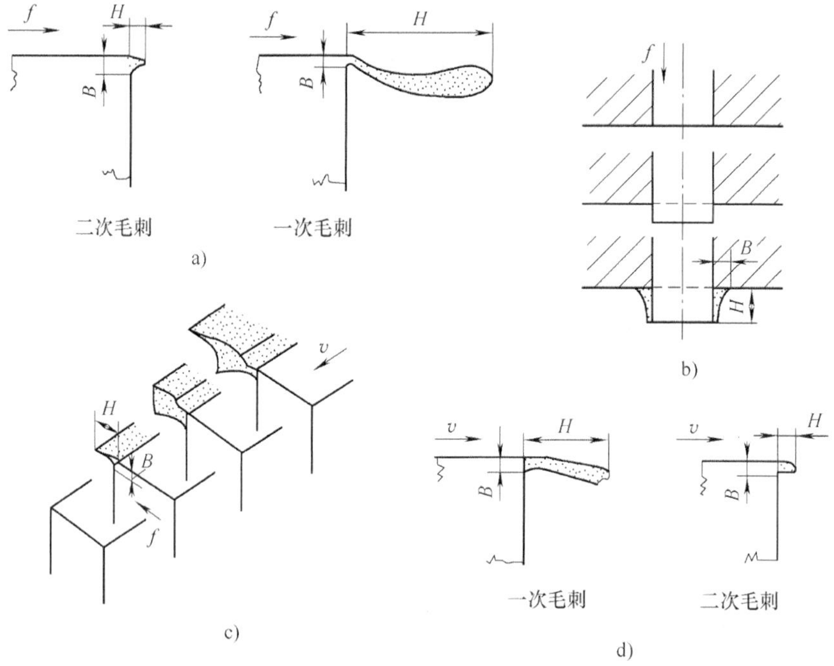

图 2.41　常见切削加工中产生的毛刺状态

a）车削　b）钻削　c）刨削　d）铣削

H—毛刺高度　*B*—毛刺根部厚度

从图 2.41 可知，车削加工中产生的毛刺有两种形式：一次毛刺（Primary Burr）和二次毛刺（Secondary Burr）；钻削加工中产生的毛刺有三种形式（图 2.41b）；刨削加工中产生的进给方向毛刺（Feed Direction Burr）有四种形式，如图 2.41c 所示；铣削加工中产生的毛刺（图 2.41d）同车削加工中产生的毛刺形状相似，也有两种形式。由于切削加工方式不同，毛刺的尺寸及形态也有很大的差异。显然，毛刺尺寸越大，对零（部）件的使用性能影响越大，对安全生产的威胁也就越大，其去除也就越困难。

2. 毛刺的影响及危害

机械加工中产生的毛刺给机床操作者的安全带来威胁的同时，也给工件（或零部件）后续加工的装夹定位、精度测量、零（部）件装配、整机调试、运输安全及其使用等带来以下主要问题及危害：

1）影响工件的尺寸精度、形位精度和表面粗糙度。

2）破坏或影响下道加工工序的定位。

3）影响或干扰工件的测量精度。

4）在装配工序中，直接影响装配质量，严重者甚至无法进行正常装配。

5）在工件（或零部件）的加工及运输过程中，对操作者的安全构成威胁，或造成一定的伤害。

6）在加工过程中，毛刺突然脱落往往导致亏缺（也被称为负毛刺），致使工件尺寸超差或改使其报废等。

7）液压传动部件、气压传动元件上若带有毛刺，将直接影响其工作效果，降低其使用性能。

8）零部件在使用中，毛刺脱落可能导致机械传动受阻、破坏传动平稳性、电气短路等故障发生，成为引起事故的直接隐患之一。

9）对毛刺进行去除加工常常成为增大工件加工成本的主要原因之一。

10）直接影响工件表面美观度，甚至影响到产品的销售等。

3. 毛刺的分类体系

金属切削毛刺分类体系是建立毛刺形成与控制理论的基础。国外学者在开展金属切削毛刺的研究中，分别建立了相应的毛刺分类体系。其中，比较著名的国外学者有日本的奥岛教授、美国的 L. K. Gillespie 和日本的 N. Kazuo 教授，其分类体系的基础及其特征见表 2. 7。

表 2. 7　毛刺分类体系的基础及其特征

研究学者	分类的基础	毛刺类别	特征及问题
奥岛	毛刺形态	胡须状，流出状，规则状，撕裂状	适用于二维切削，无法描述三维加工
L. K. Gillespie	塑性变形理论	泊松，翻转，撕裂，切断	表征了毛刺形成机理，常常出现毛刺形态确定的不一致性
N. Kazuo	毛刺伸出方向及刀具切削刃	两侧，倾斜，切入，切出	纳入刀具切削刃及毛刺伸出方向性，但未与切削主运动相关联

日本京都大学奥岛教授等以二维切削中形成毛刺形状的差异为依据，于 1958 年提出了以毛刺形状特征为基础的切削毛刺分类体系，把二维切削中材料沿刀具切削刃塑性流动所产生的金属切削毛刺分为四大类（胡须状、流出状、规则状和撕裂状），比较直观地反映出毛刺的形态及其危害性。但是，机械加工中毛刺形成主要发生在三维加工，且三维切削与二维切削的差异显著，使得奥岛毛刺分类体系无法应用于三维切削加工中。

1973 年，美国学者 L. K. Gillespie 基于弹塑性力学和切削理论，以毛刺生成机理为基础，建立了切削毛刺分类体系，将毛刺分为泊松毛刺（Poisson Burr）、翻转毛刺（Rolling Burr）、撕裂毛刺（Tear Burr）和切断毛刺（Cutting Burr）四种形式，较准确地体现出各种毛刺形成的机理及特征。但由于切削方式不同，切屑的变形机理也不尽相同，故常常给毛刺形态确定带来困难，导致无法有效地与抑制或去除毛刺技术相协调。

鉴于奥岛和 Gillespie 的毛刺分类体系中存在的问题，1984 年 N. Kazuo 采用双符号系统，即以刀具切削刃（主切削刃和副切削刃）和毛刺伸出方向（向后、向前、两侧和倾斜方向）为参考基准，提出了毛刺分类新体系。该体系将毛刺分成两侧方向、切出方向、切入方向和倾斜方向四大类，提出了系统的分类方式，有利于系统深入地研究毛刺生成机理及变化规律。但是，N. Kazuo 分类体系未与切削加工中主运动方向相关联，未体现出切削加工的基本要素（切削参数、刀具、加工材料、加工方式等）对毛刺形成与变化的影响，以致无法实现与毛刺去除技术的统一。

鉴于奥岛、L. K. Gillespie 和 N. Kazuo 等毛刺分类体系中存在的问题，在汲取了 N. Kazuo 分类体系合理内核的基础上，我国学者王贵成提出了切削运动—刀具切削刃毛刺分类体系（见图 2.42），将金属切削毛刺分为切削方向、进给方向和两侧方向三大类及六种具体形式。该体系具体结构及分类情况见表 2.8。

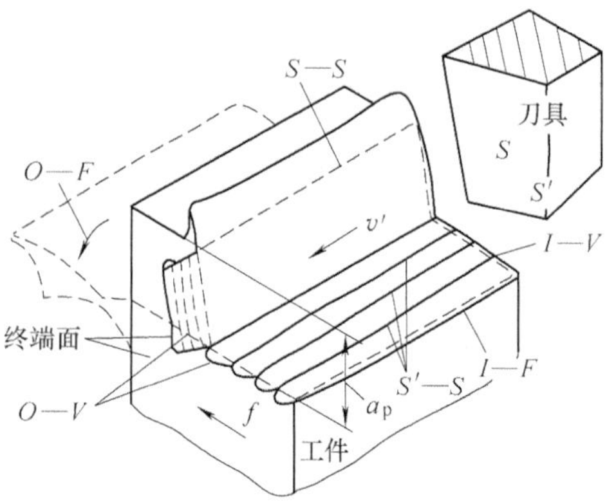

图 2.42　切削运动—刀具切削刃毛刺分类体系

S—刀具主切削刃　S'—刀具副切削刃

表 2.8　切削运动—刀具切削刃毛刺分类体系的具体结构及分类

参考系组成	参考基准	毛刺种类	毛刺的形式	符号	定义或说明
刀具切削刃	主切削刃（S） 副切削刃（S'）	两侧方向毛刺（S）	主刃两侧方向毛刺	S—S	沿主切削刃方向流动产生的毛刺
			副刃两侧方向毛刺	S'—S	沿副切削刃方向流动产生的毛刺
切削运动	进给运动切入（I）	进给方向毛刺（F）	切入进给方向毛刺	I—F	刀具切入时沿进给运动方向产生的毛刺
			切出进给方向毛刺	O—F	刀具切出时沿进给运动方向产生的毛刺
	主切削运动切出（O）	切削方向毛刺（V）	切入切削方向毛刺	I—V	刀具切入时沿切削速度方向产生的毛刺
			切出切削方向毛刺	O—V	刀具切出时沿切削速度方向产生的毛刺

各种切削加工中的切削运动都由一些简单的运动单元组成。而主切削运动（具有唯一性）和进给运动（一个或几个）与加工主要参数（v、f、a_p、γ_ε、γ_o、κ_r等）密切相关，既决定了刀具—工件的相对位置关系，也确定了被切削层材料去除的路径和方式。

基于切削运动—刀具切削刃毛刺分类新体系将毛刺形成与加工运动联系起来，可有效地利用切削中有关参数对毛刺形成的影响建立毛刺形成与变化的数学模型，深入揭示毛刺生成机理及其变化规律，进而实现毛刺形成的定性或定量预报。与此同时，该体系也将毛刺的形态控制与加工运动相衔接，有利于研究抑制或减小毛刺的技术、工艺和方法，为去除毛刺或控制毛刺的生成提供理论指导，进而实现了毛刺形成机理研究与毛刺去除技术的有机统一。

2.4.2　毛刺形成与变化的基本规律

1. 两侧方向毛刺（Side Direction Burr）的形成及变化

金属切削过程实质上也是切屑的形成过程。在切屑形成过程中，切削区域内被切削层金属在刀具的切削刃和前面的作用下产生较大的塑性变形，使其大部分转变为切屑，尚有一小部分被切削层金属滞留在工件的已加工表面或其棱边等部位上形成了毛刺。

依据切削运动—刀具切削刃毛刺分类体系，二维切削中被切削层金属沿着刀具切削刃发生塑性流动而形成的两侧方向毛刺如图 2.43 所示。形成的切削毛刺有三种：Ⅰ型毛刺（毛刺高度 $H=0$，毛刺根部厚度 $B=0$）、Ⅱ型毛刺（H 和 B 均较小）和Ⅲ型毛刺（H 和 B 均很大）。显然，两侧方向毛刺的形态随着切削条件的变化而变化。

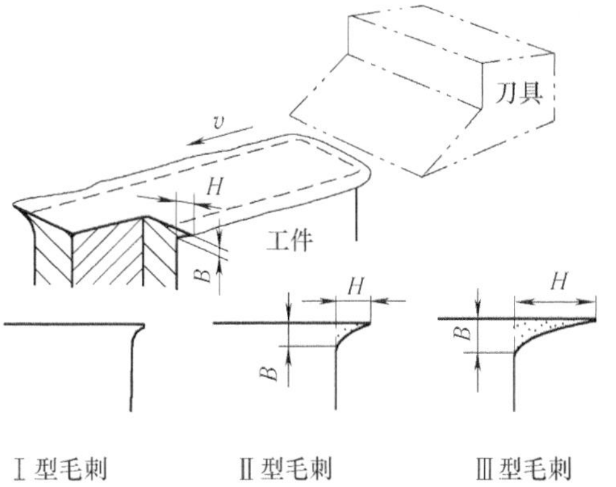

图 2.43　两侧方向毛刺

依据切削实验，经理论分析发现：两侧方向毛刺的形态主要取决于切屑的切应变 γ_s，当 $\gamma_s<3$ 时，产生Ⅰ型毛刺；当 $\gamma_s>6$ 时，形成毛刺高度和根部厚度都很大的Ⅲ型毛刺；而当 $3<\gamma_s<6$ 时，则形成Ⅱ型毛刺。图 2.44 所示为两侧方向毛刺形成的二维切削模型、扫描电子显微镜（SEM）实验照片和毛刺形态对应图。可见，随着切屑的切应变 γ_s 的逐渐增大，切屑的变形越趋激烈，则毛刺的尺寸也随之变大。

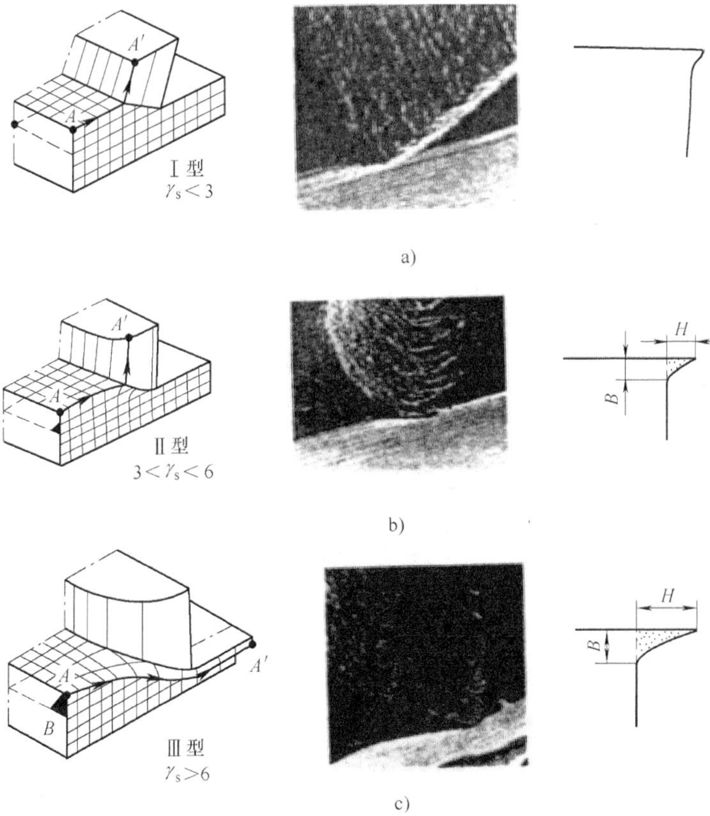

图 2.44　两侧方向毛刺形成与变化

a）Ⅰ型两侧方向毛刺　b）Ⅱ型两侧方向毛刺　c）Ⅲ型两侧方向毛刺

通过实验研究与理论分析，归纳并整理出两侧方向毛刺形态转化的基本规则（见图2.45）。在金属切削加工中，可根据具体加工要求和条件可能，按照两侧方向毛刺形态转化的基本规则，适当控制毛刺的形态和尺寸，确保加工质量不断提高。

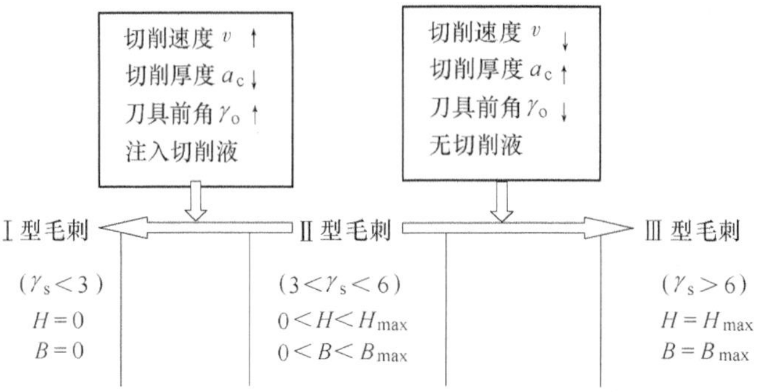

图2.45　两侧方向毛刺形态转化的基本规则

2. 切削方向毛刺（Cutting Direction Burr）**的形成及变化**

切削方向毛刺是三种主要毛刺形式之一，它是在刀具切出工件后形成于其终端面的。图2.46所示为刀具即将切出工件终端部瞬间切削区域状态示意图。通常情况下，切削变形区被分为三个变形区，即第Ⅰ变形区（剪切滑移区）、第Ⅱ变形区（切削底层金属纤维化）和第Ⅲ变形区（塑性变形与加工硬化）。但当刀具逐渐接近工件终端部表面即将完成切削加工之前，随着刀具的逼近，工件终端部的支撑强度逐渐下降，进而出现了切削加工中的切出过渡过程。当刀具沿切削方向逐渐接近工件终端面，由于工件终端面的支承刚度逐渐减弱，切削变形状况随之发生了变化。由通常的三个变形区（第Ⅰ变形区、第Ⅱ变形区和第Ⅲ变形区）变化成四个变形区，即增加了负剪切滑移区（第Ⅳ变形区）。这是因为刀具切入与切出工件的瞬态变化很少被关注，实际上在正常切削中刀具切削刃前下方金属层的支撑刚度很大（被视为无穷大），在正常切削过程中，第Ⅳ变形区并不出现，而是直接融进了第Ⅲ变形区，只有在刀具即将接近工件终端面及切出工件的瞬间才会显现出来。

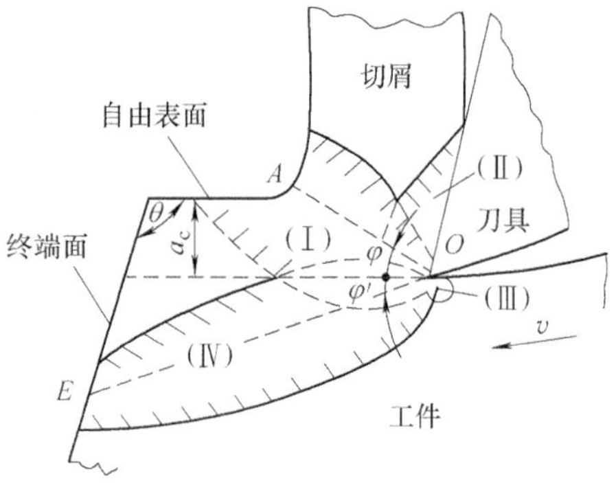

图2.46　刀具即将切出工件终端部瞬间切削区域状态示意图

在切削中，当第Ⅰ变形区（剪切滑移区）占主导地位时，被切削层金属沿 OA 方向滑移（形成剪切角 φ）而形成了切削方向毛刺；而第Ⅳ变形区（负剪切滑移区）占主导地位时，则被切削层金属沿 OE 方向滑移（形成负剪切角 φ'）而形成了切削方向亏缺（也称为负毛刺）。图2.47所示为切削方向亏缺形态及主要特征参

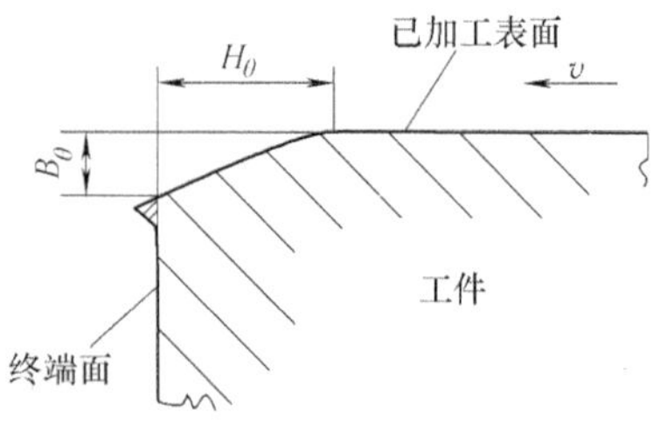

图2.47　切削方向亏缺形态及主要特征参数
H_0—亏缺高度　B_0—亏缺根部厚度

数示意图，有关研究表明，第Ⅳ变形区（负剪切滑移区）的形成与变化与切削加工中被加工工件材料、切削用量、刀具材料及几何参数和工件终端部端面角 θ 等因素有关。具体切削加工中负剪切角 φ' 的大小及变化取决于各影响因素的综合作用。

图 2.48 所示为切削方向毛刺/亏缺的形成过程。切削方向毛刺形成经历正常切削、挠曲变形、弹性效应、继续切削和剪断分离五个阶段；而切削方向亏缺则经历正常切削、挠曲变形、产生裂纹、推挤过切和剪断分离五个阶段。显然，毛刺/亏缺的形态直接影响工件终端部，也将影响或制约工件加工的最终质量。

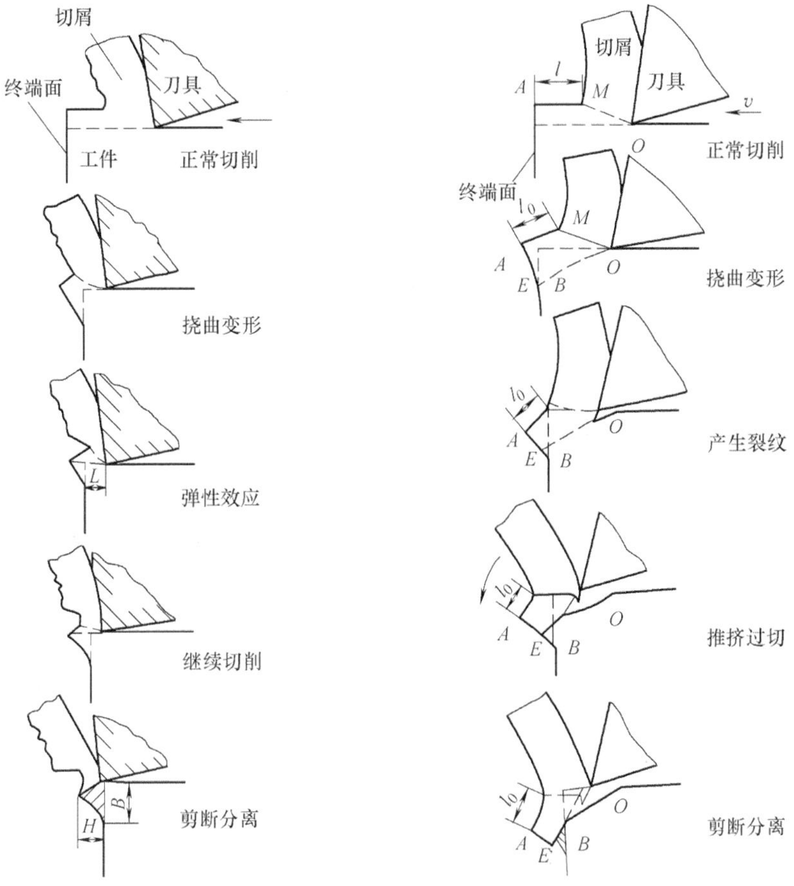

图 2.48　切削方向毛刺/亏缺的形成过程

毛刺与亏缺的形态转变与工件终端部端面角 θ 的变化有密切联系。选用 H62 黄铜板为工件材料，刀具为高速钢的切削实验表明：当 $\theta<75°$时，工件终端形成的是切削方向毛刺；而 $\theta=75°$时，毛刺高度最大，即 $H=H_{max}$；而当 $\theta>75°$后，工件终端部形态不够稳定，毛刺和亏缺交替出现；当 $\theta=120°$时，则形成亏缺，而当 $\theta\geqslant135°$时，形成稳定的形态——切削方向亏缺。图 2.49 所示为切削方向毛刺/亏缺形态转换示意图。

从图 2.49 可知，随着端面角 θ 的变化工件终端部的形态也发生变化，而且负切变形区（第Ⅳ变形区）的形成贯穿了切削方向毛刺/亏缺的形成全过程。可以根据工件加工具体要

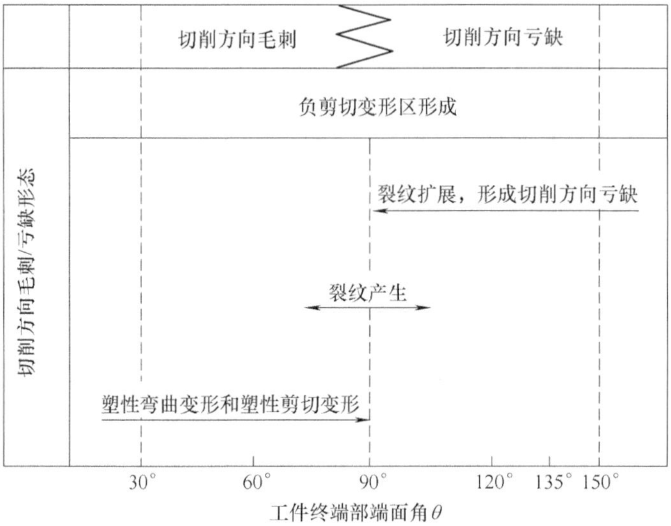

图 2.49　切削方向毛刺/亏缺形态转换示意图

求，依据切削方向毛刺/亏缺形态转换规律，改变端面角 θ 等参数，进而有效地控制工件终端部形态，确保工件的棱边（毛刺）质量。

3. 进给方向毛刺（Feed Direction Burr）**形成及变化**

在切削运动—刀具切削刃毛刺分类体系中，沿着切削加工进给运动方向形成的切削毛刺称为进给方向毛刺。图 2.41c 所示为刨削加工时所形成的四种进给方向毛刺。基于刨削加工中工件—刀具的相互关系，可建立出进给方向毛刺形成的切削模型（见图 2.50）。

如图 2.50 所示，被加工工件的终端部在切削进给分力 F_x 的作用下产生了挠曲变形（变形量为 δ_x），随着切削加工的进行，变形量 δ_x 逐渐增大。当 δ_x 大于切削厚度 a_c 时，已挠曲变形的部位将不再被切削（图 2-50 中打剖面线的部分，$\delta_x < a_c$ 将依次被刀具切除）。随着刀具逼近工件终端部，脱离刀具切削的区域也在逐渐扩大，而总的切削面积逐渐减少，并向切削刀具的刀尖部位集中。

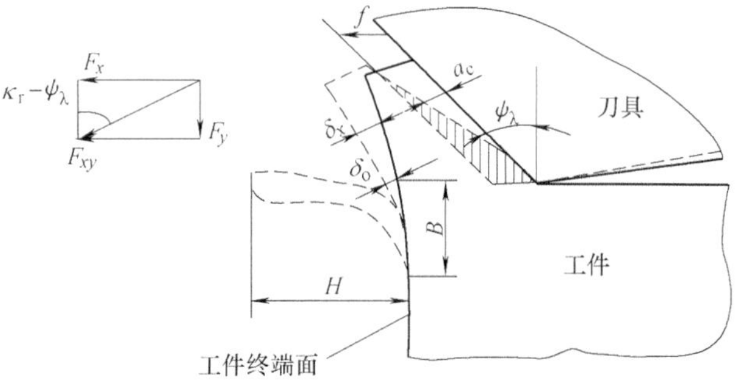

图 2.50　进给方向毛刺的形成切削模型

当 $\delta_x \geqslant a_c$ 成立时，已挠曲变形的工件终端部材料将全部脱离刀具的切削区域，并沿进给运动方向被刀具挤倒而形成进给方向毛刺。与此同时，注意到刀具主偏角 κ_r 和切屑流出角 ψ_λ 的大小直接影响 F_{xy} 及其方向（由于本实验刀具 $\lambda_s=0°$，则 ψ_λ 的影响可以忽略）。

改变刀具主偏角 κ_r 和刀尖圆弧半径 r_ε 后，进给方向毛刺高度 H、根部厚度 B 的变化结果如图 2.51 所示。由图 2.51 可知：

1）进给方向毛刺的大小随刀具主偏角 κ_r 的变化而显著地变化。

2）进给方向毛刺大致可分为Ⅰ型、Ⅱ型、Ⅲ型和Ⅳ型四种形式。

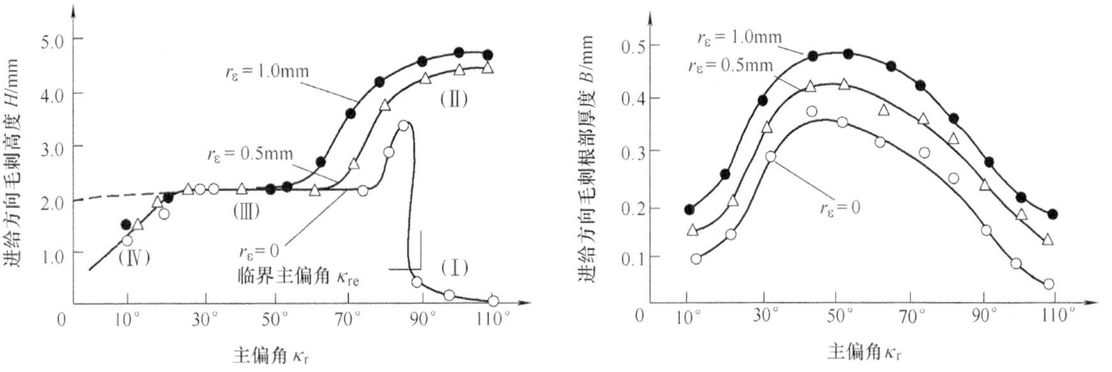

图 2.51 κ_r和 r_ε对进给方向毛刺的影响

3）毛刺根部厚度 B 值随 κ_r的变化而变化，且在 $\kappa_r \approx 45°$时取得极大值。

四种进给方向毛刺的形成区域及其特征如下：

1）Ⅰ型进给毛刺（$H \approx 0$，B 小）形成于 $\kappa_r > 90°$、$r_\varepsilon = 0$ 的条件下。此时，径向分力 $F_y < 0$，而径向分力 F_y和进给分力 F_x的合力 F_{xy}的方向背离工件实体，使工件终端部材料与工件母体因抗拉强度超限而与其分离。

2）Ⅱ型毛刺（$H > a_p$，B 小）产生在 $\kappa_r > 70°$、$r_\varepsilon > 0$ 的切削条件下。此时，随着切削的进行，横向流动的两侧方向毛刺产生并不断长大，被加工工件终端部材料在 F_x的作用下，沿着进给方向倾斜并最终脱离切削区域，因此形成了两侧方向毛刺和进给方向毛刺叠加的毛刺而遗留在工件终端部位上。

3）Ⅲ型毛刺（$H = a_p$，B 大）生成于 $30° < \kappa_r < 60°$的范围内。此时 F_x与 F_y的比值接近于 1，切削厚度 a_c较大，没有两侧毛刺产生，且在 $\kappa_r \approx 45°$，毛刺根部厚度 B 取得极大值。

4）Ⅳ型毛刺（$H < a_p$，B 小）形成于 $10° < \kappa_r < 30°$的区间，此时 a_c较小而切削宽度 a_w较大，使得工件终端部的支持强度相对较高，所以毛刺高度和根部厚度均有所减小。

依据上述进给方向毛刺的形成区域及特征，可根据切削加工要求，适当调整刀具主偏角 κ_r和刀尖圆弧半径 γ_ε，有效地控制进给方向毛刺的形态及尺寸。

2.4.3 主动控制毛刺的方法及途径

1. 影响毛刺形成与变化的主要因素

毛刺形成于刀具与工件相对运动的切削加工过程，影响切削过程的任何因素都会直接或间接地影响毛刺的形成与变化。基于系统工程理论，可构建出毛刺形成、控制及去除系统图，如图 2.52 所示。可以看出，影响毛刺生成及变化的主要因素有工件材料的性质、刀具的几何参数、切削用量、切削加工方式和被加工工件终端部的支承刚度等。各因素之间互相影响、相互制约。工件经过切削加工之后，其边、角、棱等部位上是否产生毛刺，毛刺尺寸大小及形状如何等将取决于诸多因素的综合作用。与此同时，也可根据工件加工质量具体要求，利用毛刺形成因果控制图（见图 2.52），采取合适的技术措施，从而达到有效地抑制、减少毛刺生成，或控制毛刺的形态及形成位置，确保产品品质量和生产效率的目的。

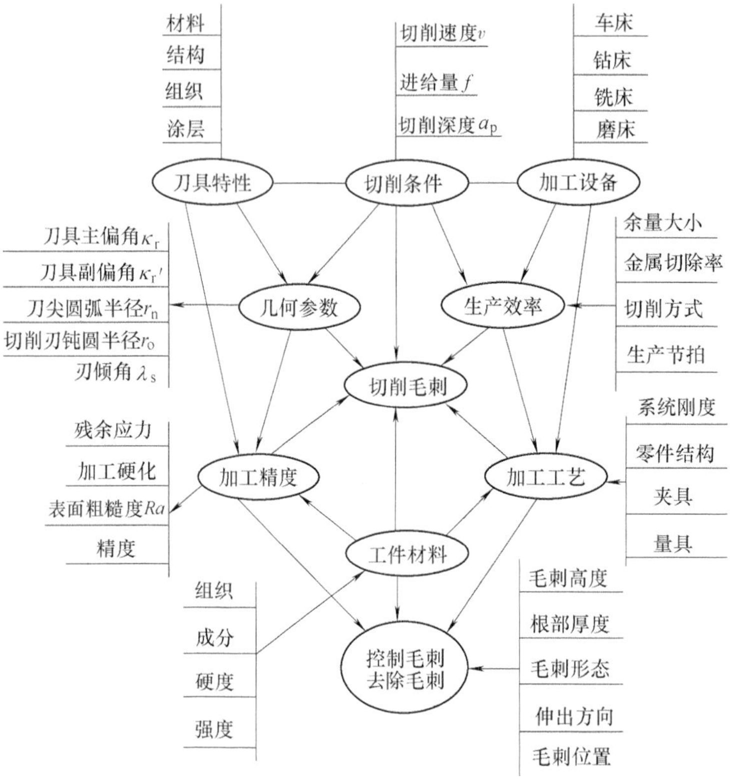

图 2.52　基于系统工程理论的毛刺形成、控制与去除联系图

2. 控制毛刺的基本原则

控制和去除毛刺是精密和超精密加工及自动化加工中的关键问题之一。为减小毛刺带来的影响及危害，应遵循以下原则：

（1）精度原则　对于精密零件或微小构件而言，在不影响其使用功能的前提下，只要将毛刺的形态和尺寸控制在其边、角、棱等部位的形位精度和尺寸精度允许范围之内即可。换言之，即或是零（部）件上产生了部分尺寸微小的毛刺，但并未使其尺寸精度、形位精度及表面粗糙度等指标超差，更没有影响到零件（或部件）的使用性能，一般情况下也无须对其毛刺进行去除加工。在精密零件或微小构件的设计、制造、检测和装配等过程中，实施精度原则，最大限度地控制毛刺的尺寸及形态，达到“零”毛刺目标，通常将其称为“无毛刺切削加工”。

（2）效率原则　去除毛刺作业既增加了加工成本，也降低了生产效率。当无法实现“无毛刺切削加工”时，首要的问题是采取抑制或减小毛刺的技术或方法，尽可能减小切削加工后形成毛刺的尺寸，从而降低去除毛刺作业量，减少去除毛刺时间，提高去除毛刺加工的效率和质量。在完全控制毛刺不可能的情况下，采取必要的措施来减小毛刺尺寸的做法，被称为主动控制毛刺的效率原则。

（3）位置原则　对使用功能而言，精密零件或微小构件的各表面及棱边的重要性未必完全相同。当切削毛刺的形成已不可避免时，重要的选择就是使毛刺产生在零（部）件加工精度要求较低或影响不大的边、角、棱等部位上，或者使其形成在易于去除的表面（棱边）上，尽可能减小毛刺的影响或有利于毛刺的去除加工，此种做法称为切削毛刺控制的位置原则。

显然，在金属切削加工中，由于工件形态千差万别，其加工要求也不尽相同。在具体加工中，精度原则为上策，效率原则为中策，而位置原则为下策。如何选用，应根据具体条件而定。

3. 控制或减小毛刺的基本途径

毛刺形成于切削加工的过程，因此，控制毛刺就要从影响切削加工系统及加工过程的要素出发，寻求主动控制毛刺的基本途径。通常情况下，结构设计、加工工艺安排、切削用量的选择和切削刀具的选用等是完成零（部）件设计制造的重要环节。要实现少无毛刺加工，就必须从加工全过程出发，探索主动控制毛刺的新技术、工艺和方法。开展少无毛刺加工的基本途径示意图如下：

少无毛刺加工的主要途径
- 工件结构的少无毛刺设计
- 少无毛刺切削加工工艺安排
- 切削用量的调整
- 刀具几何参数的优化
- 工件终端部的强化

在实际加工过程中，由于零（部）件的形状千变万化，加工要求也不一样，因此，在控制毛刺的技术选择时，应依据精度原则、效率原则和位置原则，根据具体的加工要求和使用功能的一致性，选择合理的加工方式方法，确保其获得较高的棱边（毛刺）质量。

（1）结构设计　工件的结构是根据其使用性能的要求而设计的。工件结构的不同，常常导致切削加工后边、角、棱等部位的毛刺形状及尺寸也有很大差别。在一定的条件下，可以通过改进工件的结构来有效地控制毛刺，实现少无毛刺加工。图 2. 53 所示为改进设计前后毛刺形成部位及其尺寸大小的应用实例。图 2. 53a 原设计无倒角，磨削加工后在棱边处形成毛刺。改进设计后，棱边处无毛刺形成。图 2. 53b 原设计经改进后其外部形态发生了相应变化，尽管毛刺形成部位无太大变化，但改进后毛刺的影响被限定在一定的范围内，减小了毛刺的影响和危害。

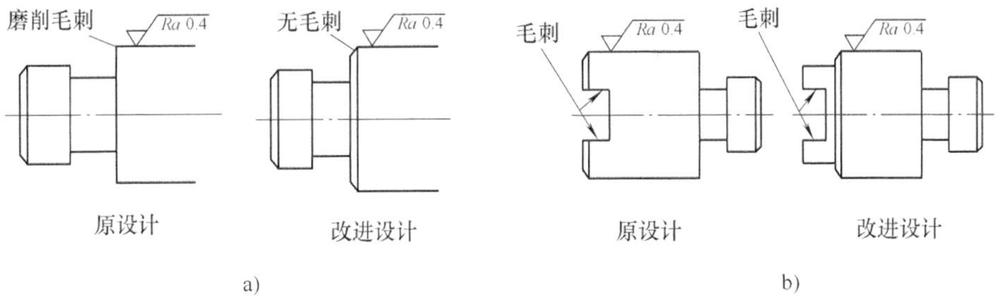

图 2. 53　结构设计中少无毛刺技术示例

（2）加工工艺设计　图 2. 54 和图 2. 55 所示为改进加工工艺设计后实现少无毛刺加工示例。图 2. 54a 为原加工工艺设计，先铣削加工平面然后铣槽，则形成的毛刺向平面侧伸出，影响正常装配。将加工顺序改为先铣槽后加工平面，则形成的毛刺对正常装配无影响（见图 2. 54b）。图 2. 55a 所示为使用面铣刀加工平面，则在刀具切出处形成尺寸较大的毛刺；而改为使用圆柱铣刀加工，则形成尺寸较小的毛刺（见图 2. 55b）。显然，使用圆柱铣刀加工后，毛刺去除的工作量也显著减小。

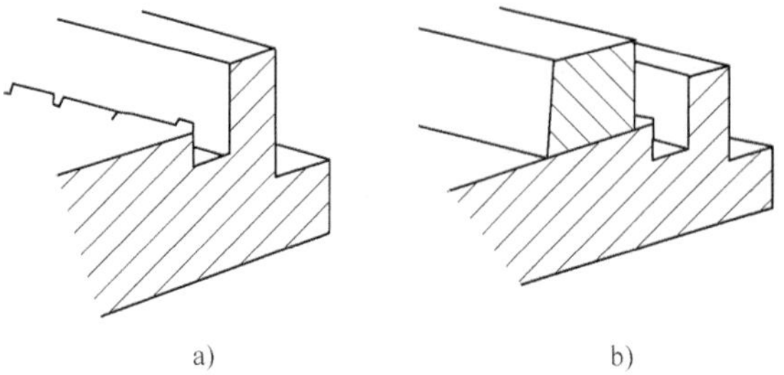

图 2.54　加工工艺设计中少无毛刺技术示例（一）

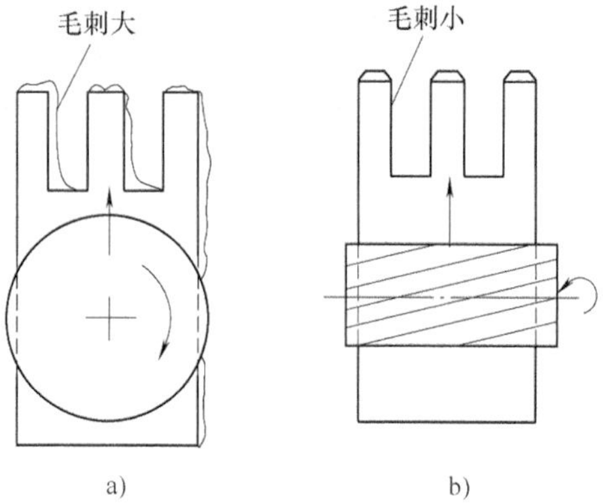

图 2.55　加工工艺设计中少无毛刺技术示例（二）

（3）切削用量　切削用量是决定切削加工生产效率的重要因素。在可能的情况下，调整切削用量对实现少无毛刺加工具有重要作用。图 2.56 所示为钻削加工中毛刺高度尺寸 H 和毛刺根部厚度尺寸 B 的实验结果。从图 2.56可知：进给量 f 越大，毛刺尺寸越大。显然，降低进给量对减小毛刺尺寸有明显作用。

（4）刀具几何参数　图 2.57 所示为钻削加工中改变钻头几何参数后毛刺尺寸变化的实验结果。由图 2.57 可知，钻头顶角 2ϕ 越小，钻头螺旋角 β 越大，毛刺高度尺寸 H 和根部厚度尺寸 B 就越小。由此看来，可以通过改变刀具的几何参数，达到抑制或减小毛刺的目的。

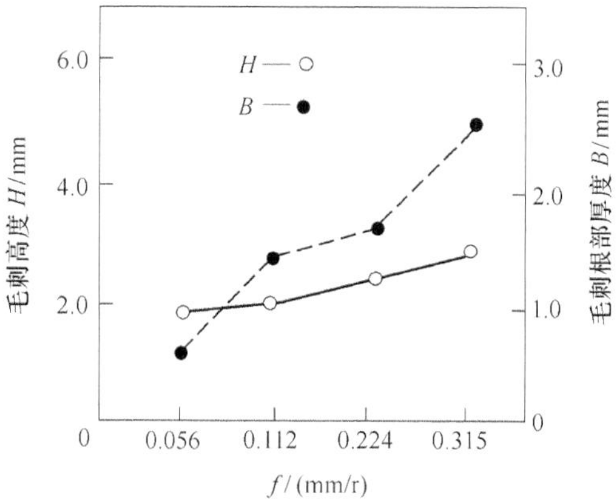

图 2.56　钻削加工中进给量 f 对毛刺的影响

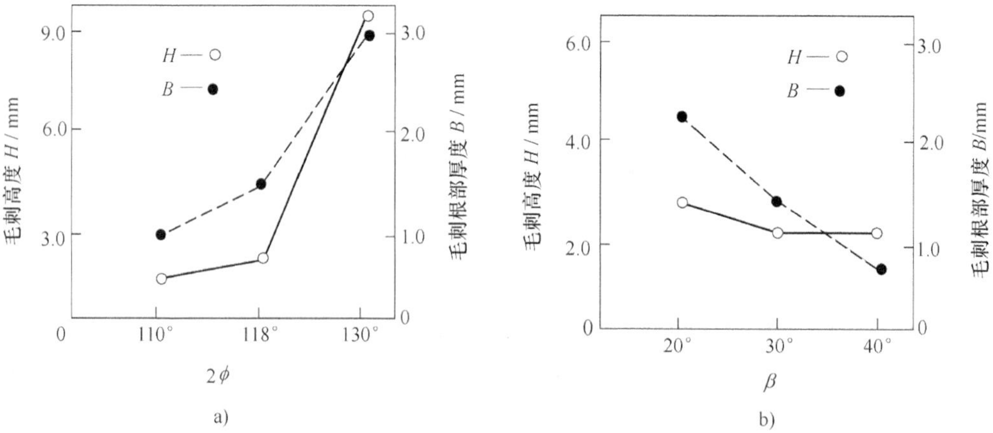

图 2.57　钻头几何参数对毛刺的影响

a）钻头顶角 2ϕ 的影响　b）钻头螺旋角 β 的影响

钻头直径 $d=10\text{mm}$；$f=0.112\text{mm/r}$

有关切削加工实践和研究表明，切削方式不同，工件上形成毛刺的位置及毛刺尺寸也有显著不同。图 2.58 所示为立铣加工中不同加工方式对毛刺形成的影响。选择不同的加工方式，毛刺形成的位置及毛刺尺寸都有很大的不同。因此，可以根据工件不同部位精密要求的需要，选用相应的切削方式，使其形成的毛刺尺寸小，易于去除，进而保证加工棱边（毛刺）质量和生产效率的不断提高。

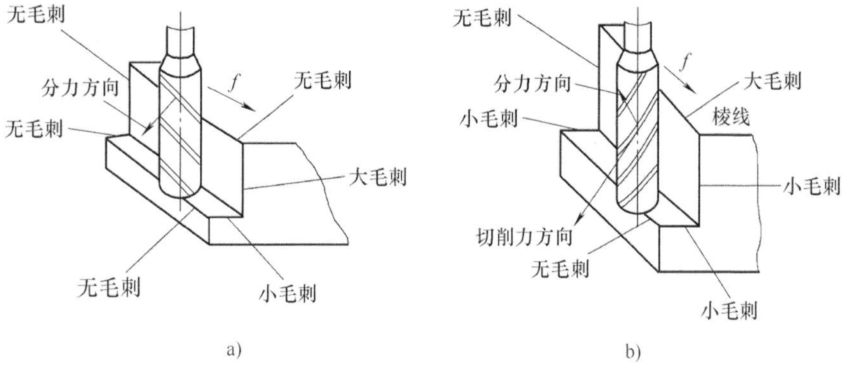

图 2.58 切削方式对毛刺形成的影响

a）左旋 b）右旋

此外，还可以采用工件叠加切削法、斜角切削法、工件终端面倒角法、工件终端面材料脆化法、切出方向挡板法等切削方法或工艺举措，有效地控制切削毛刺形态、尺寸及其形成的位置等，实现少无毛刺切削加工，为进一步提高精密和超精密加工及自动化加工技术水平奠定坚实基础。

2.5 精密和超精密切削技术应用

2.5.1 磁盘基片的精密切削

磁盘存储器（Disk Storage）是计算机的主要外部设备之一。随着计算机技术的飞速发展，磁盘存储器的性能也不断提高，例如其单位面积的存储密度每两年提高 1.5 倍。随着存储密度的提高，磁头在磁盘上的浮动高度急剧减小。为了保证这种微小的浮动高度，就要求磁盘表面具有很高的精度（表面粗糙度、径向的平直性、轴向振摆等）。例如，如果浮动高度为 0.3μm，则磁盘表面粗糙度就要求达到 Ra0.015μm 以下。要减小磁盘表面粗糙度值，首先必须减小磁盘基片的表面粗糙度值。因此，磁盘基片的高精度加工是磁盘存储器开发中的重要课题。

可以满足磁盘精度的加工方法有研磨、抛光及超精密车削。过去多用研磨、抛光的方法加工磁盘，近几年由于基极材料多用铝、铜系的软金属，随着金刚石刀具超精密切削加工技术的进步，目前几乎均采用金刚石刀具超精密切削磁盘基片。尤其是最近所使用的铝材纯度越来越高，已由过去含铝 99% 的铝合金发展到目前的 99.9% ~99.99% 的高纯度铝，更加突出了金刚石刀具切削的重要性。

图 2.59 所示为一种铝合金磁盘基片加工工序图。由图 2.59 可知，盘片的刚性很差，技

术要求非常高，加工难度很大。因此，国内外一般都在专用超精密车床上采用金刚石车刀进行加工。

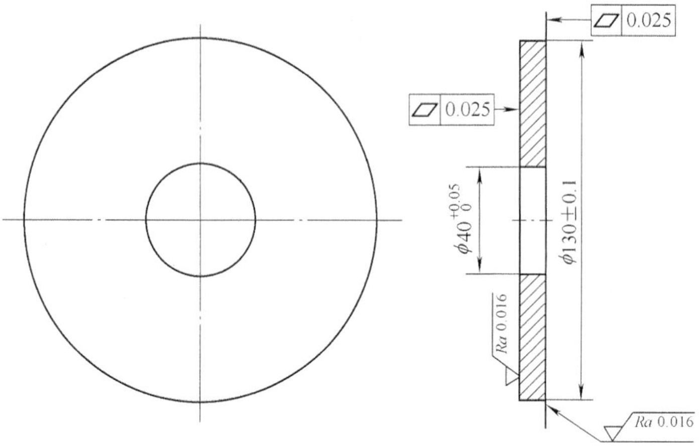

图 2.59　磁盘基片加工工序图

1. 磁盘基片金刚石刀具切削车床

加工磁盘基片的超精密加工车床的种类很多，但其有下列的共同特点：① 具有高精度的主轴，而且大多都使用流体静压轴承；② 具有高精度的导轨和工作台，也大多采用流体静压轴承；③ 用金刚石车刀进行镜面车削。磁盘基片金刚石刀具切削车床的结构如图 2.60 所示。

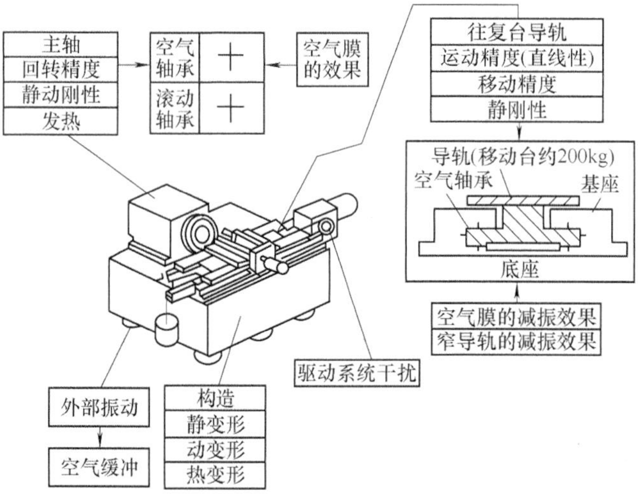

图 2.60　磁盘基片金刚石刀具切削车床的结构

（1）床身　床身应保持主轴、溜板等部件间相对位置的精度、长期稳定性、热稳定性及对振动的衰减特性。

过去大多采用铸铁制作床身，铸铁床身的相对变形可以达到 0.1μm。而用花岗岩制作的床身，即使受到来自地基的振动，在主轴和溜板间几乎测不到相对变形。由于花岗岩对振动的衰减性能为铸铁的数倍，尤其是对高频振动的衰减性能好，而且其热导率只有铸铁的 1/50，故目前多采用花岗石制作床身。

为了消除 3.5Hz 以下频率的外部振源干扰，通常采用空气弹簧置于床身下面进行隔振。

（2）主轴与驱动系统 因为磁盘基片的车削是以高精度和低粗糙度 *Ra* 值为目的，所以切削力很小，而且多采用发热量小、静刚度高的空气静压轴承支承主轴。表 2.9 列出了磁盘超精密车床主轴的性能。为了保证车削表面质量不受切削速度变化的影响，已采用自动变速装置，使刀具在从内向外切削时切削速度恒定。主轴的驱动系统动力，由电动机经联轴器传至带轮。为了减小振动，一般均采用经过特制、厚度差变化极小的平带传动，中间有可以精确调整的张紧轮。为消除压轴力对主轴的影响，均采用卸荷装置，使主轴的带轮只传递转矩而没有径向弯曲载荷。

表 2.9　磁盘超精密车床主轴的性能

项　目	径向轴承	推力轴承
轴径/mm	110	—
轴承宽度/mm	165	—
外径/mm	—	230
内径/mm	—	150
额定载荷/kg	140	316
刚性/(N/μm)	200	500
供给气压/MPa	0.6	0.6
消耗流量/(L/min)	60×2	180
	共计 300	

（3）溜板导轨及其驱动方式　溜板（Slide Carriage）的运动精度直接影响工件的几何形状精度，特别是在磁盘的加工中，溜板运动的直线度将直接影响磁盘表面的平面度及表面粗糙度。为保证溜板运动的直线性，磁盘超精密加工车床多采用空气静压导轨。空气导轨在运动方向上的摩擦力很小，对振动的衰减能力也很小，为此要加大溜板的重量，利用溜板的惯性力来抵抗变动的切削力。一般精密切削车床多采用精密丝杠驱动溜板作直线运动。这种传动由于丝杠的振摆和误差以及螺母的误差均要影响运动的精度，故目前有的采用直径为 3mm 的钢丝绳用配重张紧，并拖动溜板运动。用这种方法驱动，经测定几乎看不到与移动方向相垂直的外力干扰。

（4）控制振动、减少干扰　主轴及工作台进给电动机本身振动要小，要消除传动带、联轴器等传动部件所产生的振动，尽量采取使传动链缩短、主轴运转平稳等措施，如采用空气或液体驱动涡轮使主轴转动，在电动机与主轴间采用非接触磁性联轴器，采用把电动机与主轴做成一体的机内电动机等。为消除和隔离机床内部振源，常把主轴电动机、油泵、真空泵等与机床分离安装。

（5）控制温度、减少热变形　机床安装在恒温室中，使整体保持一定的温度。此外，有的还在车床四周设置了一个可以控制温度的密封罩，利用空气喷淋或液体喷淋，消除来自外部和车床操作者的温度对工件的影响。

2. 磁盘车刀几何参数的选择

磁盘基片加工主要选用直线修光刃形式的刀具。应注意的是，当直线修光刃与进给方向产生微小的角度误差时，会使表面粗糙度值增大。因此，要求直线修光刃相对进给方向的位置能进行微调。为了增强过渡刀尖，在修光刃与直线刃连接处磨出圆弧形或直线形过渡刃，圆弧与直线的交接要平滑，不得有尖角。

其刀具角度的选择如下：

（1）前角的选择　前角的大小决定切削刃的锋利程度及切削刃的强度。增大前角可以减小切削变形，从而减小切削力及切削热。但前角的增大会使刀具楔角减小，从而降低了刀具强度，同时，使散热面积变小。金刚石刀具硬且脆，且一般金刚石刀具切削时的切削厚度小。因此，获得较大楔角、加强切削刃的强度，以提高刀具寿命，应是考虑的主要因素。同时，前角较小，便于刀具制造、刃磨，一般取前角 $\gamma_o = 0° \sim 3°$。

（2）后角的选择　后角的大小影响切削过程中刀具后面与加工表面之间的摩擦程度，对后面与工件的接触以及后面的磨损具有较大影响，从而影响已加工表面质量及刀具寿命，一般取 $\alpha = 3° \sim 6°$。

（3）主偏角的选择　在一般切削情况下，主偏角减小会提高刀具寿命。因主偏角减小，会改善刀具的散热条件，同时也会使进给抗力变大，增大已加工表面的残余应力，可能引起系统振动。因此，对金刚石刀具来说，主偏角过小反而会降低刀具寿命。因为金刚石刀具抗冲击性能差，一般取 $\kappa_r = 45°$。图 2.61 所示为精密切削磁盘基片的金刚石刀具示意图。

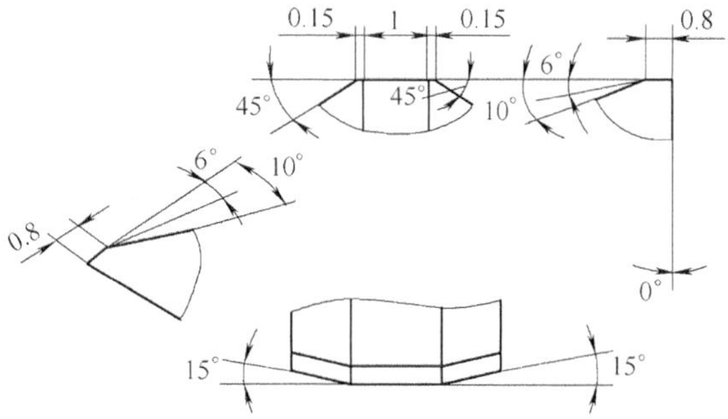

图 2.61　金刚石刀具示意图

3. 铝合金磁盘基片超精密切削工艺及特点

正确合理地选择切削用量是实现超精密切削加工的重要条件之一。因为金刚石刀具超精密切削的特殊性，金刚石刀具切削条件不同于一般切削加工。

（1）切削速度的选择　金刚石刀具对有色金属进行超精密切削时，因摩擦因数小而不易产生积屑瘤，切削速度与工件表面的粗糙度之间关系不大，但在大多数超精密车床中，切削速度会影响刀具的每转进给量。通过切削实验证实，用金刚石刀具切削铝合金的切削速度 $v > 500\text{m/min}$ 时，工件表面粗糙度较好。低于这一速度较多时，由于积屑瘤及刀面粘屑等原因，会使已加工表面呈白雾状。

（2）进给量的选择　粗加工时，随着进给量的增加，表面粗糙度变差。在用圆弧刃及修光刃很短的金刚石刀具切削时，进给量的变化对表面粗糙度的影响较显著，在用有较长修光刃的金刚石刀具切削时，进给量的变化对表面粗糙度的影响相对较小。

在精加工时，为了得到小的表面粗糙度值，进给量应选得较小。但进给量小到一定程度之后，继续减小进给量就不会进一步降低表面粗糙度值。

在实际生产中，应根据生产率要求、表面粗糙度要求及刀具的具体几何形状来确定进给量。一般精加工时的进给量 $f = 0.005 \sim 0.10\text{mm/r}$。实验证明在精加工铝合金磁盘基片时，选择 $f = 0.02\text{mm/r}$ 左右可满足表面粗糙度 $Ra < 0.015\mu\text{m}$ 的要求。

（3）切削深度的选择　精加工时，从加工质量的角度考虑，切削深度的选择主要影响尺寸精度和表面粗糙度。一般来说，要求能稳定达到的尺寸精度越高，切削深度应越小。但当切削深度小到一定程度后，在给定的名义切削深度下，实际的切削深度变得不稳定，同样会影响尺寸精度。根据对实际生产情况的调查及实验，在用金刚石刀具切削铝合金磁盘基片时，取切削深度 $a_p = 0.01 \sim 0.02\text{mm}$ 可得到较满意的加工效果。在这个数值附近的小范围内改变切削深度，对表面粗糙度影响不大。

（4）冷却润滑　由于金刚石的特性，切削时应考虑冷却问题，但对磁盘基片的加工，因为切削时间很短，可以干式切削；如果能进行冷却润滑则更好，但一定要用易于清洗的冷却剂。一般是将经过恒温处理（20℃ ±2℃）的煤油等用空气以雾状喷洒在被加工区域。

（5）工件的夹紧　磁盘基片的超精密切削均采用真空夹具，以吸附的方法固定工件。真空夹具的形状要与磁盘基片的切削条件和加工前精度相匹配。

2.5.2 光学元器件的精密切削

光学元器件的几何形状精度和表面粗糙度的要求很高，过去多采用研磨的方法进行加工。因为加工工艺复杂，效率较低，所以成本很高。近来由于光学元器件的用途不断扩大，用研磨方法进行加工已远远满足不了要求，因而开发了用铜及铜铝系合金等软金属以及塑料等材料，采用金刚石刀具超精密切削加工新技术，在满足加工精度的前提下大幅度地提高了生产效率。

多面反射镜作为标准光学元件，不仅可作为测量回转工作台分度精度的角度标准，还广泛地用于激光扫描的装置中，即让多面反射镜高速回转，使照射在多面反射镜上的激光束进行扫描。利用多面反射镜制作的激光扫描装置用途很广，例如在激光打印机上使激光通过多面反射镜在感光鼓筒上进行扫描，可实现高速印刷。除此之外，在检查轧制钢板的表面缺陷及检查胶片等的缺陷，零件、物品等的识别，激光淬火、焊接等装置上都使用多面反射镜。在上述各种用途中，以用在激光打印机上的多面反射镜精度最高，最有代表性。多面反射镜是构成激光打印机的核心零件，只有多面反射镜的精度高，反射率高，打印机才能有高的析像度，像汉字、画像这样复杂的图像才能高速地印刷。因此要求多面反射镜的几何形状精度高，反射镜面的表面粗糙度 *Ra* 值低。图 2.62 所示为激光打印机用多面反射镜的技术要求。

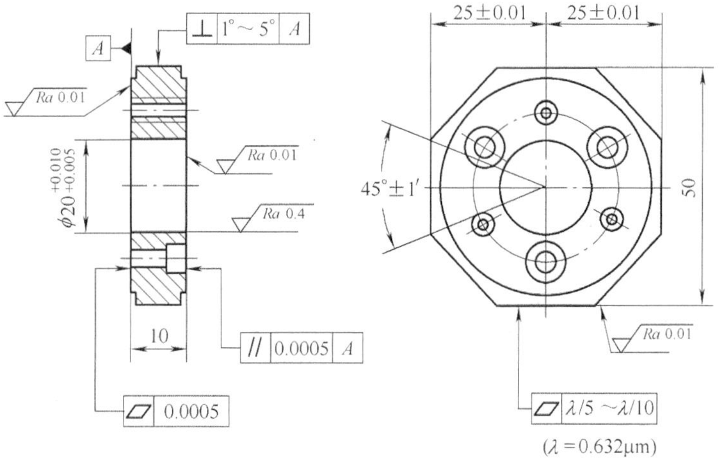

图 2.62　激光打印机用多面反射镜的技术要求

在一般情况下，作为激光反射镜必须满足的加工精度为：形状精度（平面度）低于0.1μm，表面粗糙度值小于 *Ry*0.01μm，表面反射率大于85%，而且没有散乱光和衍射光。

图2.63和图2.64所示分别为采用研磨方法和采用超精密切削加工多面反射镜的工艺路线图，相比较，可以看出：采用超精密切削方法，工艺路线大大地缩短，减少了热处理、电镀等工序；不会在被加工表面上残留有磨料，也不会出现研磨时常有的塌边现象。可以批量生产，因而成本低。

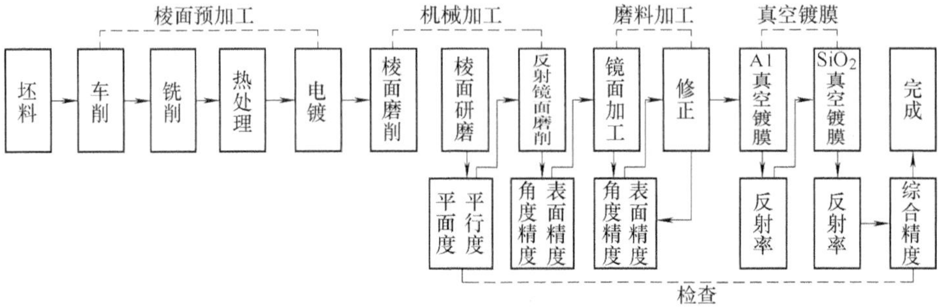

图2.63　用研磨法加工多面反射镜的工艺路线

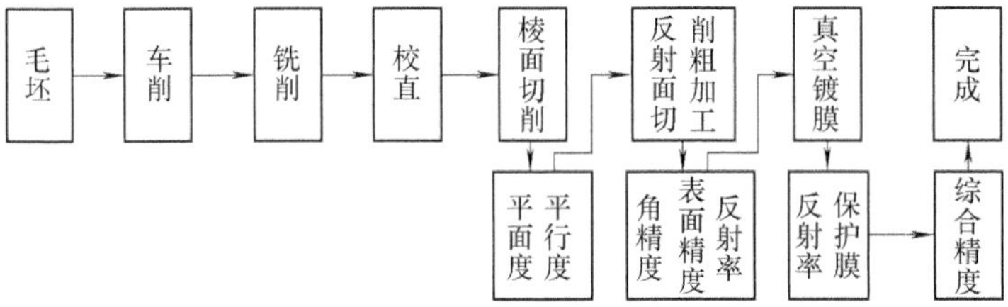

图2.64　用金刚石刀具超精密切削多面反射镜的工艺路线

研究表明，采用金刚石刀具的超精密切削方法，不仅可以加工像多面反射镜这样较小的反射镜面，而且可以加工各种平面镜、球面镜、非球面镜和透镜等大直径的镜面。尽管采用金刚石刀具切削加工镜面有许多优点，但因这还是个新技术，无论是在加工机床、金刚石刀具的形状角度方面，还是在被加工材料的可加工性、切削方法、切削条件、镜面的评价方法等方面，还存在许多问题尚需进一步深入探讨。

1. 多面反射镜加工机床及特点

多面反射镜（Multi Faceted Mirror）加工机床是按前面介绍的各种超精密加工用的各部件组合而成的。回转主轴与直线运动导轨均采用空气静压轴承支承。国外有一种金刚石刀具切削加工多面反射镜用的机床，它有两个自备并单独驱动的高精度空气静压回转主轴。左边的主轴为装夹工件（多面镜）用，它可以按多面镜的分度要求进行精确分度。右边的主轴用于安装金刚石刀具，它具有精确的进给机构。用这种机床切削加工 ϕ40mm、厚度8mm的八面体铝合金反射镜各镜面，其平面度均可低于0.2μm，表面粗糙度值低于 *Ry*0.02μm。所用的时间仅为用研磨加工的数十分之一。

另一种超精密切削多面反射镜专用机床的回转主轴采用超精密球面空气轴承支承。导轨为超精密直线运动空气静压支承导轨。它是加工激光打印机用多面反射镜的专用加工机床，以铣削方式进行加工。其铸铁床身具有很高的结构刚度，在其上安装具有双V形导轨的床鞍，由床鞍进行吃刀进给和定位。安装工件的工作台可以直线运动，采用空气静压支承。工件的进给通过介于驱动装置之间的空气静压联轴器来实现。工件装在特制的多齿盘分度工作台上，其分度精度为1″；刀具安装在刀具主轴的刀盘上。主轴采用球面空气静压主轴，刀盘上装有两把金刚石刀具，它可以精确地调整刀尖高度，使一把刀具进行粗加工，另一把刀具进行精加工，即粗、精加工同时进行。机床的全部操作均集中在操作台上。此外，还有切削用的喷雾装置和切屑、尘雾的收集装置等。

在此机床上可以加工内切圆及 $\phi(30\sim200)$mm 的多面反射镜。反射镜的面数可以由多齿分度盘确定，面数不限，可以自由选择。

为了能成批、稳定地切削加工出合格的多面反射镜，不仅机床本身要有足够的精度、足够的刚度、热稳定性和排除机床内部的振动装置，而且对环境也有严格的要求。为了得到长时间的热稳定性，必须把机床设置在恒温间里。要用空气弹簧隔断外部的振源，同时也要求供给空气静压轴承和导轨的空气温度和压力稳定。

2. 金刚石刀具及其调整

镜面加工用的金刚石刀具，不仅要仔细地选择制作刀具的金刚石原料及其结晶方位，而且刀具的切削刃要锋利，不允许有缺损。刀具前面和后面均不允许有研磨的条痕。

切削反射镜面的金刚石刀具有两种：用于粗加工的刀具刀尖圆弧半径小，通常为 5 ~ 10mm；用于精加工的刀具刀尖圆弧半径大，刀尖圆弧半径大于 760mm 或为直线切削刃刀具。刀尖圆弧半径小(5 ~ 10mm)的刀具调整容易，由于挤光量小和切削力小，所以因切削而产生的残留应力也小，可以得到高平面度的表面。另外在刀具磨损的情况下，可以使刀具的切削点错开，从而延长刀具的使用寿命。但是因为刀尖半径小，要想得到没有切削条痕、没有衍射和散乱光的表面，是很困难的。刀尖半径大或直线切削刃刀具，如果刀具的位置调整得适当，由于挤光效应，可以得到没有切削条痕的良好镜面。但要正确地调整刀具的位置，使其处于良好的切削状态是很棘手的问题，必须有丰富的切削经验才能很好地掌握它。刀具刀尖圆弧半径大或直线切削刃刀具的切削力大，工具的调整状态和切削刃的锋利性将影响切削表面的平面度。而且由于挤压而产生的残余应力，也将使平面度变坏。

综上所述，镜面切削所用的刀具在很大程度上决定了被切削表面状态。为了得到没有衍射光和散乱光的镜面，夹持刀具的夹具应具有很好的微调机构。根据经验，在刀具的调整范围内，在进给方向上使刀具稍微向前倾斜，可以得到较好的切削效果。

3. 镜面精密切削加工

多面镜镜面部分的精密切削加工是多面镜加工的最后一道工序。切削镜面时，在刀具主轴的刀盘上装有两把金刚石刀具，其中一把是刀尖圆弧半径 $R=5$mm 的烧结金刚石刀具，用它进行粗加工；另一把是刀尖圆弧半径大或直线切削刃的天然单晶金刚石刀具，用它进行超精密加工。刀具安装时，在刀盘的径向上两把刀具要互相错开。在轴向上精加工用的刀具应比粗加工用的刀具高出一精加工余量，这样在一次进给中便可同时完成粗、精加工。粗加工的余量不能取得太大，否则在被切削表面的四周将产生毛刺，为此粗加工的切削深度一般取 0.05 ~ 0.1mm 为宜。

根据所要求的表面粗糙度和刀具调整的状态，采用不同的切削加工条件。表 2.10 列出了铝镁合金多面反射镜的切削加工条件，如果粗、精加工在一次进给中同时进行，则应按精加工选取切削加工条件。

表 2.10 铝镁合金多面反射镜的切削加工条件

切削加工条件	粗 加 工	精 加 工
工具	单晶金刚石，尖角半径 *R*5	单晶金刚石
切削速度/(m/min)	560 (1500r/min)	860 (2300r/min)
进给量/(mm/min)	100	50
切削深度/mm	0.03 ~ 0.05	0.003 ~ 0.005

2.5.3 SiC 晶须增强铝基复合材料的超精密切削

通常情况下，SiC 晶须（Whisker）增强铝基复合材料由铝基复合材料加入增强相 SiC 晶须制备而成，它具有比强度和比刚度高、线膨胀系数小且可调、热稳定性好等许多优良性能，在航天、航空及汽车工业中得到广泛的应用。另一方面，它的切削加工性变差，表面质量难以保证。SiC 晶须增强铝基复合材料的超精密切削具有以下特点：

1. 刀具材料对切削力的影响

表 2.11 列出了切削用量和刀具几何参数相同，而刀具材料不同时切削 SiC_w/Al2024 的切削力，P10 硬质合金刀具的切削力最大，K10、Si_3N_4 陶瓷刀具的切削力次之，聚晶金刚石（PCD）刀具的切削力最小，由此可见，切削 SiC 晶须增强铝基复合材料时，刀具材料对切削力的影响显著。

表 2.11 不同刀具材料对应的切削力

刀 具 材 料	K10	P10	Si_3N_4	PCD
切削力/N	269	291	240	132

2. 刀具磨损

在 SiC 晶须增强铝基复合材料时，切屑与刀具前面之间存在着较大的压力和相对滑动速度，会在前面形成楔形粘着物（见图 2.65）。在刀具前面摩擦区域内，各个微区所处的摩擦情况是不完全相同的，在离刀尖较近的微区内以粘着磨损为主（见图 2.65 中楔形粘着物楔角部分）；而在离刀尖较远的微区内，除粘着磨损外还伴有明显的磨料磨损。

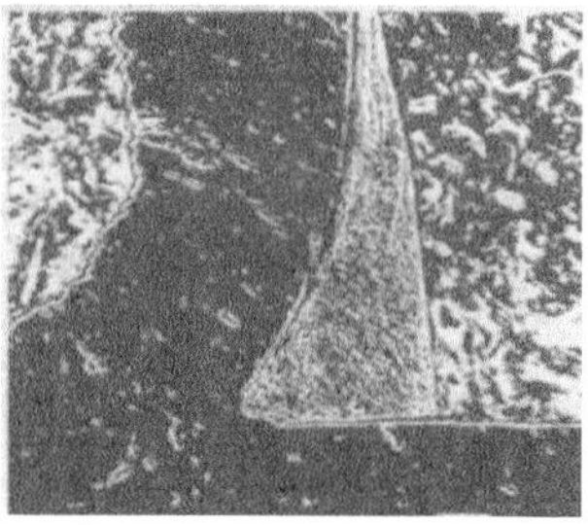

图 2.65 前面的楔形粘着物

从图 2.66 可看到，在刀具前面上平行于切屑流动方向存在沟槽，表明在切削 SiC 晶须增强铝基复合材料时，刀具磨损的主要机理是磨料磨损和刀具材料脱落颗粒引起的“微切削”。沟槽中往往因机械镶嵌而粘附着楔形粘着物，对改善刀具的抗磨性能有一定的好处（见图 2.67）。

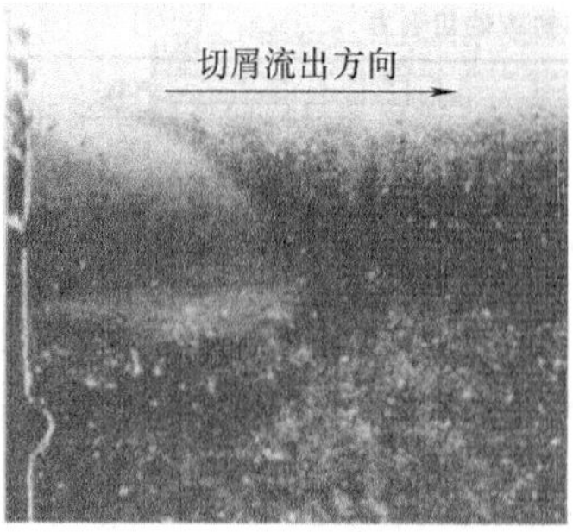

图 2.66 前面平行于切屑流出方向的沟槽磨痕

图 2.67 PCD 刀具刃口磨损后机械镶嵌留下的粘着物

采用 K10、Si_3N_4、PCBN 和 PCD 四种刀具切削 SiC_w/Al2024 时，PCD 的最大磨损量 VB_{max} 值最小，是 K10 的 1/10，所以 PCD 是该类复合材料精加工的首选刀具材料。其主要原因是 PCD 具有极高的硬度和耐磨性以及低摩擦因数和高热导率。

3. 切削参数对刀具磨损的影响

不同切削参数（v、f）与刀具 VB_{max} 值的关系密切。v 越高、f 越小，则 VB_{max} 值越大，原因在于 v 越高，相同时间内切削路程越长；f 越小，切削层厚度 a_c 越薄，加工表面与刀具后面间的碾压、摩擦作用越严重，而切屑碎末对后面的研磨作用越强。刀具前角和刀尖圆弧半径对 PCD 刀具磨损具有重要的影响，0°前角的刀具抗磨损表现明显优于 −5°和 +5°前角的 PCD 刀具，其原因是：在 −5°的情况下，不仅产生更大的切削力，而且排屑不畅，导致刀具表面有更严重的擦伤；在 +5°的情况下，切削刃更易崩碎；当刀尖圆弧半径从 1.6mm 降至 0.8mm 时，刀尖更易崩碎，使后面磨损加剧。

4. 表面质量

SiC 晶须增强铝基复合材料的表面结构因使用不同刀具材料加工而明显不同。切削体积分数为 20% 的 SiC_w/Al2040 时，硬质合金加工出的表面有一层铝基体薄膜，通常肉眼看上去光亮整齐。在已加工表面下变形层中的晶须沿切削方向重新取向，加工变质层较厚。而金刚石刀具所加工的表面未腐蚀时无光泽，但切削加工面轮廓清晰得多，其上可见微细沟槽、凹点、晶须头和少量破断晶须的截面，表层和变质层中几乎看不到晶须重新取向。两种刀具材料所加工表面的差异，主要是因为它们的耐磨性不同。

采用 PCD 刀具超精密切削体积分数为 20% 的 SiC_w/6A02（LD2）铝基复合材料时得出的切削用量与表面粗糙度的关系曲线如图 2.68 所示。表 2.12 给出了所得到的最小表面粗糙度值与切削铝基体 6A02（LD2）时的比较。

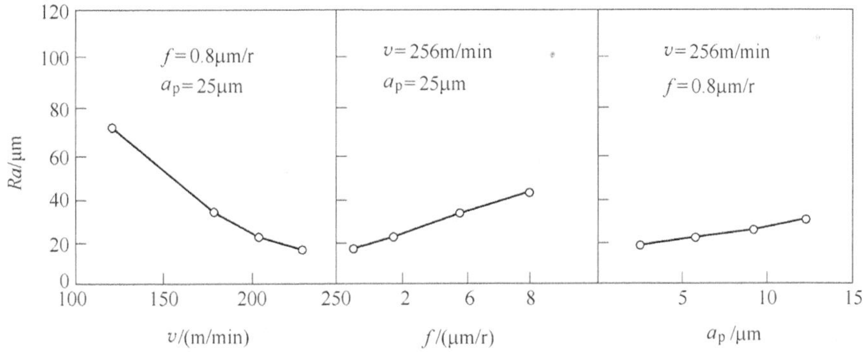

图 2.68 切削用量对表面粗糙度的影响

表 2.12 PCD 刀具超精密切削获得的最小表面粗糙度值

	v/(m/min)	a_p/μm	f/(μm/r)	Ra/μm
SiC_w/6A02（LD2）	256	2.5	0.8	0.012
6A02（LD2）	256	2.5	0.8	0.008

从图 2.68 可以看出，随着切削速度的增大、进给量的减小，表面粗糙度值也将减小。因为随着切削速度的增大，塑性变形减小，裂纹的数量也大为减少；当进给量减小时，SiC 晶须直接被切断的机会增多，也使得空穴和裂纹等缺陷的数量减少，结果表面粗糙度值也随之减小。背吃刀量对超精密加工 SiC_w/6A02（LD2）铝基复合材料表面粗糙度的影响不大。

图 2.69 所示为超精密切削 SiC_w/6A02（LD2）铝基复合材料得到加工表面的 SEM 图像。图 2.69 中铝基体为灰白色，刀具在加工表面上留下了较清晰的进刀痕迹，SiC 晶须呈现明显的聚堆现象，晶须断头及凹坑周围的铝基体产生了明显的塑性变形。

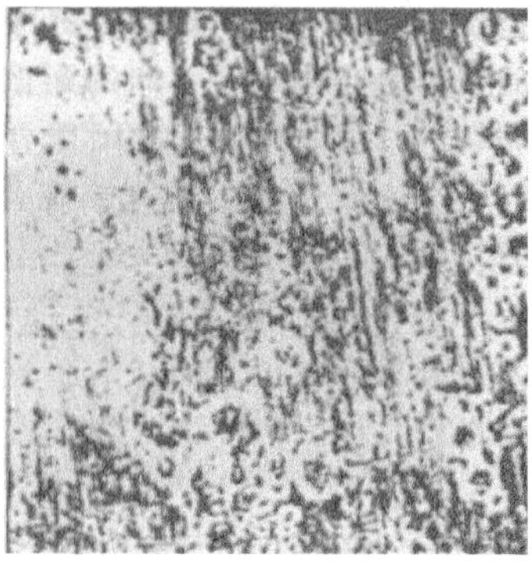

图 2.69 超精密切削表面 SEM 照片

SiC 晶须在加工表面形成过程中的变形破坏方式对加工表面微观形貌也有很大影响，主要破坏方式有直接剪断型、拔出型和压入型三种，如图 2.70 所示。图 2.70a 中白色圆形或多边形为剪断晶须断面，图 2.70b 中多边形黑圈为晶须拔出留下的痕迹，图 2.70c 上部偏中的黑中白为压入的晶须。

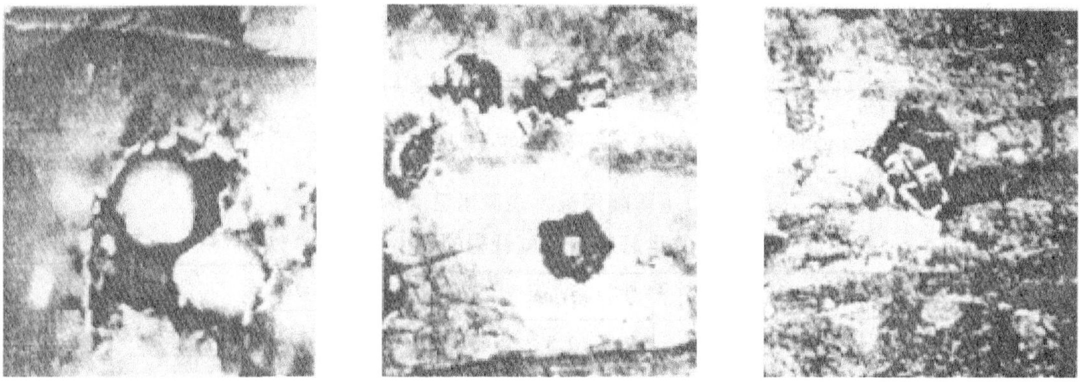

a)　　b)　　c)

图 2.70 超精密切削过程中 SiC_w 的变形破坏方式

a）直接剪断型　b）拔出型　c）压入型

通常情况下，切削中影响变形破坏方式发生概率的因素较多，主要有以下几种：刀具材料及切削刃锋利程度、切削用量、晶须与切削速度之间的夹角、应力分布情况等。据观察，超精密切削该类铝基复合材料时，晶须直接剪断型为主要的变形破坏方式，SiC 晶须直接剪断型发生的概率越高，加工表面粗糙度值越小。

切削晶须增强铝基复合材料时，材料表面发生了大量的塑性变形。同时，里层材料产生了拉伸弹性变形。由于在切削过程中晶须对基体合金的变形有很大牵制作用，因此复合材料的切削变形区的应力状态比较复杂，并且内应力较大。切削结束后，里层材料弹性变形趋于恢复，但晶须限制了其复原，因此，将使切削表面产生残余压应力。另一方面，切削过程中切削热使切削表面温度升高，切削后表面温度下降，使复合材料的切削表面残留拉伸应力。随着切削速度提高或背吃刀量增大，热应力引起的残余拉应力增大，而切削表面残余压应力减小；而随着进给量的提高，里层材料弹性恢复，导致表面残余压应力有所增加。

2.5.4 陶瓷材料的精密切削

近年来，先进结构陶瓷（Ceramic）获得了迅速发展，并逐渐在航空航天、军工、核能、机械、冶金等领域获得越来越广泛的应用。

1. 可切削加工陶瓷材料特点

可切削加工陶瓷是指在常温下即可由传统的加工机械或刀具加工到精确公差和要求的形状及表面粗糙度的陶瓷。可切削加工陶瓷材料分为可加工玻璃陶瓷（氟云母玻璃陶瓷、四硅酸氟云母可加工玻璃陶瓷）、可加工氧化物陶瓷（$LaPO_4$的烧结体）和可加工非氧化物陶瓷（SiC、Si_3N_4-BN）三大类。这些可切削加工陶瓷材料在加工时具有以下两个最基本的特点：

1）可切削加工陶瓷材料脆，被加工表面容易产生微裂纹或发生解理，不易得到完整的微观表面质量。

2）可切削加工陶瓷基质晶粒硬度高，切削加工刀具的磨损严重，刀具寿命低。

2. 陶瓷的精密切削加工

可切削加工陶瓷材料的部分切削加工实验研究结果如图 2.71 ~ 图 2.73 所示。在正常切削情况下，切削氧化物陶瓷时刀具磨损比切削非氧化物陶瓷时大，即刀具寿命低（见图 2.71）。

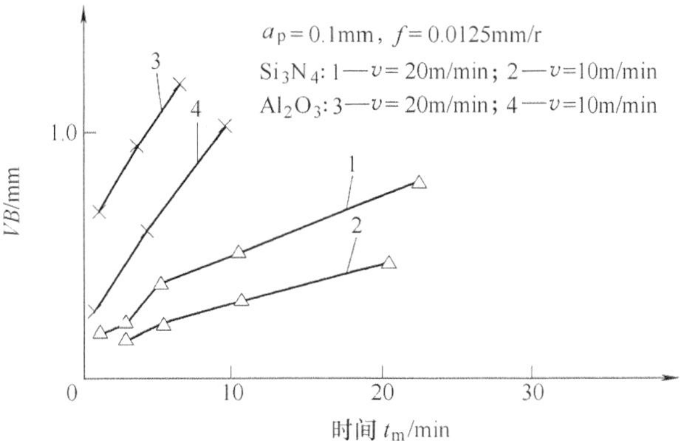

图 2.71 金刚石刀具车削 Al_2O_3、Si_3N_4时的磨损曲线

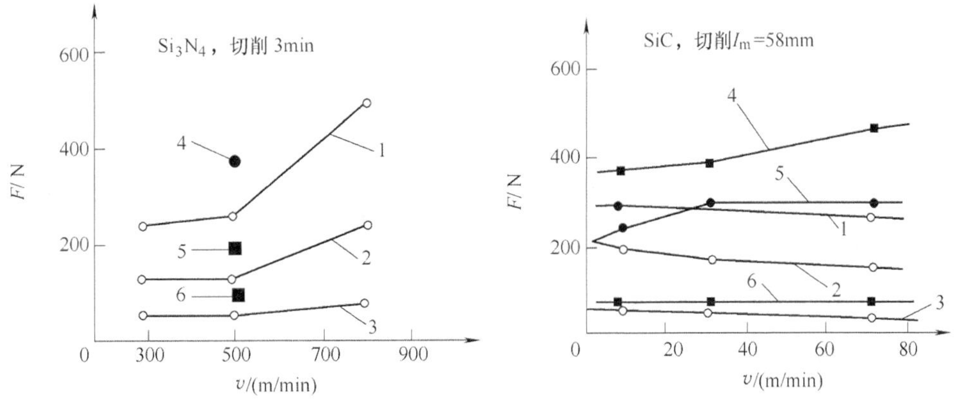

干切：1—F_y，2—F_z，3—F_x　　湿切：4—F_y，5—F_z，6—F_x

烧结金刚石 DA100 刀具，刀具ϕ13mm 圆刀片，γ_o=−15°，a_p=0.2mm，f=0.025mm/r

图 2.72 切削速度与刀具磨损的关系

由图 2.72 可以看出，湿切时刀具磨损远比干切时大，且干切时后面磨损值几乎与切削速度无关。因为切削温度不是影响刀具后面磨损的直接原因，而磨料磨损才是后面磨损的原因。切削非氧化物陶瓷时刀具磨损形态主要是边界磨损和后面磨损。如图 2.73 所示，车削 Si_3N_4、SiC 陶瓷时，各切削分力之间存在的关系为 $F_y > F_z > F_x$

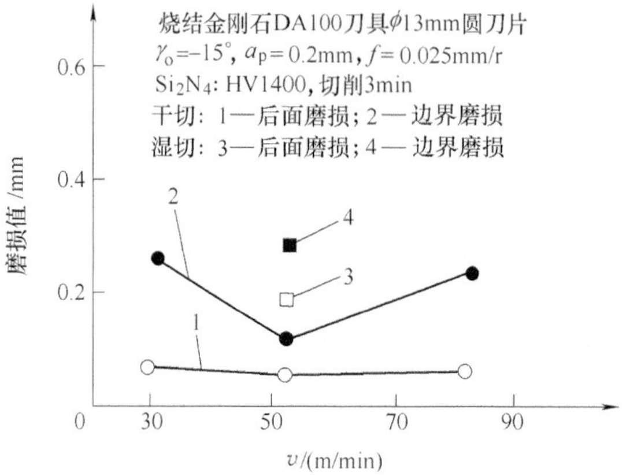

图 2.73　车削 Si_3N_4、SiC 陶瓷时切削力与切削速度的关系

表 2.13 列出了陶瓷车削加工时刀具材料的选用原则，表 2.14 给出了各种陶瓷车削时切削用量的推荐值。

表 2.13　各种陶瓷车削加工时刀具材料的选择原则

被切陶瓷 刀具材料		精细陶瓷（F·C）		预烧陶瓷		其他陶瓷	
单晶金刚石		×	有解理性	×	有解理性	×	可切高脆性陶瓷
烧结体	金刚石	○	粒径大，含量高	○	粒径大，含量高	○	粒径大小皆可
	CBN	△	适合在切削温度高时使用	△	适合在切削温度高时使用	△	适合在切削温度高时使用
陶瓷		×		×		×	
金属陶瓷		×		△		△	用高耐磨陶瓷
涂层		×		×			都可用
硬质合金		×		△	K01 ~ K10 有的可用	△	K01 ~ K10 好

注：○—良好；△—尚可；×—差。

表 2.14　各种陶瓷车削时切削用量的推荐值

被切陶瓷 切削条件	精细陶瓷（F·C）	预烧陶瓷	其他陶瓷
$v/(m/min)$	<20	50 ~ 100	≤150
a_p/mm	Si_3N_4、Al_2O_3 ≤0.1，其余≤0.5	≤0.5	≤1.0
$f/(mm/r)$	≤0.05	≤0.1	≤0.3
切削液	大量使用	大量使用	最好使用

思考题与习题

1. 精密加工研究包括哪些主要内容？结合精密切削加工对发展国防和尖端技术的重要性，试提出发展我国精密切削加工技术的策略、研究重点及主要研究方向。

2. 实现精密加工应具备哪些基本条件？试结合金刚石刀具精密切削，简述切削用量对加工质量的影响及主要控制技术。

3. 根据加工表面和加工刀具不同，精密与超精密切削加工方法有哪几种？其典型应用对象有哪些？

4. 如何正确认识精密和超精密加工的经济性？

5. 试述超精密切削用金刚石刀具的磨损和破损特点。

6. 金刚石晶体具体有哪些定向方法？

7. 比较直线修光刃和圆弧修光刃金刚石刀具的优缺点。

8. 试述单晶金刚石刀具的研磨加工方法。

9. 金刚石的主要特性有哪些？

10. 如何确定金刚石刀具寿命？

11. 精密和超精密加工机床的主要技术特征有哪些？

12. 精密和超精密机床主轴主要采用哪几种驱动方式？各自有哪些优缺点？

13. 精密和超精密机床有哪些关键部件？它们影响机床的哪些性能？

14. 一般情况下精密和超精密机床通常采用哪种轴承？试述常用几种主轴轴承的特点并说明为什么目前大部分精密和超精密机床均采用空气轴承。

15. 试述在线检测和误差补偿技术在精密和超精密加工中的作用。

16. 常用微量进给装置有哪些种类？试结合在精密和超精密加工机床上的应用谈谈其作用及特点。

17. 试述超精密机床中使用的摩擦驱动机构的工作原理、结构特点及优缺点。

18. 机械加工中产生的毛刺会带来哪些不利影响或危害？

19. 金属切削毛刺分类体系主要有哪几类？其分类基础和特征有何不同？你认为哪种分类体系更有助于揭示金属切削毛刺的形成与变化的基本规律？请简要说明理由。

20. 试述切削方向毛刺与亏缺的形成过程和毛刺与亏缺的形态转变条件。

21. 抑制或减小毛刺的基本途径有哪些？

第3章　精密和超精密磨削加工

3.1　概述

精密和超精密磨削加工是利用细粒度的磨粒（Abrasive）或微粉作为切削工具，对黑色金属、硬脆性材料（Hard and Brittle Material）等进行加工，可获得高加工精度和很小的表面粗糙度值。其加工具有以下特点：

1）适用于加工硬脆性材料。精密和超精密磨削加工除了可以加工铸铁、碳钢、合金钢等一般结构材料外，还能加工一般切削刀具难以加工的高硬度材料，如淬火钢、硬质合金、陶瓷和玻璃等。但不宜精加工塑性较大的有色金属工件。

2）易获得很小的表面粗糙度值和高加工精度的表面。采用细粒度的磨粒或微粉作为切削工具可获得很高的加工质量。通常情况下加工精度可达IT5及IT5以上，表面粗糙度值 Ra 为1.25～0.01μm，镜面磨削时 Ra 为0.04～0.01μm。

3）磨削区形成的瞬时高温易造成工件表面烧伤（Surface Burning）或微裂纹（Micro Fracture）。磨削加工的径向力较大，产生的切削热量多。通常情况下80%～90%的磨削热传入工件（10%～15%传入砂轮，1%～10%由磨屑带走），加之砂轮的导热性很差，大量的磨削热在磨削区形成瞬时高温，容易造成工件表面的烧伤和微裂纹。因此，磨削加工中往往采用大量的切削液，以降低磨削区域的温度，进而控制磨削加工质量。

4）应注意保持磨粒或微粉的自锐作用。利用固结磨料（Fixed Abrasive）磨具进行加工时，磨粒脱落的随机性和不均匀性等会使磨具失去其外形精度，破碎的磨粒和磨屑会造成磨具的堵塞，直接影响加工效率和质量。因此，磨削一定时间后需对固结磨料磨具进行修整，以恢复其切削能力和外形精度。利用游离磨料（Free Abrasive）磨具进行加工时也同样存在保持其自锐作用的问题。

5）使用范围广泛。精密和超精密磨削加工不仅可以加工外圆面、内圆面和平面，也可以加工螺纹、齿形等各种成形表面，还常用于各种切削刀具的刃磨及模具的精整加工等。

随着精密和超精密磨削加工理论的发展和技术进步，磨削加工在机械加工中的比重日益增大。在工业发达国家，磨床在机床总数中的比重已达到30%～40%，且有不断增长的趋势。精密和超精密磨削加工在机械制造业中将得到日益广泛的应用。

3.1.1　精密和超精密磨削加工方法

精密和超精密磨削加工（Precision and Ultra-precision Grinding）是20世纪70年代发展起来的机械加工技术，近年来已扩大到磨料加工的范围。按磨料连接形式和加工方式，精密和超精密磨削加工方法大体上可分为固结磨料加工和游离磨料加工两大类，见表3.1。

表 3.1 精密和超精密磨削加工方法分类

- 精密和超精密磨料加工
  - 固结磨料加工
    - 固结磨具
      - 精密砂轮磨削
      - 油石研磨
      - 精密珩磨
      - 精密超精加工
    - 涂覆磨具
      - 精密砂带磨削
      - 砂带研抛
  - 游离磨料加工
    - 精密研磨
    - 精密抛光

1. 固结磨料加工法

固体磨料（Solid Abrasive）是将一定粒度的磨粒或微粉与结合剂粘结在一起，形成了特定的形状并具有一定的强度，然后再通过烧结、粘结、涂敷等方式，使其形成砂轮、砂条、油石和砂带等磨具。其中用烧结方法形成的砂轮、砂条、油石等称为固结磨具；而用涂敷方法形成的砂带称为涂覆磨具或涂敷磨具。

利用固体磨料进行精密加工和超精密加工，主要方法还可细分为精密和超精密砂轮磨削加工、精密和超精密砂带磨削加工和其他加工等。

（1）砂轮磨削加工　精密砂轮磨削是利用精细修整的粒度为 60 ~ 80 号的砂轮进行磨削，其加工精度可达 1 ~ 0.1μm，表面粗糙度 *Ra* 值可达 0.025 ~ 0.2μm。超精密砂轮磨削是利用经过精细修整的粒度为 W40 ~ W5 的砂轮进行磨削，可以获得加工精度为 0.1μm，表面粗糙度 *Ra* 值为 0.025 ~ 0.008μm 的加工表面，其中利用超硬微粉砂轮进行超精密磨削已得到比较普遍的应用。

（2）砂带磨削加工　利用粒度为 W63 ~ W28 的砂带可进行精密砂带磨削加工，其加工精度可达到 1μm，表面粗糙度 *Ra* 值可达到 0.025μm。而利用粒度为 W28 ~ F1200 的砂带可进行超精密磨削加工，加工精度可达到 0.1μm，表面粗糙度 *Ra* 值可达 0.25 ~ 0.008μm。

（3）其他加工　其他加工有油石研磨、精密砂带研抛、精密研磨和精密珩磨等。

2. 游离磨料加工法

游离磨料是指磨粒或微粉不是通过结合剂固结在一起，而是在加工中呈现游离状态的磨料，其传统的加工方法主要是研磨和抛光。

研磨加工中使用的工具称为研具，抛光时的工具称为抛具，由于通常是用抛光轮来进行抛光，故将抛光工具称为抛光轮。研磨和抛光时，磨料通常与润滑液（也成为冷却润滑剂）混合在一起，形成研磨膏或抛光剂，但也有将磨料和冷润剂分别使用的。传统的研磨和抛光的区别在于其使用的工具及其效果。研具是硬的，不仅仅能提高加工精度，而且也能降低表面粗糙度值；抛光工具是软的，主要用于降低表面粗糙度值，对加工精度提高影响不大，有时甚至会降低或破坏几何形状。

近年来，在传统工艺的基础上，出现了许多新的游离磨料加工方法，如弹性发射加工、磁性研磨、液体动力抛光、水和抛光、磁流体抛光、挤压抛光、喷射抛光等。由于新开发的研具或抛光工具有时是半软半硬，即其表面是由一定硬度的橡胶或塑料构成，或由磁力产生微切削作用，从而模糊了传统的研磨和抛光的概念，呈现出两者优势互补、兼而有之的发展态势。但是，如果从传统的研磨和抛光定义来分类，则应归为抛光似乎更为合适。

3.1.2 精密磨削磨具和超精密磨削磨具

1. 精密和超精密砂轮磨料磨具

（1）磨料及其选择　在精密和超精密磨削中，磨料除使用刚玉系和碳化物系外，还大量使用超硬磨料（Super Hard Abrasive）。

目前，超硬磨料是指金刚石（包括人造金刚石）、立方氮化硼及以它们为主要成分的复合材料。金刚石和立方氮化硼均属于立方晶系。金刚石又分为天然和人造两大类。天然金刚石有透明、半透明和不透明的，以透明的最为贵重。颜色上有无色、浅绿、浅黄、褐色等，以褐色硬度最高，无色次之。人造金刚石分单晶体和聚晶烧结体两种，前者多用来做磨料磨具，后者多用来做刀具。金刚石是自然界中硬度最高的物质，有较高的耐磨性，而且有很高的弹性模量，可以减小加工时工件的内应力、内部裂隙及其他缺陷。金刚石有较大的热容和良好的热导性，线膨胀系数小，熔点高。但在700℃以上易与铁族金属产生化学作用而形成碳化物，造成化学磨损，故一般不适宜磨削钢铁材料。立方氮化硼的硬度略低于金刚石，但耐热性比金刚石高，有良好的化学稳定性，在2000℃时才与碳起反应，故适用于磨削钢铁材料。由于它在高温下易与水产生反应，因此一般多用于干磨。

超硬磨料砂轮磨削的特点如下：

1）磨具在形状和尺寸上易于保持，磨削加工精度高。

2）磨料本身磨损少，耐磨性好，耐用度高，可较长时间保持切削性，修整次数少，易于控制加工尺寸及实现加工自动化。

3）磨削力小，磨削温度低，从而可减少内应力、裂纹、烧伤等缺陷，加工表面质量好。

4）磨削效率高，加工综合成本低。

超硬磨料能加工各种高硬难加工材料是其突出的优越性，用超硬材料磨削陶瓷、光学玻璃、宝石、硬质合金以及高硬度合金钢、耐热钢、不锈钢等材料已十分普遍。

表3.2给出了超硬磨料和普通磨料的主要物理性能。从总体看来，立方氮化硼磨料具有较大的发展前景。

表3.2　各种磨料的主要物理性能

磨料			显微硬度HV	抗弯强度/MPa	抗压强度/MPa	热稳定性/℃
超硬磨料系	金刚石	天然	8600－10600	210～490	2000	700～800
		人造		300		
	立方氮化硼		7300～9000	300	800～1000	1250～1350
普通磨料系	碳化物系	碳化硼	4150～9000	300	1800	700～800
		碳化硅	3100～3400	155	1500	1300～1400
	刚玉系		1800～2450	87.2	757	1200

（2）磨料粒度及其选择　磨料粒度是影响精密和超精密磨削加工的重要因素。我国国家标准规定，磨料分为粒度和微粉两大类。粒度是表示磨料的颗粒尺寸，其具体大小用粒度

号表示。依据国家标准，固结磨具用粗磨料粒度用试验筛法测量并分为27级，表示为F4～F220（详见GB/T 2481.1—1998）。固结磨具用微粉磨料粒度分为F系列微粉和J系列微粉，F系列微粉采用沉降管法测量并分为11级，表示为F230～F1200（也可采用光电沉降法测量，分为13级，表示为F230～F2000）；而J系列微粉采用沉降管法测量分为15个粒度级，用#240至#3000表示（也可采用电阻法测量，分为18级，表示为#240～#8000）（详见GB/T 2481.2—2009）。对于超硬磨料，微粉分为18级，从F320～F240至F2000～F1200。

粒度的选择应根据加工要求、被加工材料、磨料种类等来确定。其中，影响很大的是被加工件的表面粗糙度值、被加工材料和生产率。一般多选用F180～F220的普通磨料、170/200～275/400的超硬磨料磨粒和各种粒度的微粉。通常情况下，粒度号越大，加工表面粗糙度值越小，但生产率相对也越低。

（3）结合剂及其选择　结合剂的作用是将磨料粘合在一起，形成一定的形状并有一定的强度。根据国家结合剂代号、性能及应用的有关规定，常用的结合剂分为有机结合剂和无机结合剂两大类。有机结合剂可细分为树脂结合剂［代号为B（S）］和橡胶结合剂［代号为R（X）］；无机结合剂可分为陶瓷结合剂［代号为V（A）］和金属结合剂［代号为M（L）］等。

结合剂影响到砂轮的结合强度、自锐性、化学稳定性、形状和尺寸的保持性、修整方法等。精密磨削磨具和超精密磨削磨具制作中，结合剂的选择应根据加工具体要求、被加工材料特性、磨料种类等综合考虑后确定。

（4）组织（浓度）及其选择　普通磨具中磨料的含量用组织表示，它反映了磨料、结合剂和气孔三者之间体积的比例关系。超硬磨具中磨料的含量用浓度表示，它是指磨料层每$1cm^3$体积中所含超硬磨料的质量。浓度越高，其含量越高。浓度值与磨料含量的关系见表3.3。

表3.3　超硬磨具浓度值与磨料含量的关系

浓度代号	质量浓度（%）	磨料含量/(g/cm^3)	磨料在磨料层中所占体积（%）
25	25	0.2233	6.25
50	50	0.4466	12.50
70	70	0.6699	18.75
100	100	0.8932	25.00
150	150	1.3398	37.50

浓度直接影响磨削质量、加工效率和加工成本。选择时应综合考虑磨料材料、粒度、结合剂、磨削方式、质量要求和生产率等因素。对于人造金刚石磨料，树脂结合剂磨具的常用质量浓度为50%～75%，陶瓷结合剂磨具的质量浓度为75%～100%，青铜结合剂磨具的质量浓度为100%～150%，电镀的质量浓度为150%～200%。对于立方氮化硼磨料，树脂结合剂磨具的常用质量浓度为100%，陶瓷结合剂磨具的质量浓度为100%～150%，一般都比人造金刚石磨具的质量浓度高一些。总的来说，成形磨削（Form Grinding）、沟槽磨削（Slotted Grinding）和宽接触面平面磨削（Wide Contact Surface Grinding）选用高质量浓度；半精磨和精磨选用细粒度、中质量浓度；高精度、小表面粗糙度值的精密磨削和超精密磨削选用细粒度、低质量浓度，质量浓度甚至低于25%。

（5）硬度及其选择　普通磨具的硬度是指磨粒在外力作用下，磨粒自表面脱落的难易程度。磨具硬度低表示磨粒容易脱落。我国磨具硬度分为超软、很软、软、中级、硬、很硬和极硬7个大级。根据生产需要，又将每个大级细化为若干个小级，共形成16个小级，分别用英文字母由“A”到“Y”表示。主要国家磨具硬度代号对照见表3.4。

表3.4 主要国家磨具硬度代号对照

<table>
<tr><th colspan="2" rowspan="2">国别
硬度级</th><th colspan="2">中国 GB/T 2484—2006</th><th rowspan="2">苏联
DOCT</th><th rowspan="2">美国
Noton</th><th rowspan="2">英国</th><th rowspan="2">日本
JIS</th><th rowspan="2">德国
DIN
捷克</th></tr>
<tr><th>84</th><th>81</th></tr>
<tr><td rowspan="3">超软</td><td>1</td><td>D</td><td rowspan="3">CR</td><td>ЧМ</td><td rowspan="8">A，B，C，D
E，F，G，H</td><td rowspan="6">E，F，G，
H，I</td><td rowspan="3">E，F，G</td><td>E</td></tr>
<tr><td>2</td><td>E</td><td>BM_1</td><td rowspan="2">F，G</td></tr>
<tr><td>3</td><td>F</td><td>BM_2</td></tr>
<tr><td rowspan="3">很软</td><td>1</td><td>G</td><td>R_1</td><td>M_1</td><td rowspan="5">H，I，J，K</td><td rowspan="3">H，I，J</td></tr>
<tr><td>2</td><td>H</td><td>R_2</td><td>M_2</td></tr>
<tr><td>3</td><td>J</td><td>R_3</td><td>M_3</td></tr>
<tr><td rowspan="2">软</td><td>1</td><td>K</td><td>ZR_1</td><td>CM_1</td><td rowspan="2">J，K，L</td><td rowspan="2">K，L</td></tr>
<tr><td>2</td><td>L</td><td>ZR_2</td><td>CM_2</td></tr>
<tr><td rowspan="2">中级</td><td>1</td><td>M</td><td>Z_1</td><td>C_1</td><td rowspan="2">I，J，K，L，
M，N，O，P</td><td rowspan="2">M，N，
O，P</td><td rowspan="2">L，M，
N，O</td><td rowspan="2">M，N</td></tr>
<tr><td>2</td><td>N</td><td>Z_2</td><td>C_2</td></tr>
<tr><td rowspan="3">硬</td><td>1</td><td>P</td><td>ZY_1</td><td>CT_1</td><td rowspan="9">Q，R，S，T，
U，V，W，X，
Y，Z</td><td rowspan="5">Q，R，S</td><td rowspan="5">P，Q，R，S</td><td rowspan="3">O，P，C</td></tr>
<tr><td>2</td><td>Q</td><td>ZY_2</td><td>CT_2</td></tr>
<tr><td>3</td><td>R</td><td>ZY_3</td><td>CT_3</td></tr>
<tr><td rowspan="2">很硬</td><td>1</td><td>S</td><td>Y_1</td><td>T_1</td><td rowspan="2">R，S</td></tr>
<tr><td>2</td><td>T</td><td>Y_2</td><td>T_2</td></tr>
<tr><td rowspan="4">极硬</td><td>1</td><td rowspan="4">Y</td><td rowspan="4">CY</td><td>BT_1</td><td rowspan="4">T，U，V，
W，X，Y，
Z</td><td rowspan="4">T，U，V，
W，X，Y，
Z</td><td rowspan="2">T，U</td></tr>
<tr><td>2</td><td>BT_2</td></tr>
<tr><td>3</td><td>$ЧT_1$</td><td rowspan="2">W，Z</td></tr>
<tr><td>4</td><td>$ЧT_2$</td></tr>
</table>

在超硬磨具中，由于超硬磨料耐磨性高，又比较昂贵，硬度一般较高，在其标志中无硬度项。通常情况下，磨具硬度的选择应注意以下问题：

1）精密磨削、超精密磨削和成形磨削时，对保持形状和尺寸精度要求较高，应选用较硬磨具；而对于要求低表面粗糙度值的镜面磨削，则应选用软或较软的磨具。

2）工件材料越硬，则宜选用自锐性好的较软磨具，降低磨削温度以免烧伤；对有色金属、橡胶等软材料，应选用较软磨具，以免堵塞；而对于导热性差的材料，应选自锐性好的低硬度磨具，以减少磨削热。

3）磨削平面、内圆表面时的磨具硬度要比磨削外圆表面时的硬度低些；磨削接触面积大时宜选软磨具，磨削薄壁零件时磨具硬度选低些；高速磨削、间断表面磨削、去毛刺磨削时，应选硬度较高的磨具。

4）细粒度磨具的硬度应选低些，以免堵塞；超硬磨料磨具中，由于超硬磨料耐磨性好，又比较昂贵，通常选用高硬度，但在其标志中无硬度项。

（6）磨具的强度、形状和尺寸及其基体材料　磨具（Abrasive Tool）的强度是指磨具在高速回转时，抵抗因离心力的作用而自身破碎的能力。各类磨具都有其最高工作线速度的规定。

根据机床规格和加工情况选择磨具的形状和尺寸。超硬磨具一般由磨料层、过渡层和基体三个部分组成。超硬磨具结构中，有些厂家把磨料层直接固定在基体上，取消了过渡层。超硬磨具结构如图3.1所示。基体的材料与结合剂有关，金属结合剂磨具大多采用铁或铜合金；树脂结合剂磨具采用铝、铝合金或电木；陶瓷结合剂磨具多采用陶瓷。

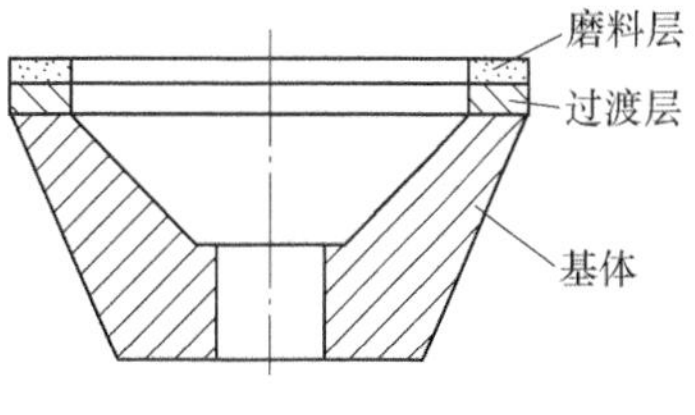

图3.1　超硬磨具结构

2. 精密和超精密涂覆磨具

涂覆磨具（Coated Abrasives）是将磨料用粘结剂均匀地涂覆在纸、布或其他复合材料基底上的磨具，结构示意图如图3.2所示。常用的涂覆磨具有砂纸、砂布、砂带、砂盘和砂布套等。

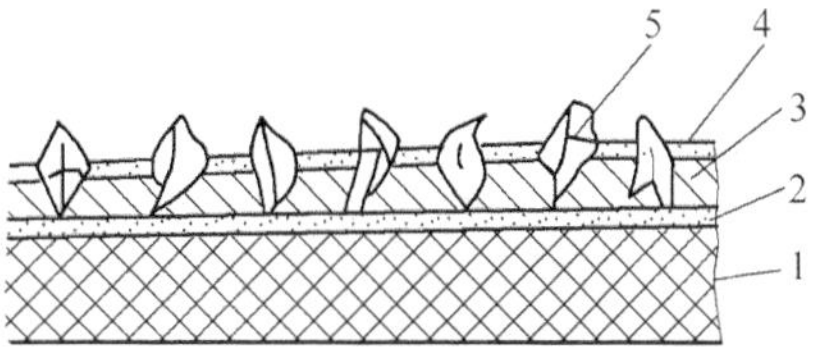

图3.2　涂覆磨具结构示意图

1—基底　2—粘结膜　3—粘结剂（底胶）　4—粘结剂（覆胶）　5—磨料

（1）涂覆磨具的分类　根据涂覆磨具的形状、基底材料和工作条件与用途等其分类见表3.5。涂覆磨具产品有干磨砂布、干磨砂纸、耐水砂布、耐水砂纸、钢纸磨片（砂盘）、环状砂带（有接头、无接头）、卷状砂带等。

表3.5　涂覆磨具的分类

涂覆磨具
- 形　状
  - 页状（Y）：砂纸、砂布、砂布页轮
  - 卷状（J）：砂带
  - 带状（D）：砂布套、环状砂带（有接头、无接头）
  - 盘状（P）：钢纸磨片（砂盘）
- 基底材料
  - 纸（Z）：牛皮纸、耐水牛皮纸、钢纸
  - 棉布（B）：粗布、细布、平纹布、帆布
  - 化纤（H）：硫化纤维布
  - 塑料膜（S）：聚碳酸酯
  - 复合（F）：纸布、夹层网格布
- 工作条件
  - 干磨（G）：干磨砂布
  - 耐水（N）：耐水砂纸
- 工件材料
  - 金属：钢、铁、铜、铝
  - 硬脆材料：石材、玻璃、陶瓷
  - 软性材料：皮革、塑料、橡胶、木材

（2）涂覆磨料及粒度　常用的涂覆磨料有普通磨料和超硬磨料两大类，如棕刚玉、白刚玉、铬刚玉、锆刚玉、黑色碳化硅、绿色碳化硅、氧化铁、人造金刚石、立方氮化硼等。通常情况下，涂覆磨具用于精密与超精密加工，所选用磨料的粒度级次较高且粒度较细。

（3）粘结剂　粘结剂又称为胶，其作用是将砂粒牢固地粘结在基底上。粘结剂是影响涂覆磨具性能和质量的重要因素。根据涂覆磨具基底材料、工作条件和用途等不同，粘结剂又可分为粘结膜、底胶、覆胶和超涂层等（见图3.2）。当基底材料为聚酯、硫化纤维时，为了使底胶能与基底牢固粘结，要在聚酯膜、硫化纤维布上预先涂上一层粘结膜，而对于基底材料为纸、布等，则不必预涂粘结膜。有些涂覆磨具采用底胶和覆胶的双层粘结剂结构，一般取粘结性能较好的底胶和耐热、耐湿、富有弹性的覆胶，使涂覆磨具性能更好。

大多数涂覆磨具都是单层胶。常用粘结剂的名称、性能及其应用范围见表3.6。

表 3.6 常用粘结剂的名称、性能及其应用范围

种类和代号		性　　能	应 用 范 围
动物胶 G	皮胶 明胶 骨胶	粘结性能好 价格便宜 溶于水，易受潮，耐热性差，稳定性受环境影响	轻切削的干磨和油磨 非金属品加工 金属材料抛光
树脂 R	醇酸树脂 氨基树脂 尿醛树脂 酚醛树脂 清漆	粘结性能好 耐热、耐水或耐湿 有弹性 易溶于有机溶液 有些树脂成本较高	重负荷磨削 难磨材料或复杂型面的磨削或抛光
高分子化合物	聚醋酸乙烯酯	粘结性能好 耐水或耐湿 有弹性 成本较高	精密磨削

从表 3.6 可知，粘结剂主要有动物胶、树脂和高分子化合物。

1）动物胶。动物胶主要有皮胶、明胶、骨胶等。粘结性能好，价格便宜，但溶于水，易受潮，稳定性受环境影响。用于轻切削的干磨和油磨。

2）树脂。树脂主要有醇酸树脂、氨基树脂、尿醛树脂、酚醛树脂等。树脂粘结性能好，耐热、耐水或耐湿，有弹性，有些树脂成本较高，且易溶于有机溶液。用于难磨削材料或复杂型面的磨削和抛光。

3）高分子化合物。高分子化合物有聚醋酸乙烯酯等，粘结性能好，耐湿有弹性。用于精密磨削，但成本较高。

除上述一般粘结剂外，还有特殊性能的在覆胶层上再敷一层超涂层粘结剂，如抗静电超涂层粘结剂，可避免砂带背面与支承物之间产生静电而附着切屑粉尘；抗堵塞超涂层粘结剂，是一种以金属皂为主的树脂，可避免砂带表面堵塞；抗氧化分解超涂层粘结剂，由高分子材料和抗氧化分解活性材料所组成，加工中有冷却作用，可提高砂带耐用度和工件表面质量。

（4）涂覆方法　涂覆方法是影响涂覆磨具质量的重要因素之一，不同品种的涂覆磨具可采用不同的涂覆方法，以满足使用要求。当前，涂覆磨具的制造方法有重力落砂法、涂敷法和静电植砂法等，如图 3.3 所示。

1）重力落砂法。先将粘结剂均匀涂敷在基底上，再靠重力将砂粒均匀地喷洒在涂层上，经烘干去除浮面砂粒后即成卷状砂带，裁剪后可制成涂覆磨具产品，整个过程自动进行（图 3.3a）。一般的砂纸、砂布均用此法，制造成本较低。

2）涂敷法。先将砂粒和粘结剂进行充分均匀的混合，然后利用胶辊将砂粒和粘结剂混合物均匀地涂敷在基底上（图 3.3b）。粘结剂和砂粒的混合多用球磨机，而涂敷多用类似印刷机的涂敷机，可获得质量很好的砂带，一般塑料膜材料的基底砂带都用这种方法。简单的涂敷方法也可用喷头将砂粒和粘结剂的混合物均匀地喷洒在基底上，多用于小量生产纸质材料基底的砂带，当然质量上要差一些。精密和超精密加工中所用的涂覆磨具多用涂敷法制作。

3）静电植砂法。其原理是利用静电作用将砂粒吸附在已涂胶的基底上，这种方法由于静电

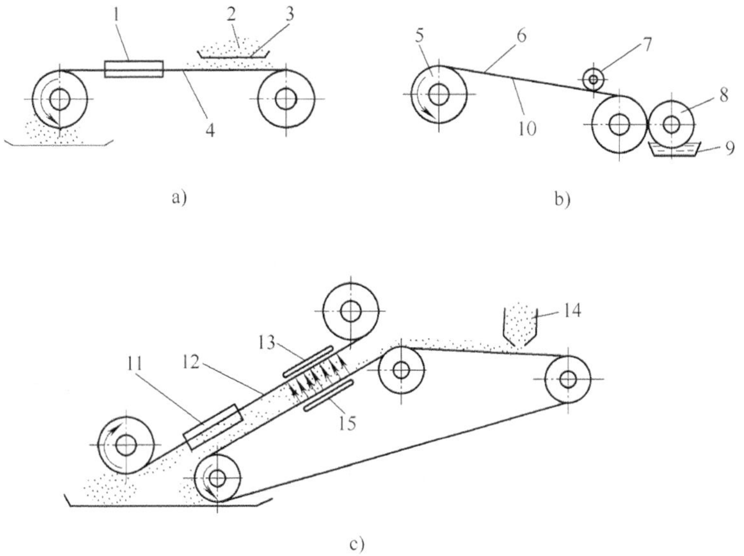

图 3.3 涂覆磨具的涂覆方法

a）重力落砂法 b）涂敷法 c）静电植砂法

1、11—烘干箱 2、14—磨粒 3—筛 4、10、12—基底 5—卷带轮 6—涂层

7—计量辊 8—胶辊 9—磨粒、粘结剂混合液 13、15—极板（+60000V）

作用，使砂粒尖端朝上，因此砂带切削性强，等高性好，加工质量好，受到广泛采用（图3.3c）。

涂覆磨具的常用产品有砂带、砂布、砂纸、高速钢纸砂盘、砂布叶轮和砂布套等。

3.2 普通磨料砂轮精密磨削

精密磨削是指加工精度为1～0.1μm、表面粗糙度 Ra 值达到0.2～0.025μm的磨削加工方法，多用于机床主轴、轴承、液压滑阀、滚动导轨、量规等的精密加工。它是用微小的“多刃刀具”切削细微切屑的一种加工方法。一般是通过氧化铝和碳化硅砂轮来实现的。

精密磨削是在精密磨床上，选择细粒度砂轮，并通过对细粒度砂轮的精细修整，使粒度具有微刃性和等高性，磨削后使被加工表面的磨削痕迹极其细微，残留高度极小，再加上无火花磨削阶段的作用，可获得高精度和低表面粗糙度值的表面。

3.2.1 精密磨床

精密机床是实现精密加工的首要基础条件。随着加工精度要求的提高和精密加工技术的发展，机床的精度不断提高，精密机床和超精密机床也在迅速地发展。

1. 精密磨削机床的特点

精密磨削加工要在相应的精密磨床上进行。采用MG（高精度）系列的磨床或对普通磨床进行改造。所用磨床应满足以下要求：

（1）高几何精度 精密磨床应有高的几何精度，主要有砂轮主轴的回转精度和导轨的直线度，以保证工件的几何形状精度。主轴轴承可采用液体静压轴承、短三块瓦或长三块瓦油膜轴承，整体多油楔式动压轴承及动静压组合轴承等。当前采用动压轴承和动静压组合轴承较多，这些轴承精度高，刚度好，转速也较高；而静压轴承精度高，转速高，但刚度差些，用于功率较大的磨床不太合适。主轴的径向圆跳动一般应小于 1μm，轴向圆跳动应限制在 2～3μm 以内。

（2）低速进给运动的稳定性　由于砂轮的修整导程要求为 10～15mm/min，因此工作台必须作低速进给运动，要求无爬行和无冲击现象并能平稳工作。这就要求对机床工作台运动的液压系统进行特殊设计，采取排除空气、低流量节流阀、工作台导轨压力润滑等措施，以保证工作台低速运动的稳定性。对于横向进给，也应保证运动的平稳性和准确性，应有高精度的横向进给机构，以保证工件的尺寸精度以及砂轮修整时的微刃性和等高性。有时在砂轮头架移动上配置了相应要求精度的微进给机构。

（3）高抗振性　精密磨削时如果产生振动，会对加工质量产生严重不良影响。因此对于精密磨床，在结构上应考虑减少机床振动。主要措施有如下几方面：

1）电动机的转子应进行动平衡，电动机与砂轮架之间的安装要进行隔振，如垫以硬橡胶或木块。如果结构上允许，电动机最好与机床脱开，分离安装在地基上。

2）砂轮安装在主轴上之后应进行动平衡。可采用便携式动平衡仪表，非常方便。如果没有动平衡的条件，则应进行精细静平衡。

3）精密磨床最好能安装在防振地基上工作，可防止外界干扰。如果没有防振地基，应在机床和地面之间加上防振垫。

（4）热变形小　精密磨削中热变形引起的加工误差会达到总误差的 50%，故机床和工艺系统的热变形已经成为实现精密磨削的主要障碍。机床上热源有内部热源与外部热源。内部热源与机床热变形有关，外部热源与使用情况有关。精密磨削在（20±0.5）℃恒温室内进行，对磨削区冲注大量冷却液，可排除外部热源的影响。

机床的热变形很复杂，其结果是破坏调整后工件与砂轮的相对位置。各种热源产生的热量，一部分向周围空间散失，一部分被冷却液带走。随着热量的积聚与散失趋向平衡，热变形亦逐渐稳定。磨床开启后经过 3～4h 趋向热平衡，精密磨削在机床热变形稳定后进行。

2. 精密磨床的结构

精密磨床在精密主轴部件、床身和精密导轨部件及部分微量进给装置的具体结构方面与精密切削机床（车床）大体相同，在此不再赘述。通常情况下，精密磨床设计中采用的微量进给装置、机床的稳定性和减振隔振具有如下特点：

（1）压电和电致伸缩传感器微进给装置　要实现自动微进给和要求微量进给装置有较好的特性时，都采用压电或电致伸缩微量进给装置。对电致伸缩微量进给装置机械结构的要求主要有：有较高的刚度和自振频率，自振频率应为 300～500Hz；调整使用方便，应能很方便地调节电致伸缩传感器的预载力；最好是整体结构，在实现微位移时应无摩擦力；结构不要太复杂，便于加工制造。

图 3.4 所示为我国某单位设计的新结构微量进给装置。这种微量进给装置本体、弹性变形元件、位移进给部分均由整体材料制成，是一整体结构，这样可以避免装配接合面的接触刚度对微位移精度的影响。电致伸缩传感器后端有调节螺钉，可以很方便地调整预载力。为避免电致伸缩传感器两端受力不平行，后端用钢球加预载力，在预载力调整好后用锁紧螺母将调节螺钉锁死。电致伸缩传感器在电压作用下伸长时，推动前面刀具的位移部分前进，实现微量进给。这种微量进给装置刚性和自振频率均较高（7.8kHz），结构简单，体积小，使

用方便。在使用长15mm的AVX公司电致伸缩传感器时，系统分辨率为0.01μm，最大位移为5.2μm，系统在200Hz下正常工作，微位移稳定可靠。

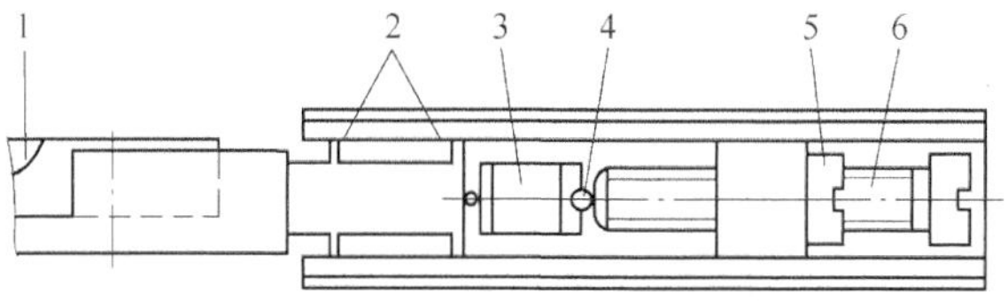

图3.4 整体结构电致伸缩微量进给装置

1—金刚石刀具 2—支承弹性膜 3—电致伸缩传感器 4—钢球 5—调节螺钉 6—锁紧螺母

微量进给装置的应用可实现如下功能：实现微量进给；实现超薄加工；在线误差补偿；用于切削加工非轴对称特殊型面。

（2）机床的稳定性和减振隔振 精密磨削机床中机床各部件的尺寸稳定性要好。通常采用尺寸稳定性好的材料制造机床部件，如用陶瓷、花岗岩、尺寸稳定性好的钢材、合金铸铁等；各部件经过消除应力的处理，如时效、冰冷处理、铸件缓慢冷却等方法，使部件有高度的尺寸稳定性。同时，机床各部件的结构刚性高，变形小。当机床运动部件位置改变，工件装卸或负载变化、受力作用变化时，均将造成变形，因而要求结构刚度高、变形量极小，基本不影响加工精度；各接触面和连接面的接触良好，接触刚度高，变形极小。

通常情况下，为提高机床稳定性采取如下措施：

1）各运动部件都经过精密动平衡，消灭或减少机床内部的振源。

2）提高机床结构的抗振性。

3）在机床结构的易振动部分，人为地加入阻尼，减小振动。

4）使用振动衰减能力强的材料制造机床的结构件。

5）精密机床应尽量远离振源。

6）精密机床采用单独地基、隔振沟、隔振墙等。

7）使用空气隔振垫（亦称空气弹簧）。

（3）减少热变形和采用恒温控制 温度变化对精密机床加工误差有很大的影响。据有关的统计，精密加工中，机床热变形和工件温升引起的加工误差占总误差的40%～70%。在一般机械加工中，磨床润滑油和磨削液每日变化10℃是常见的现象，如磨削ϕ100mm的轴类零件，温升10℃将产生11μm的误差。精密加工铝合金零件100mm长时，温度每变化1℃，将产生2.25μm的误差。若要求确保0.1μm的加工精度，环境温度就需要控制在±0.05℃范围内。从以上数据可看到，要提高机床的加工精度，必须严格控制温度变化。

超精密机床通常也采用大量恒温油浇淋的控制原理和系统（图2.15）。

3.2.2 精密磨削过程及磨削力

1. 磨削过程

砂轮中的磨料磨粒是不规则的菱形多面体，顶锥角在80°～145°范围内，但大多数为90°～120°，如图3.5所示。磨削时，磨粒基本上都以很大的负前角进行切削。一般磨粒切削刃都有一定大小的圆弧，其刃口圆弧半径r_n在几微米到几十微米之间。磨粒磨损后其负前角和圆弧半径r_n都将增大。

磨粒在砂轮表面的分布是随机的。一般磨削时只有 10% 的磨粒参加切削，切削深度分布在某一范围内，使各个磨粒承受的压力不同。磨粒表现出四种切削形态，如图 3.6 所示。一带而过的摩擦，工作表面仅留下一条痕迹；发生塑性变形，擦出一条两边隆起的沟纹；犁出一条沟，两边翻出飞边；切下切屑，其形状随着磨粒切削刃形状、工件材料、切削深度、切削速度的变化而变化。

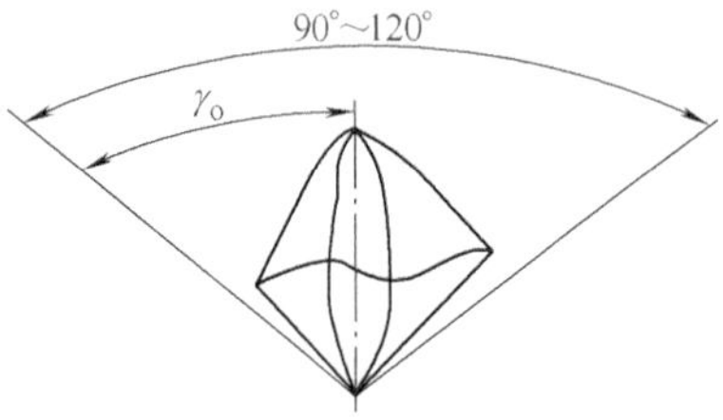

图 3.5　磨粒形状

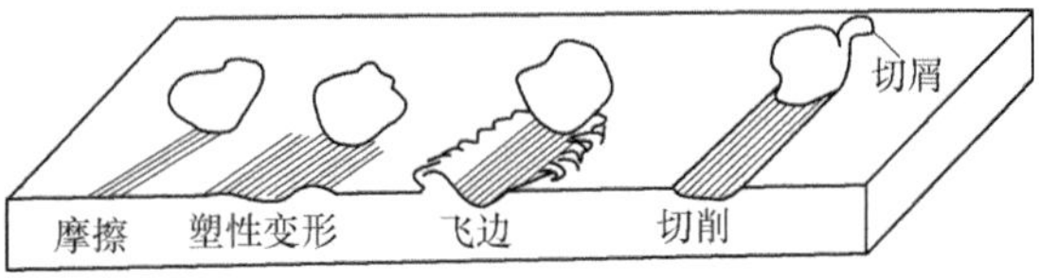

图 3.6　磨粒的切削形态

钝化的磨粒受力增大，超过自身强度则被挤碎，露出新的锋利刃口，高磨粒掉落使低磨粒得以参加切削。

2. 磨削力

单个磨粒切除的材料虽然很少，但一个砂轮表面层有大量磨粒同时工作，而且磨粒的工作角度很不合理，绝大多数为负前角切削，因此总的磨削力相当大。总磨削力（Grinding Force）可分解为三个分力：主磨削力 F_z（切向磨削力）、切深力 F_y（径向磨削力）、进给力 F_x（轴向磨削力）。几种不同类型磨削加工的三向分力如图 3.7 所示。

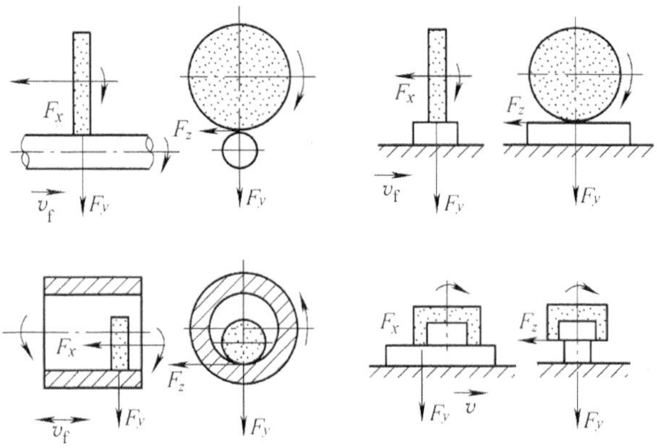

图 3.7　三向磨削应力

（1）磨削力的主要特征

1）单位磨削力很大。由于磨粒几何形状的随机性和参数不合理，磨削时的单位磨削力 p 值很大，可达 70000N/mm^2 以上。

2）三向分力中切深力 F_y 值最大。在正常磨削条件下，F_y/F_z 约为 2.0 ~ 2.5。由于 F_y 与砂轮轴、工件的变形及振动有关，直接影响加工精度与表面质量，故该力是十分重要的。

（2）影响磨削力的因素　当砂轮速度 v 增大时，单位时间内参加切削的磨粒数量随之增大。因此，每个磨粒的切削厚度减小，磨削力随之减小。

当工件速度 v_w 和轴向进给量 f_a 增大时，单位时间内磨去的金属量增大，如果其他条件不变，则每个磨粒的切削厚度随之增大，从而使磨削力增大。

当径向进给量 f_r 增大时，不仅每个磨粒的切削厚度将增大，而且使砂轮与工件的磨削接触弧长增大，同时参加磨削的磨粒数增多，因而使磨削力增大。

砂轮的磨损会使磨削力增大，因此磨削力的大小在一定程度上可以反映砂轮上磨粒的磨损程度。如果磨粒的磨损用磨削时工作台的行程次数（反映了砂轮工作时间的长短）间接地表示，则随着行程次数的增多，径向磨削力 F_y 和切向磨削力 F_z 都将增大，但 F_y 增大的速率远比 F_z 要快。

（3）单个磨粒的切削厚度　为便于分析，可以将砂轮看成是一把多齿铣刀，现以平面磨削为例说明磨削中单个磨粒的切削厚度。图 3.8 所示为平面磨削中垂直于砂轮轴线的横剖面。当砂轮上 A 点转到 B 点时，工件上 C 点就移动到 B 点，这时 ABC 这层材料就被磨掉了。此时磨去的最大厚度为 BD，参加切削的磨粒数为 $\overset{\frown}{AB}m$（m 为砂轮每毫米圆周上的磨粒数）。则单个磨粒的最大切削厚度为 $a_{\mathrm{cgmax}} = BD/(\overset{\frown}{AB}m)$，将 BCD 近似看成一个直角三角形，则 $BD = BC\sin\theta$。

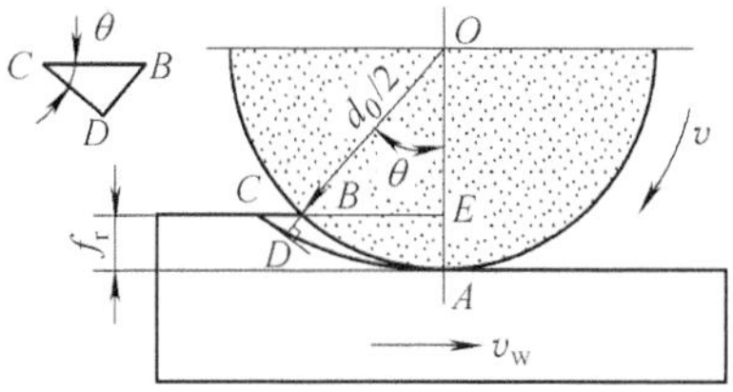

图 3.8　单个磨粒的切削厚度

砂轮以 v 运动，当从 A 点转到 B 点时，所需时间为 t_m，在同样时间内工件以 v_w 移动了 BC，则

$$\overset{\frown}{AB} = vt_m \qquad BC = v_w t_m \qquad BC/\overset{\frown}{AB} = v_w/v$$

而
$$\cos\theta = OE/OB = (d_0/2 - f_r)/(d_0/2) = (d_0 - 2f_r)/d_0$$

所以
$$\sin\theta = \sqrt{1-\cos^2\theta} = 2\sqrt{f_r/d_0 - f_r^2/d_0^2}$$

通常 $d_0 \gg f_r$，故忽略 f_r^2/d_0^2，得 $\sin\theta = 2\sqrt{f_r/d_0}$

于是
$$a_{\mathrm{cgmax}} = \frac{2v_w}{vm}\sqrt{f_r/d_0} \tag{3.1}$$

式中　a_{cgmax}——单个磨粒最大切削厚度（mm）；

v、v_w——砂轮、工件的速度（m/s）；

m——砂轮每毫米圆周上的磨粒数（mm^{-1}）；

f_r——径向进给量（mm）；

d_0——砂轮直径（mm）。

如果考虑砂轮宽度 B 和轴向进给量 f_a 的影响，由于有 f_a 运动，使投入磨削的金属量增加，故 f_a 与 a_{cgmax} 成正比。B 大时，同时参加工作的磨粒数增加，故 B 与 a_{cgmax} 成反比。将式（3.1）可改写为

$$a_{\mathrm{cgmax}} = \frac{2v_w f_a}{vmB}\sqrt{f_r/d_0}$$

同理，外圆磨削时单粒最大切削厚度为

$$a_{\mathrm{cgmax}} = \frac{2v_w f_a}{vmB}\sqrt{(f_r/d_0) + (f_r/d_w)} \tag{3.2}$$

式中　f_a——轴向进给量（mm/r）；

d_w——工件直径（mm）。

上述公式是在假定磨粒均匀分布的前提下得到的。然而，磨粒在砂轮表面上的分布极不规则，每个磨粒的切削厚度相差很大。但从式（3.2）可以定性地分析各因素对磨粒切削厚度的影响。

单粒切削厚度加大时，作用在磨粒上的切削力也增大，同时将影响砂轮磨损、磨削温度及表面质量等。

3.2.3 精密磨削温度和磨削液

1. 磨削温度

（1）磨削温度的基本概念　磨削时由于磨削速度很高，而且切除单位体积金属所消耗的能量也高（约为车削时的 10～20 倍），因此磨削温度很高。为了明确磨削温度的含义，把磨削温度区分为砂轮磨削区温度 θ_A 和磨粒磨削点温度 θ_{dot}，如图 3.9 所示，两者是不能混淆的。如磨粒磨削点温度 θ_{dot} 瞬时可达 800～1200℃，而砂轮磨削区温度 θ_A 只有几百度。至于切削热传入工件引起的工件温度上升却不到几十度。但工件的温升将影响工件的尺寸、形状精度。磨粒磨削点温度 θ_{dot} 不但影响加工表面质量，而且与磨粒的磨损等关系密切。磨削区温度 θ_A 与磨削表面烧伤和裂纹的出现密切有关。

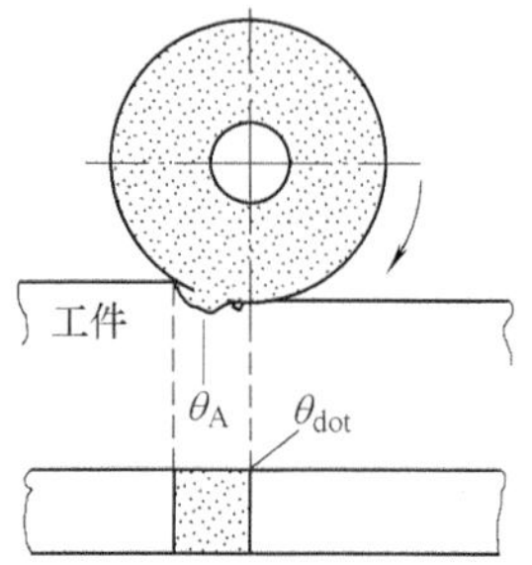

图 3.9　砂轮磨削区温度和磨粒磨削点温度

（2）影响磨削温度的主要因素　磨削温度主要受砂轮速度、工件速度、径向进给量、工件材料和砂轮硬度与粒度等的影响。其影响及作用如下：

1）砂轮速度 v。砂轮速度增大，单位时间内的工作磨粒数将增多，单个磨粒的切削厚度变小，挤压和摩擦作用加剧，滑擦热显著增多。此外，还会使磨粒在工件表面的滑擦次数增多。所有这些都将促使磨削温度升高。

2）工件速度 v_w。工件速度增大就是热源移动速度增大，工件表面温度可能有所降低，但不明显。这是由于工件速度增大后，增大了金属切除量，从而增加了发热量。因此，为了更好地降低磨削温度，应该在提高工件速度的同时，适当地降低径向进给量，使单位时间内的金属切除量保持为常值或略有增加。

3）径向进给量 f_r。径向进给量的增大，将导致磨削过程中磨削变形力和摩擦力增大，从而引起发热量增多和磨削温度升高。

4）工件材料。金属的导热性越差，则磨削区的温度越高。对钢来说，含碳量高则导热性差。铬、镍、铝、硅、锰等元素的加入会使导热性显著变差。合金的金相组织不同，导热性也不同，按奥氏体、淬火和回火马氏体、珠光体的顺序变好。磨削冲击韧度和强度高的材料，磨削区温度也比较高。

5）砂轮硬度与粒度。用软砂轮磨削时，磨削温度低；反之，则磨削温度高。由于软砂轮的自锐性好，砂轮工作表面上的磨粒经常处于锐利状态，减少了由于摩擦和弹性、塑性变形而消耗的能量，所以磨削温度较低。砂轮的粒度粗时，磨削温度低，其原因在于，砂轮粒度粗则砂轮工作表面上单位面积的磨粒数少，在其他条件均相同的情况下与细粒度的砂轮相比，和工件接触面的有效面积较小，并且单位时间内与工件加工表面摩擦的磨粒数较少，有助于磨削温度的降低。

2. 磨削液

在磨削过程中，合理使用磨削液可降低磨削温度并减小磨削力，减少工件热变形，降低已加工表面的表面粗糙度值，改善磨削表面质量，提高磨削效率和砂轮寿命。

（1）磨削液的作用机理　磨削液的基本性能有润滑性能、冷却性能和清洗性能，根据不同的要求，尚有渗透性、防锈性、防腐性、消泡性、防火性、切削性和极压性等。极压性是指磨削液与金属表面起作用形成一层牢固的润滑膜，在磨削区域的高压下有良好的润滑和抗粘着性能。磨削液的具体作用为：

1）磨削液的冷却作用。磨削液的冷却作用主要靠热传导带走大量的切削热，从而降低磨削温度，提高砂轮的耐用度，减少工件的热变形，提高加工精度。在磨削速度高、工件材料导热性差、热膨胀系数较大的情况下，磨削热的冷却作用尤显重要。

磨削液的冷却性能取决于它的热导率、比热容、汽化热、汽化速度、流量、流速等。水溶液的热导率、比热容比油大得多，故水溶液的冷却性能要比油类好。乳化液介于两者之间。

2）磨削液的润滑作用。金属切削时切屑、工件与砂轮界面的摩擦可分为干摩擦、流体润滑摩擦和边界润滑摩擦三类。如不用磨削液，则形成工件与砂轮接触的干摩擦，此时的摩擦因数较大。当加磨削液后，切屑、工件、砂轮之间形成完全的润滑油膜，砂轮与工件直接接触面积很小或近于零，则成为流体润滑，流体润滑时摩擦因数很小。但在很多情况下，由于砂轮与工件界面承受压力很高的载荷，温度也较高，流体油膜大部分被破坏，造成部分金属直接接触（见图3.10）。由于润滑液的渗透和吸附作用，润滑液的吸附膜起到降低摩擦因数的作用，这种状态为边界润滑摩擦。边界润滑时的摩擦因数大于流体润滑，但小于干磨擦。金属切削中的润滑大都属于边界润滑状态。

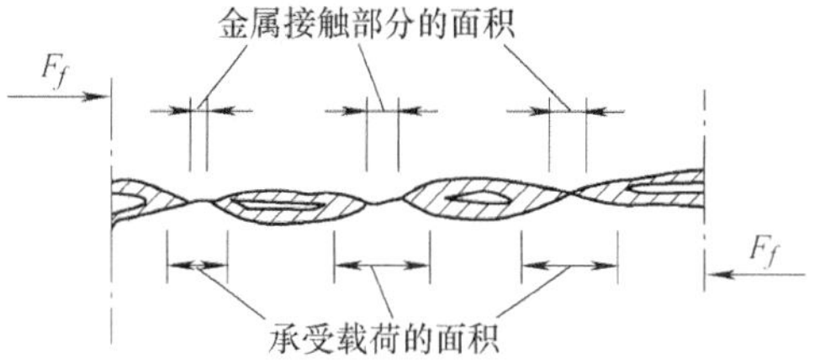

图3.10　金属间边界润滑摩擦

F_f—摩擦力

磨削液的润滑性能与其渗透性以及形成吸附膜的牢固程度有关。在磨削液中添加含硫、氯等元素的挤压添加剂后会与金属表面起化学反应生成化学膜。它可以在高温下（400～800℃）使边界润滑层保持较好的润滑性能。

3）磨削液的清洗作用。磨削液具有冲刷磨削中产生的磨粉的作用。清洗性能的好坏与切削液的渗透性、流动性和使用的压力有关。磨削液的清洗作用对于磨削精密加工和自动线加工十分重要，而深孔加工时，要利用高压磨削液来进行排屑。

磨削液应具有一定的防锈作用，以减少对工件、机床的腐蚀。防腐作用的好坏，取决于磨削液本身的性能和加入的防锈添加剂的性质。

（2）磨削液的添加剂　为了改善磨削液性能所加入的化学物质称为添加剂（Additive）。添加剂主要有油性添加剂（Oiliness Additive）、极压添加剂（Extrusion Additive）和表面活性剂（Surfactant）等。

1）油性添加剂。油性添加剂含有极性分子，能与金属表面形成牢固的吸附膜，主要起润滑作用。但这种吸附膜只能在较低温度下起较好的润滑作用，故多用于低速精加工的情况。油性添加剂有动植物油（如豆油、菜籽油、猪油等）、脂肪酸、胺类、醇类及脂类。

2）极压添加剂。常用的极压添加剂是含硫、磷、氯、碘等的有机化合物。这些化合物在高温下与金属表面起化学反应，形成化学润滑膜。它的物理吸附膜能耐较高的温度。

用硫可直接配制成硫化磨削油，或在矿物油中加入含硫的添加剂，如硫化动植物油、硫化烯烃等，配制成含硫的极压磨削油。使用这种含硫极压磨削油时，其与金属表面化合，形成的硫化铁膜在高温下不易被破坏；加工钢时在1000℃左右仍能保持其润滑性能。但其摩擦因数比氯化铁的大。

含氯极压添加剂有氯化石蜡（氯的质量分数为40% ~50%）、氯化脂肪酸等。它们与金属表面起化学反应生成氯化亚铁、氯化铁和氯化铁薄膜。这些化合物的剪切强度和摩擦因数小，但在300 ~400℃时易被破坏，遇水易分解成氢氧化铁和盐酸，失去润滑作用，同时对金属有腐蚀作用，所以必须与防锈添加剂一起使用。

含磷极压添加剂与金属表面作用生成磷酸铁膜，它的摩擦因数小。为了得到良好的磨削液，按实际需要常在一种磨削液中加入几种极压添加剂。

3）表面活性剂。乳化剂是一种表面活性剂。它是使矿物油和水乳化，形成稳定乳化液的添加剂。表面活性剂是一种有机化合物，它的分子由极性基团和非极性基团两部分组成。前者亲水可溶于水，后者亲油可溶于油。油与水本来是互不相溶的，加入表面活性剂后，它能定向地排列并吸附在油水两极界面上，极性端向水，非极性端向油，把油和水连接起来，降低油水的界面张力，使油以微小的颗粒稳定地分散在水中，形成稳定水包油乳化液，如图3.11 所示。

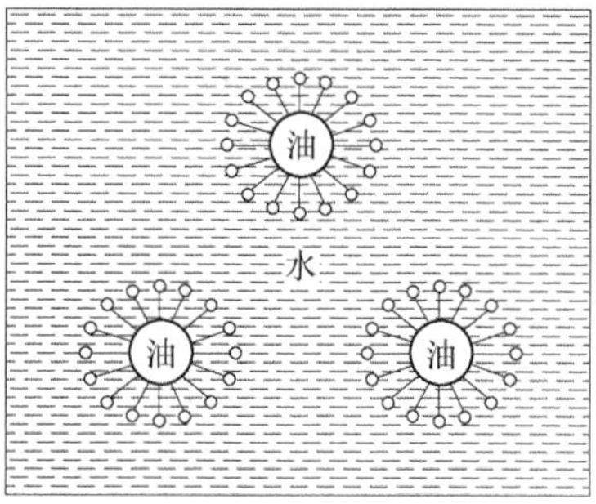

图3.11　水包油乳化液

表面活性剂在乳化液中除了起乳化作用外，还能吸附在金属表面上形成润滑膜，起润滑作用。表面活性剂种类很多，配制乳化液时，应用最广泛的是阴离子型和非离子型表面活性剂。前者如石油磺酸钠、油酸钠皂等，其乳化性能好，并有一定的清洗和润滑性能。后者如聚氯乙烯、脂肪、醇、醚等，它不怕硬水，也不受 pH 值的限制。良好乳化液往往使用几种表面活性剂，有时还加入适量的乳化稳定剂，如乙醇、正丁醇等。

此外还有防锈添加剂（如亚硝酸钠等）、抗泡沫添加剂（如二甲硅油）和防霉添加剂（如苯酚等）。根据实际需要，综合使用几种添加剂，可制备效果良好的磨削液。

（3）磨削液的分类及使用

1）磨削液的分类。最常用的磨削液，一般分为非水溶性磨削液和水溶性磨削液两大类。

非水溶性磨削液主要是磨削油。其中有各种矿物油（如机械油、轻柴油、煤油等）、动植物油（如豆油、猪油等）和加入油性、挤压添加剂的混合油，主要起润滑作用。

水溶性磨削液主要有水溶液和乳化液。水溶液的主要成分为水并加入防锈剂，也可以加入一定量的表面活性剂和油性添加剂。乳化液是由矿物油、乳化剂及其他添加剂配制的乳化油被水（质量分数为95% ~98%）稀释而成的乳白色磨削液。水溶性磨削液有良好的冷却作用和清洗作用。

离子型磨削液是水溶性磨削液中的一种新型磨削液，其母液是由阴离子型、非离子型表面活性剂和无机盐配制而成的。它在水溶液中能离解成各种强度的离子。磨削时，由于强烈摩擦所产生的静电荷，可由这些离子反应迅速消除，降低磨削温度，提高加工精度，改善表面质量。

2）磨削液的选用。磨削的特点是温度高，工件易烧伤，同时产生大量的细屑、砂末会划伤已加工表面，因而磨削时使用的磨削液应具有良好的冷却、清洗作用，并有一定的润滑性能和防锈作用。故一般常用乳化液和离子型磨削液。

难加工材料在磨削加工时均处于高温高压边界摩擦状态。因此，宜选用挤压磨削油或挤压乳化液。

3）磨削液的使用方法。普遍使用磨削液的方法是浇注法，但流速慢，压力低，难于直接渗透入最高温度区，影响磨削效果。

喷雾冷却法是以 0.3 ~ 0.6MPa 的压缩空气，通过图 3.12 所示的喷雾装置使磨削液雾化，从直径 1.5 ~3mm 的喷嘴高速喷射到磨削区。高速气流带着雾化成微小液滴的磨削液渗透到磨削区，在高温下迅速汽化，吸收大量热，从而获得良好的冷却效果。

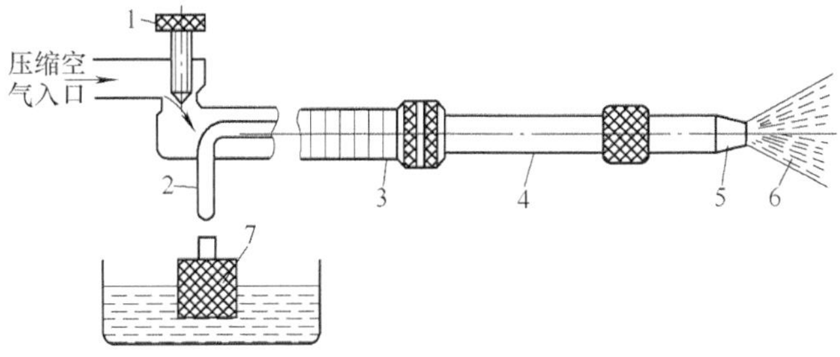

图 3.12 喷雾冷却装置原理图

1—调节螺钉 2—虹吸管 3—软管 4—调节杆 5—喷嘴 6—喷雾锥 7—过滤器

3.2.4 普通砂轮的精密磨削机理

1. 磨粒微刃的微切削作用

在精密磨削中，通常用较小的修整导程和修整深度来精细地修整砂轮，使磨粒具有较好的微刃性（即磨粒产生微细的破碎，而且形成细而多的切削刃），如图 3.13 所示。用这种砂轮磨削时，同时参加切削的刃口增多，深度减小，微刃的微切削作用形成了小表面粗糙度值的表面。

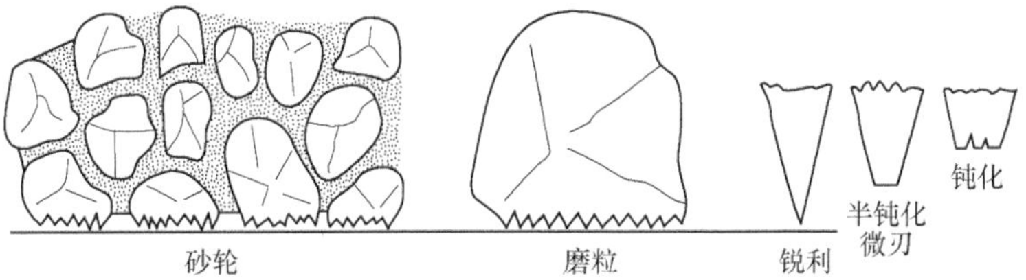

图 3.13 磨粒的微刃性和等高性

2. 磨粒微刃的等高切削作用

微刃（Micro Cutting Edge）是由砂轮的精细修整形成的，分布在砂轮表层同一深度上的微刃数量多，等高性好（即细而多的切削刃具有平坦的表面，见图 3.13）。由于加工表面的残留高度极小，因而形成了小的表面粗糙度值。微刃的等高性除与砂轮修整有关外，还与磨床的精度、振动等因素有关。

3. 微刃的滑擦、挤压和抛光作用

砂轮修整后出现的微刃切削开始比较锐利，切削作用强，随着磨削时间的增加，微刃逐

渐钝化，同时等高性得到改善。这时切削作用减弱，滑擦、挤压、抛光作用增强。磨削区的高温使金属软化，钝化微刃的滑擦和挤压将工件表面凸峰碾平，降低了表面粗糙度值。

在同样的磨削压力下，单个微刃受的比压小，刻划深度小。

4. 弹性变形的作用

在磨削加工中，砂轮的切削深度虽然只有 1～20μm，但由于单位磨削力比较大，所以总磨削力是很大的。与通常切削加工不同的是，由于法向分力是切向分力的两倍以上，由此而产生的弹性变形所引起的砂轮切削深度的变化量，对于原有的微小切削深度来说是不能忽视的。采用无火花磨削所磨削的就是该弹性变形的恢复部分，如图 3.14 所示。

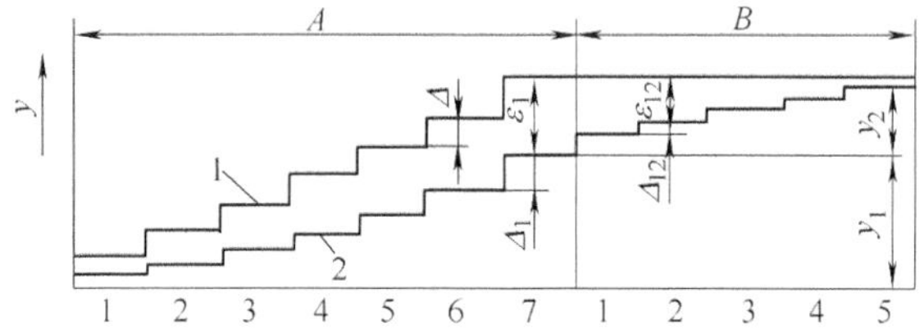

图 3.14　砂轮架移动量与工件半径减小的关系

A—砂轮架每行程均有进给期间　*B*—无火花磨削期间　1—砂轮架移动量　2—工件半径的减小量

Δ—切削深度　*ε*—位移量　*y*—工件半径的减小量

在磨削过程中，必须把磨床和工件当做一个弹性系统来分析。在第一次磨削加工中，由于砂轮轴、砂轮、机床主轴、尾架中心、工件等都将产生不同的弹性位移，这样工件和砂轮就会产生相对位置变化。受切削力的影响，如果增多行程次数使砂轮架不再进给，砂轮和砂轮架的切削深度就会趋于一致，如图 3.14 所示。

同时，又由于磨削加工中存在着误差复映规律，说明除非反复地进行无火花磨削，否则砂轮架具有正确的进给深度也不能加工出所期望的工件尺寸。因此反复地做无火花磨削是极为重要的。

当进行无火花磨削，而且磨粒切深又很微小时，在切削刃磨削点上由于受工件材料的弹性变形和粘结磨粒的粘结剂弹性变形的影响，会产生磨粒切削刃在加工面上滑移的现象，并在弹塑性的接触状态下与加工面发生摩擦作用，其切削量是极微小的，这将有利于镜面的形成。

3.2.5　磨削质量和裂纹控制

磨削加工是一个复杂的机械加工过程，可使金属零件获得 $Ra \leqslant 1.25\mu m$ 的表面粗糙度值和小于或等于 IT5 级的尺寸精度。磨削加工质量的主要标志之一是加工表面的几何特征，如表面粗糙度、加工表面缺陷；其次为加工表面层材料的性能，如反映表面层的塑性变形与加工硬化、表面层的残余应力及表面层的金相组织变化等方面的物理力学性能及一些特殊性能。

1. 表面粗糙度

磨削加工中工件表面的形成是一个复杂的过程，其表面粗糙度（Surface Roughness）的大小受到各种因素的影响和制约。

（1）几何因素的影响　磨削表面是由砂轮上大量的磨粒刻划出的无数极细的沟槽形成

的。单纯从几何因素考虑，可以认为在单位面积上刻痕越多，即通过单位面积的磨粒数越多，刻痕的等高性越好，则磨削表面的表面粗糙度值越小。

1）磨削用量对表面粗糙度的影响。砂轮的速度越高，单位时间内通过被磨表面的磨粒数就越多，因而工件表面的表面粗糙度值就越小；工件速度对表面粗糙度的影响刚好与砂轮速度的影响相反，增大工件速度时，单位时间内通过被磨表面的磨粒数减少，表面粗糙度值将增大；砂轮的纵向进给减小，工件表面的每个部位被砂轮重复磨削的次数增加，被磨削表面的表面粗糙度值将减小。

2）砂轮粒度和砂轮修整对表面粗糙度的影响。砂轮的粒度不仅表示磨粒的大小，而且还表示磨粒之间的距离，见表3.7。磨削金属时，参与磨削的每一颗磨粒都会在加工表面上刻出跟它的大小和形状相同的一道小沟。在相同的磨削条件下，砂轮的粒度号数越大，参加磨削的磨粒越多，表面粗糙度值就越小。

表3.7 磨粒尺寸和磨粒之间的距离

砂 轮 粒 度	磨粒的尺寸范围/μm	磨粒的平均距离/nm
F36	500~600	0.475
F46	355~425	0.369
F60	250~300	0.255
F80	180~212	0.228

修整砂轮的纵向进给量对磨削表面的粗糙度影响甚大。用金刚石修整砂轮时，金刚石在砂轮外缘上打出一道螺旋槽，其螺距等于砂轮转一转时金刚石笔在纵向的移动量。砂轮表面的不平整在磨削时将被复映到被加工表面上。修整砂轮时，金刚石笔的纵向进给量越小，砂轮表面磨粒的等高性越好，被磨工件的表面粗糙度值就越小。小表面粗糙度值磨削的实践表明，修整砂轮时，砂轮转一转，金刚石笔的纵向进给量如能减少到0.01mm，磨削表面的表面粗糙度值就可达$Ra0.2 \sim 0.1\mu m$。

（2）物理因素的影响　砂轮的磨削速度远比一般切削加工的速度高得多，且磨粒大多为负前角，磨削比压大，磨削区温度很高，工件表层温度有时可达900℃，工件表层金属容易产生相变而烧伤。因此，磨削过程的塑性变形要比一般切削过程大得多。

由于塑性变形的缘故，被磨表面的几何形状与单纯根据几何因素所得到的原始形状大不相同。在力因素和热因素的综合作用下，被磨工件表层金属的晶粒在横向上被拉长了，有时还产生细微的裂口和局部的金属堆积现象。影响磨削表层金属塑性变形的因素，往往是影响表面粗糙度值的决定因素。

1）磨削用量。砂轮速度越高，就有可能使表层金属塑性变形的传播速度大于切削速度，工件材料来不及变形，致使表层金属的塑性变形减小，磨削表面的表面粗糙度值将明显减小；工件速度增加，塑性变形增加，表面粗糙度值将增大；磨削深度对表层金属塑性变形的影响很大。增大磨削深度，塑性变形将随之增大，被磨表面的表面粗糙度值会增大。

2）砂轮的选择。砂轮的粒度、硬度、组织和材料的选择不同，都会对被磨工件表层金属的塑性变形产生影响，进而影响表面粗糙度。

单纯从几何因素考虑，砂轮粒度越细，磨削的表面粗糙度值越小。但磨粒太细时，不仅砂轮易被磨屑堵塞，若导热情况不好，反而会在加工表面产生烧伤等现象，使表面粗糙度值增大。因此，砂轮粒度常取 F46 ~ F60。

砂轮的硬度是指磨粒在磨削力作用下从砂轮上脱落的难易程度。砂轮选得太硬，磨粒不易脱落，磨钝了的磨粒不能及时被新磨粒所替代，从而使表面粗糙度值增大；砂轮选得太软，磨粒容易脱落，磨削作用减弱，也会使表面粗糙度值增大。通常选中软砂轮。

砂轮的组织是指磨粒结合剂和气孔的比例关系。紧密组织中的磨粒比例大，气孔小，在成形磨削和精密磨削时，能获得高精度和较小的表面粗糙度值。疏松组织的砂轮不易堵塞，适于磨削软金属、非金属软材料和热敏材料（磁钢、不锈钢、耐热钢等），可获得较小的表面粗糙度值。一般情况下，应选用中等组织的砂轮。

砂轮材料的选择也很重要。砂轮材料选择适当，可获得满意的表面粗糙度值。氧化物（刚玉）砂轮适用于磨削钢类零件；碳化物（碳化硅、碳化硼）砂轮适于磨削铸铁、硬质合金等材料；用高硬磨料（人造金刚石、立方氮化硼）砂轮磨削可获得极小的表面粗糙度值，但加工成本很高。

此外，磨削液的作用十分重要。对于磨削加工来说，由于磨削温度很高，热因素的影响往往占主导地位。因此，必须采取切实可行的措施，将磨削液送入磨削区。

2. 表面层金属的性能

由于受到磨削力和磨削热的作用，表面层金属的力学物理性能会产生很大变化，最主要的变化是表层金属显微硬度（Surface Metal Microscopic Hardness）的变化、金相组织的变化和在表面层金属中产生残余应力（Residual Stress）。

（1）加工表面层的冷作硬化　机械加工过程中产生的塑性变形使晶格扭曲、畸变，晶粒间产生滑移，晶粒被拉长，这些都会使表面层金属的硬度增加，统称为冷作硬化（或称为强化）。表面层金属冷作硬化的结果会增大金属变形的阻力，降低金属的塑性，金属的物理性质（如密度、导电性、导热性等）也有所变化。

金属冷作硬化（Strain Hardening）的结果，使金属处于高能位不稳定状态，只要一有条件，金属的冷硬结构本能地向比较稳定的结构转化，这些现象统称为弱化。机械加工过程中产生的切削热将使金属在塑性变形中产生的冷硬现象得到恢复。

由于金属在机械加工过程中同时受到力因素和热因素的作用，机械加工后表面层金属的最后性质取决于强化和弱化两个过程的综合作用。

评定冷作硬化的指标有下列三项：表面层金属的显微硬度 HV；硬化层深度 h（μm）；硬化程度 N。

$$N = \frac{HV - HV_0}{HV_0} \times 100\% \tag{3.3}$$

式中　HV_0——工件内部金属原来的硬度。

影响磨削加工表面冷作硬化的因素有下列几项：

1）工件材料性能的影响。分析工件材料对磨削表面冷作硬化的影响，可以从材料的塑性和导热性两个方面着手进行。磨削高碳工具钢 T8，加工表面冷硬程度平均可达 60% ~ 65%，个别可达 100%；而磨削纯铁时，加工表面冷硬程度可达 75% ~ 80%，有时可达 140% ~ 150%。其原因是纯铁的塑性好，磨削时的塑性变形大，强化倾向大。此外，纯铁的导热性比高碳工具钢高，热不容易集中于表面，弱化倾向小。

2）磨削用量的选择。加大磨削深度，磨削力随之增大，磨削过程的塑性变形加剧，表面硬化倾向增大。

加大纵向进给速度，每颗磨粒的切削厚度随之增大，磨削力加大，冷硬增大。但提高纵向进给速度，有时又会使磨削区产生较大的热量而使冷硬减弱。加工表面的冷硬状况要综合考虑上述两种因素的作用。

提高工件转速，会缩短砂轮对工件热作用的时间，使软化倾向减弱，因而表面层的冷硬程度增大。

提高磨削速度，每颗磨粒切除的切削厚度变小，减弱了塑性变形程度；磨削区的温度增高，弱化倾向增大。所以，高速磨削时加工表面的冷硬程度总比普通磨削时低。

3）砂轮粒度的影响。砂轮的粒度越大，每颗磨粒的载荷越小，冷硬程度也越小。

冷作硬化的测量主要是指表面层的显微硬度 HV 和硬化层深度 h 的测量，硬化程度 N 可由表面层的显微硬度 HV 和工件内部金属原来的显微硬度 HV_0 通过式（3.3）计算求得。表面层显微硬度 HV 的常用测定方法是用显微硬度计来测量，它的测量原理与维氏硬度计相同，都是采用顶角为136°的金刚石压头在试件表面上打印痕，根据印痕的大小决定硬度值。所不同的只是显微硬度计所用的载荷很小，一般都只在2N以内（维氏硬度计的载荷约为50～1200N），印痕极小。加工表面冷硬层很薄时，可在斜截面上测量显微硬度。对于平面试件，可按图3.15a磨出斜面，然后逐点测量其显微硬度，并将测量结果绘制成图3.15b所示图形。斜切角 α 常取为0°30′～2°30′。采用斜截面测量法，不仅可测量显微硬度，还能较准确地测量出硬化层深度 h。由图3.15a可知：

$$h = l\sin\alpha + Rz$$

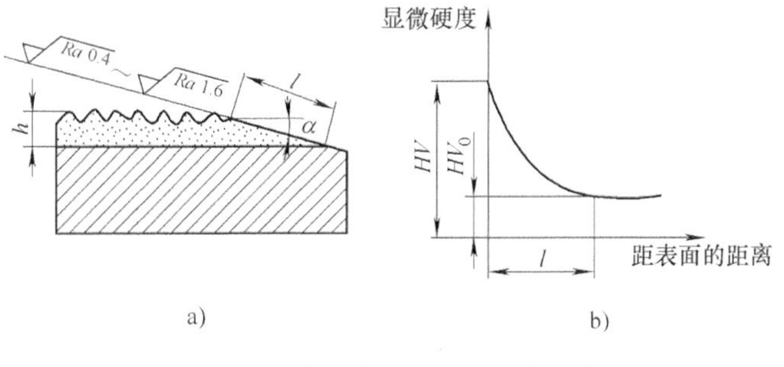

图3.15 在斜截面上测量显微硬度

（2）表面层金属的金相组织变化 机械加工过程中，在工件的加工区及其邻近的区域，温度会急剧升高，当温度升高到超过工件材料金相组织变化的临界点时，就会发生金相组织变化。在磨削加工中，不仅磨削比压特别大，且磨削速度也特别高，切除金属的功率也很大。加工中所消耗能量的绝大部分都要转化为热，这些热量中的大部分（约80%）将传给被加工表面，使工件表面具有很高的温度。对于已淬火的钢件，很高的磨削温度往往会使表面层金属的金相组织产生变化，使表面层金属硬度下降，使工件表面呈现氧化膜颜色，这种现象称为磨削烧伤。磨削加工是一种典型的容易产生加工表面金相组织变化的加工方法，在磨削加工中若出现磨削烧伤现象，将会严重影响零件的使用性能。

磨削淬火钢时，在工件表面层形成的瞬时高温将使表面层金属产生以下三种金相组织变化：

1）如果磨削区的温度未超过淬火钢的相变温度（碳钢的相变温度为720℃），但已超过马氏体的转变温度（中碳钢为300℃），工件表面层金属的马氏体将转化为硬度较低的回火组织（索氏体或托氏体），称为回火烧伤。

2）如果磨削区温度超过了相变温度，再加上冷却液的急冷作用，表面层金属会出现二次淬火马氏体组织，硬度比原来的回火马氏体高；在它的下层因冷却较慢出现了硬度比原来的回火马氏体低的回火组织（索氏体或马氏体），这称为淬火烧伤。

3）如果磨削区温度超过了相变温度而磨削过程又没有冷却液，表面层金属将产生退火组织，表面层金属的硬度将急剧下降，这称为退火烧伤。

改善磨削烧伤的工艺途径如下：

1）正确选择砂轮。磨削导热性差的材料容易产生烧伤现象。应特别注意合理选择砂轮的硬度、结合剂和组织。硬度太高的砂轮，钝化后不易脱落，容易产生烧伤。为避免产生烧伤，应选择较软的砂轮。选择具有一定弹性的结合剂（如橡胶、树脂结合剂）也有助于避免烧伤现象的产生。此外，为了减少砂轮与工件之间的摩擦热，在砂轮的孔隙内浸入石蜡之类的润滑物质，对降低磨削区的温度、防止工件烧伤也有一定作用。

2）合理选择磨削用量。现以平磨为例来分析磨削用量对烧伤的影响。磨削深度 a_p 对磨削温度影响极大，从减轻烧伤的角度考虑，a_p 不宜过大。

加大横向进给量 f_t 对减轻烧伤有好处，因而，应选用较大的 f_t。

加大工件的回转速度 v_w，磨削表面的温度升高，但其增长速度与磨削深度 a_p 的影响相比小得多；且 v_w 越大，热量越不容易传入工件内层，具有减小烧伤层深度的作用。但增大工件速度 v_w 会使表面粗糙度值增大。为了弥补这一缺陷，可以相应提高砂轮速度 v_s。实践证明，同时提高砂轮速度 v_s 和工件速度 v_w，可以避免烧伤。

从减轻烧伤而同时又尽可能地保持较高的生产率考虑，在选择磨削用量时，应选用较大的工件速度 v_w 和较小的磨削深度 a_p。

3）改善冷却条件。磨削时磨削液若能直接进入磨削区对磨削区进行充分冷却，将有效地防止烧伤现象的产生。因为水的比热容和汽化热都很高，在室温条件下 1mL 水变成 100℃以上的水蒸气至少能带走 2512J 的热量；而磨削区热源每秒钟的发热量在一般磨削用量下都在 4187J 以下。据此可推测，只要设法保证在每秒时间内确有 2mL 的冷却水进入磨削区，将有相当可观的热量被带走，从而可以避免产生烧伤。

（3）表面层金属的残余应力　机械加工时，在加工表面的金属层内有塑性变形产生，使表面层金属的比热容增大。不同的金相组织具有不同的密度，也就会具有不同的比热容。在磨削淬火钢时，因磨削热有可能使表面层金属产生回火烧伤，工件表面层金属组织将由马氏体转变为接近珠光体的托氏体或索氏体，表面层金属密度增大，比热容减小。表面层金属由于相变而产生的收缩受到基体金属的阻碍，因而在表面层金属产生拉伸残余应力，里层金属则产生与之相平衡的压缩残余应力。如果磨削时表面层金属的温度超过相变温度且冷却又很充分，表面层金属将因急冷形成淬火马氏体，密度减小，比热容增大，因此使表面层金属产生压缩残余应力，而里层金属则产生拉伸残余应力。

影响磨削残余应力的工艺因素：磨削加工中塑性变形严重且热量大，工件表面温度高，热因素和塑性变形对磨削表面残余应力的影响都很大。在一般磨削过程中，若热因素起主导作用，工件表面将产生拉伸残余应力；若塑性变形起主导作用，工件表面将产生压缩残余应力；当工件表面温度超过相变温度且又冷却充分时，工件表面出现淬火烧伤，此时金相组织变化因素起主要作用，工件表面将产生压缩残余应力。在精细磨削时，塑性变形起主导作用，工件表面层金属产生压缩残余应力。

1）磨削用量的影响。磨削深度 a_p 对表面层残余应力的性质、数值有很大影响。图 3.16 所示为磨削工业铁时磨削深度对残余应力的影响。当磨削深度很小时，塑性变形起主要作用，因此磨削表面形成压缩残余应力；继续增大磨削深度，塑性变形加剧，磨削热随之增大，热因素的作用逐渐占主导地位，在表面层产生拉伸残余应力；随着磨削深度的增大，拉伸残余应力的数值将逐渐增大；当 $a_p > 0.025$mm 时，尽管磨削温度很高，但因工业铁的含碳量极低，不可能出现淬火现象，此时塑性变形因素逐渐起主导作用，表面层金属的拉伸残余应力数值逐渐减小；当 a_p 取值很大时，表面层金属呈现压缩残余应力状态。

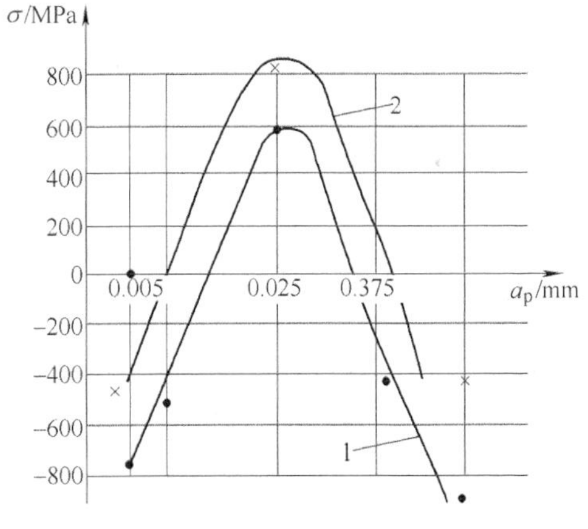

图 3.16 磨削深度对残余应力的影响
1—普通磨削 2—高速磨削

提高砂轮速度，磨削区温度增高，而每颗磨粒所切除的金属厚度减小，此时热因素的作用增大，塑性变形因素的影响减小，因此提高砂轮速度将使表面层金属产生拉伸残余应力的倾向增大。在图 3.16 中给出了高速磨削和普通磨削的实验结果对比。

加大工件的回转速度和进给速度，将使砂轮与工件热作用的时间缩短，热因素的影响将逐渐减小，塑性变形因素的影响逐渐加大。这样，表面层金属中产生拉伸残余应力的趋势逐渐减小，而产生压缩残余应力的趋势逐渐增大。

2）工件材料的影响。一般来说，工件材料的强度越高，导热性越差，塑性越低，在磨削时表面层金属产生拉伸残余应力的倾向就越大。碳素工具钢 T8 比工业铁强度高，材料的变形阻力大，磨削时发热量也大，且 T8 的导热性比工业铁差，磨削热容易集中在表面金属层，再加上 T8 的塑性低于工业铁，因此磨削碳素工具钢 T8 时，热因素的作用比磨削工业铁明显，表面层金属产生拉伸残余应力的倾向比磨削工业铁大。

3.3 超硬磨料砂轮精密磨削

超硬磨料砂轮主要指金刚石砂轮和立方氮化硼（CBN）砂轮，用来加工各种高硬度、高脆性材料，其中有硬质合金、陶瓷、玻璃、半导体材料及石英等。由于这些材料加工的精度要求较高，表面粗糙度值要求较小，因此多属于精密磨削加工范畴。

3.3.1 超硬磨料砂轮精密磨削特点

1. 适用于加工高硬度、高脆性金属和非金属材料

超硬磨料砂轮适用于耐热合金钢、玻璃、陶瓷、半导体材料、宝石、铜铝等有色金属及其合金的精密加工。由于金刚石砂轮易和铁族元素产生化学反应，故宜用立方氮化硼砂轮磨削硬而韧的黑色金属材料及高温硬度高、热导率低的黑色金属。立方氮化硼砂轮比金刚石砂轮有良好的热稳定性和较强的化学惰性，其稳定性可达 1250 ~ 1350°C，而金刚石磨料只有

700 ~ 800℃（见表3.2）。

2. 耐磨性好且加工表面质量高

超硬磨料耐磨损性能好，寿命长，易于控制加工尺寸及实现加工自动化。同时，其磨削力小，磨削温度低，无烧伤、裂纹和组织变化，加工表面质量好。金刚石砂轮磨削硬质合金时，磨削力只有绿色碳化硅砂轮的1/5 ~ 1/4。

3. 加工成本低且磨削效率高

虽然金刚石砂轮和立方氮化硼砂轮比较昂贵，但其使用寿命长，加工工时少，综合成本低。尤其是在加工硬质合金及非金属脆性材料时，金刚石砂轮的金属切除率优于立方氮化硼砂轮。但在加工耐热钢、钛合金和模具钢等时，立方氮化硼砂轮的金属切除率远高于金刚石砂轮。

此外，金刚石砂轮磨削和立方氮化硼砂轮磨削尚有其各自的特点，如立方氮化硼砂轮磨削时，热稳定性好，化学惰性强，不易与铁族元素发生亲和作用和化学反应，加工黑色金属时有较高的耐磨性。尽管当前立方氮化硼砂轮还不如金刚石砂轮应用广泛，但它是一种很有发展前途的超硬磨料砂轮。

3.3.2 超硬磨料砂轮磨床

超硬磨料砂轮磨削加工时要求加工稳定性高，磨削振动小，因此对精密磨床结构及性能有以下要求：

1. 精度高

由于超硬磨料砂轮磨削加工时要求加工稳定性高，磨削振动小，而且又是精密磨削，这就要求磨床的精度较高，如砂轮主轴回转精度的径向圆跳动应小于0.01mm，轴向圆跳动要小于0.005mm。为此，主轴轴承多用动压轴承和动静压组合轴承。

2. 刚度高

机床的刚度大小直接影响磨削加工的稳定性，从而影响超硬磨料砂轮的使用寿命，因此要求磨床要具有足够的刚度。一般应比普通磨床刚度提高50%左右。

3. 进给系统精度高且进给速度均匀准确

磨床的纵向进给速度最小可达到0.3m/min，横向进给（磨削深度）最小可达到0.001 ~ 0.002m/单行程，以保证磨削加工的尺寸精度、几何精度和表面粗糙度。

4. 密封性好

精密磨削加工中，一旦超硬磨料进入机床运动件中将会引起严重磨损。因此，机床的各运动件如主轴回转部分、进给运动导轨部分等都应有可靠的密封，以防止超硬磨料或磨屑等进入。

5. 磨削液处理系统完备

磨削液处理是精密磨料砂轮磨床的重要组成部分，要防止超硬磨料对磨削液系统的磨损，有合理的磨削液处理装置承担磨削液的过滤任务，确保超硬磨料砂轮加工工件表面的粗糙度。

6. 隔振性好

由于超硬磨料砂轮磨削时要求振动小，除了砂轮应精细整修、精细动平衡外，机床应置于防振地基上，如主电动机与机床分离安装，电动机转子进行动平衡，机床与地面接触处加防振垫等，提高机床的隔振性能，减小外界振动对机床的影响和干扰等。

3.3.3 超硬磨料砂轮磨削工艺

1. 磨削用量及选择

(1) 磨削速度 人造金刚石砂轮一般磨削速度不能很高，通常为12~30m/s。磨削速度过低，单颗磨粒的切削厚度过大，不但使工件表面粗糙度值增大，而且也导致金刚石砂轮磨损过快；磨削速度提高，可使工件表面粗糙度值减小，但磨削温度将随之升高，而金刚石热稳定性只有700~800°C，因此金刚石砂轮磨损也会增加。所以，一般平面磨削、外圆磨削（陶瓷结合剂或树脂结合剂的砂轮）和湿磨的磨削速度可选得高些，而工具磨削、内圆磨削、沟槽磨削、切断磨削、干磨（金属结合剂的砂轮）的磨削速度可选得低些。

(2) 磨削深度 根据磨削方式、砂轮粒度、结合剂和冷却情况的不同，磨削深度一般为0.001~0.002mm，粗粒度、金属结合剂砂轮可取较大的磨削深度，立方氮化硼砂轮的磨削深度可稍大于金刚石砂轮。对于微粉砂轮磨削，其磨削深度应小于磨粒尺寸，通常为磨粒尺寸的1/5~1/3。

(3) 工件速度 工件速度对磨削加工的影响较小。一般工件速度选为10~20m/min，过高会使单颗磨粒的切削厚度增加，从而使砂轮的磨损增加，可能会出现振动和噪声，增大工件表面粗糙度值；工件速度低一些，对降低工件表面粗糙度值有利，但会降低生产效率。

(4) 纵向进给速度 纵向进给速度通常在0.45~1.50m/min。若速度过高，会使砂轮磨损增加；纵向进给速度对工件表面粗糙度影响较大，表面粗糙度值要求较小时，应取小值。

2. 磨削液及分类

超硬磨料砂轮磨削时，磨削液的使用与否对砂轮的使用寿命影响很大。如树脂结合剂超硬磨料砂轮湿磨的寿命比干磨提高40%左右。此外，对磨削加工工件表面粗糙度影响也很大，因此一般采用湿磨。

由于超硬磨料砂轮组织紧密，气孔少，磨削过程中易堵塞，故要求磨削液有良好的润滑性、冷却性、清洗性和渗透性。

磨削液分为油性液和水溶性液两大类。油性液的润滑性能好，其主要成分是矿物油，水溶液的冷却性能好，其主要成分是水。

油性液以轻矿物油为主，如机油、轻质柴油、煤油等，掺入5%~10%的脂肪油，再加入一些添加剂。如加入极压添加剂，可在高温下与金属表面起化学反应，生成熔点高的化学吸附膜，能减少摩擦，保持润滑作用，即有极压性。而水溶性液有乳化液、无机盐水液和化学合成液。

为了改善磨削液性能，满足各种磨削要求，添加剂的作用十分关键。表3.8列出了常用的添加剂。

表3.8 磨削液中常用的添加剂

种类		添加剂
油性添加剂		动植物油，脂肪酸及其皂，脂肪醇，酯类、酮类、胺类等化合物
极压添加剂		硫、磷、氯、碘等有机化合物，如氯化石蜡、二烷基二硫代磷酸锌等
防锈添加剂	水溶性	亚硝酸钠、碳酸钠、磷酸三钠、磷酸氢二钠、苯甲酸钠、苯甲酸胺、三乙醇胺等
	油溶性	石油磺酸钡、石油磺酸钠、环烷酸锌、二壬基萘磺酸钡等

（续）

种　　类		添　加　剂
防腐添加剂		苯酚、五氯酚、硫柳汞等化合物
消泡沫添加剂		二甲基硅油
助溶添加剂		乙醇、正丁醇、苯二甲酸酯、乙二醇醚等
氯化液（表面活性剂）	阴离子型	石油磺酸钠、油酸钠皂、松香酸钠皂、高碳酸钠皂、磺化蓖麻油、油酸三乙醇胺等
	非离子型	聚氧乙烯脂肪醇醚、山梨糖醇油酸酯、聚氧乙烯山梨糖醇油酸酯
乳化稳定剂		乙二醇、乙醇、正丁醇、二乙二醇单正丁基醚、二甘醇、高碳醇、苯乙醇胺、三乙醇胺等

3. 磨削液的选择

用金刚石砂轮磨削时，常用油性磨削液和水溶性磨削液，视具体情况而定。通常磨削耐热合金钢、钛合金、不锈钢和陶瓷等材料时多用水溶性磨削液；磨削硬质合金时多用油性磨削液。用立方氮化硼砂轮磨削时，多采用油性磨削液，如煤油、柴油等轻质矿物油，而不用水溶性磨削液。因为在高温下，立方氮化硼砂轮磨粒会和水起化学反应，产生水解作用，加剧磨料磨损。如必须用水溶性磨削液时，可添加极压添加剂，以减弱其水解作用。

有关超硬磨料磨削液见表 3.9，可根据需要进行选择。

表 3.9　超硬磨料磨削液

油性磨削液					水溶性磨削液				
牌号	矿物油(%)	脂肪油(%)	极压添加剂(%)	磨削材料	牌号	矿物油(%)	无机盐(%)	表面活性剂(%)	磨削材料
S-1	88.5	10	含硫极压添加剂 1.5	钛合金	W-1	—	18.0	—	钛合金
S-2	77.5	20	含硫极压添加剂 2.5	钛合金	W-2	—	35.0	—	钛合金
S-3	88.5	10	含硫 0.5 含磷 1.0	钛合金	W-3	—	3.0	非离子型表面活性剂 0.1	钢(高速磨削)
S-4	77.5	20	含硫 1.5 含氯 1.0	钛合金	W-4	—	14.0	0.5	钢
S-5	94.0	2	含硫 2.0 含氯 2.0	钢	W-5	87.0	—	13.0	钢(使用时加水稀释)

3.4　精密和超精密磨削砂轮的选择与修整

3.4.1　精密磨削砂轮的选择

精密磨削时砂轮的选择应以易产生和保持微刃及其等高性为基本原则。

在磨削钢件及铸铁件时，采用刚玉类磨料比较合适。尤其是以单晶刚玉最好，白刚玉和铬刚玉应用比较普遍。因为刚玉类磨料韧性较高，易于保持微刃性和等高性，而碳化硅磨料韧性差，颗粒呈针片状，修整时难以形成等高性好的微刃。而且，磨削时微刃易产生细微破裂，不易保持微刃性和等高性。

砂轮的粒度可选择粗粒度和细粒度两类。粗粒度砂轮经过精细修整，其微刃切削作用是主要的；细粒度砂轮经过精细修整，半钝态微刃在适当压力下与工件表面的摩擦抛光作用比较显著，可获得更高质量的加工表面和砂轮使用寿命。

结合剂的选择中，通常以树脂类较好。如果加入石墨填料，可强化其抛光作用。近年来，出现的采用聚乙烯醇乙缩醛新型树脂加上热固性树脂作结合剂的砂轮，具有良好的弹性，抛光效果较好。此外，粗粒度砂轮也可用陶瓷结合剂，加工效果也不错。

有关砂轮选择的具体情况见表3.10。

表3.10 精密磨削的砂轮选择

砂轮						被加工材料
磨粒材料	粒度号		结合剂	组织	硬度	
白刚玉（WA）	F60～F80	240～F800	树脂（B） 陶瓷（V） 橡胶（R）	密 分布均匀 气孔率小	中软(K、L) 软（H，J）	淬火钢，15Cr，40Cr，9Mn2V，铸铁
铬刚玉（PA） 棕刚玉（A）						工具钢，38CrMoAl
绿碳化硅（GC）						有色金属

3.4.2 精密磨削砂轮的修整

砂轮修整是精密磨削加工的关键技术之一。常用的砂轮修整方法有单粒金刚石修整、金刚石粉末烧结型修整器修整、金刚石超声波修整等，如图3.17所示。一般修整时，修整器应安装在低于砂轮中心0.5～1.5mm处，并向上倾斜10°～15°，使金刚石受力小，使用寿命长。同时，金刚石的修整位置应与砂轮磨削时的位置相适应。金刚石修整时的位置如图3.18所示。

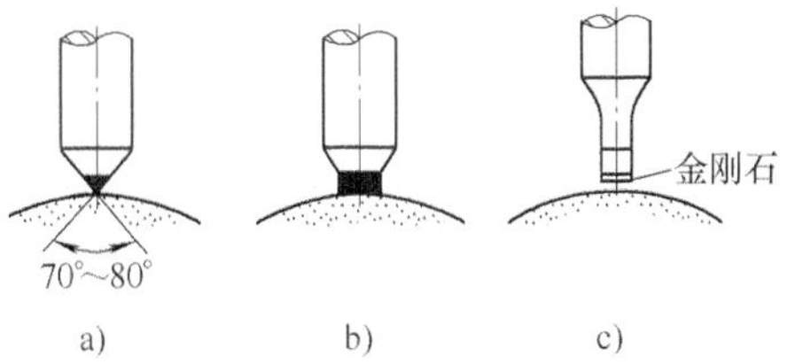

图3.17 精密磨削砂轮的修整

a）单粒金刚石修整 b）金刚石粉末烧结型修整器修整 c）金刚石超声波修整

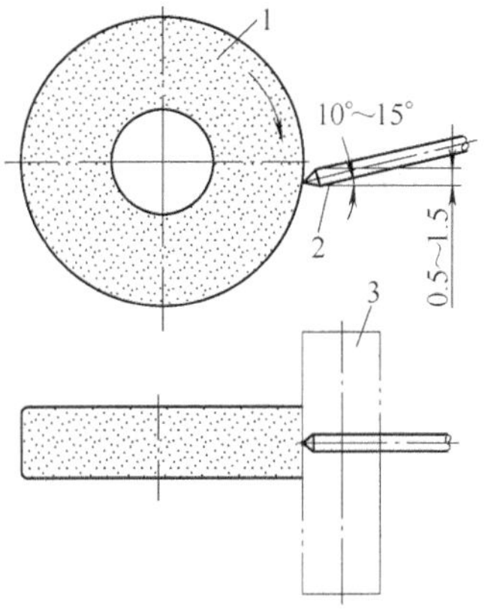

图3.18 金刚石修整砂轮时的安装位置

1—砂轮 2—金刚石修整器 3—工件

金刚石超声波修整又分为点接触法和面接触法。点接触的修整器是尖顶的。而面接触法的修整器是平顶的。在超声波作用下，金刚石的一个小平面与磨粒接触，其接触应力小，磨粒上不易产生裂纹，从而形成等高性良好的微刃。

砂轮的修整用量有修整速度、修整深度、修整次数和光整次数。修整速度（纵向进给量）和修整深度对工件表面粗糙度的影响分别如图 3.19 和图 3.20 所示。通常情况下，修整速度越小，工件表面粗糙度值越小，一般为 10～15mm/min，若过小会导致工件表面烧伤等缺陷。当修整深度为 0.0025mm/单行程时，一般修去 0.05mm 就可恢复砂轮的切削性能。修整时一般分为初修与精修。初修用量可大些，逐次减小。一般精修需 2～3 个行程。光整为修整深度修整，主要是为了去除砂轮表面个别突出的微刃，使砂轮表面更加平整，其次数为 1 次单行程。

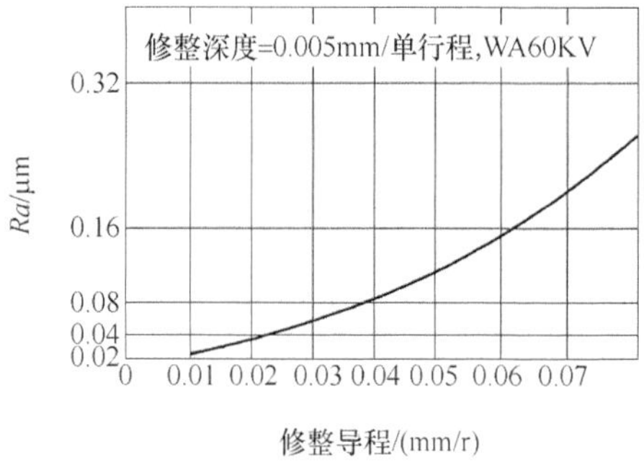

图 3.19　修整速度对工件表面粗糙度的影响

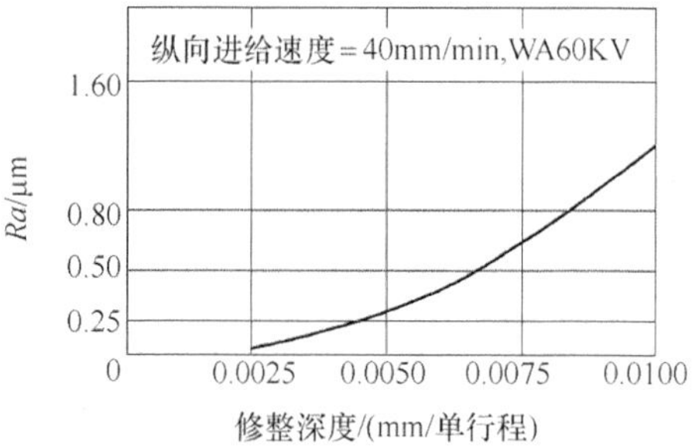

图 3.20　修整深度对工件表面粗糙度的影响

3.4.3　超硬磨料砂轮的平衡

超硬磨料砂轮磨削加工的稳定性和振动对磨削加工质量影响很大。因此，必须重视砂轮的动平衡问题，它不仅影响磨床精度保持性，还影响加工表面质量，也影响生产安全性。

砂轮的平衡有两种类型，即静平衡和动平衡。

1. 静平衡

静平衡（Static Balance）又称为力矩平衡，多用于窄砂轮的平衡，是在一个平面上的平衡。通常进行静平衡的方式有三种：

（1）机外静平衡架上平衡　利用静平衡工具，由人工进行。其平衡精度受到操作人员水平的限制，而且不够方便。

（2）机上动态平衡　在磨床上利用动平衡装置对砂轮进行自动或半自动平衡，比较方便，而且精度也高。现代的新式磨床多有动平衡装置，其类型有液压式、电器机械式和气动机械式等。这种在砂轮工作运转情况下的平衡仍是静平衡。

（3）机外动态平衡　利用一种便携式力矩平衡仪，通过仪器上所带的传感器对砂轮进行动态平衡，而砂轮上的平衡块则由人工进行调整。此种方法简单易行，比机外静平衡架上平衡要快捷方便，精度也高。

2. 动平衡

动平衡（Dynamic Balance）又称为力偶平衡，用于宽砂轮和多砂轮轴的平衡。这时不是在一个平面，而是在一个有一定长度的体上进行力偶平衡，是动平衡。

动平衡一般在动平衡机上进行，由仪表显示不平衡端部（左端或右端）、相位及不平衡量，人工调整砂轮两侧的平衡块，经过反复几次，可将不平衡调整到允许的数值内。

由于超硬磨削砂轮的修整一般分为整形和修锐两个过程，用人工进行平衡时最好在整形后进行比较好。砂轮在使用中磨损，每次修整后其直径减小，不时会出现不平衡状态，要及时进行重新平衡。

3.4.4　超硬磨料砂轮的修整

超硬磨料砂轮的修整是超硬磨料砂轮使用中的重要问题和技术难题，它直接影响到被磨工件的加工质量、生产效率和加工成本。

修整通常包括整形和修锐两个过程，修整是整形和修锐的总称。整形是使砂轮达到一定精度要求的几何形状；而修锐是去除磨粒间的结合剂，使磨粒突出结合剂一定高度（一般是磨粒尺寸的1/3左右），形成足够的切削刃和容屑空间。普通砂轮的整形和修锐一般是合为一步进行的，而超硬磨料砂轮的整形和修锐是分先后两步进行的。有时，整形和修锐采取不同的方法。这是由于整形和修锐的目的不同。整形要求高效率和高砂轮几何形状，而修锐的目的是获得良好的切削性能。

超硬磨料砂轮修整的方法有车削法、磨削法、研磨法、滚压挤轧法、喷射法、电加工法和超声波振动法等。常用超硬磨料砂轮修整的方法见表3.11。

表3.11　常用超硬磨料砂轮修整的方法

修整方法		修整质量	修整效率	修整费用	应用场合	
					结合剂种类	修整范围
车削法		较好	较高	高	各种	整形和修锐
磨削法	普通砂轮磨削法	一般	较低	较高	各种	整形和修锐
	GC杯形砂轮磨削法	较好	较低	较高	各种	整形和修锐
	砂带磨削法	较好	较高	较低	各种	修锐和整形
研磨法		好	低	低	各种	修锐
滚压挤轧法	滚压法	一般	低	低	各种	只能修锐
	游离磨料挤轧法	一般	较低	低	各种	修锐
喷射法	气压喷砂法	好	高	较低	各种	修锐
	液压喷砂法	好	高	较低	各种	修锐
电加工法	电解法	好	较高	一般	金属（导电）	修锐
	电火花法	较好	高	一般	金属（导电）	整形和修锐
超声波振动法		一般	较高	一般	各种	修锐
激光法		较好	较高	高	各种	修锐
清扫法		较好	低	低	各种	只能修锐
其他						

车削法是将超硬磨料砂轮安装在磨床上，用单点或聚晶金刚石笔、修整片等车削超硬磨料砂轮以达到修整的目的。该方法修整精度和效率比较高，但切削能力低且修整成本高。

磨削法是利用砂轮、砂块、砂带进行超硬磨料砂轮修整，方法较多，主要有普通砂轮磨削法、GC杯形砂轮磨削法和砂带磨削法等。其中，普通砂轮磨削法目前应用最广泛。

研磨法是利用游离磨料对超硬磨料砂轮修整的方法，通常情况下修整效率低，但研磨质量高。而游离磨料滚压挤轧法主要用于修锐，效果较好，但效率不高。电加工法可分为电解修整法和电火花法等。超声波振动修锐法和激光法也各具特色。超硬磨料砂轮具体修整时选用哪种方法更合适，可参考有关手册及专门书籍。

3.5 超精密磨削加工

超精密磨削是近年来发展起来的最高加工精度、最小表面粗糙度值的砂轮磨削方法。一般指加工精度达到或高于0.1μm，表面粗糙度值 $Ra \leqslant 0.025\mu m$，是一种亚微米级的加工方法，并正向纳米级发展。由于金刚石刀具不宜切削钢、铁材料和陶瓷、玻璃等硬脆材料，对于这些材料，超精密磨削显然是一种重要的理想加工方法，这将进一步促进超精密磨削的发展。

镜面磨削一般是指加工表面粗糙度值 $Ra \leqslant 0.02 \sim 0.01\mu m$，表面光泽如镜的磨削方法，在加工精度的含义上不够明确，比较强调表面粗糙度的要求，从精度和表面粗糙度相应和统一的观点来理解，镜面磨削应该属于精密和超精密磨削范畴。

研磨是精密零件制造、修理的最重要的加工方法，尺寸精度达到1～0.1μm，圆度误差小于0.1μm，表面粗糙度值 Ra 为0.1～0.006μm。

3.5.1 超精密磨削加工的特点

1. 超精密磨床是超精密磨削的关键

超精密磨削在超精密磨床上进行，加工精度主要取决于机床，不可能加工出比机床精度更高的工件。由于超精密磨削的精度要求越来越高，已经进入0.01μm甚至纳米级，这就给超精密磨床的研制带来了很大困难，需要多学科多技术的密集和结合。

2. 超精密磨削是一种超微量切除加工

超精密磨削是一种极薄切削，其去除的余量可能与工件所要求的精度数量级相当，甚至小于公差要求，因此在加工机理上与一般磨削加工是不同的。

3. 超精密磨削过程是一个复杂的系统工程

影响超精密磨削的因素很多，各因素之间又相互关联，所以超精密磨削是一个系统工程，如图3.21所示。超精密磨削需要一个高稳定性的工艺系统，对力、热、振动、材料组织、工作环境的温度和净化等都有稳定性的要求，并有较强的抗击来自系统内外的各种干扰能力，有了高稳定性才能保证加工质量的要求。所以超精密磨削是一个高精度、高稳定性的系统。图3.22所示为超精密磨削加工系统框图，它给出了磨削加工系统、加工控制与评价、加工性能、产品性能要求及产品的相互关系。

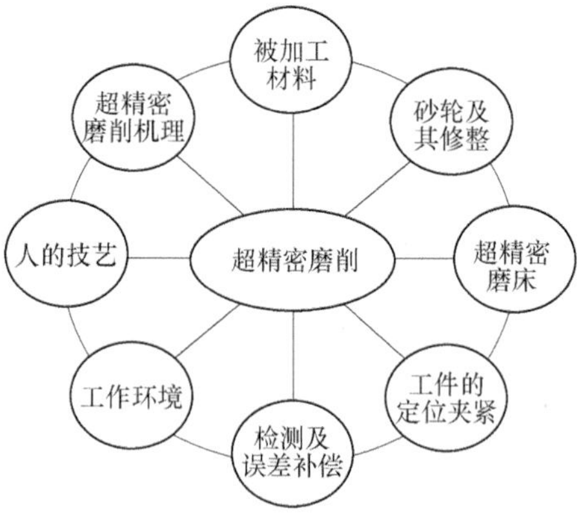

图3.21 影响超精密磨削加工的主要因素

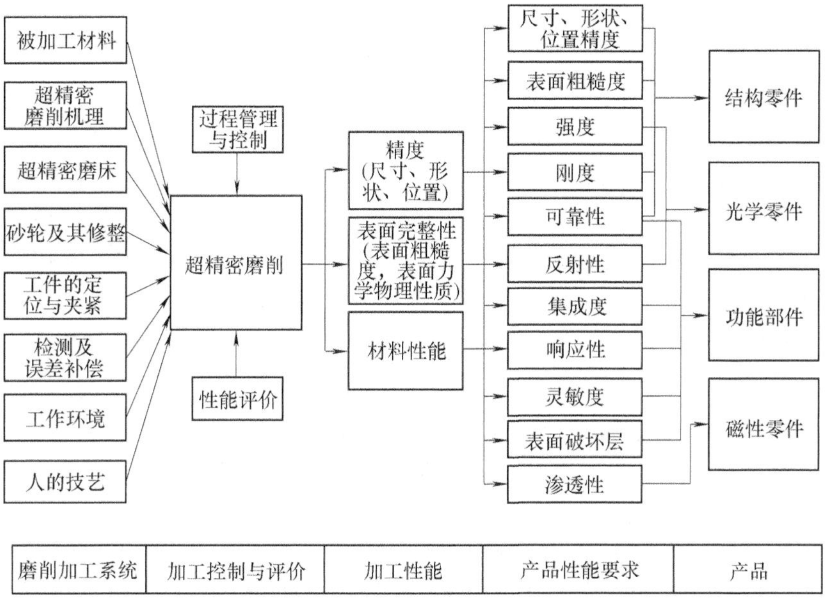

图 3.22　超精密磨削加工系统框图

3.5.2　超精密磨床

1. 超精密磨床的特点

（1）高精度　目前国内外各种超精密磨床的磨削精度和表面粗糙度可达到下列指标：

尺寸精度：±0.25 ~ ±0.5μm；

圆度：0.25 ~0.1μm；

圆柱度：25000：0.25 ~5000：1；

表面粗糙度：*Ra*0.006 ~0.01μm。

（2）高刚度　超精密磨床在进行超精密加工时，切削力不会很大，但由于精度要求极高，故应尽量减小弹性让刀量，提高磨削系统刚度，其刚度值一般应在200N/μm以上。

（3）高稳定性　为了保证超精密磨削质量，超精密磨床的传动系统、主轴、导轨等结构，温度控制和工作环境均应有高稳定性。

（4）微量进给装置　由于超精密磨床要进行微量切除，因此一般在横向进给（切深）方向都配有微量进给装置，使砂轮能获得行程为2 ~50μm，位移精度为0.02 ~0.2μm，分辨率达0.01 ~0.1μm的位移。实现微进给的原理装置有精密丝杠、杠杆、弹性支承、电热伸缩、磁致伸缩、电致伸缩、压电陶瓷等，多为闭环控制系统。

（5）计算机数控　由于在生产上要求超精磨削稳定进行批量生产，因此，现代超精密磨床多为计算机数控磨床。它可减少人工操作的影响，使质量稳定，一致性好，且能提高工效。

2. 超精密磨床的结构

超精密磨床在结构上的发展趋势如下：

（1）主轴系统　主轴支承由动压向动静压和静压发展，由液体静压向空气静压发展。

空气静压轴承精度高，发热小，稳定，工作环境易洁净。但要注意提高承载能力和刚度。

（2）导轨　多采用空气静压导轨，有的也采用精密研磨配制的镶钢滑动导轨。

（3）石材部件　床身、工作台等大件逐渐采用稳定性好的天然或人造花岗岩制造。

（4）热稳定性结构　整个机床采用对称结构、密封结构、淋浴结构等热稳定性措施。

3. 超精密磨削工艺

有关超精密磨削的砂轮选择、砂轮修整、砂轮动平衡、磨削液选择等问题可参考有关精密磨削著述，现仅将超精密磨削时的磨削用量作简单介绍。通常超精密磨削用量如下：

砂轮线速度：1860m/min；工件线速度：4 ~ 10m/min；工作台纵向进给速度：50 ~ 100mm/min；磨削深度：0.5 ~ 1μm；磨削横向进给次数：2 ~ 4 次；无火花磨削次数：3 ~ 5 次；磨削余量：2 ~ 5μm。

超精密磨削用量与所用机床，被加工材料，砂轮的磨粒和结合剂材料、结构、修整、平衡，工件加工精度和表面粗糙度等有关，应根据具体情况进行工艺实验而决定。

超精密磨削质量与操作工人技术水平的关系十分密切，应由高技术水平的工人精心、细致、科学地操作机床，才能达到预期效果。

3.5.3　超精密磨削机理

1. 超微量切除

超精密磨削是一种超微量切除（Ultra-minimum Cutting）。超精密磨削的切削厚度极小，磨削深度可能小于晶粒的大小，因而磨削就在晶粒内进行。一般说来，磨削加工中，磨削力须大于晶体内部非常大的原子、分子结合力，使磨粒上所承受的切应力显著地增加并变得非常大，以至于接近被磨削工件材料的剪切强度极限。与此同时，磨粒切削刃处受到高温和高压的作用，要求磨粒材料有很高的高温强度和高温硬度。对于普通磨料，在高温、高压和高剪切力的作用下，磨粒将很快磨损或崩裂并以随机方式不断形成新的切削刃，虽然使其连续磨损成为可能，但通常得不到高精度和低粗糙度值的磨削质量。因此，在超精密磨削时一般多采用人造金刚石、立方氮化硼等超硬磨粒砂轮。

2. 磨屑的形成

砂轮可以看成是具有弹性支承的多刃刀具，而磨粒切削刃可近似地看成一个球形，因而砂轮工件系统可以用一个简单的弹簧缓冲系统来表示，如图 3.23 所示。在弹簧缓冲系统中，球形磨粒支持在系统的一端，并绕着另一端的固定中心旋转。

由于磨削厚度极薄，球形磨粒的典型磨屑形成过程可以分为三个阶段：

（1）滑擦阶段（Slide Stage）　磨粒切削刃与工件开始接触，切削厚度由零逐渐增加。在切削压力作用下法向力迅速上升，工件表层、砂轮及机床系统发生弹性变形，磨粒沿工件表面滑行并发生强烈挤压摩擦，由摩擦能转变为热能，温度逐渐上升。当金属温度上升到某一临界点时，材料中逐步增加的切应力超过了随温度上升而下降的屈服应力时，工件材料就开始产生塑性变形。

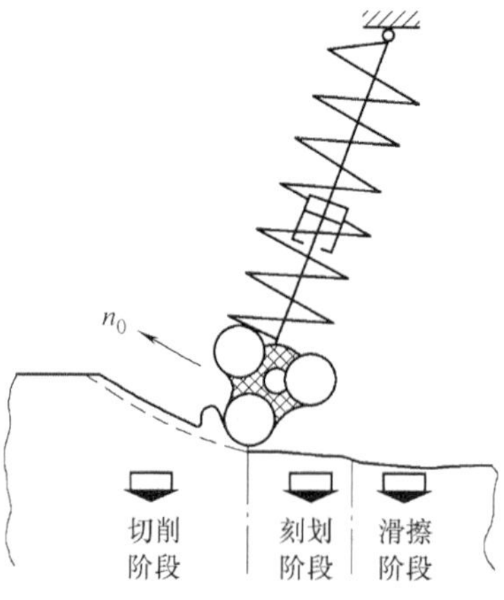

图 3.23　磨屑形成过程示意图

（2）刻划（耕犁）阶段（Plow Stage） 工件材料开始发生塑性变形就表明磨削过程进入了刻划阶段。这时磨粒切削刃切入工件金属材料的基体，金属材料由于发生滑移而被推向切削刃前方及两侧，导致材料的流动及表面隆起现象。根据球形切削刃表面金属材料流动速度的分析可见（图3.24a）：在球形磨粒前方有一区域（半锥角为摩擦角的圆锥体）为中性点，材料静止不动，称为死区。死区以外的材料按最小阻力方向流动，即死区以上材料向上流动，死区以下材料向已加工表面流动，死区左右材料向两侧流动，死区成为磨粒切削刃与变形材料间的缓冲区域。刻划阶段的特点是材料的塑性流动与隆起是由于磨粒切削刃通过死区作用于工件材料而产生的，最后在表面上形成沟纹或划痕，但不形成切屑。

（3）切削阶段 随着切削深度的增加，磨削温度不断升高，死区前方隆起材料直接和磨粒相接触（图3.24b），没有死区的缓冲作用。这时材料的流动已由量变到质变形成切屑，进入了切削阶段。

通过模拟实验并通过显微镜观察，典型磨屑形成的三个阶段如图3.25所示。

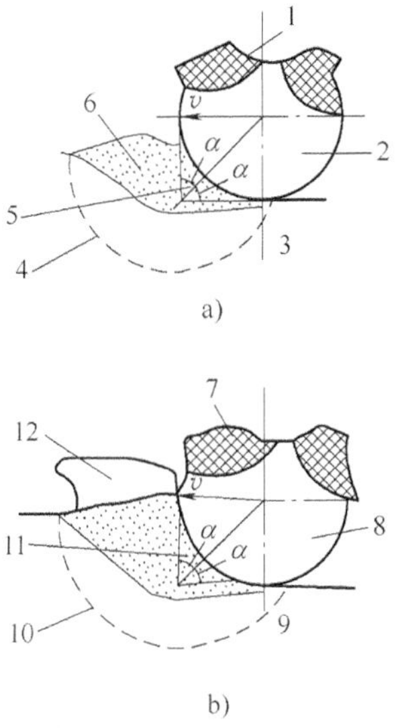

图3.24 金属材料的刻划与切削过程

1、7—结合剂 2、8—磨粒切削刃 3、9—工件

4、10—弹塑性边界 5、11—死区 6—变形金属 12—切屑

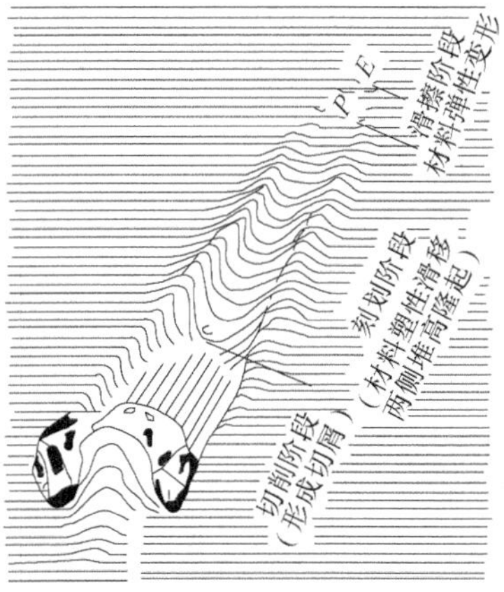

图3.25 典型磨屑形成的三个阶段

3.5.4 超精密砂带磨削

砂带磨削是一种新的高效磨削方法，能得到高的加工精度和表面质量，具有广泛的应用前景和适用范围，可以补充或部分代替砂轮磨削。

1. 砂带磨削方式

砂带磨削（Abrasive Belt Grinding）从总体上可以分为闭式和开式两大类。

（1）闭式砂带磨削 闭式砂带磨削采用无接头或有接头的环形砂带，通过张紧轮撑紧，由电动机通过接触轮带动砂带高速回转。工件回转，砂带头架或工作台作纵向及横向进给运动，从而对工件进行磨削。这种方式效率高，但噪声大，易发热，可用于粗磨、半精磨、精磨加工，见表3.12。

表 3.12　闭式砂带磨削的各种方式

接触轮式		
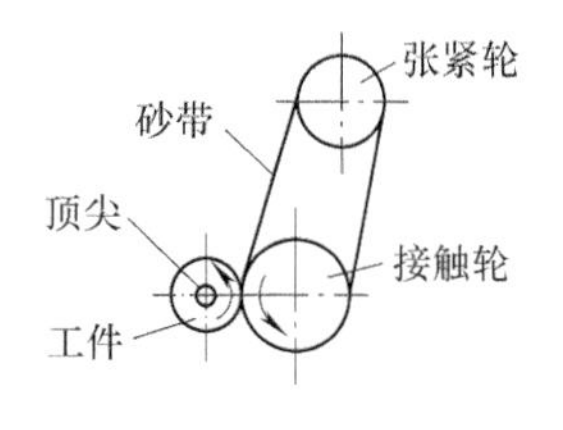	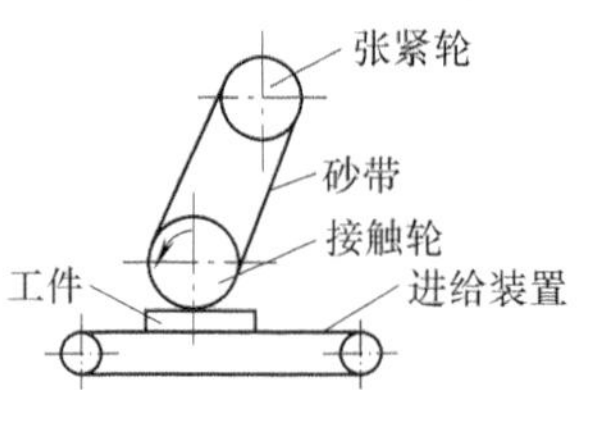	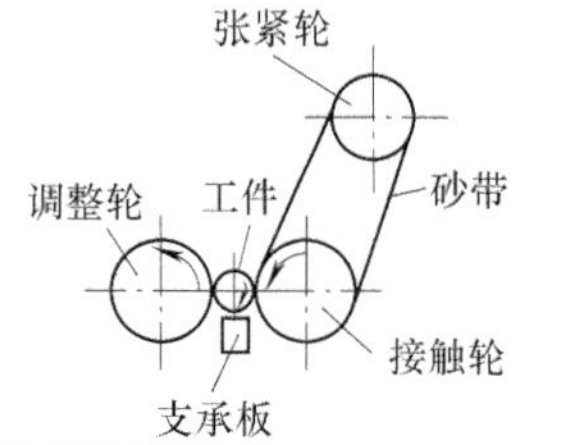
外圆磨	平面磨	无心外圆磨
支承板（轮）式		
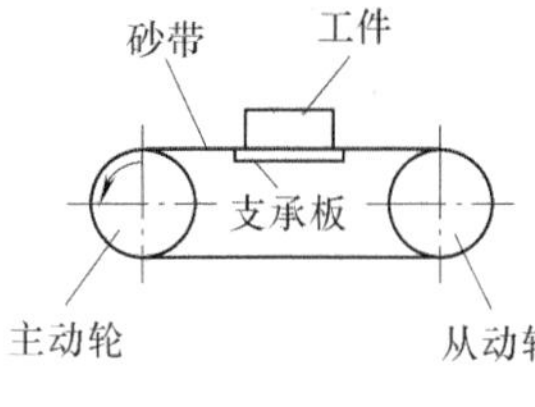	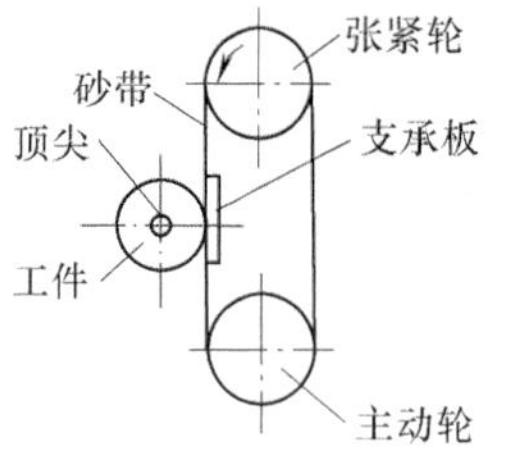	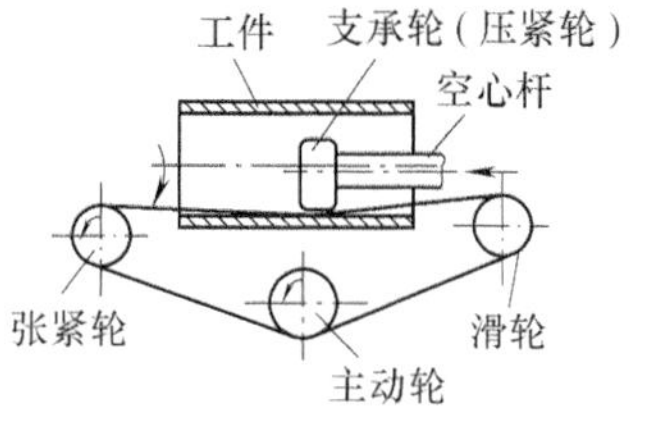
平面磨	外圆磨	内圆磨
自由浮动接触式	自由接触式	
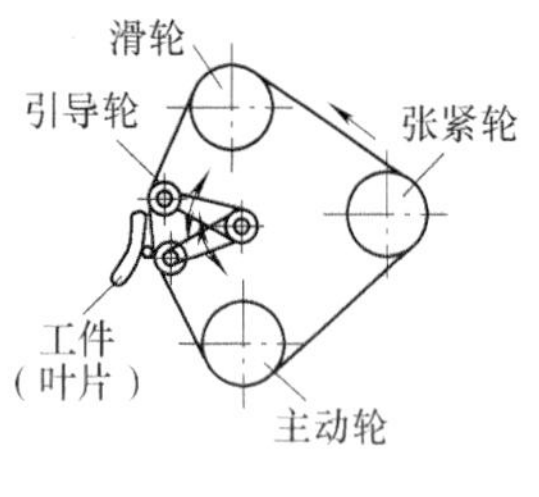	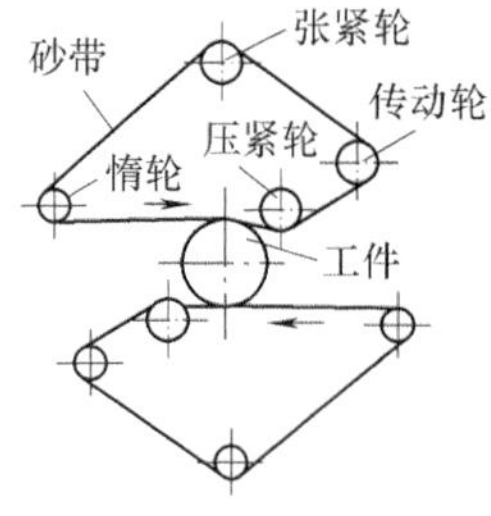	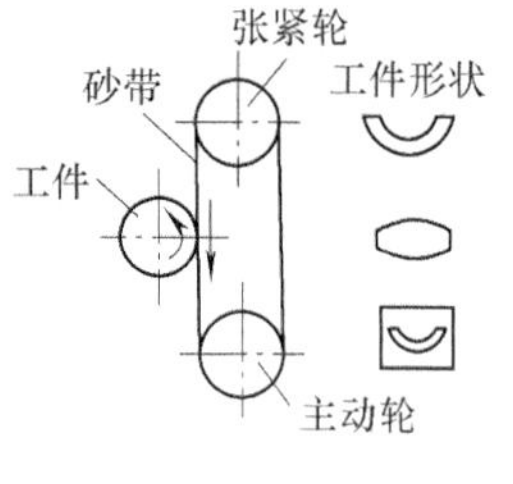
轮廓磨	外圆磨	轮廓磨

（2）开式砂带磨削　开式砂带磨削采用成卷砂带由电动机经减速机构通过卷带轮带动砂带作极缓慢的移动，砂带绕过接触轮并以一定的工作压力与工件被加工表面接触。工件回转，砂带头架或工作台作纵向及横向进给，从而对工件进行磨削。由于砂带在磨削过程中的连续缓慢移动，切削区域不断出现新砂粒，因而磨削质量高且稳定，但磨削效率不如闭式砂带磨削，此法多用于精密和超精密磨削中，见表 3.13。

表 3.13　开式砂带磨削的各种方式

接触轮式		自由浮动接触式	自由接触式
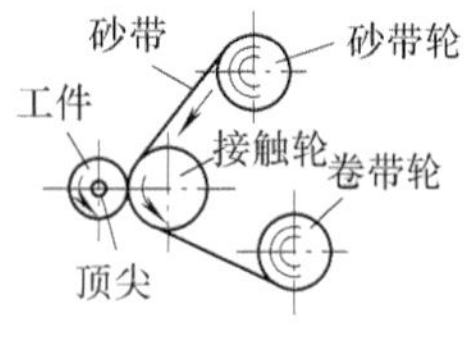	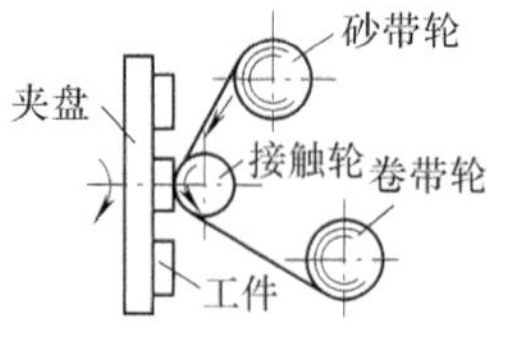	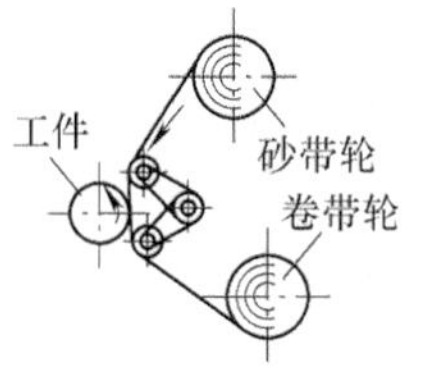	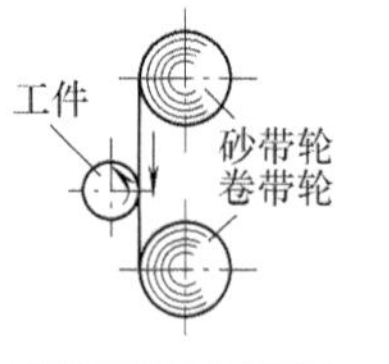
外圆磨	平（端）面磨	轮廓磨	轮廓磨

（续）

<table>
<tr><th colspan="3">支承板（轮）式</th></tr>
<tr><td>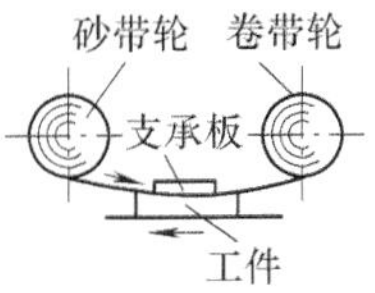</td><td>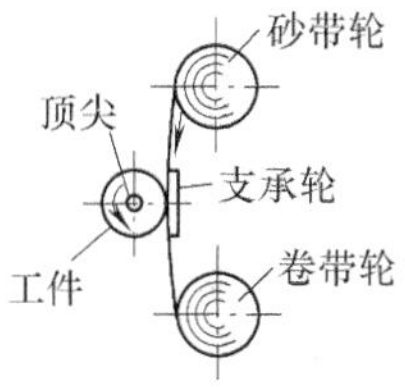</td><td>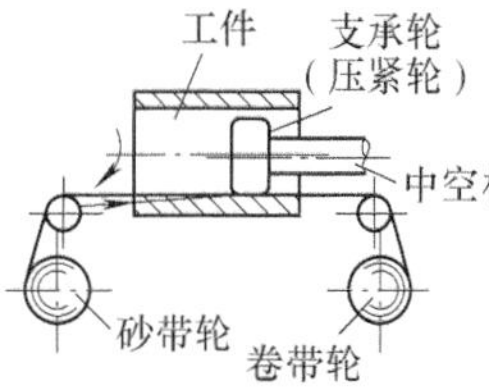</td></tr>
<tr><td>平面磨</td><td>外圆磨</td><td>内圆磨</td></tr>
</table>

砂带磨削按砂带与工件接触形式来分，又可分为接触轮式、支承板（轮）式、自由浮动接触式和自由接触式。

按加工表面类型分，砂带磨削又可分为外圆、内圆、平面、成形表面等磨削方式。

2. 砂带磨削的特点及其应用范围

（1）弹性磨削（Abrasive Grinding） 砂带磨削时，砂带本身有弹性，接触轮外缘表面有橡胶层或软塑料层，砂带与工件是柔性接触，磨粒载荷小而均匀，具有较好的磨合和抛光作用，同时又能减振，因此工件的表面质量较高，表面粗糙度值 Ra 可达 0.05 ~ 0.01μm。

（2）冷态磨削（Cold Grinding） 砂带制作时，用静电植砂法易于使磨粒有方向性，同时磨粒的切削刃间隔长，摩擦生热少，散热时间长，切屑不易堵塞，力、热作用小，有较好的切削性，有效地减小了工件变形和表面烧伤。对于开式砂带磨削，由于不断有新磨粒进入磨削区，钝化的磨粒不断退出磨削区，磨削条件稳定，切削性能更好。工件的尺寸精度可达 5 ~ 0.5μm，平面度可达 1μm。

（3）高效磨削（High Efficient Grinding） 砂带磨削效率高，强力砂带磨削的效率可为铣削的 10 倍、普通砂轮磨削的 5 倍。砂带磨削无需修整，磨削比（切除工件重量与磨料磨损重量之比）可高达 300 : 1 甚至 400 : 1，而砂轮磨削一般只有 30 : 1。其原因是砂带中基底材料强度和磨粒与基底的粘结强度有了极大的提高，才使砂带磨削有了“高效磨削”之称。

（4）制作简单、价格便宜 砂带制作比砂轮简单方便，无烧结、动平衡等问题，价格比砂轮便宜。砂带磨削设备结构简单，可制作砂带磨床或砂带磨削头架，后者可安装在各种普通机床上进行砂带磨削工作，使用方便，制造成本低廉。

（5）工艺性和应用范围广 砂带磨削可加工外圆、内圆、平面和成形表面。砂带磨削头架可安装在卧式车床、立式车床、龙门刨床等普通机床上进行磨削加工。砂带不仅可加工各种金属材料，而且可加工木材、塑料、石材、水泥制品、橡胶等非金属材料。此外，还可加工硬脆材料，如单晶硅、陶瓷和宝石等。开式砂带磨削加工铜、铝等软材料表面效果良好，独具特色。

近年来出现了砂带研抛加工。这是一种精密和超精密加工方法，其加工为开式砂带磨削方式，用细粒度砂粒聚酯薄膜基底砂带。其研抛效果取决于接触轮外缘材料。目前已用来加工精密磁头、高密度硬磁盘涂层表面等精密元件的加工，效果良好，应用十分广泛。

当前，对于窄退刀槽的阶梯轴、阶梯孔、盲孔、小孔、齿轮等，砂带磨削尚不能加工。对于精度要求很高的工件，砂带磨削还不如精密砂轮磨削。

从总的效果来看，砂带磨削在提高加工表面质量，特别是降低表面粗糙度值上效果比较明显，而在提高加工精度上可以做到略有提高。

3. 精密砂带磨削工艺

（1）砂带磨削用量选择

1）砂带速度。闭式磨削粗磨时一般选 12 ~ 30m/s，精磨时一般选 25 ~ 30m/s，砂带速度与被磨工件材料有关，对难加工材料应取低值，对非金属材料可取高值。

2）工件速度。工件速度高些可减少或避免工件表面烧伤，但会增加表面粗糙度值，一般粗磨选择 20 ~ 30m/min，精磨取 20m/min 以下。对于开式磨削，由于砂带速度非常低，为了提高效率可适当选高些，但要满足表面粗糙度值的要求。

3）纵向进给量及磨削深度。粗磨时，纵向进给量为 0.17 ~ 3.00mm/r，磨削深度为 0.05 ~ 0.10mm。精磨时，纵向进给量为 0.40 ~ 2.00mm/r，磨削深度为 0.01 ~ 0.05mm。

4）接触压力。接触压力直接影响磨削效率和砂带寿命，可根据工件材料、砂带、磨削余量和表面粗糙度的要求来选择。接触压力有时很难控制，一般选取 50 ~ 300N。

（2）砂带选择及其修整　根据被加工材料精度和表面粗糙度的要求来选择砂带，其中包括磨料种类、粒度、基底材料等。砂带磨削一般来说没有修整问题，但在精密和超精密磨削时，为了保证加工质量，新砂带在使用前，可进行一次修整或预处理，主要是改善磨粒的等高性，避免少数凸出的磨粒划伤工件表面，使砂带一开始就进入正常磨损的最佳阶段，这对提高加工表面质量十分有效。

（3）砂带磨削的湿润与除尘

1）磨削液与干磨剂的选择。砂带磨削时分干磨与湿磨两种。湿磨时磨削液的选择除考虑加工表面粗糙度、被加工材料等外，必须要考虑砂带粘结剂的种类，因为它们多属无机物，易受化学剂的影响。另外还应考虑基底材料。

干磨时，当粒度号大于 P150 时，采用干磨剂可有效防止砂带堵塞。

2）砂带磨削的除尘。无论是湿磨还是干磨，无论是在砂带磨床或普通机床上进行砂带磨削，都应设有吸尘和集尘装置。可用封闭罩或吸尘管等结构将磨削液、切屑、磨粒等汇集于集尘箱内，通过过滤回收，磨削液再用；干磨时则不必回收。

3.5.5 研磨

研磨（Lapping）是一种常用的光整加工方法。工件尺寸精度可达 0.1μm，圆度误差为 0.1μm，表面粗糙度 Ra 值为 0.1 ~ 0.006μm。

传统的研磨抛光是完全靠微细磨粒的机械作用去除被研磨面的方法，磨粒和切屑越细，机械去除作用越小，获得的研磨表面质量越高。传统的研磨方法分为湿研、干研和在悬浊液中研磨的三种方法。

最近出现不少新的研磨抛光方法，其工作原理有些已不完全是纯机械的去除，有些用的也不是传统的研具和传统的研磨磨料。这些新的研磨方法，有的可以达到分子级和原子级材料的去除，并达到相应的极高的几何精度和无缺陷、无变质层的研磨表面，如磁性研磨、弹性发射加工、非固体接触加工、悬浮抛光等。

1. 研磨加工机理

研磨的加工机理是利用附着或压嵌在研具表面上的游离磨粒，以及研具与工件之间的微小磨粒，借助于研具与工件的相对运动作微小的切削，切除下微细的切屑，以得到精确尺寸和表面粗糙度值很小的加工表面。

研磨加工中的切削作用一般有两种情况。一种是滑动切削（Slide Cutting）（图 3.26a）。镶嵌、粘附在研具上的磨粒，与工件相对运动而产生推挤作用，使工件留下带有擦痕的光滑表面。另一种是由研具与工件之间的磨粒旋转作用而产生的滚动切削（Roll Cutting）（图 3.26b）。研磨开始仅有少数大颗粒磨料切削，效率并不高，且比压大，随后很快被压碎变为许多磨粒一起参加工作。磨粒一方面切削工件，另一方面继续被压碎，研磨效率基本上不变。持续一段时间后，由于磨粒越来越细化，研具与工件之间的间隙变窄，切屑堵塞于磨粒之间的缝隙，研磨效率急剧下降，工件表面变得非常光滑。研磨过程中，研磨效率、磨粒大小和工件表面粗糙度随时间的变化规律如图 3.27 所示。效率曲线开始阶段略有上升，然后很长时间保持平稳，这是研磨的正常期，当研具表面堵塞后效率迅速下降。工件表面粗糙度、磨粒大小曲线开始下降较快，然后渐趋平坦，它们的变化规律与研磨效率曲线保持密切的关系。

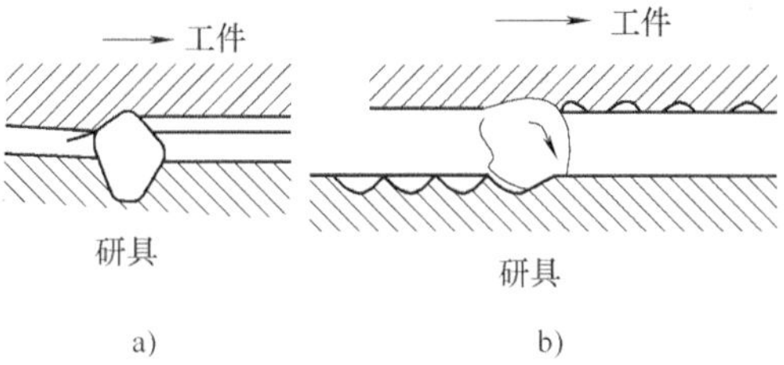

图 3.26　研磨的切削形式

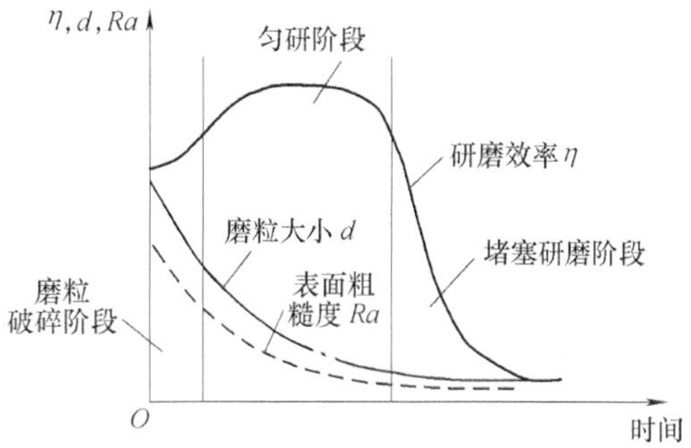

图 3.27　研磨规律

工件、研具的相对运动必须保证工件上每点的行程相等，研磨盘磨损均匀，轨迹不重复且避免过大的转折。常见的研磨运动轨迹如图 3.28 所示。其中图 a 所示为直纹轨迹，用于普通手工研磨；图 b 所示为正弦曲线轨迹，用于高精度手工研磨；图 c 所示为圆环状轨迹，用于长宽比小、高度短的工件手工研磨；图 d、e 所示为摆线轨迹，是圆盘研磨机研磨运动的轨迹。

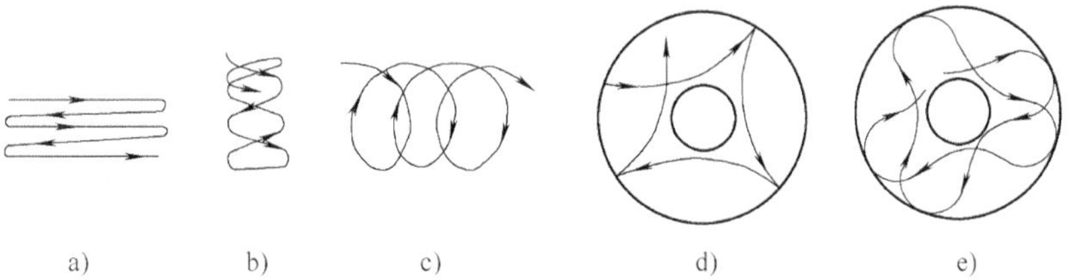

图 3.28　研磨轨迹

图 3.29 所示为研磨压力与金属去除率的关系。由图 3.29 可看出：研磨初期随着压力增大，金属去除率也增加。研磨中期加大压力至某一数值，金属去除率不再增加。而研磨后期压力加大金属去除率反而下降，故研磨时加大压力仅能在一定限度内提高生产率。研磨压力粗研取 0.1～0.3MPa，精研取 0.01～0.1MPa。

研磨剂由磨料、辅助填料和研磨液（脂）混合而成，制成液态研磨剂、研磨膏和固体研磨剂。常用磨料有白刚玉、绿色碳化硅、金刚石微粉，一般为W28～W3.5，保持纯净。

添加剂在研磨过程中将起润滑作用，部分添加剂会在研磨过程中与金属表面发生化学反应，不断形成氧化膜，减小切削阻力，如油酸（或硬脂酸）。其他添加剂还有柏子油、猪油、蜂蜡、水、水溶性油、汽油、煤油、锭子油、植物油等。

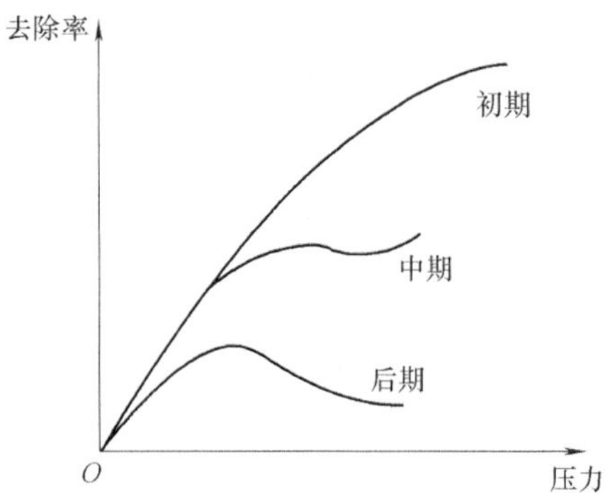

图 3.29　研磨压力曲线

研具的材料应比工件材料软，使之不划伤研磨表面。最常用的研具材料是灰铸铁，铁素体球墨铸铁更佳。为了保证研具力学性能均匀，尺寸形状稳定，需预先进行球化退火和多次人工时效等热处理。

2. 研磨设备及方法

（1）双盘研磨机（Double Lapping Machine）　双盘研磨机的结构如图3.30a 所示，由上、下研磨盘1 和3 组成。工件6 放在上下盘之间隔离辐板2 的槽内。槽与半径方向倾斜8°～10°。辐板形状如图3.30b 所示。上盘顶面中央放置钢球K，被螺杆7 压紧。研磨压力除了上盘自重之外，调节螺杆7 可适当增加。研磨下盘转动，偏心轴与传动隔离辐板带动工件偏心转动，速度为下盘转速的2/3～3/4。上盘被工件摩擦力带动与下盘同向旋转。工件在两盘之间作复杂运动（图3.30c），保证均匀去除余量和使研磨盘磨损均匀保持精度。研磨盘转动时边缘高度会多研去一些余量，加工一段时间后，应把工件调头换位研磨，多次重复，确保工件形状正确。

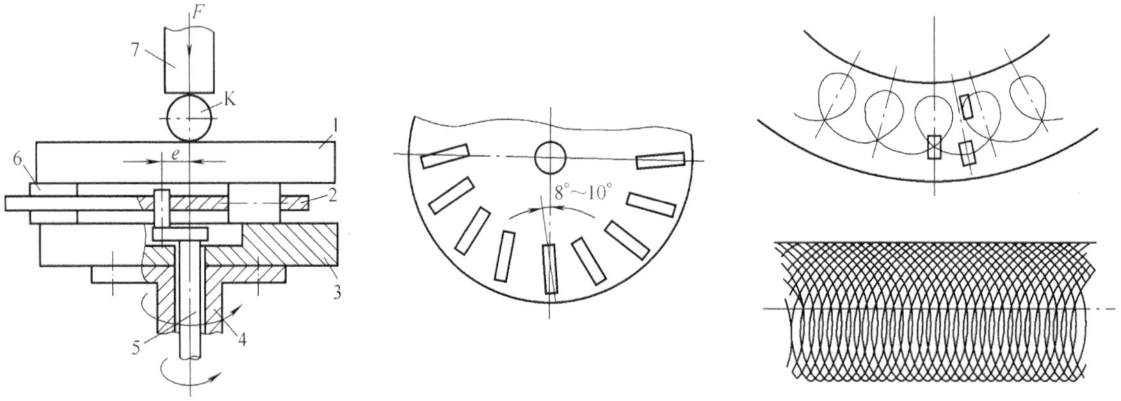

图 3.30　双盘研磨机研磨

1、3—研磨盘　2—隔离辐板　4—底座　5—偏心轴　6—工件　7—螺杆

圆盘机适合研磨短圆柱、平面、球形工件，如滚柱、滚珠、块规等。

（2）手工研磨　轴、小孔、平板等不适合机器研磨的零件，多用手工研具和简单机械传动的方法进行研磨。

轴类零件的研具结构如图3.31所示。研磨时，工件表面预先涂一层研磨膏，套入研磨套，套孔与工件为间隙配合。拧紧螺钉5、7施加一定的研磨压力。转动工件，手持手柄6沿工件纵向移动研磨外圆。

图3.32所示为研磨内孔的芯轴。使用时芯轴工作面涂薄层研磨膏，插入孔内转动。调整螺母3、1的位置能够改变研磨压力，研磨压力不宜太大，不能发热变形。

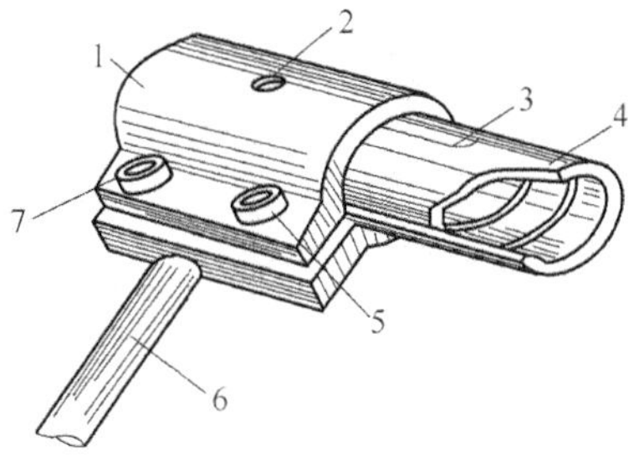

图3.31 手工研磨及工具

1—夹套 2—螺孔 3—凹坑

4—研磨套 5、7—螺钉 6—手柄

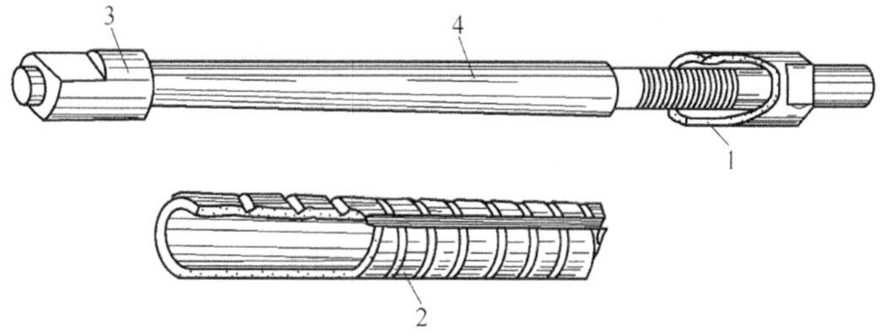

图3.32 研磨内孔的芯轴

1、3—螺母 2—研磨套 4—棒心

另外，研具还分为固定式和可调式两种。

（3）超精密研磨　超精密研磨为微量切削过程，单位时间切去的金属层仅为0.00013μm/s。圆盘研磨机中超精研磨线速度为1m/min，压力为0.03MPa。去除0.1μm余量需6min。

超精密研磨在恒温精度±0.5℃的恒温室内进行，并进行局部恒温措施：工件进入恒温室研磨前存放12h，消除外界温度的影响（定温处理）；降低研磨速度（6r/min），减少研磨热量的产生；对研磨机喷淋恒温冷却水，改善热量散失等。

研磨机采取消极隔振和运转件动平衡等方法消除振动。

研磨机研磨盘平面修整后，沿其半径方向检测研盘平面的0.5～1干涉条纹。

磨料都为微粉级。随着研磨精度的提高及表面粗糙度值的减小，微粉逐渐变细。预研选粗粒度微粉，研磨效率高。终研余量少，表面粗糙度值小，选用最细的微粉磨料W1.5、W1等。

（4）磁性研磨

1）磁性研磨加工原理。磁性研磨（Magnetic Lapping）光整加工是利用磨具在磁场的作用下，实现对工件表面的光整加工方法。目前，已对零件的内圆面、外圆面、平面、成形表面等进行了磁性研磨开发和研究。从原理上讲，它可以对任何几何形状的表面进行精密光整加工。

给定一对磁极N、S，在两极之间形成了一个磁场。在磁场中填充磁性磨料，并将工件置入磁性磨料中。研磨时，工件一面旋转，一面沿轴线方向振动，使磁性磨料与被加工表面之间产生相对运动，如图3.33所示。作为磨具的磁磨粉，必须具有对磁场感应的性质，同时又具有对工件的切削能力。磁磨粉是一种平均直径大约为150μm的粒状体，由磁化率大的铁粉和磨削能力强的氧化铝粉或碳化硅粉等按一定的比例混合而成的组合体。在磁性研磨加工中，只有在磁场保持力的作用下，才能使磁磨粉实现对工件的研磨加工。位于磁场中磁磨粉的每一个磨粒沿着磁力线方向相互衔接形成“磁串”，由“磁串”进而形成“磁刷”，通过“磁刷”产生一个指向工件表面的研磨压力。因此磁性研磨的磨削力是由磁场产生的，以研磨压力的作用形式来实现。改变电磁铁线圈电流、工作间隙，以及工作间隙的结构等，都将影响研磨压力的大小。

2）磁性研磨加工特点。磁性研磨加工后的表面质量好，表面粗糙度值小，*Ra* 值可达0.1μm甚至更小，可呈镜面状。

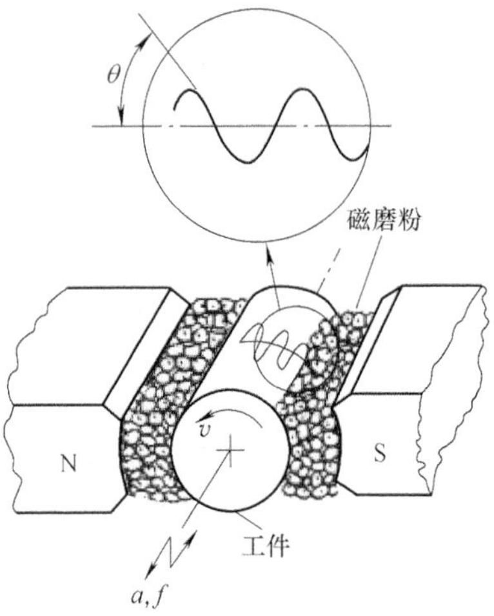

图3.33　磁性研磨加工原理

①自锐性能好，磨削能力强，加工效率高。由于“磁刷”是由磁磨粉组成的具有一定刚性的柔性磨具，在磁场的作用下，整个加工过程中磨粒的位置在不断地发生变更，磁刷在不断地排列，工件表面将始终能够获得锐利磨刃的切削，因此磁性研磨金属去除量大，切削能力强，加工效率高。

②研磨温升小，工件变形小。在整个磁性研磨加工过程中，每个磨粒的位置在不断地变更，就一颗磨粒磨刃而言，它与工件表面的作用时间很短，因此对回转的工件表面层的温升影响较小，表面金相组织结构没有受到破坏，使工件变形小。

③切削深度小，加工表面平整光洁。“磁刷”为具有一定刚性的柔性刷，而磨粒体积小，切削刃小，切入工件表面的切削深度 t 小于前道工序残留的加工痕迹，一般 $t=0.1\sim0.6\mu m$，从而能够获得更为平整、更为光洁的表面。

④工件表面交变励磁，提高了工件表面的物理力学性能。在磁性研磨过程中，回转的工件表面多次反复地受到磁极N和S交变磁场的作用，导电的磁性磨料产生的电动势反复使工件表面充电，强化了表面的电化学过程，改变了表面的应力分布状态，提高了表面硬度，改善了表面物理力学性能。

⑤无粉尘、废液和噪声污染，工作环境好。在加工过程中，由于磁性磨料保持在磁场中，同时切屑被吸入磁性磨料中，因而不会产生粉尘。

⑥加工范围广，工艺适应性强。加工工件除内、外圆及平面表面外，还可加工复杂形状零件的内外表面，特别适合型模的内、外表面加工。

3）磁性研磨的加工特性。评定磁性研磨加工效果的指标主要有三项：表面金属去除量，表面粗糙度值，表面应力分布状况。

影响加工效果的因素主要有以下几方面：磁感应强度、工作间隙、工件回转速度、工件的轴向振动、工件材质、磁极头形状、磁磨粉、添加剂及前道工序的表面粗糙度等。

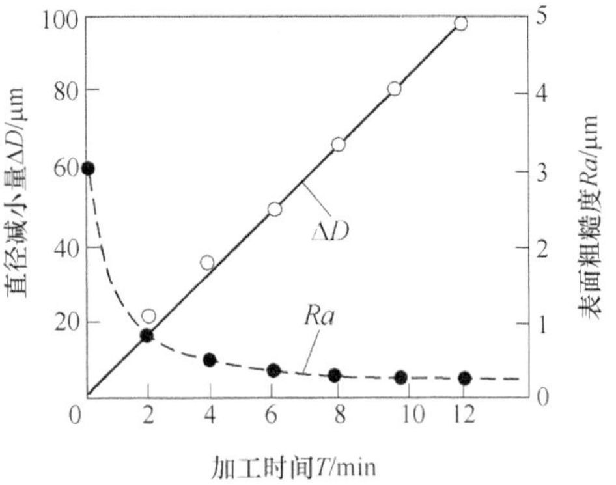

图3.34　磁性研磨加工特性

在加工过程中，工件表面层的金属去除量和表面粗糙度的变化如图3.34所示。图3.34中表面粗糙度值在磁磨初期急剧下降，但从第6min以后，只有极小的变化，最后稳定在一定数值上，大约为*Ra*0.2μm。整个磁性研磨过程只进行6～10min，即可使表面粗糙度值由研磨的初始值减小到

$Ra0.2\mu m$ 左右。金属去除厚度和研磨时间大体上呈直线上升趋势，且去除量很小。在加工 8min 以后，对应的直径减小量为 $\Delta D = 64\mu m$。磁性研磨这种加工方法，既不会破坏前一道工序的几何形状精度，又可使表面粗糙度值降低到很小，可见这种光整加工方法的加工效果是十分理想的。

思考题与习题

1. 试述精密和超精密磨削加工的特点及应用领域。
2. 何谓固体磨料和游离磨料？试述其特点及主要适用场合。
3. 研磨和抛光有哪些异同？
4. 砂轮的硬度与材料的硬度有何异同？试述磨具硬度选择应遵循的基本原则。
5. 常用的涂覆磨具有哪些？分别适用于哪些场合？
6. 涂覆磨具的涂覆有几种方法？试述其特点及应用。
7. 为提高精密机床的稳定性，通常应采取何种措施？
8. 通常情况下，热变形和工件温升引起的加工误差占总误差的 40%～70%，为减小机床热变形应采取怎样的措施？
9. 何谓单个磨粒的切削厚度？试述其大小对砂轮磨损、磨削温度及表面质量等的作用与影响。
10. 磨削加工中磨削液具有哪些作用？如何提高磨削液的性能？
11. 何谓精密磨削中磨粒的微刃性和等高性？试述其在加工中的影响及作用。
12. 试述磨削烧伤的机理，谈谈提高磨削质量与主动控制裂纹的主要工艺途径。
13. 超硬磨料砂轮具有哪些磨削特点？试述其主要应用领域。
14. 何谓砂轮的修整？简述常用超硬磨料砂轮修整的主要方法及特点。
15. 简述球形磨粒典型磨屑的形成过程及变化规律。
16. 何谓砂带磨削？试述砂带磨削加工特点及其应用的主要范围。

第4章　电火花加工

4.1　概述

电火花加工又称放电加工（Electrical Discharge Machining，EDM），于20世纪40年代开始研究并逐步应用于生产，是目前机械制造业中应用最为广泛的特种加工方法之一，也是切削与磨削加工的重要补充和发展，在难切削加工材料（Hard-machining Material）、复杂型面零件等的加工中得到了广泛应用。

电火花加工与金属切削加工的原理不同，是一种直接利用电、热等能量进行加工的方法。电火花加工过程中，工具和工件并不接触，利用两极间脉冲性的火花放电所产生的局部、瞬时高温把金属材料逐次微量蚀除下来，对这一放电过程进行有效的控制，就可以达到对零件的尺寸、形状及表面质量预定的加工要求。因放电过程中可见到火花，故称之为电火花加工，英国、美国、日本等国称之为“放电加工”，而前苏联则称为“电蚀加工”。

4.1.1　电火花加工特点及应用领域

电火花加工的主要特点如下：

1）适合于难切削材料的加工。由于加工中材料的去除是靠放电时的电热作用实现的，材料的可加工性主要取决于材料的导电性及其热学特性，而几乎与其力学性能（硬度、强度等）无关，因此可以突破传统切削加工对刀具的限制，实现用软的工具加工硬韧的工件，达到“以柔克刚”的目的。

2）适合于特殊及复杂形状零件的加工。由于加工中工具电极和工件不直接接触，没有机械加工所伴随的宏观切削力（Macroscopic Cutting Force），且通过数控技术可较好地解决刀具干涉问题，因此电火花加工适宜于低刚度工件（Low-rigidity Workpiece）、复杂形状工件等的加工及微细加工。

3）适合于加工过程自动化的实现。由于直接利用电能进行加工，而电参数较机械量更易于自动控制，因此更易于实现加工过程的自动化，并可减少机械加工工序，缩短加工周期和降低劳动强度。

4）存在电极损耗，加工速度较慢，且主要用于加工金属等导电材料。由于电火花加工是依靠工具与工件电极间脉冲性的火花放电逐次蚀除材料的，其原理决定了上述局限存在的必然性。但随着现代电力电子技术、控制技术、新材料技术及电火花加工工艺技术等的发展，上述问题正逐渐得以解决。

基于上述特点，电火花加工的主要用途如下：

1）可直接加工各种金属及其合金材料，尤其是难切削加工材料，如高温合金（High-temperature Alloy）、钛合金（Titanium Alloy）和淬火钢（Chilled Hardened Steel）等。通过一定的工艺手段，亦可加工半导体和非导体材料。

2）可加工各种形状复杂的型孔和型腔工件，包括圆孔、方孔、多边形孔、异形孔、曲线孔、螺纹孔等型孔工件及叶片、模具等各种型面的复杂型腔工件。例如加工从数微米的孔、槽到数米的超大型模具和工件。

3）各种工件与材料的切割，包括材料的切断下料、特殊结构工件的切割、切割微细窄缝及微细窄缝组成的工件，如金属栅网（Metal Mesh）、慢波结构（Slow Wave Structure）、异形孔喷丝板、激光器件等。

4）加工各种成形刀、样板、工具、量具、螺纹等成形零件。

5）刻字、打印铭牌和标记。

6）工具、模具表面强化。

7）辅助用途。如去除折断在工件中的丝锥、钻头，修复磨损件，磨合齿轮啮合件等。

由于电火花加工具有许多传统切削加工所无法比拟的优点，因此其应用领域日益扩大，目前已广泛应用于航空、航天、机械（特别是模具制造）、电子、电机电器、精密机械、仪器仪表、汽车拖拉机、轻工等行业，以解决难加工材料及复杂形状零件的加工问题。加工范围已达到小至几微米的小轴、孔、缝，大到几米的超大型模具和零件。

4.1.2 电火花加工工艺方法的分类

按工具电极（Tool Electrode）和工件相对运动的方式和用途的不同，可将电火花加工大致分为电火花穿孔成形加工（Electrospark Perforation Forming）、电火花线切割（Wire Electrical Discharge Machining）、电火花磨削（Electrical Discharge Grinding，EDG）和镗磨、电火花同步共轭回转加工、电火花高速小孔加工、电火花铣削加工、电火花表面强化与刻字七大类，其中以电火花穿孔成形加工和电火花线切割应用最为广泛。上述前六类属尺寸加工方法，是用于改变零件形状或尺寸的加工方法；后者则属表面加工方法，用于改善或改变零件表面性质。表4.1所列为总的分类情况及各类加工方法的主要特点和用途。

表4.1 电火花加工工艺方法分类

类别	工艺方法	特点	用途	备注
1	电火花穿孔成形加工	1. 工具和工件间主要有一个相对的伺服进给运动 2. 工具为成形电极，与被加工表面有相同的截面或形状	1. 型腔加工：加工各类型腔模及各种复杂的型腔零件 2. 穿孔加工：加工各种冲模、挤压模、粉末冶金模、各种异形孔及微孔等	约占电火花机床总数的30%，典型机床有D7125、D7140等电火花穿孔成形机床
2	电火花线切割加工	1. 工具电极为沿其轴线方向移动着的线状电极 2. 工具与工件在两个水平方向同时有相对伺服进给运动	1. 切割各种冲模和具有直纹面的零件 2. 下料、截割和窄缝加工 3. 直接加工出零件	约占电火花机床总数的60%，典型机床有DK7725、DK7740s数控电火花线切割机床
3	电火花磨削和镗磨	1. 工具与工件有相对的旋转运动 2. 工具与工件间有径向和轴向的进给运动	1. 加工高精度、表面粗糙度值小的小孔，如拉丝模、挤压模、微型轴承内环、钻套等 2. 加工外圆、小模数滚刀等	约占电火花机床总数的3%，典型机床有D6310电火花小孔内圆磨床
4	电火花同步共轭回转加工	1. 成形工具与工件均作旋转运动，但二者角速度相等或成整数倍，接近的放电点可有切向相对运动速度 2. 工具相对工件可作纵、横向进给运动	以同步回转、展成回转、倍角速度回转等不同方式，加工各种复杂型面的零件，如高精度的异形齿轮，精密螺纹环规，高精度、高对称、表面粗糙度值小的内外回转体表面等	约占电火花机床总数的1%以下，典型机床有JN-2、JN-8等内外螺纹加工机床

（续）

类别	工艺方法	特　点	用　途	备　注
5	电火花高速小孔加工	1. 采用 $\phi0.3 \sim \phi3$mm 空心管状电极，管内冲入高压水基工作液 2. 细管电极旋转	1. 加工速度可高达 60mm/min，深径比可达 1：100 以上 2. 线切割预穿丝孔 3. 深径比很大的小孔，如喷嘴等	约占电火花机床总数的 2%，典型机床有 D7003A 电火花高速小孔加工机床
6	电火花铣削加工	工具电极相对工件作平面或空间运动，类似常规铣削	1. 适合用简单电极加工复杂形状 2. 由于加工效率不高，一般用于加工较小的零件	各种数控电火花加工机床
7	电火花表面强化、刻字	1. 工具在工件表面上振动 2. 工具相对工件移动	1. 模具刃口，刀、量具刃口表面强化和镀覆 2. 电火花刻字、打印机	约占电火花机床总数的 2% ~ 3%，典型机床有 D9105 电火花强化机等

4.2 电火花加工原理

4.2.1 电火花加工形成过程

放电腐蚀是一种较为普遍的物理现象，例如在插头或电器开关触点开、闭时，往往产生火花而把接触表面烧毛，腐蚀成粗糙不平的凹坑而逐渐损坏。若要利用这种电腐蚀现象对材料进行尺寸加工，就必须具备如下基本条件：

1）必须使工具和工件被加工表面两极之间经常保持一定的放电间隙。这一间隙随加工条件而定，通常约为几微米至几百微米。如果间隙过大，极间电压不能击穿极间介质，因而不会产生火花放电。如果间隙过小，很容易形成短路接触，同样也不能产生火花放电。为此，在电火花加工过程中必须具有工具电极的自动进给和调节装置。

2）火花放电必须是瞬时的脉冲性放电（放电持续时间一般为 $10^{-7} \sim 10^{-3}$s)，且输送到两极间的能量足够大。这样才能使放电所产生的热量足以使工件材料局部熔化或汽化，且来不及传导扩散到其余部分，从而把每一次的放电蚀除点分别局限在很小的范围内，达到尺寸加工的目的。为此，接在工具电极和工件电极间电火花加工用电源必须采用脉冲电源。

3）火花放电必须在有一定绝缘性能的介质中进行。对导电材料进行尺寸加工时，一般是用液体介质，例如煤油（Kerosene Oil)、皂化液（Saponification Liquor）或去离子水（Deionized Water）等，它们具有较高的绝缘强度（$10^3 \sim 10^7\Omega \cdot$cm)，以有利于产生脉冲性的火花放电。同时，液体介质还能把电火花加工过程中产生的金属小屑、炭黑等电蚀产物从放电间隙中排除出去，并且对电极和工件表面有较好的冷却作用。而在对材料表面进行电火花强化时，一般则采用气体介质。

电火花加工时通常把工具电极与工件浸在电介质溶液（工作液）中，并在其间施加脉冲电压，当电极与工件的距离很近或电场强度足够大时，极间介质被击穿，产生火花放电。在电火花放电时，火花通道中瞬时将产生大量的热，足以使工件表面的金属局部熔化，甚至汽化蒸发而被蚀除下来，这时工件的金属表面形成了微小的凹坑。局部汽化和熔化的金属在爆炸力的作用下，将被抛入工作液中迅速冷却，并凝固成微小的金属颗粒，在工作液的冲刷下，金属颗粒会离开火花放电区。一次火花放电后，介质绝缘强度恢复，等待下一次放电。上述火花放电过程周而复始地进行，工件表面的金属将会不断地被蚀除，在工件表面复制出工具电极的形状，从而达到成形加工的目的。图 4.1 所示为电火花加工原理。

脉冲电源（Impulsing Power Source，此处为 RC 电源）1 是利用电容器 C 的充电放电，把直流电转变为脉冲电流，电流经过限流电阻 R 逐渐充集储存在电容器 C 上。电容器上的电压逐渐升高，当它升高到足以使工具电极 3 和工件 4 之间的电极间隙火花放电击穿时，电容器上储存的绝大部分能量在电极间隙内瞬时放出，达到很高的电流密度，产生极高的温度（10000℃左右），足以使局部表面熔化和汽化，形成凹坑。电容器上的电能瞬时放完后，工具电极和工件间的绝缘介质立即恢复绝缘状态，从而把放电电路切断，这时又经过电阻重新充电，如此循环往复。上述过程由电火花加工设备综合实现。

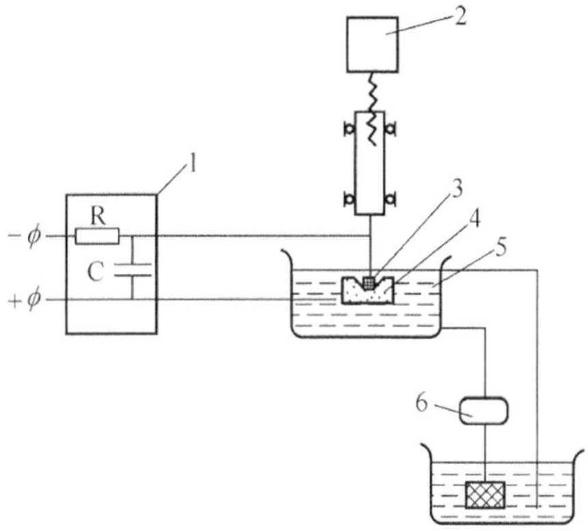

图 4.1　电火花加工原理

1—脉冲电源　2—自动进给调节系统　3—工具电极　4—工件　5—工作液　6—工作液泵

4.2.2　电火花加工机理

电火花加工的微观过程十分复杂，是电场、热场、流场、磁场、电化学和胶体化学等综合作用的过程。对这一微观过程的物理本质，即所谓的电火花加工机理的认识，目前仍在进行中。在液体介质中进行电火花加工时，目前公认的材料蚀除过程大致可分为以下四个连续的阶段：极间介质的电离、击穿，形成放电通道；介质热分解、电极材料熔化、汽化热膨胀；电极材料的抛出；极间介质的消电离。

1. 极间介质的电离、击穿，形成放电通道

电极间隙中液体介质的击穿过程就是形成放电通道的过程。当工具与工件电极间施加电压时，在两极之间迅速建立起一个电场，随着极间电压的升高或极间距离的减小，极间电场强度也将随之增大。由于工具电极和工件的微观表面存在着微观不平度，在两极间距离最近的突出点或尖端处的绝缘条件相对薄弱，电场强度最大，其间的液体介质将首先被击穿形成放电通道。此外，液体介质中还会含有一些金属微粒、碳离子等导电杂质，在电场的作用下，导电杂质被引向电场强度最大处，并沿电力线集聚形成特殊的“桥”，缩短了实际极间距，增加了该处的电场强度。当阴极表面某处的电场强度增大到 10^5 V/cm 以上时，就会产生电子发射，阴极逸出电子并高速奔向阳极。电子在运动过程中撞击介质中的中性分子和原子，产生碰撞电离，形成更多的负电子和正离子，在连锁反应的作用下，带电粒子雪崩式地增加。此外，混有杂质的液体介质中也存在一些自由电子，使介质呈现一定的电导率，随着电场强度的增大，带电粒子的迁移率增加，也促进了电离的雪崩过程。当电子达到阳极时，介质被瞬时击穿，产生火花放电，形成放电通道。在放电通道形成的同时，正离子也奔向阴极。

介质击穿的过程十分短促，一般为 10^{-7} ~ 10^{-5}s。介质击穿形成导电通道后，间隙电阻从绝缘状态骤降到几分之一欧姆，间隙电流急速上升，电流密度可高达 $10^5 \sim 10^8 A/cm^2$，间隙电压则由击穿电压迅速降至电火花放电维持电压（一般为 20 ~25V）。

放电通道是由数量大体相等的正电粒子（正离子）和负电粒子（电子）以及中性粒子（原子或分子）组成的等离子体。带电粒子对高速运动相互碰撞，产生大量的热，使通道温度升高，通道中心温度可高达 10000℃以上。由于放电时的电流产生磁场，磁场又反过来对电子流产生向心的磁压缩效应和周围介质惯性动力压缩效应的作用，通道瞬间扩展受到很大阻力。故放电开始阶段通道截面很小，而通道内由高温热膨胀形成的初始压力可达数十兆帕。高压高温的放电通道以及随后瞬时汽化形成的气体（以后发展成气泡）急速扩展，并产生一个强烈的冲击波向四周传播。在放电过程中，同时还伴随着一系列派生现象，其中有热效应、电磁效应、光效应、声效应及频率范围很宽的电磁波辐射和爆炸冲击波等。

2. 介质热分解、电极材料熔化、汽化热膨胀

极间介质一旦被电离、击穿，形成放电通道后，放电通道由于受到周围液体介质及电磁效应的压缩作用，放电初期通道截面极小，在这极小的通道截面内大量的高速带电粒子发生剧烈的碰撞，产生大量的热。此外，高速带电粒子对电极表面的轰击也产生大量的热，于是在通道两端的正极和负极表面分别形成瞬时热源，并可在瞬间达到很高的温度，在极短的时间内产生这样高的温度足以熔化、汽化放电点处的材料。

所产生的热量除加热放电点处的材料外，还加热放电通道。放电通道在高温的作用下，瞬时扩展受到很大的阻力，通道中及周围的介质汽化或热分解。这些汽化后的工作液和金属蒸气，瞬时间体积猛增，迅速热膨胀，就像火药、爆竹点燃后那样具有爆炸的特性。观察电火花加工过程，可以见到放电间隙间冒出很多小气泡，工作液逐渐变黑，听到轻微而清脆的爆炸声。

带电粒子对电极表面的轰击是电极表面蚀除的主要原因。因此带电粒子愈多，速度愈高，亦即电流密度愈大，能量传送速度愈高，电极表面放电点处材料的蚀除量就愈大。放电瞬时释放的能量除大部分转换成热能外，还有一部分转换成动能、磁能、光能、声能及电磁波辐射能。转换成动能的部分，则以电动力、电场力、电磁力、流体动力、热波压力、机械力等综合作用形成放电压力。放电压力是使熔化、汽化材料抛出的作用力之一，转换成光、声、电磁波等形态的能量则属于消耗性的能量。

3. 电极材料的抛出

通道和正负极表面放电点瞬时高温使工作液汽化和金属材料熔化、汽化，热膨胀产生很高的瞬时压力。通道中心的压力最高，使汽化了的气体体积不断向外膨胀，形成一个扩张的“气泡”，气泡上下、内外的瞬时压力并不相等，压力高处的熔融金属液体和蒸气就被挤掉、抛出而进入工作液中。由于表面张力和内聚力的作用使抛出的材料具有最小的表面积，冷凝时凝聚成细小的圆球颗粒（直径约 0.1 ~300μm），其大小随脉冲能量而异。图 4.2 所示为放电过程中放电间隙状况示意图。

熔化和汽化了的金属在抛离电极表面时，向四处飞溅，除绝大部分抛入工作液中收缩成小颗粒外，有一小部分飞溅、镀覆、吸附在对面的电极表面上。这种互相飞溅、镀覆以及吸附的现象，在某些条件下可以用来减少或补偿工具电极在加工过程中的损耗。

实际上，金属材料的蚀除、抛出过程远比上述的情况要复杂得多。放电过程中工作液不断汽化，正极受电子撞击，负极受正离子撞击，电极材料不断熔化，气泡不断扩大。当放电

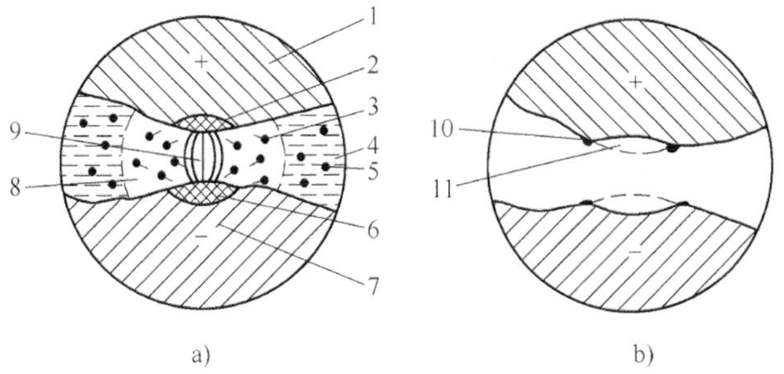

图 4.2　放电过程中放电间隙状况示意图

1—阳极　2—从阳极上抛出金属的区域　3—熔化的金属微粒　4—工作液　5—在工作液中凝固的金属微粒　6—在阴极上抛出金属的区域　7—阴极　8—气泡　9—放电通道　10—翻边凸起　11—凹坑

结束后，气泡温度不再升高，但由于液体介质惯性作用使气泡继续扩展，致使气泡内压力急剧降低，甚至降至大气压以下，形成局部真空，使在高压下溶解在熔化和过热材料中的气体析出，以及材料本身在低压下再沸腾。由于压力的骤降，使熔融金属材料及其蒸气从小坑中再次爆沸飞溅而被抛出。熔融材料抛出后，在电极表面形成电痕，如图 4.3 所示。熔化区未被抛出的材料冷凝后残留在电极表面，形成熔化层，在四周形成稍凸起的翻边。熔化层下面是热影响层，再往下才是无变化的材料基体。

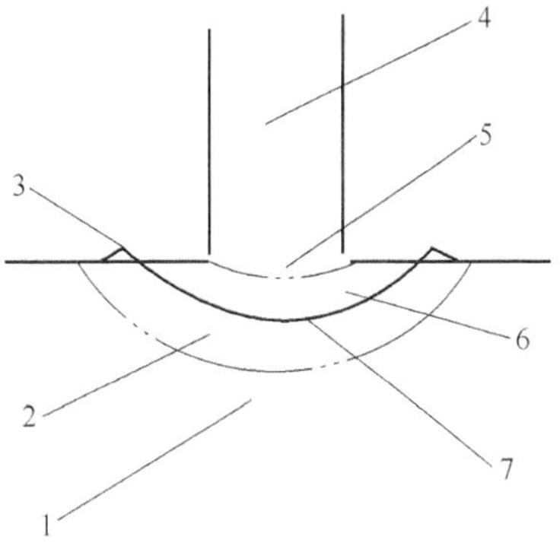

图 4.3　放电痕剖面示意图

1—无变化区　2—热影响区　3—翻边凸起　4—放电通道　5—汽化区　6—熔化区　7—熔化层

正极、负极受电子、正离子撞击的能量、热量不同，不同电极材料的熔点、汽化点不同，脉冲宽度、脉冲电流大小不同，正负电极上被抛出材料的数量也不会相同，目前还无法定量计算。总之，材料的抛出是热爆炸力、电动力、流体动力等综合作用的结果，对这一复杂的抛出机理的认识还在不断深化中。

4. 极间介质的消电离

随着脉冲电压的结束，脉冲电流也迅速降为零，标志着一次脉冲放电结束。但为了保证下一次放电的正常进行，此后应有一段间隔时间，使间隙介质消电离（Deionization），即放电通道中的带电粒子复合为中性粒子，恢复本次放电通道处间隙介质的绝缘强度，以免总是重复在同一处发生放电而导致电弧放电。这样可以保证按两极相对最近处或电阻率最小处形成下一个击穿放电通道。

在加工中，如果放电产物和气泡来不及很快排除，会改变间隙介质成分和绝缘强度，使间隙中的热传导和对流受到影响，热量不易排出，带电粒子的动能不易降低，将大大减少复合的概率。这样，间隙长时间局部过热，会破坏消电离过程，易使脉冲放电转变为破坏电弧放电，同时工作液局部高温分解后可能结炭，在该处聚成焦粒而在两极间搭桥，致使加工无法进行下去，并烧伤电极对。因此，为了保证加工的正常进行，在两次脉冲放电之间一般应有足够的脉冲间隔时间，其最小脉冲间隔时间的选择，不仅要考虑介质消电离的极限速度，还要考虑电蚀产物排离放电区域的时间。

电火花加工过程是一个典型的多场耦合过程（Multi-field Coupling Process），到目前为止，人们对于电火花加工微观过程的了解还是远远不够的。例如，极间介质的作用，间隙介质的击穿现象，放电间隙内的状况，正负电极间能量的转换与分配，材料的抛出，电火花加工过程中热场、流场、力场的变化及耦合作用，通道结构及其振荡，等等，都需要作进一步的研究。

4.2.3 影响材料放电蚀除的主要因素

在电火花加工中，材料放电腐蚀的规律和机理是个十分复杂的综合性问题。其主要因素如下：

1. 极性效应（Polarity Effect）

在电火花加工过程中，无论是正极还是负极，都会受到不同程度的电蚀，这种单纯由于正、负极性不同而彼此电蚀量不同的现象叫做极性效应。关于加工极性，我国通常以工件电极的极性定义，即把工件接脉冲电源的正极、工具电极接负极时，称正极性加工；反之，称负极性加工。有些国家则依工具电极所接的极性而定，这一点在阅读外文资料或在国际上发表论文时一定要注意，以免引起混淆。

产生极性效应的原因很复杂。一般认为在火花放电过程中，在电场作用下，通道中的电子奔向阳极，正离子奔向阴极，两电极表面分别受到电子和正离子的轰击和瞬时热源的作用，在两极表面所分配到的能量不一样，因而熔化、汽化抛出的电蚀量也不一样。由于电子的质量和惯性均小，短时间内容易获得很高的加速度和速度，在击穿放电的初始阶段就有大量的电子奔向正极，把能量传递给阳极表面，使阳极材料迅速熔化和汽化；而正离子则由于质量和惯性较大，起动和加速较慢，在击穿放电的初始阶段，大量的正离子来不及到达负极表面，到达负极表面并传递能量的只有一小部分离子。所以在用短脉冲加工时，电子的轰击作用大于离子的轰击作用，使正极的蚀除速度明显大于负极的蚀除速度，这时工件应接正极。当采用长脉冲加工时，质量和惯性大的正离子将有足够的时间加速，到达并轰击负极表面的离子数将随放电时间的延长而增多。由于正离子的质量大，对负极表面的轰击破坏作用强，同时自由电子挣脱负极时要从负极获取逸出功，而正离子到达负极后与电子结合释放位能，故负极的蚀除速度将大于正极，这时工件应接负极。

从提高加工生产率和减少工具损耗的角度来看，极性效应越显著越好。这样，可以把电蚀量小的一极作为工具电极，以减少工具的损耗，提高加工效率。因此，当采用窄脉冲、精加工时，应选用正极性加工；当采用长脉冲、粗加工时，应采用负极性加工。当用交变的脉冲电流加工时，单个脉冲的极性效应便相互抵消，增加了工具的损耗，因此，电火花加工一般都采用单向脉冲电源。但近期的研究表明，在一定范围内合理地选择脉冲参数，采用双极性脉冲电源也可以收到较好的加工效果。

2. 覆盖效应

在材料放电腐蚀过程中，电蚀产物可能会转移到电极表面上，形成一定厚度的覆盖层，这种现象叫做覆盖效应（Blocking Effect）。覆盖效应对被覆盖电极可以起到保护和补偿的作用，合理利用覆盖效应有利于降低电极损耗。

在油类介质中加工时，覆盖层主要是石墨化的碳素层，其次是粘附在电极表面的金属微粒粘结层。碳素层具有很高的耐电腐蚀性，对电极表面有一定的保护作用。

在电火花加工过程中，覆盖层不断形成又不断被破坏。为了实现电极低损耗，达到提高加工精度的目的，必须使覆盖层形成与破坏的程度达到动态平衡，因此需要进一步研究和掌握覆盖层动态平衡的规律与条件。研究表明，电脉冲参数、放电波形、电极对材料、工作液及工艺条件等均对覆盖效应有较大影响。

3. 电参数与脉冲波形

电火花加工的电参数主要是指脉冲宽度、脉冲间隔、放电频率、峰值电流、峰值电压、极性等，它决定了每次放电所形成的放电痕大小，对材料的电蚀过程影响很大。

影响放电痕尺寸，即影响电蚀量的主要参数是单个脉冲能量。放电所释放的能量取决于极间放电电压、放电电流和放电持续时间

$$W_M = \int_0^{t_e} u(t)i(t)\mathrm{d}t \tag{4.1}$$

式中 t_e——单个脉冲实际放电时间（s）；

$u(t)$——放电间隙中随时间而变化的电压（V）；

$i(t)$——放电间隙中随时间而变化的电流（A）；

W_M——单个脉冲放电能量（J）。

可见，放电电压越高，电流越大，放电时间越长，则间隙中获得的单个脉冲能量就越大。由于火花放电间隙阻抗的非线性，击穿后间隙上的火花维持电压是一个与电极对材料及工作液种类有关的数值（如在煤油中用纯铜加工钢时约为25V，用石墨加工钢时为30～35V，而在乳化液中用钼丝加工钢时则为16～18V）。火花维持电压与脉冲电压幅值、极间距离以及放电电流大小等的关系不大，因而可以说，单个脉冲能量（决定了蚀除量的大小）主要取决于平均放电电流和脉宽，在通常的晶体管脉冲电源中，脉冲电流近似地为一矩形波，可以近似地用放电峰值电流和脉冲宽度来表达。故纯铜电极加工钢的单个脉冲能量可以有如下的经验公式

$$W_M = (20 \sim 25)\hat{i}_e t_e \tag{4.2}$$

式中 $\hat{i}_e$——脉冲电流幅值（A）；

t_e——电流脉宽（μs）。

在电火花加工过程中，无论正极或负极，都存在单个脉冲的蚀除量与单个脉冲能量在一定范围内成正比的关系。某一段时间内的总蚀除量约等于这段时间内各单个有效脉冲蚀除量的总和，所以正、负极的蚀除速度与单个脉冲能量、脉冲频率成正比。用公式表示为

$$q = KW_M f\varphi t \tag{4.3}$$

$$v = \frac{q}{t} = KW_M f\varphi \tag{4.4}$$

式中 q——在 t 时间内的总蚀除量（g 或 mm^3）；

v——蚀除速度（g/min 或 mm^3/min），亦即工件生产率或工具损耗速度；

W_M——单个脉冲能量（J）；

f——脉冲频率（Hz）；

φ——有效脉冲利用率（%）；

t——加工时间（s）；

K——与电极材料、脉冲参数、工作液等有关的工艺参数。

因此，提高电蚀量和生产率的途径主要有：提高脉冲频率；增加单个脉冲能量或增加平均放电电流（对矩形脉冲即为峰值电流）和脉冲宽度；减小脉间并提高有关的工艺参数。但脉间过短，又将产生电弧放电，而随着单个脉冲能量的增加，加工表面粗糙度值也随之增大。因此，在生产中要考虑到以上各因素之间的相互制约关系和对其他工艺指标的影响。

脉冲波形（Impulse Waveform），特别是放电电流波形涉及放电的时间特性，对间隙的击穿、通道扩展、能量分布、产物的抛出、介质消电离等放电蚀除过程的影响很大，寻求最佳放电波形以实现高生产率和低电极损耗，已成为新型脉冲电源研制的一个重要方向。从热过程的观点上看，电极的放电蚀除量不仅与脉冲能量有关，还与热量传递的时间特性相关。在一定能量下，放电电流波形为矩形波、阶梯波、三角波、正弦波、梯形波等时，波形的上升率和下降率不同，影响着输入能量的集中或分散程度，这将导致热源的几何尺寸和热流密度有较大差异。

4. 电极对材料热学常数

电极与工件材料的热学常数对放电蚀除量影响较大，在电火花加工中应选择耐蚀性高的金属作为工具电极。影响材料耐蚀性的热学常数主要有：

（1）比热容（Specific Heat Capacity）

1）使局部金属材料温度升高直至达到熔点，而每克金属材料升高1℃（或1K）所需热量即为该金属材料的比热容。

2）使熔化的金属液体继续升温至沸点，每克材料升高1℃所需热量即为该熔融金属的比热容。

3）使金属蒸气继续加热成过热蒸气，每克金属蒸气升高1℃所需热量即为该蒸气金属的比热容。

（2）熔化热　每熔化1g材料所需热量即为该金属的熔化热。

（3）汽化热　使熔融金属汽化，每汽化1g材料所需的热量称为该金属的汽化热。

（4）其他　如熔点、沸点（汽化点）、热导率等。

当每次脉冲放电时，在通道内以及正、负电极放电点都瞬时获得大量热能，这些热能有一部分由于热传导而散失到电极其他部分和工作液中，其余都将消耗在比热容、熔化热、汽化热中。因此当脉冲放电能量相同时，金属的熔点、沸点、比热容、熔化热、汽化热愈高，电蚀量将愈少，金属愈难加工；热导率愈大的金属会将瞬时产生的热量较多地传导散失到其他部位，因而降低了本身的蚀除量。而且单个脉冲能量一定时，脉冲电流幅值愈小，脉冲宽度愈长，散失的热量也愈多，使电蚀量减少；脉冲宽度愈短，脉冲电流幅值愈大，会使热量过于集中而来不及传导扩散，虽然散失的热量减少，但抛出金属中的汽化部分比例增大，多耗了汽化热，使得电蚀量也降低。由此可见，当脉冲能量一定时，对于不同的工件将有一个使工件电蚀量最大的最佳脉宽；另外，获得最大电蚀量的最佳脉宽还与脉冲电流幅值有相互匹配的关系，它将随脉冲电流幅值的不同而变化，因此需综合多种因素进行正确的选择。

5. 工作液

电火花加工一般在工作液中进行。在电火花加工中，工作液具有绝缘、压缩放电通道、产生局部高压、冷却、消电离、加速电蚀产物排除等作用，是参与放电蚀除过程的重要因素，它的种类、成分、性质等对加工过程有重要影响。

只有绝缘介质才能产生火花击穿并且在放电结束后迅速恢复间隙绝缘状态。介电性能好、密度和粘度大的工作液有利于压缩放电通道，提高放电的能量密度，强化电蚀产物的抛出效应。但粘度过大不利于电蚀产物的排出，影响正常放电。目前电火花成形加工主要采用油类作为工作液，对于专门进行大型模具粗加工的机床，由于加工时的脉冲能量大，加工间隙也较大，爆炸排屑抛出能力强，因而往往选用介电性能较强、粘度较大的机油，且机油的燃点较高，大能量加工时着火燃烧的可能性小；而在中小型零件中精加工时放电间隙比较小，排屑比较困难，故一般均选用粘度小、流动性好、渗透性好的煤油作为工作液。

由于油类工作液有味，容易燃烧，尤其在大能量粗加工时工作液高温分解产生的烟气较多，故寻找一种像水那样的流动性好、不燃烧、无色无味、环保、节能的工作液介质，一直是研究人员努力的目标。水的绝缘性能和粘度较低，在同样加工条件下，和煤油相比，水的放电间隙较大，对放电通道的压缩作用差，蚀除量较小，且易锈蚀机床。但采用各种添加剂，可以改善其性能。最新的研究成果表明，水基工作液在粗加工时的加工速度可大大高于煤油。在电火花线切割加工中，广泛采用去离子水或乳化液作为工作液，获得了很好的工艺效果。

6. 其他因素

影响电蚀量还有其他一些因素。首先是加工过程的稳定性。加工过程不稳定将干扰以至于破坏正常的火花放电，使有效脉冲利用率降低。随着加工深度、加工面积的增加，加工间隙的减小，或者加工型面复杂程度的增加，都将不利于电蚀产物的排出。降低加工速度，严重时将造成结炭拉弧，影响加工稳定性，使加工难以进行。为了改善排屑条件，提高加工速度和防止拉弧，常采用强迫冲油和工具电极定时抬刀等措施。

电极材料对加工稳定性也有影响，如钢电极加工钢时不易稳定，纯铜、黄铜加工钢时则比较稳定。

在电火花加工过程中电极材料瞬时熔化或汽化而抛出，如果抛出速度很高，就会冲击另一电极表面使其蚀除量增大；如果抛出速度较低，则当喷射到另一电极表面时，会反粘和涂覆在电极表面，减少其蚀除量。此外，炭黑膜的形成也将影响到电极的蚀除量。如果工作液是以水溶液为基础的，如去离子水、乳化液等，还会产生电化学阳极溶解和阴极电镀沉积现象，影响电极的蚀除量。

4.2.4 电火花加工的基本工艺规律

1. 影响加工速度的主要因素

在一定的规准下，单位时间内工件的电蚀量称为加工速度，亦即材料去除率。一般采用体积加工速度 v_w 表示为

$$v_w = V/t \tag{4.5}$$

式中 v_w——体积加工速度（mm^3/min）；

V——被加工掉的体积（mm^3）；

t——加工时间（min）。

有时为了测量方便，也采用质量加工速度 v_m（g/min）表示。

提高加工速度的途径在于增加单个脉冲能量 W_M，提高放电频率 f，设法提高工艺系数 K，同时还应考虑这些因素间的相互制约关系和对其他工艺指标的影响。

增加单个脉冲能量是提高加工速度最为直接的手段，主要靠加大脉冲电流和增加脉冲宽度来实现。单个脉冲能量的增加可以提高加工速度，但同时又会使表面粗糙度变坏和降低加工精度，因此一般只用于粗加工和半精加工的场合。在不改变单个脉冲放电能量的前提下，放电频率的提高，意味着脉冲停歇时间的缩小；但脉冲停歇时间过短，会使消电离过程不充分，电蚀产物来不及排除，可能导致具有破坏性的稳定电弧放电，导致电火花加工过程不能正常进行。提高工艺系数 K 的途径很多，例如合理地选用电极对材料、电参数、伺服控制策略、工作液以及改善工作液的循环过滤方式等，从而达到提高工艺系数和有效脉冲利用率，以提高加工速度。另外工件的加工面积、加工极性、排屑条件等都将对加工速度有一定影响。

电火花成形加工的加工速度，粗加工时可达200～1000mm^3/min（Ra 为10～20μm），半精加工时降到20～100mm^3/min（Ra 为2.5～10μm），精加工时一般都在10mm^3/min以下（Ra 为0.32～2.5μm）。由此可看出，随着表面粗糙度值的减小，加工速度将显著下降。

2. 影响工具相对损耗的主要因素

电火花加工原理决定了电极损耗的必然性。加工中工具电极的相对损耗是产生加工误差的主要原因之一。工具相对损耗是指工具损耗速度与工件加工速度的百分比，用来衡量工具电极的耐损耗程度和加工能力。即

$$\theta = v_E / v_W \times 100\% \qquad (4.6)$$

式中 θ——体积相对损耗；

v_E——工具损耗速度（mm^3/min）；

v_W——加工速度（mm^3/min）。

如加工速度 v_W 以 g/min 为单位计算，θ 即为质量相对损耗。

降低工具电极的损耗，在电火花加工中是人们一直努力追求的目标。为了降低工具电极的相对损耗，要正确处理好电火花加工过程中的各种效应：

（1）极性效应 由前所述，由于电子和正离子对两极的轰击作用，为充分利用极性效应，短脉冲精加工时采用正极性加工，长脉冲粗加工时采用负极性加工。图4.4所示为电极相对损耗与极性脉宽的关系。实验用的工具电极为 ϕ6mm 的纯铜，加工工件为钢，工作液为煤油，脉冲电源波形为矩形波，峰值电流为10A。

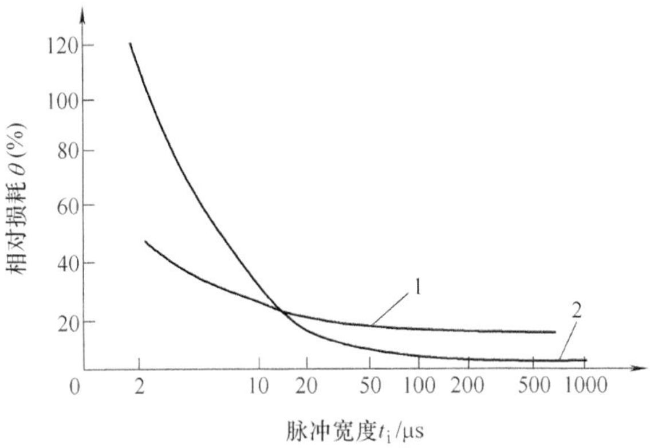

图4.4 电极相对损耗与极性、脉宽的关系

1—正极性加工 2—负极性加工

由图4.4可知，不论是正极性加工还是负极性加工，当峰值电流一定时，随着脉冲宽度的减小，电极相对损耗增大，且脉宽越窄，电极损耗上升的趋势越明显，因此在窄脉宽精微电火花加工中，电极损耗及其补偿策略的研究相当重要。采用大脉宽、负极性加工时，当脉冲宽度大于某一临界值时（图4.4中为120μs），电极相对损耗可以小于1%，从而实现低耗加工。如果采用正极性加工，不论采用哪一档脉冲宽度，电极的相对损耗都难低于10%。然而在脉宽小于15μs的

窄脉宽范围内，正极性加工的工具电极相对损耗比负极性加工小。

（2）吸附效应（Sorption Effect） 电火花加工中最常用的工作液为煤油等碳氢化合物，其在放电过程中将发生热分解而产生大量的碳，并能与被融化的金属结合形成碳化物微粒，即胶团。中性的胶团在电场作用下可能与其可动层（胶团外层）脱离而成为带电荷的碳胶粒。由于碳胶粒一般带负电荷，因此在电场作用下会不断地向正极移动并吸附在正极表面，形成一定强度和厚度的化学吸附碳层，一般称为“炭黑膜”。由于碳的熔点和汽化点很高，炭黑膜可对电极起到保护和补偿作用，从而实现“低损耗”加工。

由于炭黑膜只能在正极表面形成，因此，若要利用炭黑膜的补偿作用来实现电极的低损耗，必须采用负极性加工。实验表明，当峰值电流、脉冲间隔一定时，炭黑膜厚度随脉宽的增加而增厚；而当脉冲宽度和峰值电流一定时，炭黑膜厚度随脉冲间隔的增大而减薄。反之，随着脉冲间隔的减小，电极损耗随之降低。但过小的脉冲间隔将使放电间隔来不及消电离和电蚀产物扩散而造成拉弧烧伤。

影响“吸附效应”的因素除上述电参数外，还有冲、抽油的影响。采用强迫冲、抽油，有利于间隙内电蚀产物的排除，使加工稳定；但也会使电极的吸附、镀覆效应减弱，因而可能使电极的损耗加大，影响加工精度。因此在采用强迫冲、抽油加工时，应对油压进行有效控制，以协调加工效率和电极损耗的关系。

（3）传热效应（Heat Transfer Effects） 从电极表面的温度场分布看，电极表面放电点的瞬时温度与瞬时放电的总热量、放电通道的截面积、电极材料的导热性能有关。因此，在放电初期限制脉冲电流的增长率将有利于降低电极损耗，由于电流密度不致太高，也就使电极表面温度不致过高而遭受较大的损耗。又由于一般采用的工具电极的导热性能比工件好，如果采用较大的脉冲宽度和较小的脉冲电流进行加工，导热作用使工具电极表面温度较低而减少损耗，而工件表面温度仍比较高而得到更多的蚀除。

（4）材料的选择 在电火花的加工过程中，为了减少工具电极的损耗，必须正确选用工具材料。钨、钼的熔点和沸点较高，损耗小，但其机械加工性能不好，价格又贵，所以除线切割外很少采用。铜的熔点虽较低，但其导热性好，因此损耗也较少，又能制成各种精密、复杂形状，是目前电火花成形加工中最常用的工具电极材料。石墨电极不仅热学性能好，而且在长脉冲粗加工时能吸附游离的碳来补偿电极的损耗，所以相对损耗很低，目前已广泛用于型腔加工。铜碳、铜钨、银钨合金等复合材料，不仅导热性好，而且熔点高，因而电极损耗小。但由于其价格较贵，制造成形比较困难，因而一般只在精密电火花加工时采用。

3. 影响表面粗糙度和加工精度的主要因素

（1）影响表面粗糙度的主要因素 电火花加工表面粗糙度的形成与切削加工不同，它不存在切削或磨削表面具有方向性的刀痕，而是由无方向性的若干电蚀小凹坑和硬凸边组成，这有利于储存润滑油，故在同等表面粗糙度情况下，其耐磨性要比切削加工的表面好。

对表面粗糙度影响最大的是单个脉冲能量，单个脉冲能量越大，则放电凹坑越大、越深，从而使表面粗糙度值变大。如果把表面粗糙度值大小简单地看成与电蚀凹坑的深度成正比，则电火花加工表面粗糙度值随脉冲宽度、峰值电流的增加而增加。工件材料的性质对电火花加工表面粗糙度有一定的影响，在一定的脉冲能量下，熔点高的材料表面粗糙度值一般要比熔点低的材料小。工具电极的材料及其表面粗糙度值的大小也会对工件加工表面的粗糙度产生影响。例如由于石墨电极很难得到非常光滑的表面，因此精加工时用石墨电极加工出的表面粗糙度值也较大。

电火花加工的表面粗糙度和加工速度之间存在着很大的矛盾。减少脉冲宽度和峰值电流有利于表面粗糙度值的下降，但也会导致加工效率很大程度的降低。例如使表面粗糙度值从 $Ra2.5\mu m$ 降到 $Ra1.25\mu m$，加工效率为原来的 1/10。以目前常规的工艺水平而言，较大面积的电火花成形加工要达到表面粗糙度值 $Ra \leqslant 0.3\mu m$ 是很困难的，因此一般先用电火花加工到 $Ra2.5 \sim 0.63\mu m$，然后再采用其他方法加工（如研磨等），以改善表面粗糙度状况，这样就比较经济。当然，随着混粉电火花加工等新工艺的出现，目前用电火花加工方法在较大面积上实现 $Ra \leqslant 0.1\mu m$ 的镜面加工已成为可能。

除电参数和电极对材料对表面粗糙度的影响外，成形电极和电极丝的抖动，电极丝的入口和出口处因工作液的供应、冷却情况、排屑情况的不同，进给速度的忽快忽慢等，都会对表面粗糙度有很大影响。

（2）影响加工精度的主要因素　影响加工精度的因素除与普通切削加工相类似的机床几何精度、工件安装误差、工具误差等以外，还与电火花加工工艺有关的因素相关。

与传统的切削加工不同，电火花加工中，工具与工件间存在着放电间隙，且工具电极存在着电极损耗。如果加工过程中放电间隙能保持不变，且电极损耗较为稳定，则可以根据待加工表面的精度要求，通过修正工具电极的尺寸、形状等对放电间隙进行补偿，从而获得较高的加工精度。

电火花加工中的放电间隙通常是随电参数、电极对材料、工作液绝缘性能等的变化而变化的。除了间隙能否保持一致性外，间隙大小对加工尺寸精度也有影响，尤其是对复杂形状的加工表面，棱角部位电场强度分布不均，间隙越大影响越严重。因此，为了提高加工精度，应该采用较小的加工规准，缩小放电间隙，这样不但能提高仿形精度，而且放电间隙愈小，可能产生的间隙变化量也愈小；另外，还必须尽可能使加工过程稳定。放电间隙在精加工时一般为 0.01mm，粗加工时可达 0.5mm 以上（单面）。

工具电极的损耗将直接影响电火花加工的成形精度。尤其是受尖端放电效应等的影响，使得电极的尖角、棱边处的损耗加剧，造成电火花加工很难得到清棱清角工件。电火花穿孔加工时，工具电极可以贯穿工件型孔而补偿它的损耗；但型腔加工时，则无法采用此法补偿电极的损耗，故精密型腔加工时常采用更换电极等加工方法。在电火花线切割时，由于电极丝在单向走丝时只使用一次，故电极丝的损耗可以忽略不计；而在往复走丝时，电极丝被重复使用，经过多次放电使用后，电极丝的损耗可达几十微米，所以在精加工时一定要考虑工具电极的损耗。

影响电火花加工精度的主要因素还有“二次放电”。二次放电是指已加工表面上由于电蚀产物等的介入而再次进行的非正常放电。二次放电对加工精度的影响主要反映在加工深度方向产生斜度和加工棱角棱边变钝方面。如图 4.5 所示，由于工具电极下端部加工时间长，绝对损耗大，而电极入口处的放电间隙则由于电蚀产物的存在，“二次放电”的概率大而间隙逐渐扩大，因而产生了加工斜度。工作液越脏，“二次放电”的概率就越大；同时也会造成电极的频繁抬刀，这也会进一步造成加工斜度的增加。此外，冲油方式加工、加工深度的增加等都会使得“二次放电”的概率增加，应予以注意。

另外，工具的尖角或凹角很难精确地复制在工件的表面上。其原因是除工具电极的损耗外，还有放电间隙的等距离性的影响。当工具为尖角时，由于尖角处放电的等距性必然使工件成为圆角；当工具为凹角时，凹角尖点又根本不起放电作用，同时由于积屑也会使工件尖端倒圆。因此即使工具电极完全没有损耗，由于间隙放电的等距离性，仍然无法得到完全的清棱。如果要求倒圆半径很小，则必须缩小放电间隙。采用高频窄脉宽精加工，可以提高成形加工精度，获得圆角半径小于0.01mm的尖棱。

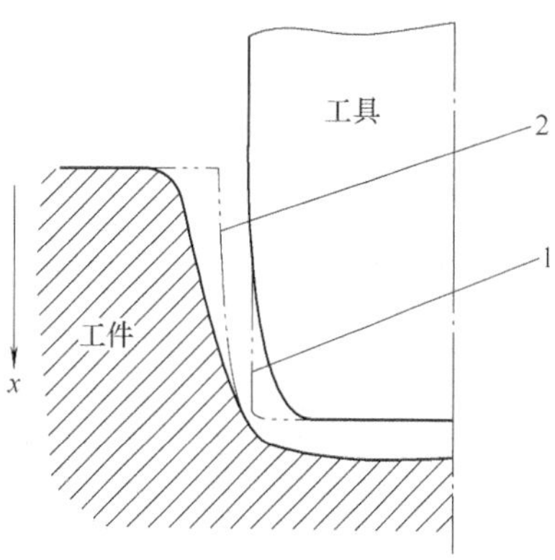

图4.5 电火花加工时的加工斜度
1—电极无损耗时工具轮廓线
2—电极有损耗而不考虑二次放电时的工件轮廓线 x—加工深度

4. 电火花加工后工件表面层状态

（1）表面变质层（Surface Degenerating Layer） 在电火花加工过程中，由于放电瞬时的高温和工作液的冷却作用，表面层发生了很大变化，产生了熔化层和热影响层，导致氧化、烧伤、热应力和显微裂纹。这种表面变质层的厚度大约在0.01～0.5mm之间。

1）熔化层（Melted Layer）。熔化层位于电火花加工后工件表面的最表层，它被电火花脉冲放电产生的瞬时高温所熔化，又受到周围工作液介质的快速冷却作用而凝固。对于碳钢来说，熔化层在金相照片上呈现白色，故又称为白层，它与基体金属完全不同，由马氏体、晶粒极细的残余奥氏体和某些碳化物组成，是一种树枝状的淬火铸造组织，与内层的结合也不甚牢固。熔化层厚度一般为0.01～0.1mm，脉冲能量愈大，熔化层也愈厚。

2）热影响层（The Heat-affecting Layer）。热影响层介于熔化层和基体之间。热影响层的金属未被熔化，只是受热的影响而发生金相组织变化的金属层，它与基体没有明显的界线。由于加工材料和加工前热处理状态及加工脉冲参数的不同，热影响层的变化也不同。对淬火钢而言，将产生二次淬火区、高温回火区和低温回火区；对未淬火钢而言，主要是产生淬火区；对耐热合金钢而言，它的影响层与基体差异不大。

3）显微裂纹（Microcrack）。电火花加工中，加工表面层受到高温作用后又迅速冷却而产生残余拉应力，在脉冲能量较大时，表面层甚至会出现显微裂纹。裂纹主要产生在熔化层，只有脉冲能量很大时才扩展到热影响层。不同材料对裂纹的敏感性也不同，硬脆材料容易产生裂纹。由于淬火钢表面残余拉应力比未淬火钢大，故淬火钢的热处理质量不高时，更容易产生裂纹。脉冲能量对显微裂纹的影响是非常明显的，能量愈大，显微裂纹愈宽愈深；脉冲能量很小时，一般不会出现显微裂纹。

（2）表层的力学性能

1）显微硬度及耐磨性（Microhardness and Wear Resistance）。工件在加工前由于热处理状态及加工中脉冲参数的不同，加工后的表层显微硬度变化也不同。加工后表层的显微硬度一般均比较高，但由于加工电参数、冷却条件及工件材料热处理状况不同，有时显微硬度会降低。一般来说，电火花加工表面最外层的硬度比较高，耐磨性好。但对于滚动摩擦来说，由于是交变载荷，尤其是干摩擦，因熔化层和基体的结合不牢固，容易剥落而磨损。因此，有些要求较高的模具需把电火花加工后的表面变质层预先研磨掉。

2）残余应力。电火花加工表面存在着由于瞬时先热后冷作用而形成的残余拉应力。残余应力的大小和分布，主要和材料在加工前热处理的状态及加工时的脉冲能量有关，因此对表层要求质量较高的工件，应尽量避免使用较大的加工规准，同时在加工中一定要注意工件热处理的质量，以减少工件表面的残余应力。

3）耐疲劳性能（Fatigue Resistance）。电火花加工后，工件表面变质层金相组织的变化，会使耐疲劳性能比机械加工表面低许多倍。采用回火处理、喷丸处理甚至去掉表面变质层，将有助于降低残余应力或使残余拉应力转变为压应力，从而提高其耐疲劳性能。采用小的加工规准是减小残余拉应力的有力措施。

4.3 电火花加工机床及应用

4.3.1 电火花成形加工机床

电火花成形加工机床一般由脉冲电源、间隙自动进给与调节系统、工作液及其循环过滤系统、机床本体等部分组成（图4.1）。

1. 脉冲电源

电火花加工脉冲电源（Pulse Power Supply）的作用是把直流或工频交流电转变成一定频率的单向脉冲电流，提供电火花加工所需要的放电能量。脉冲电源的性能直接影响加工生产率、加工过程的状态稳定性、工具电极的损耗、加工精度与表面质量等技术经济指标。

（1）对脉冲电源的要求

1）能够保证一定的加工效率［成形加工应大于 $10mm^3/(min \cdot A)$，线切割加工应大于 $20mm^2/(min \cdot A)$］，电极损耗尽可能低。

2）脉冲电源的主要技术参数，如峰值电流、脉冲宽度、脉冲间隔等应有较宽的调节范围，以适应粗、半精、精加工的需要。

3）输出脉冲波形有一定的选择余地或能适当组合，以满足不同工件与工具材料的加工要求。

4）工作性能稳定可靠，抗干扰能力强，不易产生电弧放电，可靠性高，结构简单，操作和维修方便，能够节省电能。

电火花加工脉冲电源发展很快，种类也很多。最早出现的是RC脉冲电源。20世纪60年代曾出现过闸流管和电子管脉冲电源，20世纪60年代末，由于半导体电子元件的迅速发展，出现了晶闸管和晶体管脉冲电源。近年来由于对脉冲电源要求和控制系统相结合，出现了各种自适应控制的脉冲电源。RC电源和晶体管式脉冲电源是目前电火花加工中最为常用的脉冲电源，也是其他形式脉冲电源的基础。

（2）RC脉冲电源　RC脉冲电源是电火花加工中最基本的电源，目前在精微电火花加工中仍然普遍被采用。这类脉冲电源的工作原理是利用电容充电储存电能，而后瞬时放出，形成火花放电来蚀除金属。因为电容时而充电，时而放电，一弛一张，故又称其为“弛张式”脉冲电源。图4.6和图4.7所示为它的工作原理图和波形图。由图4.6可见，它由两个回路组成：一个是充电回路，由直流电源E、充电电阻R（调节充电速度，同时用来防止电流过大及出现电弧放电，故又称为限流电阻）和电容C（储能元件）组成；另一个是放电回路，由电容C、工具电极和工件及其间的放电间隙所组成。

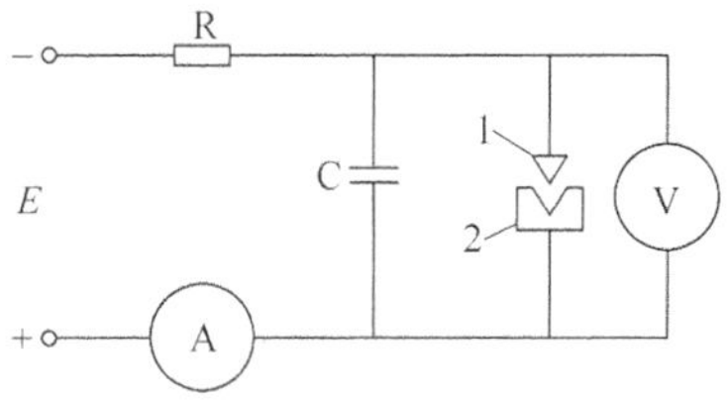

图 4.6 RC 脉冲电源
1—工具电极 2—工件

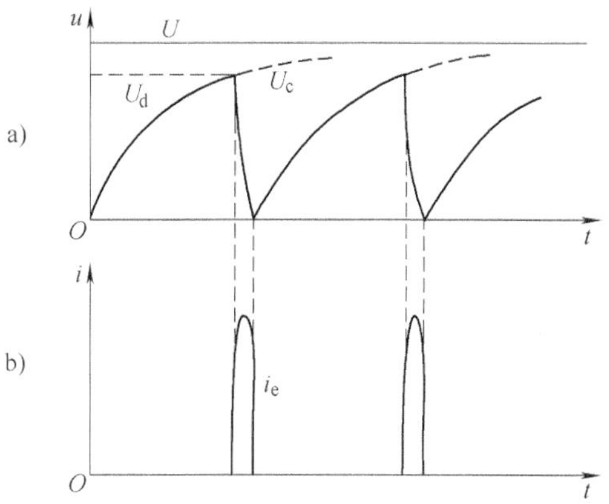

图 4.7 RC 脉冲电压和电流波形
a）电压 b）电流

由图 4.7 可知：当直流电源接通后，电流经限流电阻 R 向电容 C 充电，电容 C 两端的电压按指数曲线逐步上升，因为电容两端的电压就是工具电极和工件间隙两端的电压，因此当电容 C 两端的电压上升到等于工具电极和工件间隙的击穿电压 U_d时，间隙就被击穿，电阻变得很小，电容上储存的能量瞬时放出，形成较大的脉冲电流 i_e。电容上的能量释放后，电压下降到接近于零，间隙中的工作液又迅速恢复绝缘状态。电容储存的能量释放完毕后又再次充电，重复前述过程。如果间隙过大，则电容上的电压 U_c按指数曲线上升到直流电源电压 U。

RC 脉冲电源的优点是结构简单，工作可靠，成本低，在小功率时可以获得很窄的脉宽，因此主要用于小功率的精微加工或简式电火花加工机床中。它的缺点是：由于大部分电能经过限流电阻时转化为热能损失了，所以其电能利用率只有 30% ~40%；由于电容的充电时间较长，故生产效率低；又因两极间电压的击穿受到间隙值、工作液绝缘性等多因素的综合影响，故击穿的随机性大，工艺参数也不稳定；由于放电回路存在寄生电感的影响，有反向脉冲存在，所以工具电极损耗大；脉冲频率、脉冲能量等参数受干扰很大，故 RC 线路难以使用长脉冲，也就无法实现电极损耗低、生产率高的加工方法。

为了改进 RC 脉冲电源的性能，出现了在充电回路中加入一个电感 L 组成的 RLC 脉冲电源，如图 4.8 所示。由于电感对脉冲电流具有感抗阻力，从而可起到限流的作用，但它并不会引起发热而消耗电能，所以 RLC 脉冲电源的电能利用率可达 60% ~80%。RLC 电源还可以缩短电容的充电时间，提高电容上的充电电压，这就使脉冲频率和单个脉冲能量两个方面都得到提高，所以生产率可比 RC 线路高 1 ~2 倍。RLC 线路的缺点是当间隙短路后又瞬时断开时，电感上将感应出很高的电压，所以要采用质量较高的电容（一般要求耐压 1500V 以上），并且要求有较大的瞬时功率。

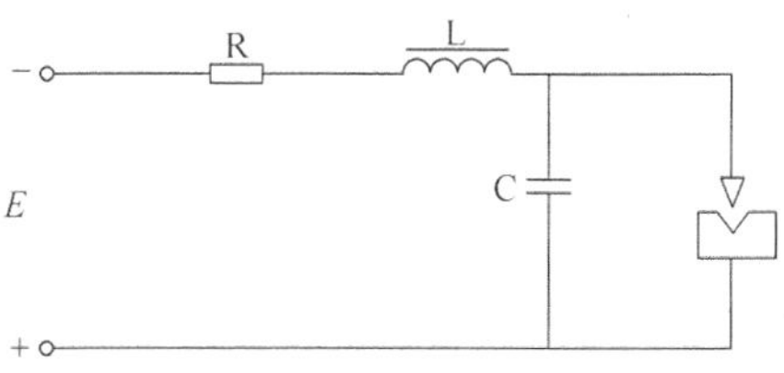

图 4.8 RLC 线路脉冲电源

RC、RLC 脉冲电源并不能独立形成和发生脉冲，而是靠电极间隙中工作液的击穿和消电离使脉冲电流导通和切断，是一种“非独立式”脉冲电源。极间间隙大小的变化，间隙中电蚀物的排除情况等都影响着脉冲参数，因此脉冲宽度、能量都是不稳定的，也不便调节；而且放电间隙与电源没有开关隔离，随时都有放电的可能，并易于产生电弧放电。针对这些缺点，出现了放电间隙和直流电源相互隔开，能独立形成和发生脉冲的电源，它不受电极间隙物理状态参数变化的影响，这类电源称为“独立式”脉冲电源，如闸流管式、电子管式、晶闸管式、晶体管式等脉冲电源。

（3）晶闸管式、晶体管式脉冲电源（Thyristor and Transistor Pulse Power Supply） 晶闸管式脉冲电源是利用晶闸管作为开关元件而获得单向脉冲的电源。由于晶闸管的功率较大，脉冲电源所采用的功率管数目可大大减少，因此，100～200A 以上的大功率粗加工脉冲电源可采用晶闸管。

晶体管式脉冲电源是利用功率晶体管作为开关元件而获得单向脉冲的。晶体管式脉冲电源的输出功率及其最高生产率不易做到晶闸管式脉冲电源那样大，但它具有脉冲频率高、脉冲参数容易调节、脉冲波形较好，易于实现多回路加工和自适应控制等自动化要求的优点。随着功率电子器件的发展与进步，目前电火花加工广泛采用的脉冲电源几乎全部是晶体管式脉冲电源。

图 4.9 所示为自振式晶体管脉冲电源原理图。主振级 Z 为一不对称多谐振荡器，它发出一定脉冲宽度和停歇时间的矩形脉冲信号，经放大级 F 放大，最后推动末级功率晶体管导通或截止。末级晶体管起着“开”“关”的作用。它导通时，直流电源电压 U 即加在加工间隙上，击穿工作液进行火花放电。当晶体管截止时，脉冲即行结束，工作液恢复绝缘，准备下一脉冲的到来。为了加大功率和调节粗、中、精加工规准，整个功率级可由几十只大功率高频晶体管分为若干路并联，精加工只用其中一路或二路。为了在放电间隙短路时不致损坏晶体管，每只晶体管均串联有限流电阻 R，并可以在各管之间起均流作用。

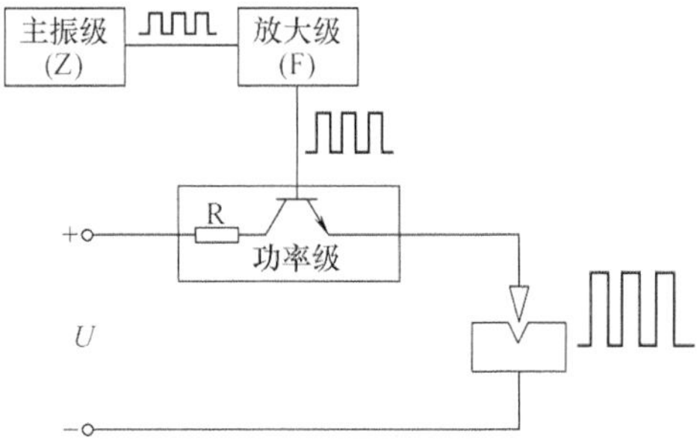

图 4.9　自振式晶体管脉冲电源原理图

“独立式”晶体管脉冲电源因具有脉冲频率高、脉冲参数容易调节、脉冲波形较好、易于实现多回路加工和自适应加工与控制等自动化要求的优点而得到广泛应用。在精微电火花加工中，为充分利用 RC 电源的特点，出现了晶体管可控 RC 脉冲电源。图 4.10 所示为晶体管可控 RC 脉冲电源原理图。它采用独立式晶体管控制 RC 脉冲电源，一方面可以通过降低放电电压实现微小能量加工；另一方面可以在加工回路中并联若干路不同阻值的限流电阻及充放电电容，实现脉冲电源的能量可调节特性。

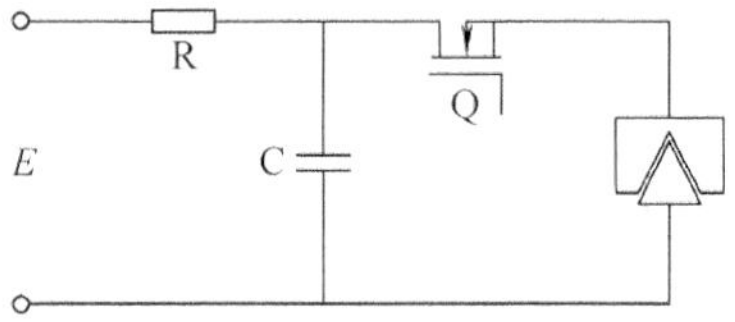

图 4.10　晶体管可控 RC 脉冲电源原理图

为进一步提高有效脉冲利用率，达到高速、低耗、稳定加工以及一些特殊需要，在晶体管式脉冲电源基础上，目前已派生出高低压复合脉冲电源、多回路脉冲电源、等脉冲电源、自适应控制脉冲电源、高频分组和梳形波脉冲电源等，极大地拓展了电火花加工的应用范围。

2. 自动进给调节系统

在电火花加工过程中，工具与工件之间必须保持一定的间隙。间隙过大，脉冲电压无法击穿间隙中的绝缘工作液，此时必须使工具电极向工件电极进给，直到间隙等于或小于某一值时才能击穿而产生火花放电。在正常的电火花加工时，工件不断地被蚀除，间隙也将逐渐扩大，此时必须使工具电极作进给运动，以维持所需的放电间隙。如工具进给速度大于工件的蚀除速度，则间隙将逐渐变小，当间隙过小时，则可能发生拉弧烧伤或短路，此时工具电极必须迅速反向回退，以消除拉弧或短路状态；待拉弧或短路消除后，再重新向工件进给，调节到所需的放电间隙。由于火花放电间隙很小，且与加工规准、工艺条件、工件和电极蚀除速度等有关，很难靠人工来调节；也不能像机械加工那样采用“机动”、等速进给，而必须采用自动进给调节系统（Automatic Feed Regulating System）。

（1）对自动进给调节系统的一般要求

1）速度调节范围要广。因为随着加工电参数、加工面积、加工深度及电火花线切割加工中的工件厚度等不同，电火花加工的速度相差很大。自动进给调节系统必须能适应这些加工情况的变化要求。

2）有足够的灵敏度。因为电火花加工过程中脉冲放电频率很高，而放电间隙中的状态又是瞬时变化的，因此自动进给调节装置必须能相应地实现快速调节。

3）稳定性要好。因为电火花加工的蚀除速度一般较低，工具电极的进给速度也不必过大，所以自动进给调节装置应有很好的低速性能，均匀、稳定地进给，避免低速爬行，超调量要小，传动刚度应高，传动链中不得有明显间隙，抗干扰能力要强。

4）对用于电火花成形加工的主轴自动进给调节系统还要求有足够的空载进给速度和短路回退速度。

（2）自动进给调节系统的基本组成部分　电火花加工用的间隙自动进给调节系统由调节对象（加工间隙）、测量环节、比较环节、放大驱动环节、执行环节等几个主要环节组成，其基本组成框图如图4.11所示。

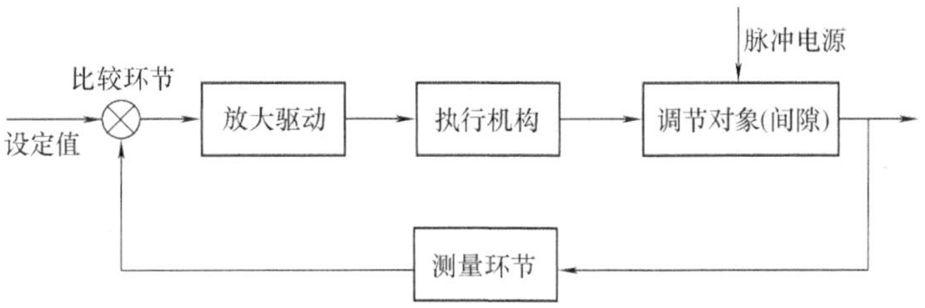

图4.11　自动进给调节系统的基本组成框图

1）调节对象。电火花加工时的调节对象就是工具电极与工件之间的火花放电间隙。根据所设定伺服参考电压等的要求，始终跟踪保持某一平均的火花放电间隙。

2）间隙测量环节。由于电火花加工过程中放电间隙很小（精加工一般为0.01mm，粗加工可达0.5mm），而且还在不断变化，直接测量是困难的，一般采用与放电间隙成比例关系的电参数来间接测量。当脉冲电源是弛张式电源时，因为工具电极与工件电极之间随时都有电压存在，故常采用平均间隙电压或平均工作电流检测法，也有同时取电压和电流两种信号的，如图4.12所示。间隙平均电压检测法简单实用，图4.12a中间隙电压经电阻 R_1 由电容C充电滤波后，成为平均值，又经电位器R分压取其一部分，输出的 U 即为表征放电平均间隙大小的间隙平均电压的信号。

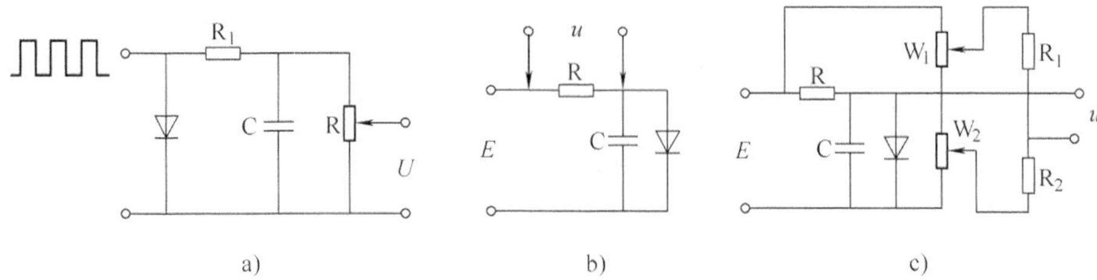

图 4.12　平均值检测电路

a）平均电压检测法　b）平均电流检测法　c）电压与电流双信号检测法

当脉冲电源是独立式电源时，工具电极与工件电极之间并不随时都有电压存在，在脉冲间隔期间，两极间电压为零，加工时极间放电过程比弛张式电源长，故平均电压对极间距离变化的反应不及峰值电压灵敏，因而一般采用峰值电压为信号。图 4.13 所示为峰值电压检测电路。检测电路中的电容 C 为信号储存电容，它充电快放电慢，可记录峰值大小。二极管 VD 的作用是阻止负半波，以防止电容 C 所记录的电信号再向放电间隙释放掉，稳压管 CW 能阻止和滤除比其稳压值低的电压，从而突出峰值电压控制作用。

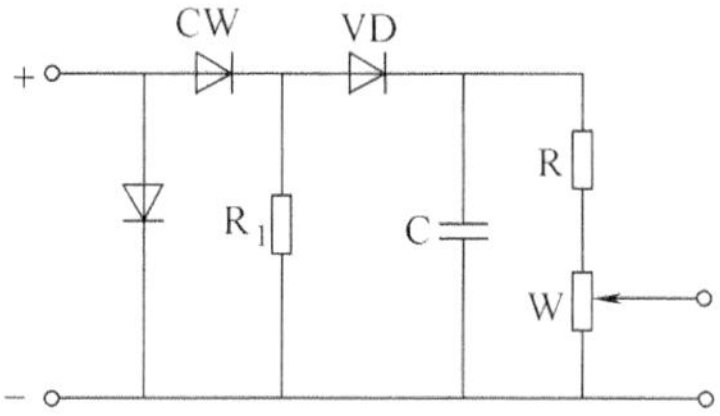

图 4.13　峰值电压检测电路

更为先进的方法是检测间隙的放电状态。通常放电状态有空载、火花、短路三种，更完善一些还应能检测并区分电弧和不稳定电弧（电弧前兆）等。

3）比较环节。比较环节的作用是把从测量环节得来的电信号与“给定参考值”信号进行比较，再按其差值来调节进给速度。

4）信号放大环节。由测量环节获得的信号一般都较弱，难以直接驱动执行元件，必须经过信号的功率放大环节（通常称为放大器）。为了获得足够的推动功率，放大器要有一定的放大倍数。但放大倍数也不宜过高，否则可能会造成较大的超调，使工具电极时进时退，调节不稳定。常用的放大器有电子管、晶体管、晶闸管和磁放大器、电液压放大器等。目前多用晶体管放大器和电液压放大器。

5）执行环节。执行环节也称执行机构，它根据控制信号的大小及时地移动工具电极，以调节放电间隙，保证电火花加工的正常进行。执行环节对自动进给调节系统的性能有很大的影响，要求其机电时间常数应尽可能小，以便能够迅速反映间隙变化。机械传动间隙和摩擦阻力也要尽量小，以减少系统的不灵敏区。同时还应有较宽的调速范围，以适应各种加工电参数的需要。

电火花加工自动进给调节系统的种类很多，主要包括电-液压式伺服控制系统和电-机械式伺服控制系统等。

电-液压式自动进给调节系统的执行元件是液压缸与活塞，它与机床主轴直接连成一体，传动链很短。此外，由于液体的不可压缩性，传动中无间隙，刚度大，不灵敏区小；又因为加工时进给速度很低，所以正、反向惯性很小，反应迅速，特别适合于电火花加工等的低速进给，是 20 世纪 80 年代前电火花加工机床普遍采用的电极自动进给调节方式。但由于液压系统存在着漏油、液压泵噪声、占地面积大等缺点，现逐渐被各种伺服电动机驱动的电-机械式伺服控制系统所取代。

电-机械式自动进给调节系统具有低速性能好、可直接带动丝杠进退、传动链短、灵敏度高、体积小、结构简单、惯性小等特性，尤其是便于与光电码盘、光栅、磁尺等位置检测环节配合使用，因而大大提高了电火花加工自动进给调节系统的进给精度和自动化程度。目前常用的电-机械式自动调节控制系统，按其驱动电动机的种类不同，主要有直流伺服电动机、交流伺服电动机、步进电动机、力矩电动机、直线电动机驱动等多种形式。

3. 工作液循环过滤系统

工作液循环过滤系统（Circulating and Filtering System）包括工作液箱、电动机、泵、过滤装置、工作液槽、油杯、管道、阀门以及测量仪表等。放电间隙中的电蚀产物除了靠自然扩散、定期抬刀以及使工具电极附加振动等排除外，常采用工作液强迫循环的办法加以排除，以免间隙中电蚀产物过多而引起已加工过的侧表面间“二次放电”，影响加工精度；此外也可带走一部分热量。图 4.14 所示为工作液强迫循环的两种方式。图 a、b 所示为冲油式，较易实现，排屑冲刷能力强，一般常采用，电蚀产物仍通过已加工区，会影响加工精度；图 c、d 所示为抽油式，在加工过程中，分解出来的气体（H_2、C_2H_2等）易积聚在抽油回路的死角处，遇电火花引燃会爆炸“放炮”，因此一般用得较少，常用于要求小间隙加工、精加工。

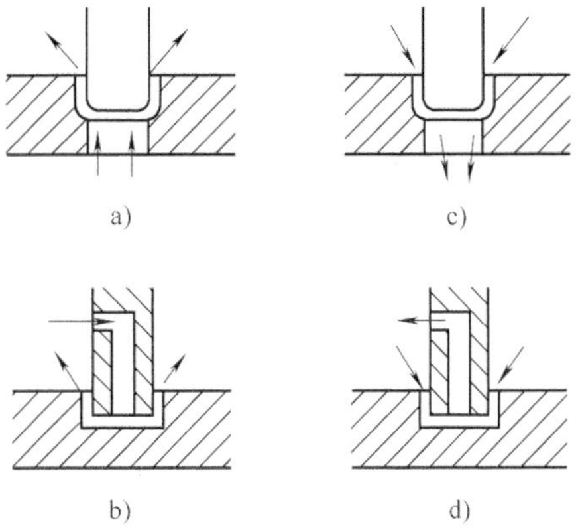

图 4.14 工作液强迫循环的两种方式

a）、b）冲油式 c）、d）抽油式

电火花成形加工时产生的大量微粒金属碎屑、炭黑等电蚀产物不断地混入到工作液中，加上工作液分解产生的气体的沿面放电，使工作液的绝缘强度下降，严重时造成加工过程的不稳定。因此，工作液必须加以净化过滤循环使用。具体方法有以下几种：

（1）自然沉淀法　这种方法速度慢，周期长，只用于单件小用量或精微加工。

（2）介质过滤法　此法常用黄沙、木屑、棉纱头、过滤纸、硅藻土、活性炭等为过滤介质。这些介质各有优缺点，但对中小型工件及加工用量不大时，一般都能满足过滤要求，可就地取材，因地制宜。其中以过滤纸效率较高，性能较好，已有专用纸过滤装置生产供应。

（3）高压静电过滤法、离心过滤法等　这些方法技术上比较复杂，采用较少。

4. 主机部分

电火花加工机床的类型较多，其中应用最广、数量最多的是电火花成形加工机床和电火花线切割机床。

（1）电火花成形加工机床　电火花成形加工机床一般由主机、电控箱和工作液循环过滤系统三大部分组成。主机用于支承工具主轴系统及工件系统等，保证工具与工件之间的相对位置，并实现工具电极在加工过程中的进给运动等。它主要由床身、立柱、主轴头、工作台及润滑系统等组成。为减少机床变形，保持必要的精度，机床各主要部分要有一定的刚度。工作台安装在床身上，主轴头安装在立柱上，其布局与立铣相似。

电火花成形加工机床的结构有多种形式，根据不同的加工对象，通用机床的结构形式主要有以下几种：C 型结构、龙门式结构、牛头滑枕式结构、摇臂式结构、台式结构、便携式结构等。图 4.15 所示为目前常用的 C 型结构和牛头滑枕式结构的机床示意图。C 型结构机床的床身、立柱、主轴头、工作台构成“C”字形结构，具有结构简单、制造方便、精度和刚度较好、便于操作等特点，适合于中小型机床，也是目前我国电火花加工机床最常用的结构形式。牛头滑枕式结构的电火花加工机床类似于金属切削机床中的牛头刨床，具有装卸、检测工件方便的特点，也为设计、安装可升降式工作液槽这一国际高档机床普遍采用的先进方式提供了方便。

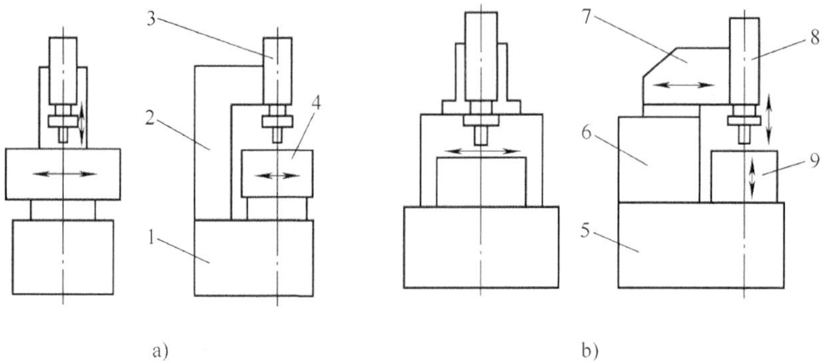

图 4.15　两种电火花成形加工机床结构示意图

a）C 型结构　b）牛头滑枕式结构

1、5—床身　2、6—立柱　3、8—主轴头　4、9—工作液槽、工作台　7—滑座

机身和立柱是机床的主要基础件，要求机床的工作面与立柱导轨面具有一定的垂直度，导轨应耐磨和充分消除内应力。主轴头是电火花成形机床最关键的部件，是自动调节系统中的执行机构。要求主轴头结构简单，传动链短，传动间隙小，热变形小，具有足够的精度和刚度，以适应自动调节系统的惯性小、灵敏度好、能承受一定负载的要求。主轴头主要由进给系统、导向防扭机构、电极装夹及其调节环节组成。随着步进电动机、力矩电动机和数控直流、交流伺服电动机的出现和技术进步，电火花机床中已越来越多地采用电-机械式主轴头。

（2）电火花线切割加工机床　电火花线切割加工（Wire Cut Electrical Discharge Machining，WEDM）是电火花加工的一个重要分支，是利用移动的电极丝作为工具电极对工件进行切割加工的。根据电极丝的运行方式及运行速度，电火花线切割加工机床通常分为两大类：一类是往复走丝电火花线切割加工机床，电极丝作高速往复运动，其走丝速度一般为 8 ~ 10m/s，因此该类机床也称为高速走丝（快走丝）电火花线切割加工机床。该类机床结构简单，但加工精度较低，是我国独创的电火花线切割加工模式。另一类是单向走丝电火花线切割加工机床，电极丝作低速单向运动，其走丝速度一般低于 0.2m/s，因此该类机床也称为低速走丝（慢走丝）电火花线切割加工机床，该类机床加工精度高，但结构较为复杂。以下简介我国常用的往复走丝电火花线切割加工机床的基本结构。

往复走丝数控电火花线切割机床的工作原理如图 4.16 所示。卷绕在丝筒上的电极丝与高频脉冲电源的负极相接，连续地沿其自身轴线行进，并在张紧状态下由上、下导向器支承着通过加工区。安装在坐标工作台上的工件接脉冲电源正极。作为绝缘介质的工作液由喷嘴以一定的压力喷向加工区（也有加工区浸没在工作液中）。当脉冲电压击穿电极丝和工件之间的极间间隙时，两者之间随即产生火花放电而蚀除工件。

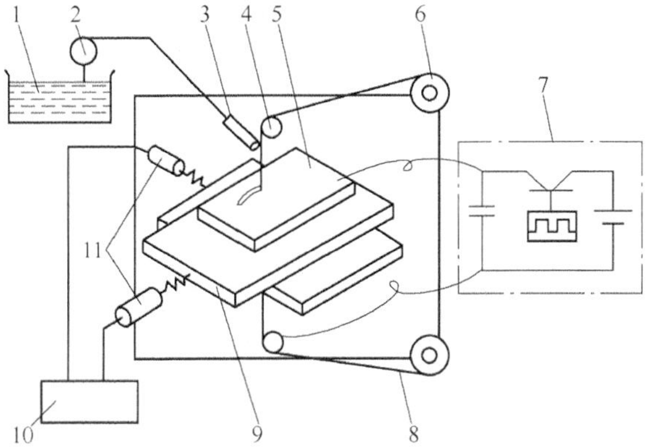

图 4.16 往复走丝数控电火花线切割机床的工作原理

1—工作液 2—泵 3—喷嘴 4—导向器 5—工件 6—丝筒
7—脉冲电源 8—电极丝 9—坐标工作台 10—数控装置 11—步进电动机

往复走丝电火花线切割加工机床主要由机床本体、脉冲电源、控制系统、工作液循环系统和机床附件等几部分组成，如图 4.17 所示。快速走丝机构为单滚筒，电动机正反转频率、电极丝张力不可调。快速走丝排屑容易，加工速度较高。快速走丝时，若走丝速度过高，则电极丝抖动严重，反而破坏了加工的稳定性，这不仅使加工速度下降，而且使加工精度的提高和表面粗糙度的改善变得困难。

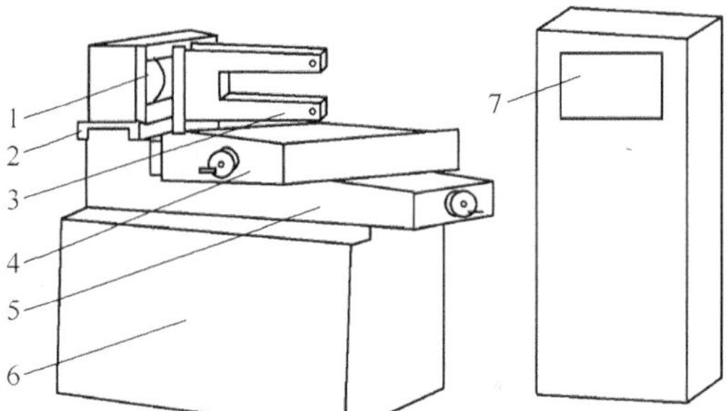

图 4.17 往复走丝电火花线切割加工机床

1—卷丝筒 2—走丝溜板 3—丝架 4—上滑板
5—下滑板 6—床身 7—电源、控制柜

1）床身部分。床身一般为铸件，是坐标工作台、绕丝机构及丝架的支承和固定基础。床身通常采用箱式结构，应有足够的强度和刚度。床身内部安置电源和工作液箱。考虑电源的发热和工作液泵的振动，有些机床将电源和工作液箱移出床身外另行安放。

2）坐标工作台部分。电火花线切割机床最终都是通过坐标工作台与电极丝的相对运动来完成对零件加工的。为保证机床精度的要求，对导轨的精度、刚度和耐磨性有较高的要求。一般都采用“十”字滑板、滚动导轨和丝杠传动副将电动机的转动变为工作台的直线运动，通过两个坐标方向各自的进给移动，可合成获得各种平面图形曲线的轨迹。为保证工作台的定位精度和灵敏度，传动丝杠和螺母之间必须消除间隙。

3）走丝机构。走丝系统使电极丝以一定的速度运动并保持一定的张力。在高速走丝机床上，一定长度的电极丝平整地卷绕在贮丝筒上，丝张力与排绕时的拉紧力有关。贮丝筒通过联轴器与驱动电动机相连。为了重复使用该段电极丝，电动机由专门的换向装置控制作正反向交替运转。走丝速度等于贮丝筒周边的线速度，通常为 8 ~ 10m/s。在运动过程中，电极丝由丝架支撑，并依靠导轮保持电极丝与工作台垂直或倾斜一定的几何角度（用于锥度切割）。

为了减轻电极丝的振动，应使其跨度尽可能小（按工件厚度调整），通常在工件的上下采用蓝宝石 V 形导向器，再进入加工区，可使全部电极丝的通电部分得以冷却。

4.3.2 电火花成形加工的应用

电火花成形加工主要分为穿孔加工和型腔加工两大类。

1. 电火花穿孔成形加工

电火花穿孔成形加工是利用成形工具电极对工件进行复制加工的工艺方法，是电火花加工最常见的应用形式之一。主要用于加工冲模（包括凸凹模及卸料板、固定板）、粉末冶金模、挤压模（型孔）、型孔零件、小孔（ϕ0.01～ϕ3mm 小圆孔和异形孔）、深孔等。

（1）冲模加工　冲模加工（Punching Die Manufacturing）是电火花穿孔加工的典型应用。冲头可以用机械加工方法加工，而凹模加工则较困难，采用电火花加工不但提高了加工质量，而且也提高了使用寿命。

1）工艺方法。图 4.18 所示为凹模电火花加工的示意图。如凹模的尺寸为 L_2，工具电极相应的尺寸为 L_1，单面火花间隙值为 S_L，则

$$L_2 = L_1 + 2S_L$$

其中火花间隙值 S_L 主要取决于脉冲参数与机床的精度，只要加工规准选择恰当，保证加工的稳定性，火花间隙值 S_L 的误差是很小的。因此，只要工具电极的尺寸精确，用它加工出的凹模也是比较精确的。

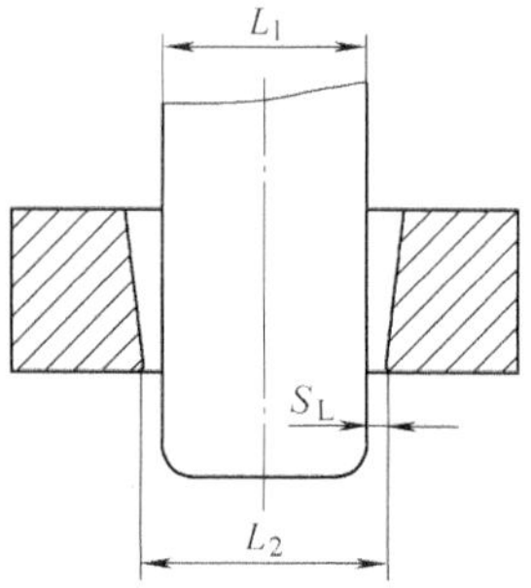

图 4.18　凹模电火花加工

对于冲模而言，配合间隙是一个很重要的质量指标，它的大小与均匀性都直接影响冲裁的质量及模具的寿命，在加工中必须给予保证。达到配合间隙的方法主要有直接配合法、修配冲头法、修配电极法三种。电火花穿孔加工常用直接配合法。

直接配合法是用冲头本身做工具电极直接加工凹模，通过调节加工参数来保证放电间隙与所要求的配合间隙一致。这种方法简化了工具电极的制造，并可得到均匀的配合间隙，减少了钳工工时。

修配冲头法是先用工具电极加工凹模，然后配做冲头，以达到需要的配合间隙。这种方法可以合理地选择工具电极材料及调节电规准，提高电火花加工的工艺指标，从而可达到不同大小的配合间隙。

修配电极法是工具电极先按冲头尺寸制造，然后根据配合间隙的要求，对照选定规准的放电间隙修配工具电极尺寸，使电火花加工后的凹模能与冲头配合。

不论是哪一种方法，凹模精度取决于工具电极精度和放电间隙，放电间隙大小和均匀性又取决于电规准和其他工艺参数。

由于线切割加工机床性能不断提高和完善，可以很方便地加工出任何配合间隙的冲模，而且在有锥度切割功能的线切割机床上还可以切割出刃口斜度 β 和落料角 α，因此近年来绝大多数凸凹冲模都已采用线切割加工。

2）工具电极。工具电极的材料若采用直接配合法加工时，工具材料即是冲头材料，凸模一般选优质高碳钢 T8A、T10A 或铬钢 Cr12、GCr15，硬质合金等。应注意凸凹模不要选用同一种钢材型号，否则电火花加工时不易稳定。采用其他两种方法加工时，可选用纯铜，精度要求高的冲模则可选用铜钨或银钨做工具电极材料。

工具电极的尺寸精度应比凹模精度高一级，一般不低于 IT7 级，表面粗糙度值也应比凹模的数值小，Ra 值一般为 0.63～1.25μm，直线度和平行度在 100mm 内不超过 0.01mm。

工具电极应有足够的长度，若加工硬质合金时，由于电极损耗较大，电极还应适当加长。工具电极的截面轮廓尺寸除考虑配合间隙外，还要比预定加工的型孔尺寸均匀地缩小一个加工时的火花放电间隙。

3）工件的准备。电火花加工前，工件（凹模）型孔部分要加工预孔，并留适当的电火花加工余量。余量的大小应能补偿电火花加工的定位、找正误差及机械加工误差。一般情况下，单边余量为 0.3～1.5mm 为宜，并力求均匀。对形状复杂的型孔，余量要适当加大。

4）电规准的选择及转换。电规准是指电火花加工过程中一组电参数，如电压、电流、脉宽、脉间等。应根据工件的要求、电极和工件的材料、加工工艺指标和经济效果等因素来确定电规准，并在加工过程中及时地转换。

冲模加工分粗、中、精三种规准，每一种又分若干档。粗加工主要是蚀除大量材料，并留出少量的精加工余量。对它的要求是：生产率高（$v_W \geqslant 50\text{mm}^3/\text{min}$），工具电极损耗小（$\theta < 10\%$），表面粗糙度 Ra 值≤10μm，脉冲宽度 $t_i = 50 \sim 500\mu s$，加工电流可达几十安培。半精加工常选用 $t_i = 10 \sim 100\mu s$，$i_e = 4 \sim 8A$。精加工应在保证质量指标的前提下尽可能地提高生产率，故应采用小的电流、高的频率、短的脉冲宽度，一般选用 $i_e = 1 \sim 4A$，$t_i = 2 \sim 6\mu s$。

（2）小孔加工　对于硬质合金、耐热合金等特殊材料的小孔加工（Small Hole Machining），采用电火花加工是首选的办法。小孔电火花加工适用于深径比（小孔深度与直径的比）小于 20、直径大于 0.01mm 的小孔，还适用于精密零件的各种型孔（包括异形孔）的单件和小批生产。

小孔加工由于工具电极截面积小，容易变形，不易散热，排屑又困难，因此电极损耗大，这将使端面变形大而影响加工精度。因此小孔电火花加工的电极材料应选择消耗小、杂质少、刚性好、容易矫直和加工稳定的金属丝，如黄铜丝、铜钨合金丝、钨丝、钼丝等。加工时为避免电极弯曲变形，还需设置工具电极的导向装置。

为了改善小孔加工时的排屑条件，加工过程稳定，常采用电磁振动头，使工具电极丝沿轴向振动，或采用超声波振动头，使工具电极端面有轴向高频振动，进行电火花超声波复合加工，可以大大提高生产率。如果加工的小孔直径较大，允许采用空心电极（如空心不锈钢管或铜管），则可用较高的压力强迫冲油，加工速度将会显著提高。

在用电火花加工小孔时，必须使用更加微细的工具电极。微细工具电极的制备除采用金属丝矫直后直接作为电极的离线制作方法外，还广泛使用在线制作方式。目前常用的电极在线制作方法主要有反拷块加工和线电极电火花磨削（Wire Electro Discharge Grinding，WEDG）两种方式，如图 4.19 所示。

应用反拷块方式在线制作微细电极是一种较为传统的方式，其加工原理是逆向电火花加工。这种方式的最大特点是加工效率较高，操作实施方便。但由于反拷块工作面与工作台平

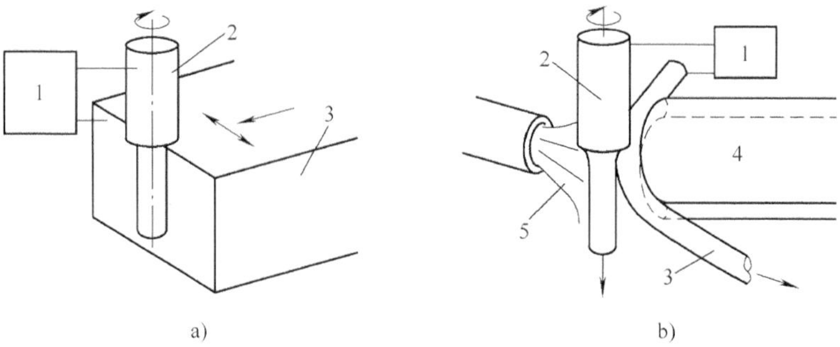

图 4.19　微细电极的在线制作

a）反拷块方式　b）WEDG 方式

1—脉冲电源　2—工件　3—反拷块（线电极）　4—导向器　5—工作液

面不可避免地存在垂直度误差，加之反拷块工作面本身的平面度误差等，因此其所加工出的微细电极会存在加工锥度等误差；而且由于加工中反拷块电极本身的损耗现象，所加工的微细电极的尺寸不易控制；同时由于加工中的放电面积相对较大，很难做到微能放电，这给制作超微细电极带来了极大的困难。

WEDG 的加工原理如图 4.19b 所示。加工过程中，导向器带动线电极沿工件的径向作微进给，而工件随主轴旋转的同时作轴向进给。线状工具电极沿导向器槽缓慢连续移动，使加工过程可不考虑工具电极损耗所带来的一系列影响，进而提高加工精度，有利于制作更加微细的电极。通过控制工件（电极）的旋转与分度及导向器的位置，可以加工出不同形状的电极来，易于实现自动化。但由于加工时线电极与工件之间为点接触放电，故加工效率较低。为提高微细工具电极的制作精度和效率，可在机床的不同部位上同时安装反拷块及 WEDG 装置，用反拷块进行粗加工，用 WEDG 装置进行精加工，充分发挥各自的特点。

深小孔加工一直是机械加工的难点。电火花高速小孔加工的要点有三：一是采用中空的管状电极；二是管中通高压工作液冲走加工屑；三是加工时电极作回转运动，可使端面损耗均匀，不致受高压、高速工作液的反作用力而偏斜。相反，高压流动的工作液在小孔孔壁按螺旋线轨迹流出孔外，像静压轴承那样，使工具电极管“悬浮”在孔心，不易产生短路，可加工出直线度和圆柱度很好的小深孔。加工时工具电极作轴向进给运动，管电极中通入 1～5MPa 的高压工作液（自来水、去离子水、蒸馏水、乳化液或煤油），如图 4.20 所示。由于高压工作液能迅速将电极产物排除，且能强化火花放电的蚀除作用，因此这一加工方法的最大特点是加工速度高，一般小孔加工速度可达 20～60mm/min，比普通钻削小孔的速度还要快。这种加工方法最适合加工 0.3～3mm 的小孔，且深径比可超过 100。

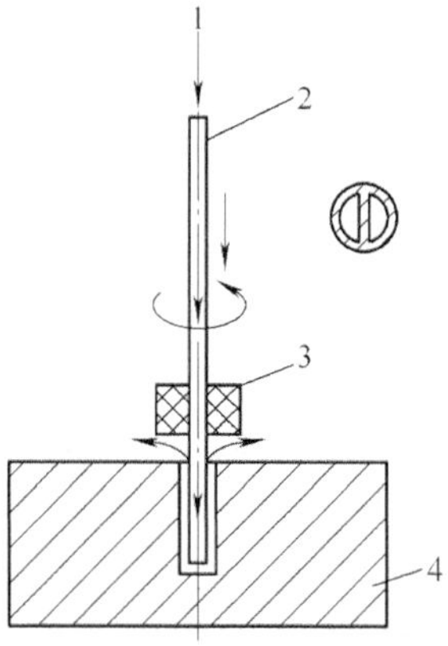

图 4.20　电火花高速小孔加工原理示意图

1—高压工作液　2—管电极　3—导向器　4—工件

（3）异形小孔的加工（Irregular Small Hole Machining）　电火花加工不但能加工圆形小

孔，而且能加工多种非圆形的异形小孔。加工微细而又复杂的异形小孔，对脉冲电源和机床的要求与加工圆形小孔基本一样，关键是异形电极的制造，其次是异形电极的装夹。

制造异形小孔电极主要有冷拔整体电极法、电火花线切割加工整体电极法和电火花反拷块加工整体电极法。由于加工异形小孔的工具电极结构复杂，装夹定位比较困难，需要采用专用夹具。

异形小孔加工时的规准选择基本与圆形小孔加工相似，只是要求自动控制系统更加灵敏。

（4）其他电火花加工　随着生产的发展，电火花加工领域不断扩大，出现了许多新的电火花加工方法。

1）电火花小孔磨削（Electrical Discharge Small Hole Grinding）。对精度和表面粗糙度要求都较高的较深小孔，同时工件材料的机加工性能又很差时，如磁钢、硬质合金、耐热合金等，采用电火花磨削或镗磨就能较好地达到加工要求。电火花磨削可在穿孔、成形机床上附加一套磨头来实现，使工具电极作旋转运动，若工件也附加一旋转运动时，工件的孔可磨得更圆。在坐标磨孔机床中工具还作公转，工件的孔距靠坐标系统来保证。这种办法操作比较方便，但机床结构复杂，制造精度要求高。

电火花镗磨与磨削的不同点是只有工件的旋转运动及电极的往复和进给运动，而电极工具没有旋转运动。图4.21所示为电火花镗磨示意图。电火花镗磨虽然生产率较低，但比较容易实现，而且加工精度高，表面粗糙度值小，小孔的圆度可达0.003～0.005mm，表面粗糙度值 $Ra<0.32\mu m$，故生产中应用较多。目前已经用来加工小孔径的弹簧夹头，可以先淬火后开缝再磨孔，特别是镶有硬质合金的小型弹簧夹头和内径在1mm以下，圆度在0.01mm以内的钻套及偏心钻套，可用来加工粉末冶金用压模，这类压模材料多为硬质合金材料。电火花磨削机床在修旧利废中也发挥着很大的作用。

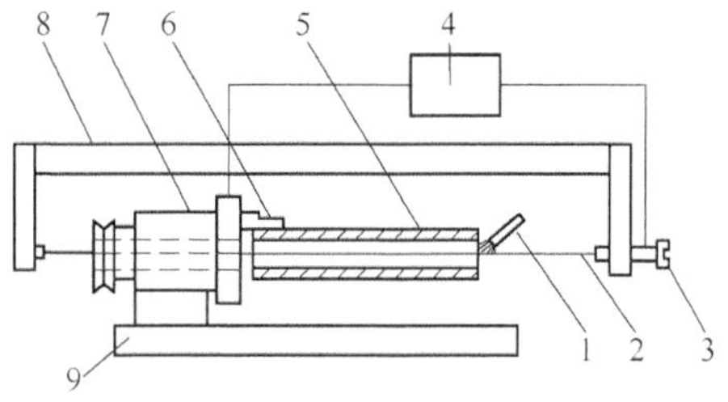

图4.21　电火花镗磨示意图

1—工作液管　2—电极丝（工具电极）　3—螺钉　4—脉冲电源　5—工件　6—自定心卡盘　7—电动机　8—弓形架　9—工作台

2）超声电火花复合加工（Ultrasonic Assisted Electrical Discharge Machining）。在普通的电火花加工中，引入工具（或工件）电极的超声振动，可以改善放电间隙状况，强化电火花加工过程，提高生产率。它是电火花和超声波复合加工工艺，一般称为超声电火花复合加工，目前已广泛应用于微小孔和微小型腔的加工中。在圆形和异形喷丝孔的加工实践中，取得了利用超声电火花复合加工提高生产率3～20倍的工艺效果。具体方法是：在普通电火花机床上附加超声振动器，利用现有的晶体管矩形波脉冲电源，就能提高原有机床的精微加工能力，进行高生产率的精微加工。图4.22所示为工具

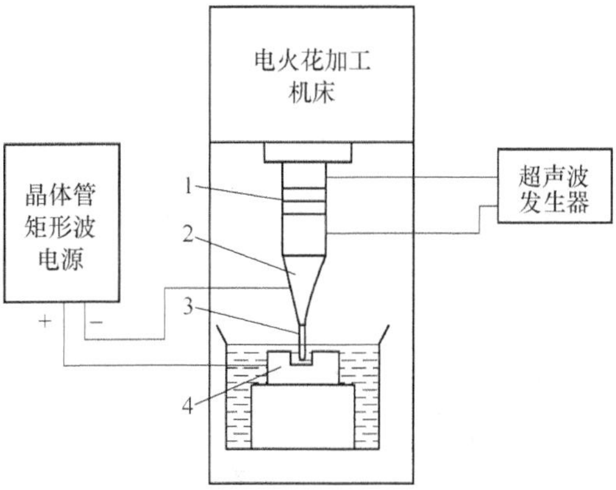

图4.22　超声电火花复合加工小孔装置

1—压电陶瓷　2—变幅杆　3—工具电极　4—工件

电极做超声振动的超声电火花复合加工小孔装置的原理示意图。在原电火花加工机床的主轴下面附加一个超声振动头附件，超声振动头由两片压电陶瓷1（又称超声换能器）和变幅杆2组成。超声波发生器把超声频的脉冲电波输给压电陶瓷，压电陶瓷把电能转换为超声频的机械伸缩振动能传给变幅杆，变幅杆把超声频的机械振动波传给工具电极，使工具电极的下端面作超声频振动，振幅约为1～2μm。此时晶体管脉冲电源向工具电极和工件间输出脉冲电压，如果间隙合适，就会在煤油工作液中火花放电。

超声振动对电火花击穿放电、金属蚀除、电蚀产物排出、间隙消电离等一系列过程的影响较为复杂。它有利于电离击穿，使脉冲利用率提高；它使排屑条件得到一些改善；它也能使过渡电弧放电增多，间隙消电离变差。加工实验表明，超声电火花复合加工有一定的适用范围。在小面积、窄脉宽等精微加工条件，超声电火花复合加工可显著改善加工条件，提高加工效率和质量；而在加工面积较大、粗中规准加工时，这种加工方法是不宜采用的，不合适的加工条件将使超声电火花加工火花放电减少，非正常放电增多。

3）电火花共轭回转加工。电火花共轭回转加工包括同步回转式、展成回转式、倍角速度回转式、差动比例回转式、相位重合回转式等不同方法。它们的共同特点是工件与工具电极间的切向相对运动线速度值很小，几乎接近于零。所以在放电加工区域内，工件和工具电极近于纯滚动状态，因而有着特殊的加工过程。例如同步回转式加工精密螺纹（见图4.23），工件预孔按螺纹内径制作，工具电极的螺纹尺寸及其精度按工件图样的要求制作，但电极外径应小于工件预孔 $\phi0.3\sim\phi2$mm。加工时电极穿过工件预孔并且保持两者轴线平行，然后使电极和工件以相同的方向和相同的转速旋转，如图4.23a所示；同时工件向工具电极径向切入进给，如图4.23b所示，从而复制出所要求的内螺纹。为了补偿电极的损耗，在精加工规准转换前，电极轴向移动一个相当于工件厚度的螺距倍数值。

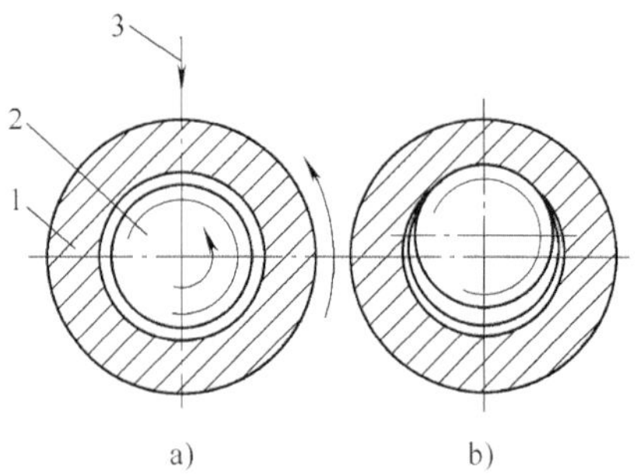

图4.23　电火花加工内螺纹的示意图

1—工件　2—工具电极　3—进给方向

用上述方法设计和制造的电火花精密内螺纹机床可加工M6～M55的多种牙型和不同螺距的精密内螺纹，螺纹中径误差小于0.004mm，也可精加工 $\phi4\sim\phi55$mm 的圆柱通孔，圆度小于0.002mm，表面粗糙度 Ra 值为0.063μm。

电火花共轭回转加工应用范围日益扩大，目前主要应用于以下几方面：各类螺纹环规及塞规，特别适于硬质合金材料及内螺纹的加工；精密内、外齿轮加工，特别适用于非标准内齿轮加工；精密的旋转圆弧面、锥面等的加工；静压轴承内腔、回转泵体的高精度成形加工等；梳刀、滚刀等刀具的加工。

4）聚晶金刚石、陶瓷等材料的电火花加工。聚晶金刚石（Polycrystalline Diamond）被广泛用作拉丝模、刀具、磨轮等的材料，它的硬度仅次于天然金刚石。金刚石虽是碳的同素异构体，但天然金刚石几乎不导电。聚晶金刚石是将人造金刚石微粉用铜铁粉等导电材料作为粘结剂，搅拌混合后加压烧结而成，因此整体仍有一定的导电性能，可以用电火花加工。

电火花加工聚晶金刚石的原理是靠火花放电时的高温将导电的粘结剂熔化、汽化蚀除掉，同时电火花高温使金刚石微粉“碳化”成为可加工的石墨，也可能因粘结剂被蚀除掉后而使整个金刚石微粒自行脱落下来。有些导电的工程陶瓷及立方氮化硼材料也可用类似的原理进行电火花加工。

随着对电火花加工技术研究的日趋深入和功能陶瓷材料应用的日趋广泛，在一定条件下，目前已可对绝缘陶瓷材料进行电火花加工。图 4.24 所示为绝缘陶瓷辅助电极电火花加工的原理示意图。

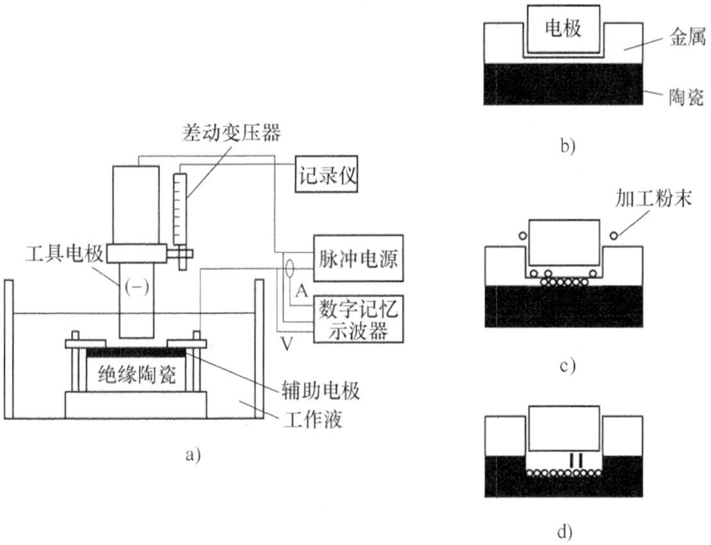

图 4.24 绝缘陶瓷辅助电极电火花加工的原理示意图

在陶瓷工件上放置金属板作为辅助电极，通过夹紧装置固定在工作台上，并和工作台导通。工具电极装夹在主轴上，辅助电极和工具电极分别接脉冲电源的正、负极。加工时，首先对辅助电极金属板进行电火花穿孔加工，当金属板辅助电极被电火花加工穿通后，才开始对陶瓷进行电火花穿孔成形加工。辅助电极金属板电火花加工结束后，在陶瓷表面附着上加工粉末屑（主要由电极消耗产生的粉末）和由工作液煤油分解产生的碳，使得待加工的陶瓷表面部分获得了导电性，从而诱导陶瓷加工面和工具电极间产生火花放电，由放电产生的热和冲击来加工陶瓷。这种加工方法不需要专门的设备，在不同电火花加工机床上就可进行加工。

2. 型腔模加工

锻模、压铸模、塑料模、胶木模、挤压模都属型腔模。型腔模加工（Mould Space Machining）比较困难，由于是盲孔加工，工作液循环和电蚀产物排除条件差，工具电极损耗后无法靠主轴进给补偿精度，金属蚀除量大。其次是加工面积变化大，加工过程中电规准的变化范围也较大。由于型腔模形状复杂，电极损耗不均匀，对加工精度影响很大，因此对型腔模的电火花加工，既要求蚀除量大，加工速度高，又要求电极损耗低，并保证获得所要求的精度和表面粗糙度值。

（1）工艺方法　由于型腔模的工艺特点所限，型腔模加工不能简单地用一个与型腔形状相对应的成形工具电极进行加工。常用的方法有以下三种：

1）单电极平动法。单电极平动法是先用低损耗高生产率的粗规准进行加工，在半精和精加工时，采用平动头使工具电极相对于工件作微小的平面圆周运动，进行“仿形”加工。

在减小电规准进行半精、精加工时，依次加大工具电极的平动量，以补偿前后加工电规准之间的放电间隙差值和表面粗糙度差值，完成整个型腔加工。单电极平动加工的优点是由于平动改善了工作液的供给及排屑条件，使工具电极损耗均匀，加工过程稳定，同时它只需要一个电极、一次安装便可达到 ±0.05mm 的加工精度。平动法已成为目前最常用的工艺方法。它的缺点是尖角部位电极损耗较大，同时工具电极上每点都在作平面圆周运动，故难以获得高精度的型腔模，特别是难以加工出有棱有角的型腔模。

2）多电极更换法。多电极更换法是用几个形状相同但尺寸各异的电极依次更换加工同一个型腔。每次加工中因电极损耗、二次放电造成的侧面斜度及棱角半径过大等加工误差都将在更换电极后的下一次加工中除去，因此一般用两个电极进行粗、精加工即可满足要求。当型腔模的精度和表面质量要求高时，才采用三个或更多个电极进行加工。多电极加工的仿形精度高，尤其适用于尖角、窄缝多的型腔模加工。其缺点是需制造多个电极，且对电极的重复制造精度要求很高；电极的依次更换重复定位精度要求也很高，因此这种方法一般只适用于精密型腔加工。例如盒式磁带、收录机、电视机等机壳的模具，都是用多个电极加工出来的。

3）分解电极法。分解电极法是单电极平动法和多电极更换法的综合应用。其工艺灵活性强，仿形精度高，适用于尖角、窄缝、沉孔、深槽多的复杂型腔模具加工。根据型腔的几何形状不同，把电极分解成主型腔和副型腔电极分别制造。先加工出主型腔，后用副型腔电极加工尖角、窄缝等部位的副型腔。这种方法还可按不同的加工要求选用不同的电极材料，简化了电极的制造和维修。缺点是在更换电极时主型腔和副型腔电极之间要求有精确的定位。

（2）工具电极　目前在型腔加工中电极材料多采用纯铜和石墨两种。它们的共同特点是损耗小，生产率高，加工稳定性好。纯铜电极的尺寸精度较好，不会崩刃塌角，能制成薄片和其他复杂形状；加工过程中不易拉弧，被加工表面粗糙度值小。石墨电极易于成形和修整，重量轻，但加工出的工件表面粗糙度数值大且精加工时损耗大，不易做成薄片和尖棱。铜钨、银钨电极的耐损耗性能好，但价格贵，仅在加工高精度型腔模时才使用。

型腔加工中常用的工具电极结构形式有整体式、镶拼式和组合式等几种。在型腔加工中，排屑、排气都比较困难，因此往往要在工具电极上安排冲油孔或排气孔。冲油孔应设在难以排屑的位置，如拐角、窄缝等处。排气孔应设在蚀除面积大和电极端部有凹陷的位置。用平动法加工时，冲油孔和排气孔的直径应小于工具的平动量，否则加工后会残留有凸起物而不易清除。当孔距在 20～40mm 时，孔要适当错开。由于电极的损耗会影响到型腔模的加工精度，因此对于形状复杂、细小的精密型腔，一般不允许在电极上开孔，加工时可采用抬动电极和侧面冲油的方法来解决排屑、排气问题。

（3）电规准的选择、转换、平动量的分配　电规准的选择与转换主要是根据模具要求和加工方法而定。粗加工时要求生产率高和工具损耗小，应首先选择宽脉冲，其次选择大电流。脉宽一般应大于 400μs。选择电流时，要考虑加工过程中工具与工件“接触”面积大小的变化。加工刚开始接触面积小，电流不宜过大。随着加工面积增大，可逐步加大电流。如用石墨加工钢时，一般最高电流密度为 $3\sim5\mathrm{A/cm^2}$，用纯铜加工钢时还可稍大些。半精加工时，要考虑利用平动运动来补偿前后两个加工规准间的放电间隙和表面粗糙度的差值。脉宽一般为 20～400μs，电流峰值为 10～25A，表面粗糙度值 $Ra<10\mu\mathrm{m}$，留给精加工的单边余

量为 0.1 ~ 0.2mm。精加工通常是指表面粗糙度 $Ra \leqslant 2.5\mu m$ 的加工，脉宽一般为 2 ~ 20μs，电流峰值为 10A 左右。

加工电规准转换档数，应根据所加工型腔的精度、形状复杂程度、尺寸大小等具体确定。在半精加工和精加工中，有时还要适当转换几档参数。当加工表面达到本档规准应具有的粗糙度值时，就及时转换规准，这样既可达到不断修光的目的，又可使每档的金属蚀除量小，从而得到高加工速度和低工具损耗。

半精加工的平动量，一般为总平动量的 75% ~ 80%，也就是说半精加工后，表面粗糙度与上一档的加工间隙差值已基本得到修正。精加工只是作修光工作。

电火花加工还有许多方法，其他电火花加工方法图示及说明见表 4.2。

表 4.2 其他电火花加工方法图示及说明

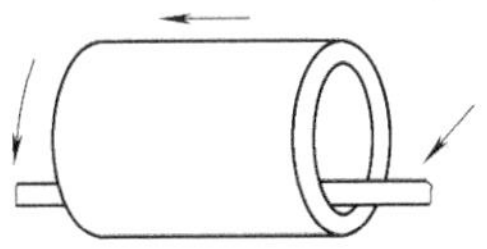 **内圆磨削** 工件作旋转、轴向运动并作径向进给运动	 **刃磨** 工具电极作旋转运动，刀具作横向往复运动和纵向直线运动
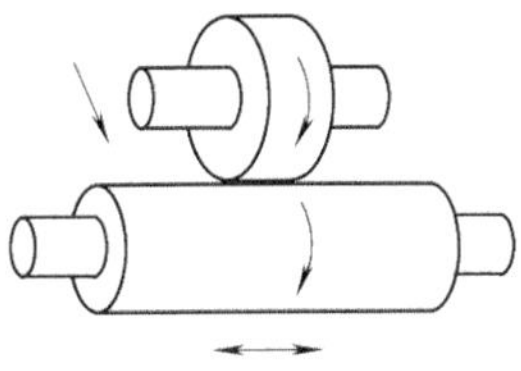 **外圆磨削** 工具电极作旋转和直线运动，工件作旋转和往复运动	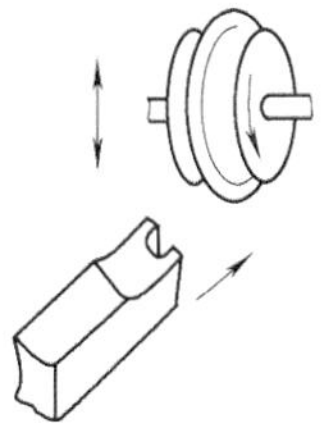 **特殊刀具的刃磨** 工具电极作旋转和直线运动，工件作直线运动
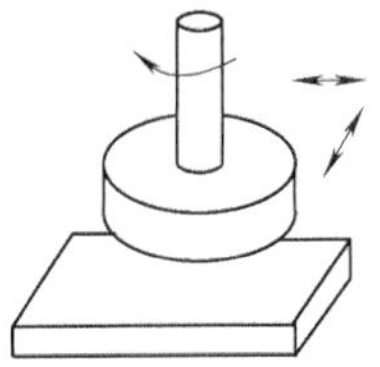 **平面磨削** 工具电极作旋转运动，工件沿三个互相垂直的方向作直线运动	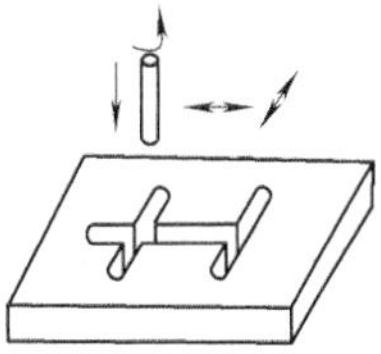 **铣沟槽** 工具电极作旋转和一个方向直线运动。工件沿两个互相垂直的方向作直线运动
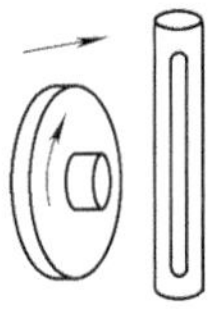 **铣键槽** 工具电极作旋转运动，并沿两个方向作互相垂直的直线运动	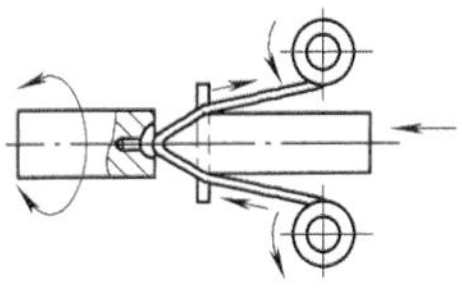 **镗制中心孔** 以电极丝为电极，在刚性心轴上绷紧，并作往复运动，心轴作进给运动，工件作旋转运动

（续）

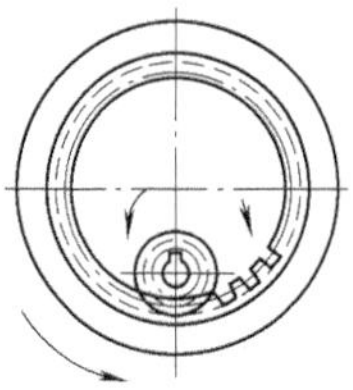 **回转齿轮加工** 工具电极与工件作共轭展成运动，工具电极作径向进给运动	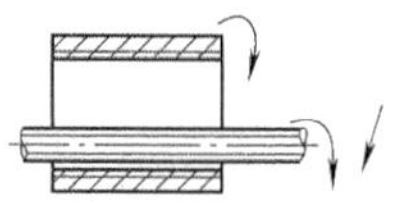 **回转螺纹加工** 工具电极与工件作同步旋转运动，工件作径向进给运动
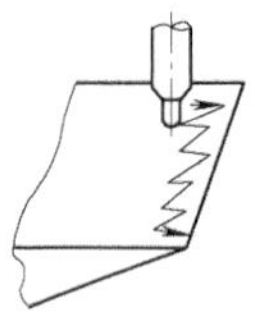 **金属表面强化** 电极振动，并沿金属表面作进给运动	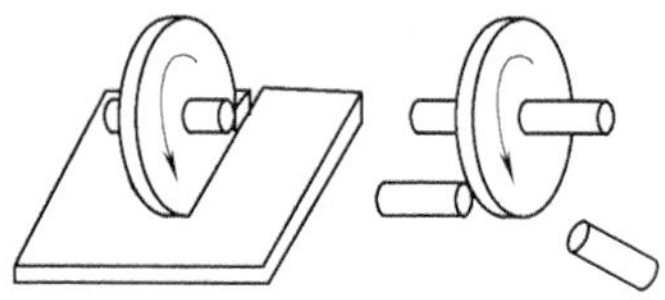 **材料切断** 工具电极作旋转和直线运动

4.3.3 电火花线切割加工的应用

电火花线切割（Electrical Discharge Wire-cutting）加工已广泛用于国防和民用的生产和科研工作中，用于加工各种难加工材料、复杂表面和有特殊要求的零件、刀具和模具，如冷冲模的凸凹模、塑料型模等。通过线切割加工还可制作精美的工艺美术制品。

利用电火花线切割加工的零件具有以下特点：

1）具有薄壁、窄槽、异形孔等复杂结构图形。

2）不仅有直线和圆弧组成的二维曲面图形，还有一些由直线组成的三维直纹曲面，如阿基米德螺旋线、抛物线、双曲线等特殊曲线的图形。

3）图形的大小和材料厚度常有很大差别。技术要求高，特别是在几何精度、表面粗糙度方面有着不同的要求。图 4.25 所示为异形孔喷丝板加工实例。异形孔喷丝板的孔形特殊、细微、复杂。图形外接参考圆直径在 1mm 以下，缝宽为 0.08 ~ 0.1mm。孔的一致性要求很高，加工精度在 ±0.005mm 以下，Ra 值≤0.4μm。喷丝板的材料是不锈钢 1Gr18Ni9Ti。加工中为保证高精度、低粗糙度值的要求，采取以下措施：穿丝孔是用细钼丝作电极在电火花成形机床上加工的，穿丝孔的位置一般是选在窄缝交会处，这样便于校正和加工；当电极丝进退轨迹重复时，应当切断脉冲电源，使得异形孔一次加工成形，有利于保持缝宽的一致性；电极丝直径应根据异形孔缝宽来选定，通常采用直径为 0.035 ~ 0.10mm 的电极丝；目前电极丝速度采用 0.8 ~ 2m/s；为保持电极丝运动的稳定，利用定时限位器保持电极丝运动的位置精度。

利用电火花线切割加工异形孔喷丝板、异形孔拉丝模及异形整体电极，都获得了较好的工艺效果。

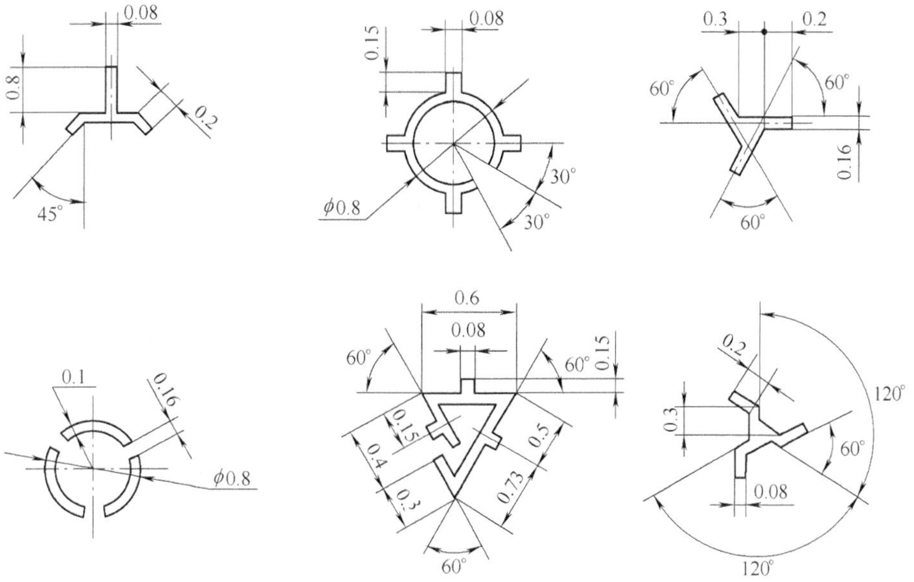

图 4. 25 异形孔喷丝板加工实例

思考题与习题

1. 何谓电火花加工？简述电火花加工的基本原理及其主要优点和局限性。

2. 电火花加工后工件表层发生了怎样的变化？如何减小电火花加工后的表面粗糙度值？如何控制显微裂纹的发生？

3. 电火花加工过程中为什么会产生工具电极损耗？简述影响电极损耗的主要因素。

4. 电火花加工中为什么要使用脉冲电源？试画出 RC 脉冲电源线路图及其电压电流波形图。

5. 何谓电火花加工极性效应？简述其产生的基本原因。在电火花加工中应如何利用极性效应？

6. 电火花加工时的自动进给调节系统与车削、钻削加工时的自动进给系统在原理上、本质上有何不同？简述其原因。

7. 电火花成形加工中，影响零件加工精度的主要因素有哪些？应采取哪些措施进行改善？

8. 简要说明电火花成形加工中冲模、型腔模加工的工艺方法，及具体加工中应注意的有关问题。

9. 电火花成形加工与常规机械铣削加工机床的数控系统主要差别是什么？

10. 电火花线切割加工的零件有何特点？怎样才能不断提高其加工效率和质量？

11. 试分析比较电火花穿孔成形加工与电火花线切割加工的工艺特点。分别举出两种工艺方法的三种典型应用。

12. 异形小孔电火花加工中，工具电极可如何制造？

第5章 电化学加工

5.1 概述

电化学加工（Electrochemical Machining，ECM）是指通过电化学反应从工件上去除或在工件上镀覆金属材料的特种加工方法。早在1834年，法拉第就发现了电化学作用原理（Electrochemistry Action Principle），以后人们先后开发出电镀（Electroplating）、电铸（Electroforming）、电解加工（Electrolytic Machining）等电化学加工方法，并在20世纪30～50年代以后开始在工业上获得较为广泛的应用。

近年来，借助于高新技术，在精密电铸、电解复合加工、脉冲电流电解加工、电化学微细加工及数控电解加工等方面取得较快发展。目前，电化学加工已被广泛应用于航空航天、兵器、汽车、医疗器材、电子和模具等行业中，成为民用与国防工业领域重要的加工手段。

5.1.1 电化学加工方法及分类

电化学加工方法按其作用原理的不同可分为三大类，见表5.1。其中，电化学阳极溶解原理（Electrochemical Anodic Dissolution Principle）的去除加工和利用电化学阴极沉积原理（Electrochemical Cathodic Deposition Principle）的增材加工等直接利用电化学效应对材料进行加工的方法是电化学加工的主要方式。随着对电化学原理及机械加工方法研究的逐步深入，电化学与其他加工方法相复合以提高加工质量和效率的新的复合加工手段也越来越多，成为特种材料、特殊形状、特殊要求加工的重要补充。

表5.1 电化学加工方法及分类

类别	加工原理	加工方法	应用范围
I	阳极溶解	电解加工	用于尺寸、形状加工，如涡轮叶片、三维锻模加工等
		电解抛光	用于表面光整加工、去毛刺等
II	阴极沉积	电镀	用于表面加工、装饰及保护
		电刷镀	用于表面局部快速修复及强化
		复合电镀	用于表面强化、磨具制造
		电铸	用于复杂形状电极及精密花纹模具制造
III	复合加工	电解磨削	用于形状、尺寸加工及超精、光整、镜面加工等
		电解电火花复合加工	用于形状、尺寸加工
		超声电解加工	用于难加工材料的深小孔及表面光整加工

5.1.2 电化学加工的特点及应用

电化学加工方法是一种典型的非接触式加工（Non-contact Machining），与其他传统加工方法相比，电化学加工具有以下特点：

1）可对任何硬度、强度、韧性的金属材料进行加工，加工难加工材料时，其优点尤为突出。

2）加工过程中不存在机械切削力和切削热作用，故加工后表面无残余应力、冷硬层，亦无毛刺或棱角，表面质量好。

3）加工过程中工具损耗，加工效率高。

4）电化学加工时，材料的转移是以离子进行的。因此，电化学加工技术在微纳制造领域具有很大的发展潜力。

5）电化学加工在很多方面还有待进一步地发展和提高，如加工过程监测与自动控制、工具设计、加工精度的提高以及电化学作用产物（气体或废液）的处理等。

电化学加工的上述技术特点使其在难加工材料、复杂型面以及低刚度零件等的加工中得到广泛应用，如航空航天发动机的高温合金涡轮叶片、伺服阀薄壁件、弹挠性反馈杆、复杂三维大型模具等。另外，电化学加工还被广泛地应用于零件表面的精密、微细、光整加工，去毛刺，局部修复与强化等。

5.2 电化学加工基本原理

5.2.1 电化学加工过程

用两片金属作为电极浸入电解液（Electrolyte）中，接通直流电源后，电极、导线和电解液中就有电流通过，如图5.1所示。但金属导线和电解质溶液是两类不同性质的导体，前者是靠“自由电子”（Free Electron）在外电场作用下沿一定方向移动而导电的，是电子导体；而后者是靠溶液中正负离子的定向移动而导电的，是离子导体。

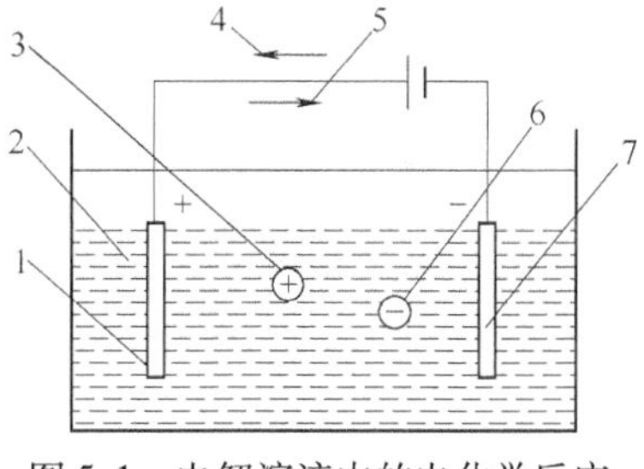

图5.1 电解溶液中的电化学反应

1—阳极 2—电解液 3—正离子 4—电流方向 5—电子流方向 6—负离子 7—阴极

当上述两类导体构成通路时，在金属片（电极）和溶液的界面上产生交换电子的反应，即电化学反应。溶液中的离子便作定向移动，正离子移向阴极并在阴极上得到电子进行还原反应；负离子移向阳极并在阳极表面失掉电子进行氧化反应（也可能是阳极金属原子失去电子而成为正离子进入溶液）。利用上述电化学反应原理进行金属材料加工的方法即为电化学加工。

当工件材料接阳极时为电化学去除（电解）；当工件材料接阴极时为电化学沉积（电镀、电铸）。显然，电化学加工过程中工件加工表面的形成是离子迁移的结果，如果控制得当，电化学加工可以成为离子（原子）级超精密微纳加工方法。

5.2.2 影响电化学加工的主要因素及其控制

电化学应用于机械加工领域，是把电能转换为化学能，使工件发生电化学反应而去除或沉积的加工过程。电化学加工是在电解池中进行的。电解池是由两个导体分别插入电解质溶液构成的，因而电化学反应机理的研究内容包括两个方面：一是电解质的研究，即电解质学，其中包括电解质的导电性质、离子的传输性质、参与反应离子的平衡性质等；另一方面是电极的研究，即电极学，其中包括电极的平衡性质和通电后的极化性质，也就是电极和电解质界面上的电化学行为。

1. 电解质溶液（Electrolytic Solution）

凡溶于水后能导电的物质叫电解质，如盐酸（HCl）、硫酸（H_2SO_4）、氢氧化钠（NaOH）、食盐（NaCl）、硝酸钠（$NaNO_3$）、氯酸钠（$NaClO_3$）等酸、碱、盐都是电解质。电解质的水溶液称为电解质溶液（简称电解液）。电解液浓度是指电解液中所含电解质的多少。一般以质量百分比浓度表示，即指每100g溶液中所含溶质的克数；还常用电解质的当量浓度表示，即指1L溶液中电解质的物质的量。

电解质溶液之所以能导电，与其在水中的状态有关。水分子是极性分子（Polar Molecule），可与其他带电粒子发生微观静电作用。如NaCl是一种电解质，它是结晶体，组成NaCl晶体的粒子不是分子，而是相间排列的Na^+和Cl^-，故叫做离子型晶体。将其溶于水中，就会产生电离作用（Ionizing Event）。即

$$NaCl \rightarrow Na^+ + Cl^-$$

NaCl在水中能100%电离，称为强电解质。强酸、强碱和大多数盐都是强电解质，它们在水中都能完全电离。弱电解质如氨（NH_3）、醋酸（CH_3COOH）等在水中仅有小部分电离成离子，大部分仍以分子状态存在。水也是弱电解质，它本身也能微弱离解成正的氢离子和负的氢氧根离子，故导电能力都很弱。

金属是电子导体，导电能力强，电阻很小；随着温度的升高，其导电能力减弱。而电解质溶液是离子导体，其导电能力要比金属导体弱得多，电阻较大；随着温度的升高，其导电能力增强；浓度增加，在一定限度内，导电能力也增强。但当浓度过高时，由于正、负离子间的相互作用力增强，导电能力将有所下降。

2. 电极电位（Electrode Voltage）

由于金属原子都是由外层带负电荷的自由电子和带正电荷的金属阳离子所组成的，即使不接外接电源，当金属与它的盐溶液接触时，也常会发生电子得失的反应。例如，当铁与$FeCl_2$水溶液接触时，由于铁离子在晶体中具有的能级比其在溶液中成为水化离子的能级高，且不稳定，所以晶体界面上的铁离子就有与水分子作用生成水化铁离子进入溶液中的倾向，电子则留在金属表面上。即

$$Fe \rightarrow Fe^{2+} + 2e\text{（溶解，氧化反应）}$$

这样，金属上有了多余的电子而带负电，溶液中靠近金属表面很薄的一层有多余的铁离子（Fe^{2+}）而带正电。随着由金属晶体进入溶液的Fe^{2+}数目增加，金属上负电荷增加，溶液中正电荷增加，由于静电引力作用，铁离子的溶解速度逐渐减慢。同时，溶液中的Fe^{2+}亦有沉积到金属表面上去的趋向，即

$$Fe^{2+} + 2e \rightarrow Fe\text{（沉积，还原反应）}$$

随着金属表面负电荷增多，溶液中Fe^{2+}返回金属表面的速度逐渐增加。最后这两种相反的过程达到动态平衡。对于化学性能比较活泼的金属（如铁），其表面带负电，溶液带正电，形成一层极薄的“双电层”，如图5.2所示。金属愈活泼，这种倾向愈大。

对于化学性能较不活泼的金属（如铜），其金属离子在金属上的能级比在溶液中的低，即金属离子存在于金属晶体中比在溶液中更稳定。例如，把铜（Cu）放在$CuSO_4$溶液中，则铜表面带正电，靠近金属铜表面的溶液薄层带负电，也形成了双电层，如图5.3所示，金

属愈不活泼，这种倾向也愈大。

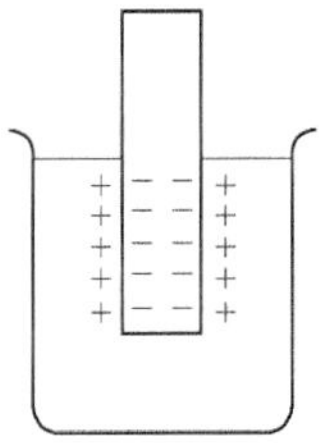

图 5.2　活泼金属的双电层

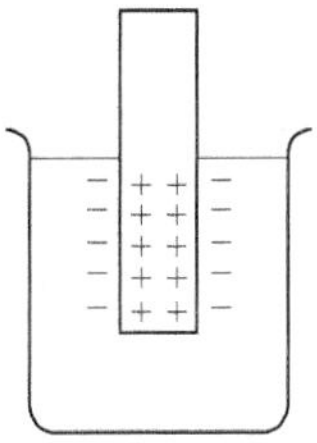

图 5.3　不活泼金属的双电层

在给定溶液中建立起来的双电层，除了受静电作用外，由于离子的热运动，其构造并不像电容器那样生成紧密的两个带电层，而是使双电层的离子层获得了分散的构造，如图 5.4 所示。只有在界面上极薄的一层，具有较大的电位差 U_a。

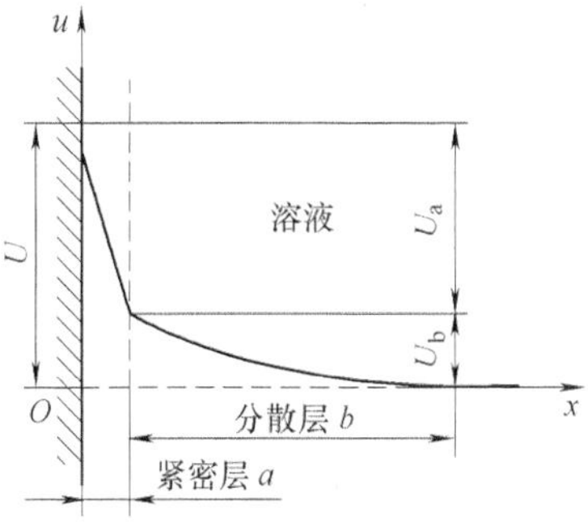

图 5.4　双电层的电位分布

U—金属与溶液间的双电层电位差

U_a—双电层中紧密层的电位差

U_b—双电层中分散层的电位差

由于双电层的存在，在正、负电层之间，也就是金属和电解液之间形成电位差。金属和其盐溶液之间所产生的电位差称为金属的电极电位，因为它是金属在本身盐溶液中的溶解和沉积相平衡时的电位差，故又称为平衡电极电位。在相同的条件下，电极电位较低的物质，越容易失去电子发生电化学氧化反应；而电极电位较高的物质，越容易得到电子发生电化学还原反应。

迄今为止，一种金属和其盐溶液之间双电层的电位差还不能直接测定，但是可用盐桥的办法测出两种不同电极间的电位差。生产实践中规定采用一种电极作标准和其他电极相比较得出相对值，称为标准电极电位。通常采用标准氢电极为基准，人为地规定它的电极电位为零。表 5.2 列出了一些元素的标准电极电位，即在 25℃时，把金属放在此金属离子的有效质量浓度为 1g/L 的溶液中，此金属的电极电位与标准氢电极的电位之差，用 $U°$表示。

表 5.2　一些元素的标准电极电位（25℃）

元素氧化态/还原态	电 极 反 应	电 极 电 位
Li^+/Li	$Li^+ + e \leftrightarrow Li$	-3.01
Rb^+/Rb	$Rb^+ + e \leftrightarrow Rb$	-2.98
K^+/K	$K^+ + e \leftrightarrow K$	-2.925
Ba^{2+}/Ba	$Ba^{2+} + 2e \leftrightarrow Ba$	-2.92
Ca^{2+}/Ca	$Ca^{2+} + 2e \leftrightarrow Ca$	-2.84
Na^+/Na	$Na^+ + e \leftrightarrow Na$	-2.713
Mg^{2+}/Mg	$Mg^{2+} + 2e \leftrightarrow Mg$	-2.38
Ti^{2+}/Ti	$Ti^{2+} + 2e \leftrightarrow Ti$	-1.75
Al^{3+}/Al	$Al^{3+} + 3e \leftrightarrow Al$	-1.66
V^{3+}/V	$V^{3+} + 3e \leftrightarrow V$	-1.5
Mn^{2+}/Mn	$Mn^{2+} + 2e \leftrightarrow Mn$	-1.05
Zn^{2+}/Zn	$Zn^{2+} + 2e \leftrightarrow Zn$	-0.763
Cr^{3+}/Cr	$Cr^{3+} + 3e \leftrightarrow Cr$	-0.71

（续）

元素氧化态/还原态	电极反应	电极电位
Fe^{2+}/Fe	$Fe^{2+}+2e \leftrightarrow Fe$	-0.44
Cd^{2+}/Cd	$Cd^{2+}+2e \leftrightarrow Cd$	-0.402
Co^{2+}/Co	$Co^{2+}+2e \leftrightarrow Co$	-0.27
Ni^{2+}/Ni	$Ni^{2+}+2e \leftrightarrow Ni$	-0.23
Mo^{3+}/Mo	$Mo^{3+}+3e \leftrightarrow Mo$	-0.20
Sn^{2+}/Sn	$Sn^{2+}+2e \leftrightarrow Sn$	-0.140
Pb^{2+}/Pb	$Pb^{2+}+2e \leftrightarrow Pb$	-0.126
Fe^{3+}/Fe	$Fe^{3+}+3e \leftrightarrow Fe$	-0.036
H^{+}/H	$2H^{+}+2e \leftrightarrow H_2$	0
S/S^{2-}	$S+2H^{+}+2e \leftrightarrow H_2S$	+0.141
Cu^{2+}/Cu	$Cu^{2+}+2e \leftrightarrow Cu$	+0.34
O_2/OH^{-}	$H_2O+\frac{1}{2}O_2+2e \leftrightarrow 2OH^{-}$	+0.401
Cu^{+}/Cu	$Cu^{+}+e \leftrightarrow Cu$	+0.522
I_2/I^{-}	$I_2+2e \leftrightarrow 2I^{-}$	+0.535
Fe^{3+}/Fe^{2+}	$Fe^{3+}+e \leftrightarrow Fe^{2+}$	+0.771
Hg^{2+}/Hg	$Hg^{2+}+2e \leftrightarrow Hg$	+0.7961
Ag^{+}/Ag	$Ag^{+}+e \leftrightarrow Ag$	+0.7996
Br_2/Br^{-}	$Br_2+2e \leftrightarrow 2Br^{-}$	+1.065
Mn^{4+}/Mn^{2+}	$MnO_2+4H^{+}+2e \leftrightarrow Mn^{2+}+2H_2O$	+1.208
Cr^{6+}/Cr^{3+}	$Cr_2O_7{}^{2-}+14H^{+}+6e \leftrightarrow 2Cr^{3+}+2H_2O$	+1.33
Cl_2/Cl^{-}	$Cl_2+2e \leftrightarrow 2Cl^{-}$	+1.3583
Mn^{7+}/Mn^{2+}	$MnO_4^{-}+8H^{+}+5e \leftrightarrow Mn^{2+}+4H_2O$	+1.491
S^{7+}/S^{2+}	$S_2O_8{}^{2-}+2e \leftrightarrow 2SO_4{}^{2-}$	+2.01
F_2/F^{-}	$F_2+2e \leftrightarrow 2F^{-}$	+2.87

当离子质量浓度改变时，电极电位也随着改变，可用能斯特公式换算。下式是在 25℃时的简化式

$$U' = U^{\circ} \pm \frac{0.059}{n}\lg a \tag{5.1}$$

式中 U'——平衡电极电位差（V）；

U°——标准电极电位差（V）；

n——电极反应得失电子数，即离子价数；

a——离子的有效质量浓度。

式中“+”号用于计算金属的电极电位，“-”号用于计算非金属的电极电位。

双电层不仅在金属与其本身离子溶液中产生，当金属浸入其他任何电解液中时，也会有双电层和电位差。

3. 电极极化（Electrode Polarization）

上述平衡电极电位是没有电流通过电极时的情况。当有电流通过时，电极的平衡状态遭到破坏，使阳极电极电位向正移（代数值增大），阴极电极电位向负移（代数值减小），这种电极电位偏离平衡电极电位的现象称为电极极化，如图 5.5 所示。极化后的电极电位与平

衡电位的差值称为超电位（过电位），随着电流密度的增加，超电位也增加。由于电化学反应过程包括粒子迁移、吸附、电子转移、脱附等多个环节，当某一个环节的速度较慢时，就会阻碍电化学反应的进行，造成电极电位偏离平衡电位，发生电极极化。根据极化产生的原因不同，可将电极极化分为浓差极化、电化学极化和钝化极化三种形式。

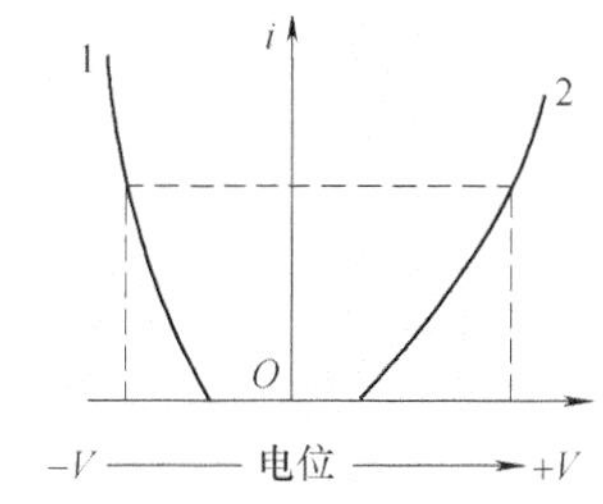

图 5.5 电极极化曲线

i—电流密度 1—阴极 2—阳极

（1）浓差极化（Concentration Polarization） 在阳极过程中，金属不断溶解的条件之一是生成的金属离子需要越过双电层，再向外迁移并扩散。然而扩散与迁移的速度是有一定限度的，在外加电场的作用下，如果在阳极过程中，电化学反应过程进行很快，而电极表面液层中金属离子的扩散和迁移速度较慢，来不及扩散到溶液中去，使阳极表面造成金属离子堆积，引起电位值增大（即阳极电位向正移），这就是浓差极化。

在阴极上，由于水化氢离子的移动速度很快，故一般情况下，氢的浓差极化是很小的。

因此，凡能加速电极表面离子扩散与迁移的措施，都能使浓差极化减小，如提高电解液流速以增强其搅拌作用，升高电解液温度等。

（2）电化学极化（Electrochemical Polarization） 电化学极化也叫活化极化，主要发生在阴极上。从电源流入的电子来不及转移给电解液中的 H^+ 离子，因而在阴极上积累过多的电子，使阴极电位向负移，从而形成了电化学极化。

在阳极上，金属溶解过程的电化学极化一般是很小的，但当阳极上产生析氧反应时，就会产生相当严重的电化学极化。

电解液的流速对电化学极化几乎没有影响，它仅仅取决于反应本身，即取决于电极材料、电解液成分等，此外还与电极表面状态、电解液温度、电流密度有关。温度升高，反应速度加快，电化学极化减小；电流密度愈高，电化学极化愈严重。

（3）钝化极化（电阻极化，Passivating Polarization） 在电解加工过程中还存在一种钝化现象，它使金属阳极溶解过程的超电位升高，使电解速度减慢。例如，铁基合金在 $NaClO_3$、$NaNO_3$ 等电解液中电解时，电流密度增加到一定值后，铁的溶解速度在大电流密度下维持一段时间后反而急剧下降，使铁成稳定状态不再溶解，这种现象称为阳极钝化（电化学钝化），简称钝化。钝化产生的原因是阳极表面生成了一层钝化膜，使电化学反应速度降低，阳极溶解速度减慢。钝化膜一般是电极的氧化物，或者是由溶液中的物质覆盖形成的，如图 5.6 所示。钝化膜很难被电化学反应消耗，可以把这层钝化膜当做一个大阻值的电阻，所以阳极钝化属于电阻极化。电阻极化的大小与钝化膜的电阻值，以及流过的电流成正比。

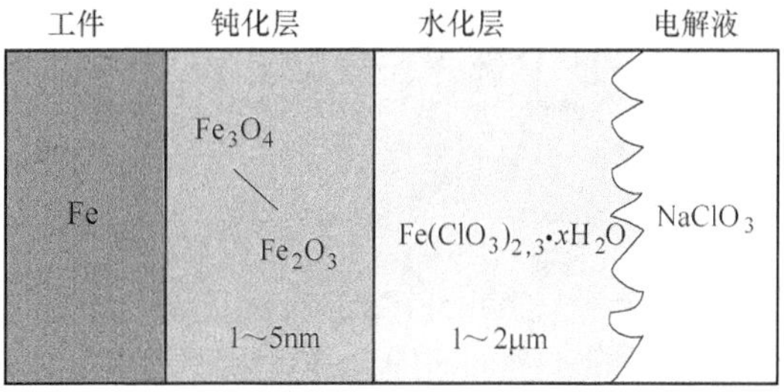

图 5.6 钝化膜的结构

钝化极化会影响加工效率和表面质量，使金属钝化膜破坏的过程称为活化。影响活化的因素很多，主要与电极材料和电解液有关。将电解液加热，通入还原性气体或某些活性离子，采用机械方法破除钝化膜等，可促进金属活化，加速电化学反应。

5.3 电解加工

电解加工（Electrolytic Machining）是利用金属在电解液中产生阳极溶解的原理来去除工件材料的制造技术。自20世纪50年代开始研究并投入应用以来，已成为电化学加工中发展较快、应用较广泛的加工方法之一。电解加工与电火花加工是当前最为重要和常用的特种加工方法，目前已成功应用于枪炮、航空航天发动机及模具制造等方面，并发挥出日益重要的作用。

5.3.1 电解加工的基本原理和特点

1. 电解加工的基本原理

电解加工是在电解抛光（Electropolishing）的基础上发展起来的。电解抛光时，工件和工具电极之间的距离较大（100mm以上），电解液静止不动，故通过的电流密度很小（一般为0.01～5A/cm^2），金属蚀除率很低，只能对工件表面进行抛光，不能改变工件的形状和尺寸。而电解加工则不同，图5.7所示为电解加工的原理示意图。加工时，工件接直流电源（10～20V）正极，工具电极接电源负极。工具电极向工件缓慢进给，并使两极之间保持较小的间隙（0.1～1mm），具有一定压力（0.5～2MPa）的电解液从间隙中流过，这时电流密度可达20～1500A/cm^2，阳极工件的金属被逐渐电解蚀除，电解产物被高速（5～50m/s）的电解液冲走。

电解加工的成形原理如图5.8所示。图5.8中的细竖线表示通过阴极与阳极间的电流，其疏密程度表示了电流密度的大小。在加工开始阶段，阴极与阳极间距离较近的地方，通过的电流密度大，阳极溶解的速度就快；而距离较远的地方，电流密度就小，阳极溶解就慢。这样，当工具不断进给时，工件表面上各点就以不同的溶解速度进行溶解，工件的型面就逐步接近工具阴极的型面，直到把工具的型面复制在工件上，得到所需要的型面（见图5.8b），即工件形状、尺寸达到设计图样要求为止。

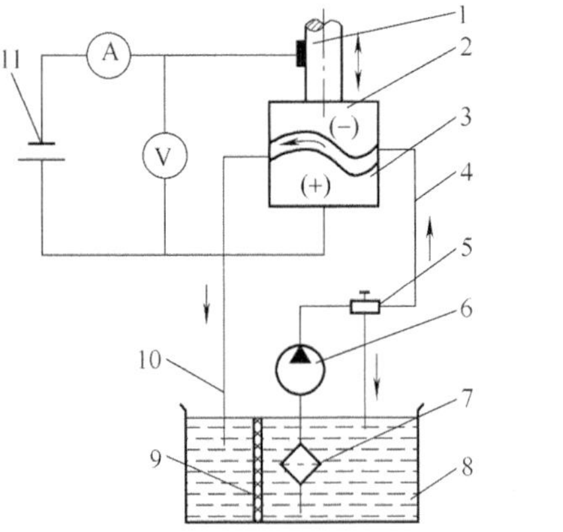

图5.7 电解加工原理示意图

1—进给轴 2—工具阴极 3—工件阳极 4—电解液输送管道 5—调压阀 6—电解液泵 7—过滤器 8—电解液 9—过滤网 10—电解液回收管道 11—直流电源

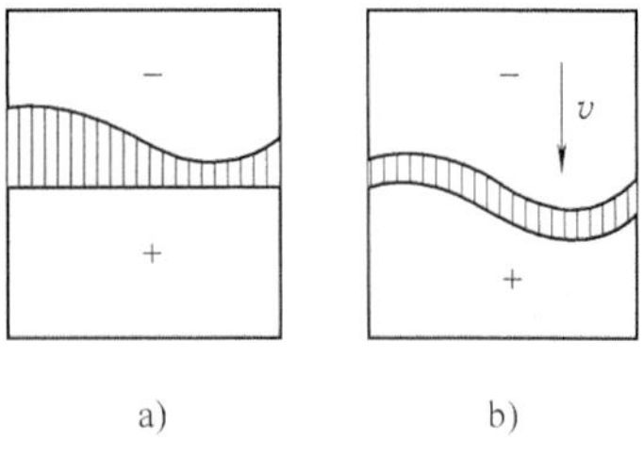

图5.8 电解加工成形原理

2. 电解加工的主要特点

（1）电解加工的主要优点

1）加工范围广。可加工高硬度、高强度、高韧性等难以切削加工的金属材料，如硬质合金、淬火钢、不锈钢、耐热合金、钛合金等，并可加工叶片、花键孔、炮管膛线、锻模等各种复杂的三维型面，以及薄壁、异形零件等。

2）加工效率高。可以一次进给，直接成形，其加工效率约为电火花加工的5～10倍。在某些情况下，比切削加工的生产率还高，且加工效率不直接受加工质量的限制。

3）表面质量好。加工表面无残余应力层和毛刺飞边，对材料的强度和硬度亦无影响。可以达到较好的表面粗糙度（*Ra* 值为1.25～0.2μm）和±0.1mm左右的平均加工精度。

4）加工过程中阴极工具在理论上不存在耗损，可长期使用。

5）电解加工过程是一种典型的离子去除过程，这使其在微纳制造中将大有可为。

（2）电解加工的缺点及局限性

1）电解加工属于典型的多场耦合过程，影响因素多且复杂，不易实现稳定加工和保证较高的加工精度。

2）加工型面、型腔的工具电极的设计、制造和修正难度较大，因而加工复杂型面零件时，工具阴极的制造周期较长。

3）电解加工设备投资较高，占地面积较大。

4）电解液对设备、工装有腐蚀作用，电解产物处理不好易造成环境污染。

5.3.2　电极反应和电解液

1. 电极反应（Electrode Interaction）

电解加工时，工件表面的材料是以离子形式被去除的。当工件材料为单一金属时，工件的蚀除过程（电极反应）比较简单，此时由于材料的电极电位相同，其蚀除速度也相同，所以加工后的材料表面比较光滑。而当加工材料为合金时，工件的蚀除过程（电极反应）则比较复杂，所用的电解液往往不是该金属的盐溶液，而且工件中不同成分的电极电位不同。以304不锈钢为例，它的主要成分为铁、铬、镍，从表5.2中可以看出，铬的电极电位最低，其次为铁，镍的电极电位最高。因此，电化学加工不锈钢时，其表面的铬最先发生电化学阳极反应而被蚀除，铁和镍随后被蚀除。由于表面材料蚀除不均匀，导致加工后的表面不平整。

导致电解加工电极反应复杂化的原因，除工件材料一般为多种金属元素的合金外，电解液的浓度、温度、压力、流速等对电极过程也有影响。

下面以在NaCl水溶液中电解加工铁基合金为例分析电极反应。

电解加工钢件时，常用的电解液是质量分数为14%～18%的NaCl水溶液。在电解液中存在着H^+、OH^-、Na^+、Cl^-四种离子。因此在阳极上可能参与电极反应的物质有Cl^-、OH^-和Fe，在阴极上可能参与电极反应的物质有Na^+、H^+。

（1）阳极反应　就反应发生的可能性，分别列出其反应方程，并按能斯特公式（式5.1）计算出电极电位U'，作为分析时的参考。

$$Fe - 2e \longrightarrow Fe^{2+} \qquad U' = -0.59V$$

$$Fe - 3e \longrightarrow Fe^{3+} \qquad U' = -0.323V$$

$$4OH^- - 4e \longrightarrow O_2\uparrow + 2H_2O \qquad U' = 0.867V$$

$$2Cl^- - 2e \longrightarrow Cl_2 \uparrow \qquad U' = 1.334V$$

根据电极反应过程的基本原理，电极电位最负的物质将首先在阳极反应。因此，在阳极首先是铁失去电子，成为二价铁离子 Fe^{2+} 而溶解，不大可能以三价铁离子 Fe^{3+} 的形式溶解，更不可能析出氧气和氯气。溶入电解液中的 Fe^{2+} 又与 OH^- 离子化合，生成 $Fe(OH)_2$ 沉淀而离开反应系统，反应式为

$$Fe^{2+} + 2OH^- \longrightarrow Fe(OH)_2 \downarrow$$

$Fe(OH)_2$ 沉淀为墨绿色的絮状物，随着电解液的流动而被带走。$Fe(OH)_2$ 又逐渐被电解液中及空气中的氧氧化为 $Fe(OH)_3$，反应式为

$$4Fe(OH)_2 + 2H_2O + O_2 \longrightarrow 4Fe(OH)_3 \downarrow \text{（黄褐色沉淀，即铁锈）}$$

（2）阴极反应　按可能性列出反应方程为

$$2H^+ + 2e \longrightarrow H_2 \uparrow \qquad U' = -0.42V$$

$$Na^+ + e \longrightarrow Na \downarrow \qquad U' = -2.69V$$

按照电极反应的基本原理，电极电位最正的粒子将首先在阴极反应。因此，在阴极上只会析出氢气，而不可能沉淀出钠。

在上述理想的电解加工过程中，阳极的铁不断地以 Fe^{2+} 形式被溶解，水被分解消耗，电解液的浓度将逐渐变大；而电解液中的 Cl^- 和 Na^+ 仅起导电作用，本身并不消耗。因此对于 NaCl 电解液，只要过滤干净，适当添加水分，就可长期使用。

2. 电解加工过程中的电能利用

电解加工时，加工电压 U 是使阳极不断溶解的总能源，如图 5.9 所示。

欲在两极间形成一定加工电流使阳极达到较高的溶解速度，则要求加工电压要大于或等于两部分电势之和。即

$$U \geqslant U_R + (U_a + U_c) \tag{5.2}$$

式中　U_R——电解液电阻形成的欧姆压降；

U_a——阳极压降，由阳极电极电位和极化产生的各种超电位组成；

U_c——阴极压降，由阴极电极电位和极化产生的各种超电位组成。

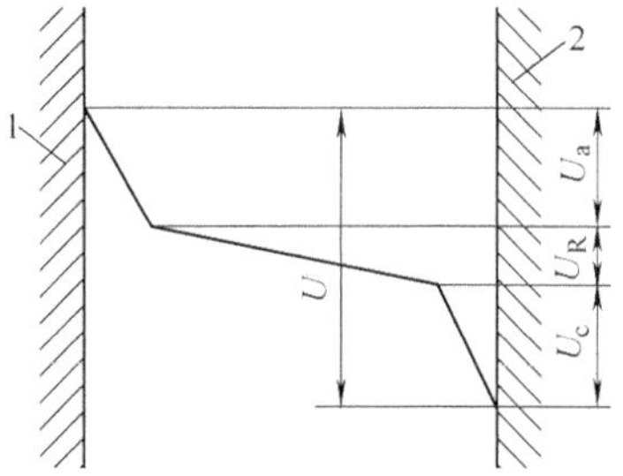

图 5.9　电解加工间隙内的电压分布

1—阳极　2—阴极　U_a—阳极压降

U_R—欧姆压降　U_c—阴极压降

电解加工时的浓差极化一般不大，所以 U_a、U_c 主要取决于电化学极化和钝化极化。这两种现象形成的超电位又与电解液、被加工材料和电流密度有关。

采用氯化钠电解液和较高的电解加工电压（如 20V）加工普通钢材时，加工电压的 5% ~30% 将用来抵消其产生的反电势，余下的 70% ~95% 的电压用以克服间隙电解液的电阻。但是，通过间隙的电流能否全部用于阳极溶解，还取决于阳极极化的程度。若阳极极化比较严重，以致电极电位与溶液中某些阴离子的电极电位相差不多时，电流除用于阳极溶解以外，还消耗于一些副反应，电流效率将低于 100%。一般来说，当用氯化钠电解液加工铁基合金时，电流效率 $\eta = 95\% \sim 100\%$。当加工镍基合金和钛合金时，电流效率 $\eta = 70\% \sim 85\%$。而当采用 $NaNO_3$、$NaClO_3$ 等钝化性能较强的电解液加工时，电流效率将随电流密度、电解液浓度和温度的变化而剧烈变化。

3. 电解液

在电解加工过程中，流场的作用主要有两个方面：一是作为电场的载体，二是作为运输介质。因此，电解液的主要作用是：① 作为导电介质传递电流，形成电场；② 在电场作用下进行电化学反应；③ 将加工间隙内产生的电解产物及热量及时带走，保证阳极溶解过程的顺利进行。

（1）对电解液的基本要求

1）具有足够的蚀除速度。即生产率要高，这就要求电解质在溶液中有较高的溶解度和离解度，具有很高的电导率。

2）具有较高的加工精度和表面质量。电解液中的金属阳离子不应在阴极上产生放电反应而沉积到阴极工具上，以免改变工具的形状和尺寸。因此，电解液中所含金属阳离子必须具有较负的标准电极电位（$U^\circ < -2V$），如 Na^+、K^+等。

3）阳极反应的最终产物应是不溶性化合物。这主要为了便于处理，且不会使阳极溶解下来的金属阳离子在阴极上沉积。但在特殊情况下，如电解加工小孔、窄缝等，为避免不溶性的阳极产物堵塞加工间隙，则要求阳极产物溶于电解液。

除上述基本要求外，还要求电解液具有良好的综合性能。如加工范围广、性能稳定、安全性好及价格便宜等。

（2）三种常用电解液　电解液可分为中性盐溶液、酸性溶液和碱性溶液三大类。酸性电解液除用在高精度、小间隙、细长孔以及锗、钼、铌等难溶金属加工外，一般很少选用；碱性电解液对人身体也有损害，且会生成难溶性阳极薄膜，因此一般仅用于加工钨、钼等金属材料；由于中性盐溶液腐蚀性小，使用时较安全，故应用最普遍，最常用的有 NaCl、$NaNO_3$、$NaClO_3$三种电解液，现分别介绍如下：

1）NaCl 电解液。NaCl 电解液中含有活性 Cl^-离子，阳极工件表面不易生成钝化膜，所以具有较大的蚀除速度，而且没有或很少有析氧等副反应，电流效率高，加工表面粗糙度值也小。NaCl 是强电解质，导电能力强，适用范围广，而且价格便宜，是电解加工中应用最广的一种电解液。

NaCl 电解液的蚀除速度高，但其杂散腐蚀也严重，故复制精度较差。NaCl 电解液的质量分数常在 20% 以内，一般为 14% ~18%；当要求较高的复制精度时，可采用较低的质量分数（5% ~10%），以减少杂散腐蚀。常用的电解液温度为 25 ~35℃，但加工钛合金时，必须在 40℃以上。

2）$NaNO_3$电解液。$NaNO_3$电解液是一种钝化性电解液，其阳极极化曲线如图 5.10 所示。在曲线 *AB* 段，电流密度随阳极电位升高而增大，符合正常的阳极溶解规律；在 *BC* 段，由于钝化膜的形成，使电流密度急剧减小，至 *C* 点时金属表面进入钝化状态；在 *CD* 段，阳极表面处于钝化状态，阳极溶解速度极小，至 *D* 点后，随着电压的升高，钝化膜开始破坏，电流密度又随电位的升高而迅速增大，金属表面进入超钝化状态，阳极溶解速度又急剧增加。如果在电解加工时，工件的加工区处于超钝化状态，而非加工区由于其阳极电位较低而处于钝化状态，受到钝化膜的保护，就可以减少杂散腐蚀，提高加工精度。图 5. 11a、b 即为分别采用 NaCl 电解液与 $NaNO_3$（或 $NaClO_3$）电解液，阴极侧面不绝缘情况下成形精度的对比情况。

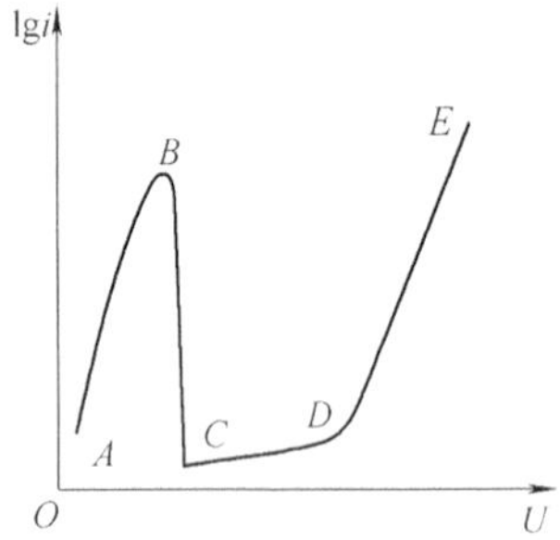

图 5.10　钢在 $NaNO_3$ 电解液中的极化曲线

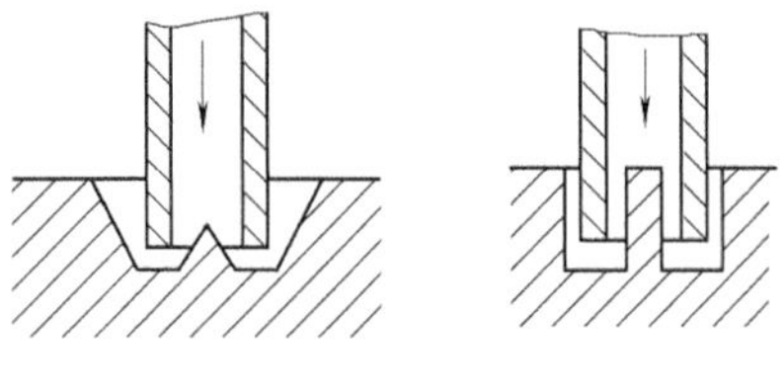

图 5.11　杂散腐蚀能力比较
a）采用 NaCl 电解液　b）采用 $NaNO_3$ 或 $NaClO_3$ 电解液

$NaNO_3$ 电解液在质量分数为 30% 以下时，有比较好的非线性性能，成形精度高，而且对设备腐蚀性小，使用安全，价格也不高。它的主要缺点是电流效率和生产率较低，另外加工时在阴极上有氨气析出，$NaNO_3$ 会有所消耗。

3）$NaClO_3$ 电解液。$NaClO_3$ 电解液也是一种钝化性电解液，其散蚀小，加工精度高。据有关资料介绍，当加工间隙达 1.25mm 以上时，阳极溶解几乎完全停止，且有较小的加工表面粗糙度值。$NaClO_3$ 具有很高的溶解度，在 20℃ 时溶解度达 49%（此时 NaCl 为 26.5%），因而导电能力强，可达到与 NaCl 电解液相近的生产率。而且它对设备的腐蚀作用很小。但不足之处是其价格较贵（为 NaCl 的 5 倍），而且由于它是一种强氧化剂，使用时要注意防火安全。同时在加工过种中，电解液中的 Cl^- 离子会不断增加，导致电解液产生消耗并加剧杂散腐蚀作用，因此需要注意 Cl^- 离子浓度的变化。

常用的电解液都有一定的局限性。为此，可在电解液中使用添加剂来改善电解液的性能。如为了减小 NaCl 电解液的散蚀能力，可加入少量磷酸盐，使阳极表面产生钝化性抑制膜，以提高成形精度；为提高 $NaNO_3$ 电解液的生产率，可添加少量 NaCl 或 Na_2SO_4。为改善加工表面质量，可添加络合剂、光亮剂等，如添加少量 NaF，可改善表面粗糙度。为减轻电解液的腐蚀性，采用缓蚀添加剂等。

4. 电解液参数对加工过程的影响

电解液的参数除成分外，还有浓度、温度、pH 值及粘度等，它们对加工过程均有显著影响。在一定范围内，电解液的浓度越大，温度愈高，则其电导率也愈高，蚀除能力更强。

电解液温度不宜超过 60℃，一般在 30～40℃ 范围内较为有利。NaCl 电解液的质量分数常为 10%～15%，一般不超过 20%，当加工精度要求较高时，常小于 10%。$NaNO_3$ 电解液的质量分数一般在 20% 左右，而 $NaClO_3$ 的质量分数常用 15%～35%。

常见金属材料所用电解液配方及参数见表 5.3。

表 5.3　常用电解液配方及参数

加工材料	电解液配方（质量分数）	电压/V	电流密度/(A/cm^2)
各种碳钢、合金钢、耐热钢、不锈钢等	NaCl（10%～15%）	5～15	10～200
	NaCl(10%)＋$NaNO_3$(25%) NaCl(10%)＋$NaNO_3$(30%)	10～15	10～150
硬质合金	NaCl(15%)＋NaOH(15%)＋酒石酸(20%)	15～25	50～100
铜、黄铜、铜合金、铝合金等	NH_4Cl（18%）或 $NaNO_3$（12%）	15～25	10～100

加工过程中电解液浓度和温度的变化将直接影响到加工精度的稳定性，因此在要求达到较高加工精度时，应注意检查和控制电解液的浓度与温度，保持其稳定性。同时还应适当控制电解液的 pH 值和粘度。

5. 电解液的流动对加工过程的影响

电解加工过程中，工具电极表面会有大量的氢气产生，工件表面也可能会产生钝化，表面发生氧元素或氯元素的氧化反应而产生氢气，这些气体在溶液中形成大量的微小气泡。同时阳极溶解的产物如果不能在溶液中溶解，一般会形成胶状物，则电解液中还包括这些固体。电解液中气体、固体的含量，以及流动状态对电解加工过程的稳定性、电流分布、加工精度、表面质量等有重要影响。在电解加工时，这些产物需要从加工区移出才能使加工继续进行。流场的状态与加工间隙的大小有关，加工间隙越大，加工产物排出越容易；加工间隙越小，加工精度越高，但是由于界面张力和液体粘性的影响，加工产物排出越困难。移出加工产物有两种方法：一是依靠溶液自身的扩散作用，使电解产物缓慢地移出加工区；二是采用强迫电解液流动的方法，使电解产物被电解液带离出加工区，这是最为直接和有效的方法。另外，电极的高速旋转也是使电解液对流的一种方法，不仅可以加速排除电化学产物，还可以减小浓差极化。

电解加工过程中，电解液的流速约为 10m/s。电流密度增大时，流速要相应提高。改变流速可通过调节电解液泵的出水压力来实现。而电解液的流向对加工过程也会产生较大影响。工业生产中常用的电解液流向有三种形式，即正向流动、反向流动和横向流动，如图 5. 12 所示。三种形式各有特点，选择时应根据工件具体几何形状和加工要求来确定。从流动均匀性、加工稳定性、表面粗糙度及加工间隙考虑，反向流动与横向流动形式要优于正向流动。一般较复杂的型孔、型腔型面可采用反向流动法，长方形浅型腔、流线型加工面（如叶片等）可采用横向流动法。

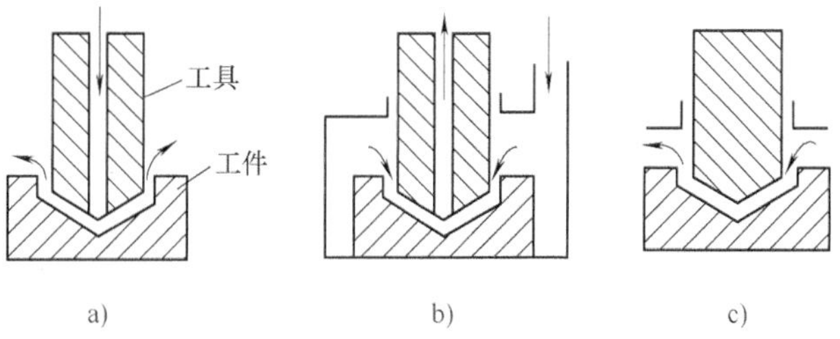

图 5. 12　电解液的流向

a）正向流动　b）反向流动　c）横向流动

电解液流场的均匀性对电解加工也有较大影响。所谓流场均匀性，是指加工表面各处流量充足、均匀，不发生流线相交和其他流场缺陷，如空穴现象、分离现象等。加工间隙内能否获得均匀的流场，与阴极出水口的布局有密切关系。出水口的形状一般为窄槽和孔两类，其布局应根据所加工型腔的结构来考虑，尽可能使流场均匀，避免产生死水区。目前型腔加工主要采用窄槽供液方式，而电解液供应不足的加工区，则采用增液孔的方式来增补其供液不足。对筒形零件，如圆孔、花键、膛线等电解加工，仍采用喷液孔供液。另外，控制流场的方法还有面积控制法（使进液面积略大于排液面积）、外压控制法（即背压法：在排液端增加出口压力），以及分区供液法（即对于复杂型腔，可划分成几个独立液流区域，并在相邻区域之间开设排液槽）等。

5.3.3 电解加工的基本工艺规律

1. 生产率及其影响因素

电解加工的生产率是以单位时间内被电解蚀除的金属量衡量的，用 mm^3/min 或 g/min 表示。影响生产率的因素主要有工件材料的电化学当量、电流密度、电解液及电极间隙等。

（1）金属的电化学当量（Electrochemical Equivalent）和生产率的关系　电解时电极上溶解或析出物质的量（质量 m 或体积 V），与电解电流 I 和电解时间 t 成正比，亦即与电荷量（$Q=It$）成正比，其比例系数称为电化学当量，这一规律即法拉第电解定律，用下式表示。即

$$\left.\begin{aligned} m &= KIt \\ V &= \omega It \end{aligned}\right\} \tag{5.3}$$

式中　m——电极上溶解或析出物质的质量（g）；

V——电极上溶解或析出物质的体积（mm^3）；

K——被电解物质的质量电化学当量[g/(A·h)]；

ω——被电解物质的体积电化学当量[mm^3/(A·h)]；

I——电解电流（A）；

t——电解时间（h）。

K 与 ω 的关系为

$$K = \omega\rho \tag{5.4}$$

式中　ρ——被电解物质的密度（g/mm^3）。

例如，当铁以 Fe^{2+} 状态溶解时，其电化学当量为：$K=1.042$g/(A·h)或 $\omega=133mm^3$/(A·h)，亦即每安培电流每小时可电解掉 1.042g 或 $133mm^3$ 的铁（铁的密度 $\rho=7.8g/mm^3$）。各种常见金属的电化学当量见表 5.4。对多元素合金，可以按元素含量的比例折算出，或由实验确定。

表 5.4　一些常见金属的电化学当量

金属名称	密度/($g\cdot cm^{-3}$)	电化学当量		
		K/[g/(A·h)]	ω/[mm^3/(A·h)]	ω/[mm^3/(A·min)]
铁	7.86	1.042（二价）	133	2.22
		0.696（三价）	89	1.48
镍	8.80	1.095	124	2.07
铜	8.93	1.188（二价）	133	2.22
钴	8.73	1.099	126	2.10
铬	6.9	0.648（三价）	94	1.56
		0.324（六价）	47	0.78
铝	2.69	0.335	124	2.07

利用法拉第电解定律（Faraday's Laws of Electrolysis）可以根据金属的电化学当量、电流

和时间计算金属的电解蚀除量，并在理论上不受电解液浓度、温度、压力、电极材料及形状等因素的影响。但在实际电解加工时，某些情况下在阳极上还可能出现其他反应，如氧气或氯气的析出，或有部分金属以高价离子溶解，从而额外地多消耗一些电荷量，所以被电解掉的金属会小于所计算的理论值。为此，引入电流效率 η，其计算式为

$$\eta = \frac{实际金属蚀除量}{理论计算蚀除量} \times 100\% \tag{5.5}$$

则实际蚀除量为

$$\left.\begin{aligned} m &= \eta K I t \\ V &= \eta \omega I t \end{aligned}\right\} \tag{5.6}$$

正常电解时，对于 NaCl 电解液，其电流效率 η 常接近 100%，但有时 η 也会大于 100%。这是由于被电解的金属材料中含有碳、Fe_3C 等难电解的微粒或产生了晶间腐蚀，在合金晶粒边缘先电解，高速流动的电解液把这些微粒成块冲刷脱落下来，从而节省了一部分电解电荷量的结果。

（2）电流密度和生产率的关系　电解加工中常用电流密度 i 来计算电解蚀除量。将 $I = iA$ 代入式（5.6），则有

$$V = \eta \omega i A t \tag{5.7}$$

式中　i——电流密度；

A——加工面积。

生产中常用阳极金属垂直于表面方向的蚀除速度来衡量生产率。由图 5.13 可知，$V = Ah$。故阳极蚀除速度为

$$v_a = \frac{h}{t} = \eta \omega i \tag{5.8}$$

由式（5.8）可知，蚀除速度与该处的电流密度成正比。电解加工的平均电流密度为 $10 \sim 100\text{A/cm}^2$，当电解液压力和流速较高时，可以选用较高的电流密度。但电流密度过高，将会出现火花放电，析出氯、氧等气体，并使电解液温度过高，甚至在间隙内造成沸腾汽化而引起局部短路。

（3）电极间隙大小和蚀除速度的关系　从实际加工中知道，电极间隙愈小，电解液的电阻也愈小，电流密度就愈大，蚀除速度就愈高。图 5.13 中设电极间隙为 Δ，电极面积为 A，电导率为 σ，则有

$$I = \frac{U_R}{R} = \frac{U_R \sigma A}{\Delta} \tag{5.9}$$

$$i = \frac{I}{A} = \frac{U_R \sigma}{\Delta} \tag{5.10}$$

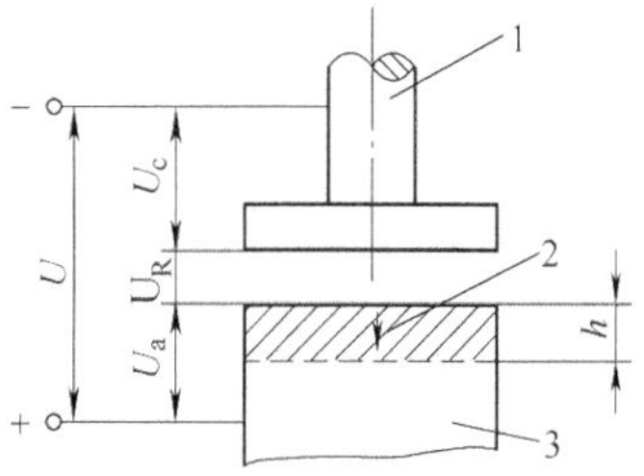

图 5.13　蚀除过程示意图

1—阴极工具　2—蚀除速度 v_a　3—工件

将式（5.10）代入式（5.8）得

$$v_a = \eta \omega \sigma \frac{U_R}{\Delta} \tag{5.11}$$

式中　σ——电导率 $[(\Omega \cdot \text{mm})^{-1}]$；

U_R——电解液的欧姆电压（V）；

Δ——电极间隙（mm）。

可见，蚀除速度与η、ω、σ、U_R成正比，而与Δ成反比。即电极间隙愈小，工件被蚀除的速度愈大。但间隙过小将引起火花放电或电解产物排出不畅，反而降低蚀除速度或易被脏物堵死而引起短路。当电解液参数、工件材料、电压等均保持不变时，即$\eta\omega\sigma U_R = C$（常数），则

$$v_a = \frac{C}{\Delta} \tag{5.12}$$

式（5.12）也可写成$C = v_a\Delta$，即蚀除速度与电极间隙的乘积为常数，此常数称为双曲线常数。v_a与Δ的双曲线关系是分析成形规律的基础。

当用固定式阴极电解扩孔或抛光时，可通过对式（5.11）的积分推导，求出电极间隙Δ与电解时间t的关系。即

$$\Delta = \sqrt{2\eta\omega\sigma U_R t + \Delta_0^2} \tag{5.13}$$

式中　Δ_0——起始间隙。

2. 电解加工间隙对成形精度的影响

影响电解加工精度的因素主要有电解加工机床误差、工件装夹误差、调整误差、测量误差和电解加工过程误差等。这里着重分析与电解加工过程本身有关的加工精度问题。电解加工精度主要取决于阴极的型面精度、复制精度以及重复精度。阴极的型面精度包括设计精度和制造精度，通常阴极设计、制造误差均应小于工件公差的四分之一；复制精度是指加工出的形状和尺寸与阴极形状和尺寸相符合的程度，研究复制精度实质上是研究工件与工具阴极之间间隙分布的规律，各处加工间隙的大小和均匀程度直接影响电解加工的复制精度；重复精度是指用同一个工具阴极加工一批工件的形状和尺寸的一致性，电极间隙（一般是指最终间隙）的稳定性直接影响电解加工的重复精度。

因此，电极间隙的状态直接影响电解加工精度。电解加工时，按测量方向可将电极间隙分为端面间隙、法向间隙和侧面间隙。加工时，工具阴极的进给速度往往影响到电极间隙大小，即影响着工件尺寸和成形精度，有必要作进一步的分析。

（1）端面平衡间隙　如图5.14所示，设加工起始间隙为Δ_0，如果阴极固定不动，电极间隙Δ将按式（5.13）的规律逐渐增加，则蚀除速度将逐渐减小。如果阴极以恒定速度v_c向工件进给，则加工间隙逐渐减小，而蚀除速度将按双曲线关系相应增大。当工件的蚀除速度v_a与阴极的进给速度v_c相等，两者将达到动态平衡。此时的电极间隙将稳定不变，称之为端面平衡间隙Δ_b，由式（5.11）可直接导出Δ_b的计算公式。即当$v_a = v_c$时，将$\Delta = \Delta_b$代入式（5.11）得端面平衡间隙为

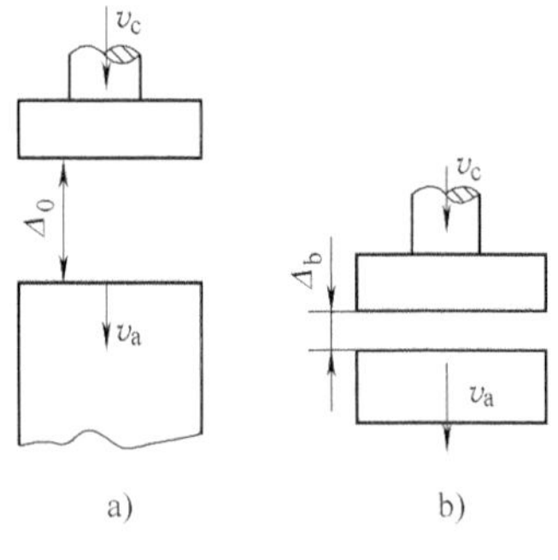

图5.14　电极间隙及其变化过程

v_a—阴极工件蚀除速度　v_c—阴极工具进给速度

Δ_0—起始间隙　Δ_b—平衡间隙

$$\Delta_b = \eta\omega\sigma\frac{U_R}{v_c} \tag{5.14}$$

可见当阴极进给速度v_c较大时，达到平衡时间隙Δ_b较小，在一定范围内它们呈双曲线关系，能互相平衡补偿。当然，v_c不能无限增加。因为当v_c过大时，Δ_b过小，将引起局部堵

塞，造成火花放电或短路。端面平衡间隙一般为 0.12 ~ 0.8mm，比较合适的为 0.25 ~ 0.3mm。实际上的端面平衡间隙，主要取决于选用的电压和进给速度。由于平衡间隙的变化，最终都导致重复精度的下降，因此现代的电解加工机床均具有直接控制各项主要参数恒定的自动控制系统。

(2) 法向平衡间隙　上述端面平衡间隙 Δ_b 是垂直于进给方向的阴极端面与工件间的间隙。若工具的端面不与进给方向垂直而成一斜角 θ，如图 5.15 所示，倾斜部分各点的法向进给分速度 v_n 为：$v_n = v_c \cos\theta$，代入式 (5.14) 即得法向平衡间隙为

$$\Delta_n = \eta\omega\sigma \frac{U_R}{v_c \cos\theta} = \frac{\Delta_b}{\cos\theta} \qquad (5.15)$$

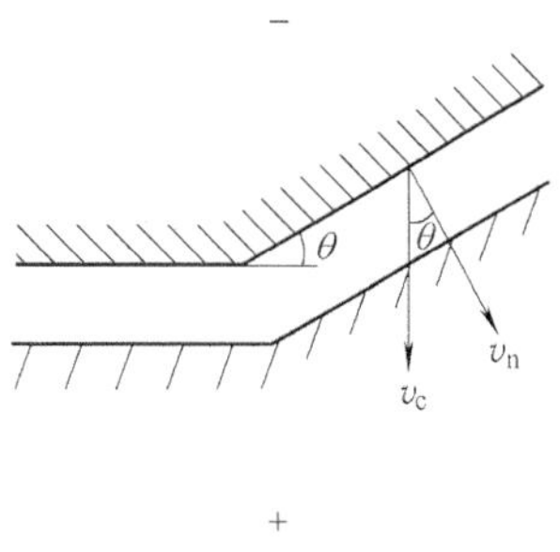

图 5.15　法向进给速度及法向间隙

由此可见，法向平衡间隙 Δ_n 比端面平衡间隙 Δ_b 大 $1/\cos\theta$ 倍。

实际上，倾斜底面上在进给方向的电极间隙往往并未达到平衡间隙 Δ_b 值。底面愈倾斜，即 θ 角越大，计算出 Δ_n 值与实际值的偏差也愈大，因此，只有当 $\theta \leqslant 45°$ 且精度要求不高时，方可采用式 (5.15) 计算。当底面较倾斜，即 $\theta > 45°$ 时，应按下述侧面间隙计算，并作适当修正。

(3) 侧面间隙　当电解加工型孔时，侧面间隙 Δ_s 是决定尺寸精度的关键。若电解液为 NaCl，阴极侧面不绝缘，则工件型孔侧壁始终处在被电解状态，势必形成“喇叭口”。在图 5.16a 中，设相应于某进给深度 $h = vt$ 处的 $\Delta_s = x$，由式 (5.11) 可知，该处在 x 方向的蚀除速度为 $\eta\omega\sigma U_R / x$，经时间 $\mathrm{d}t$ 后，该处间隙 x 将产生一个增量 $\mathrm{d}x$。即

$$\mathrm{d}x = \frac{\eta\omega\sigma U_R}{x}\mathrm{d}t$$

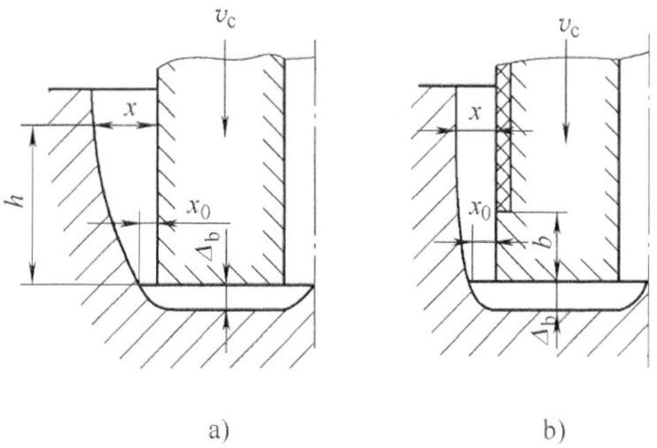

图 5.16　侧面间隙

将上式积分得

$$\int x\mathrm{d}x = \int \eta\omega\sigma U_R \mathrm{d}t$$

即

$$\frac{x^2}{2} = \eta\omega\sigma U_R t + C$$

当 $t \to 0$ 时 (即 $h = vt \to 0$ 时)，$x = x_0$ (x_0 为底侧面起始间隙)，则 $C = x_0^2/2$。

所以

$$\frac{x^2}{2} = \eta\omega\sigma U_R t + \frac{x_0^2}{2}$$

又因为 $h = v_c t$，代入上式得

$$\Delta_s = x = \sqrt{\frac{2\eta\omega\sigma U_R}{v_c}h + x_0^2} = \sqrt{2\Delta_b h + x_0^2} \qquad (5.16)$$

当工具底侧面处的圆角半径很小时，$x_0 = \Delta_b$，故式 (5.16) 可以写成

$$\Delta_s = \sqrt{2\Delta_b h + \Delta_b^2} = \Delta_b \sqrt{\frac{2h}{\Delta_b} + 1} \tag{5.17}$$

式（5.16）、式（5.17）说明，当阴极工具侧面不绝缘时，侧面任一点的间隙将随工具进给深度 h 的变化而变化，且为一抛物线关系，因此，加工出的侧面为一抛物线状的喇叭口。如果阴极侧面改为图 5.16b 那样进行绝缘，只留一高度为 b 的工作圈，则在工作圈以上的侧面不再被电解而成一直口，Δ_s与工具进给深度 h 无关，此时

$$\Delta_s = \Delta_b \sqrt{\frac{2b}{\Delta_b} + 1}$$

（4）平衡间隙理论的应用　应用上述初步的平衡间隙理论，可以在 NaCl 等强电解质电解液加工时进行以下应用：

1）计算加工过程中各种电极间隙，从而推算加工后工件的形状和尺寸。

2）根据工件的形状尺寸要求，设计工具阴极尺寸及修正量。

3）分析加工误差产生的主要原因。

4）选择合理的加工参数，如电极间隙、电源电压、进给速度等。

平衡间隙理论最重要的应用是设计阴极的尺寸和形状。通常在已知工件截形的情况下，工具阴极的侧面尺寸、端面尺寸及法向尺寸均可根据端面、侧面及法向平衡理论计算出来。对于工件上的一段曲线截形，则可根据法向平衡间隙的计算公式 $\Delta_n = \Delta_b/\cos\theta$，利用作图法将对应的工具阴极形状设计出来。这种作图设计阴极的方法称为 $\cos\theta$ 法。图 5.17 所示为用 $\cos\theta$ 作图法设计阴极。图 5.17 中 $\overline{A_1C_1} = \Delta_b$，$\overline{A_1B_1} = \Delta_b/\cos\theta_1$，$\overline{A_2C_2} = \Delta_b$，$\overline{A_2B_2} = \Delta_b/\cos\theta_2$。

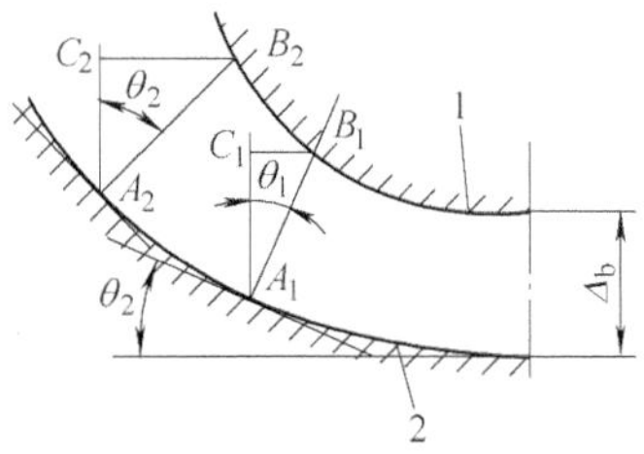

图 5.17　$\cos\theta$ 作图法设计阴极

1—阴极工具　2—工件

实际的电解加工间隙状态相当复杂，涉及电化学、电场、流场等多种因素的耦合作用。不均匀的间隙分布也使得工具的正确设计变得较困难，在实际工具制造中往往要对阴极进行多次修正。为了提高工具阴极的设计精度，缩短设计、制造周期，阴极设计数据库和有效的阴极计算机辅助设计方法已开始得到实际应用。

3. 电解加工的表面质量

电解加工是基于阳极电化学溶解原理的典型的非接触式加工，它以离子形式去除工件材料，没有切削力和切削热的作用，加工表面不会发生塑性变形，不存在残余应力、冷作硬化或表面烧伤等物理力学性能缺陷。因此，对电解加工表面质量的研究主要集中在表面粗糙度等微观几何形状误差上。影响电解加工表面质量的因素主要有：

1）工件材料的合金成分、金相组织及热处理状态对电解加工表面粗糙度的影响很大。合金成分多、杂质多、金相组织不均匀、结构较疏松、结晶粗大、晶粒不均匀等，都会造成溶解速度的差别，使得材料蚀除不均匀，导致加工后的表面不平整。例如铸铁、高碳钢的表面粗糙度就较差。可采用适当的热处理，如高温均匀化退火、球化退火，使组织均匀及晶粒细化等。

2）工艺参数对表面质量也有很大影响。一般来说，电流密度较高、加工间隙较小，有利于阳极的均匀溶解，使表面粗糙度值降低。电解液的流速过低时，由于电解产物排出不及

时，氢气泡的分布不均，或由于加工间隙内电解液的局部沸腾化，造成表面缺陷；而电解液流速过高，则有可能引起流场不均，局部形成真空而影响表面质量。电解液的温度过高，会引起阳极表面的局部剥落而造成表面缺陷；温度过低，钝化较严重，也会引起阳极表面不均匀溶解或形成黑膜。

3）工具阴极的设计与制造对表面质量也有较大影响。阴极上喷液口的设计和布局如果不合理，就会造成流场不均匀，进而影响表面质量。另外，阴极表面的条纹、划痕等会相应地复印到工件表面，所以应注意保证阴极表面的加工质量。

此外，工件表面必须除油去锈，电解液必须沉淀过滤，不含固体颗粒杂质。

5.3.4 电解加工的基本设备

电解加工的基本设备主要包括直流电源、机床本体、电解液系统和自动控制系统等。

1. 直流电源（DC Power Supply）

为保证电化学反应的正常进行，电解加工中普遍采用低压、大电流直流电源。常用的直流电源为硅整流电源及晶闸管整流电源。硅整流电源中先用变压器把380V的交流电变为低电压的交流电，而后再用大功率硅二极管将交流电变成直流。在脉冲电流电解加工时，可采用晶闸管脉冲电源。

电源的输出电压一般为8～24V，无级可调，加工电流达几千安培至几万安培，并设有火花和短路过载保护线路。

2. 机床本体

电解加工机床本体用来安装夹具、工件（阳极）与工具（阴极），实现其相对运动，并接通直流电源和电解液系统。对电解加工机床有以下要求：

1）足够的刚性。电解液有很高的压强，对机床主轴、工作台有很大的作用力，一般可达20～40kN。若机床刚性不足，就会造成机床部件的过大变形，改变工具阴极和工件的相对位置，甚至造成短路烧伤。

2）工具电极应具有稳定的进给速度。若进给速度不稳定，轻则影响加工精度，重则影响加工的顺利进行。一般进给速度变化量要求小于5%，爬行量小于0.03mm。

3）具有良好的精度。

4）防腐绝缘性能好。

5）采取必要的安全保护措施。电解加工过程中将产生大量氢气，若不能迅速排除，就有可能因火花短路等引起氢气爆炸，必须采取相应的安保措施。

3. 电解液系统

电解液系统主要由泵、电解液槽、过滤装置、管道和各种阀组成，是电解加工设备不可或缺的重要组成部分。它将电解液以给定的压力和流量供给加工区，并保持电解液的温度、浓度、pH值等相对稳定；同时通过过滤和循环系统不断地净化电解液，保证加工过程的正常进行。由于电解液一般具有腐蚀性，因此对电解液系统的耐腐蚀性和密封性要求较高。

4. 自动控制系统（Automatic Control System）

电解加工设备的自动控制系统，由CNC控制、单参数恒定控制及多参数自适应控制、保护连锁控制等组成。

5. 其他方面

夹具和工具应具有足够的刚度、正确和可靠的定位装夹方式，以及良好、可靠的耐腐、绝缘措施等。

5.3.5 电解加工新工艺

电解加工的效率高，但精度较差。因此，为提高电解加工精度，近年来出现了一系列新的电解加工工艺方法，获得了良好的应用效果。

1. 脉冲电流电解加工（Impulse Current Electrolytic Machining）

采用脉冲电流电解加工可以明显地提高加工精度、表面质量和稳定性，在生产中已得到日益广泛的应用。采用脉冲电流电解加工能够提高加工精度的原因主要有：

1）脉冲电流可大幅度减小加工间隙内电解液电导率的不均匀化程度。加工区内阳极溶解速度不均匀是产生加工误差的根源。由于阴极析氢，在阴极附近将产生一层含有氢气气泡的电解液层。由于电解液的流动，气泡在电解液内的分布是不均匀的。在电解液入口处的阴极附近，几乎没有氢气气泡；而远离电解液入口处的阴极附近，电解液中所含氢气气泡非常多。其结果将对电解液流动的速度、压力、温度和密度等特性有很大影响。这些特性的变化又集中反映在电解液电导率的变化上，造成工件各处电化学阳极溶解速度不均匀，从而形成加工误差。采用脉冲电流电解加工就可以在脉冲间隔时间内，通过电解液的流动与冲刷，使间隙内电解液的电导率分布基本均匀。

2）脉冲电流电解加工使阴极在电化学反应中析出的氢气是断续的，呈脉冲状。它可以对电解液起搅拌作用，有利于电解产物的去除，提高电解加工精度。

脉冲电流电解加工已成为电解加工的重要方法，尤其是在微细电化学加工领域，随着超短脉冲纳秒级脉冲电源的出现和被采用，较好地解决了电解加工的定域性问题，已可实现纳米尺度的微细电解加工。

2. 小间隙电解加工（Small Gap Electrolytic Machining）

由式（5.12）$v_a = C/\Delta$ 可知，工件材料的蚀除速度 v_a 与电极间隙 Δ 成反比。在实际加工中由于余量分布不均，以及加工前零件表面微观不平度等的影响，各处的电极间隙是不均匀的。以图 5.18 中用平面阴极加工平面为例来分析。设工件最大的不平度为 δ，则凸出部位的电极间隙为 Δ，设其去除速度为 v_a，低凹部位的电极间隙为 $\Delta+\delta$，设其蚀除速度为 v_a'，按式（5.12），则

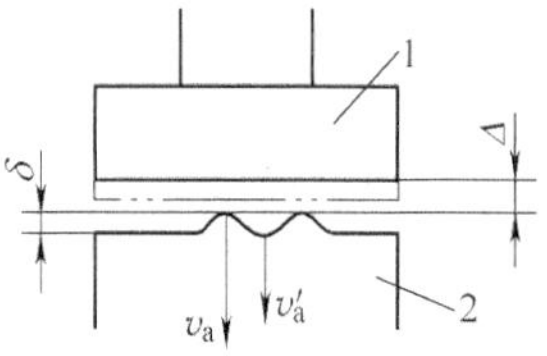

图 5.18　余量不均匀时电解加工示意图

1—工具　2—工件

$$v_a = \frac{C}{\Delta};\ v_a' = \frac{C}{\Delta+\delta}$$

两处蚀除速度之比为

$$\frac{v_a}{v_a'} = \frac{\dfrac{C}{\Delta}}{\dfrac{C}{\Delta+\delta}} = \frac{\Delta+\delta}{\Delta} = 1 + \frac{\delta}{\Delta} \tag{5.18}$$

由此可见，如果电极间隙 Δ 小，则 δ/Δ 的比值增大，凸出部位的去除速度将大大高于

低凹处，从而提高了整平效果和加工精度。对侧面间隙的分析也可得出相同结论。由式$\Delta_s = \sqrt{2h\Delta_b + \Delta_b^2}$可知，侧面间隙$\Delta_s$随加工深度$h$的变化而变化，间隙$\Delta_b$愈小，侧面间隙$\Delta_s$的变化也愈小，孔的成形精度也愈高。

采用小间隙加工，对提高电解加工精度和加工效率都是有利的。但随着电极间隙的减小，电极间隙的电场、流场特性将更加复杂，特别是电极间隙内电解液的流动，以及电化学产物的排出比较困难，使得加工过程容易发生短路等故障。因此，小间隙电解加工时，对机床的刚度、传动精度、电解液系统所能提供的压力、流速以及过滤情况等有更高的要求。

3. 混气电解加工（Mixed Gas Electrolysis Machining）

混气电解加工是指在电解液中均匀混入一定压力的气体，使电解液成为包含无数气泡的气液混合物的电解加工方法。该方法可以提高成形加工精度并简化工具电极的设计制造。混气电解加工能提高加工精度的原因主要有：

1）有利于提高加工精度。气泡的混入增加了电解液的电阻率，减少杂散腐蚀，使电解液向非线性方向转化。间隙内的电阻率随着压力的变化而变化，一般间隙小处压力高，气泡体积小，电阻率较低，电解作用强；间隙大处刚好相反，电解作用弱。

2）有利于改善间隙流场状态，提高加工稳定性。由于气体的密度和粘度远小于液体，因此混气电解液的密度和粘度大大降低，使得电解液在低压下能获得较大的流速，高速流动的气泡还可起到搅拌作用，均匀流场，消除死水区，减轻浓差极化，减少短路发生的可能性，提高加工稳定性。

由于混气电解液的非线性特征，使得其具有很高的成形复制精度，这大大地降低了工具阴极的设计难度。当然，由于混气后电解液的电阻率显著增加，使得在同样的加工电压和加工间隙条件下电流密度显著降低，其加工效率较不混气时将降低1/3～1/2。但由于其缩短了阴极的设计与制造周期，提高了加工精度，因此其总体生产率还是有所提高的。

与普通电解加工相比，采用混气电解加工的加工精度高，重复精度达±0.05～±0.15mm，杂散腐蚀小，表面粗糙度值小，加工圆角半径小。采用$NaNO_3$电解液和复合电解液进行混气电解加工则加工精度更高。

5.3.6　电解加工的应用

随着电解加工的机床、电源、电解液、自动控制系统、工具阴极的设计制造水平及加工工艺等的不断进步和发展，电解加工的范围也随之不断地扩大。下面介绍几种电解加工的典型应用实例。

1. 深孔和深小孔加工

（1）深孔扩孔加工　深孔扩孔电解加工时，按工具阴极的运动方式不同可分为固定式和移动式两种。

固定式即工件和阴极间没有相对运动，如图5.19所示。其优点是：设备简单，生产率高，操作简便。但所需电源功率较大，在进出口处由于温度及电解产物含量等不相同，易引起加工表面粗糙度和加工精度不均匀一致。因此，固定式电解加工适合于对孔径较小、深度不大的工件的加工。

移动式加工通常多采用卧式，阴极在零件内孔作轴向移动。其特点是：阴极较短，精度要求较低，制造简单，不受电源功率的限制。但在工件两端由于加工面积不断变化而引起电

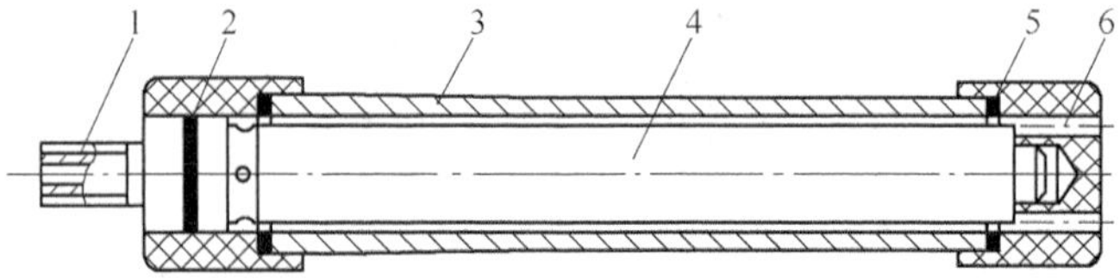

图 5.19　固定式阴极深孔扩孔原理图

1—电解液入口　2—绝缘定位套　3—工件　4—工具阴极　5—密封垫　6—电解液出口

流密度的变化，会出现收口和喇叭口，需采取自动控制措施。该方法主要用于深孔加工。在工具电极移动的同时，再作旋转，可加工内孔膛线。图 5.20 所示为深孔扩孔用的移动式阴极，阴极锥体 2 用黄铜或不锈钢等导电材料制成。非工作面用有机玻璃或环氧树脂等绝缘材料遮盖起来。前引导 4 和后引导 1 起绝缘和定位作用，电解液从接头 6 引进，从出水孔 3 喷出，经过一段导流，进入加工区。

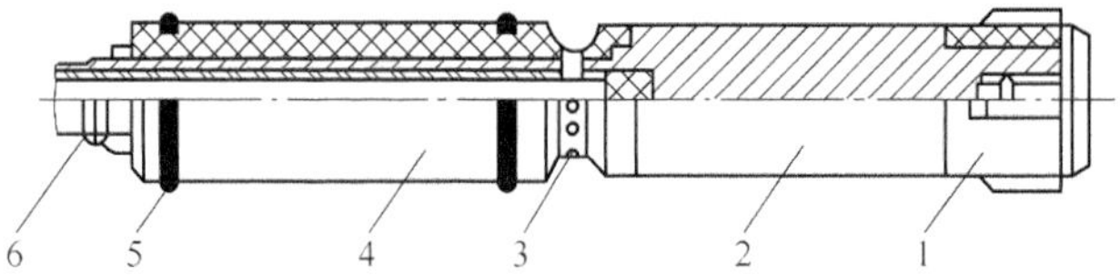

图 5.20　深孔扩孔用的移动式阴极

1—后引导　2—阴极锥体　3—出水孔　4—前引导　5—密封圈　6—接头及入水孔

（2）深小孔加工　电解加工深小孔主要有两种方法，即普通电解加工和电液束加工。

1）普通电解加工。采用管状阴极加工深小孔的普通电解加工如图 5.21 所示。以常用的 NaCl、$NaNO_3$或 $NaClO_3$等水溶液为电解液，工具阴极采用不锈钢管制成，外周涂覆绝缘层，保护工件侧壁，可加工深径比较小、孔径精度要求较低的深小孔。

2）电液束加工。电液束加工装置如图 5.22 所示。喷嘴内设有阴极，电解液通过绝缘喷嘴高速喷出，形成电解液束流。电解液束流通过阴极时带负电，当喷向工件时，在工件喷射点上产生阳极溶解，并随着阴极进给不断溶解成深小孔。电液束加工适合于加工 ϕ0.8mm 以下，50∶1 以上深径比的深小孔，孔径精度达 ±0.025mm。

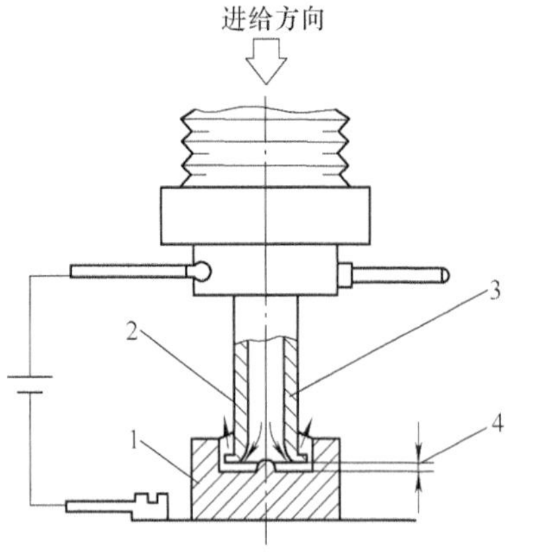

图 5.21　普通电解加工深小孔示意图

1—工件　2—绝缘层　3—管状阴极　4—包极间隙

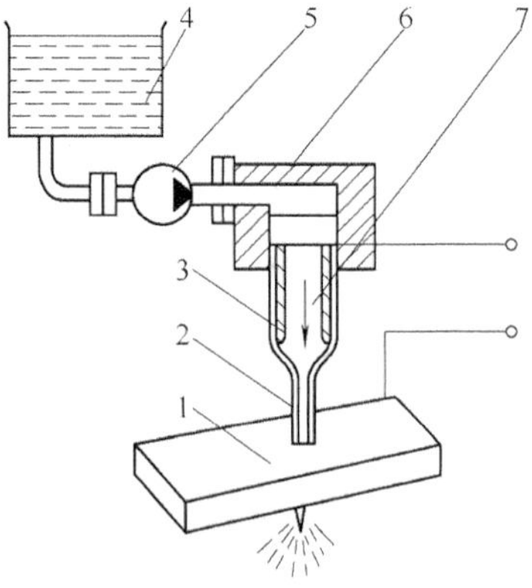

图 5.22　电液束装置

1—工件　2—绝缘管　3—阴极　4—电解液箱

5—高压泵　6—检验及进给装置　7—电解液

2. 型孔、套料加工

（1）型孔加工　对一些形状复杂、尺寸较小的四方、六方、椭圆、半圆等形状的通孔和盲孔，机械加工非常困难，可采用电解加工。图 5.23 所示为端面进给式型孔加工示意图。为了提高加工速度，可适当增加端面工作面积。图 5.24 所示为喷油嘴内圆弧槽加工示意图。

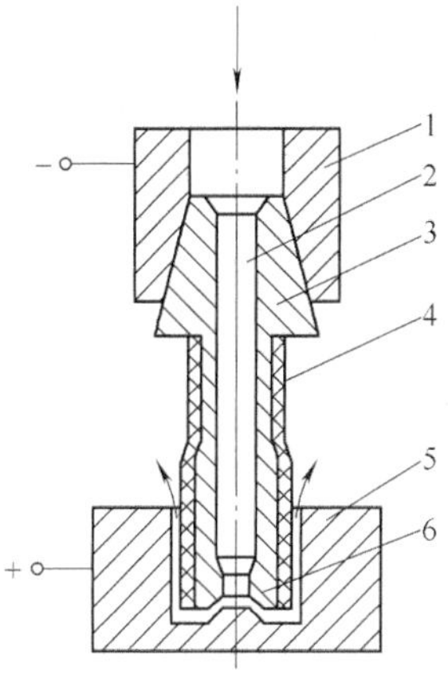

图 5.23　端面进给式型孔加工示意图
1—机床主轴套　2—进水孔　3—阴极主体
4—绝缘层　5—工件　6—工作端面

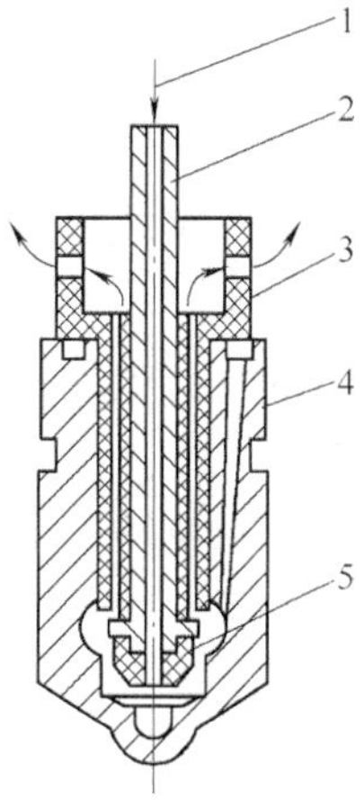

图 5.24　喷油嘴内圆弧槽的加工示意图
1—电解液　2—工具阴极　3—绝缘层
4—工件阳极　5—绝缘层

（2）套料加工　用套料加工方法可以加工等截面的大面积异形孔或用于等截面薄形零件的下料。如图 5.25 所示的异形零件，采用如图 5.26 所示的套料阴极则可方便地进行套料加工。阴极片为 0.5mm 厚的纯铜片，用软钎焊焊在阴极体上，零件尺寸精度由阴极片内腔口保证。

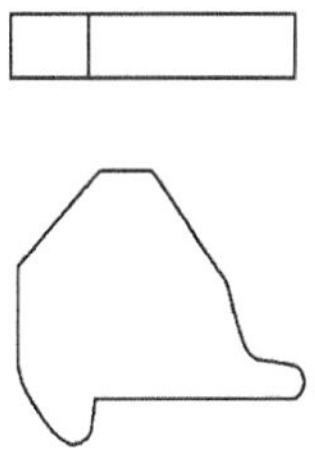

图 5.25　异形零件

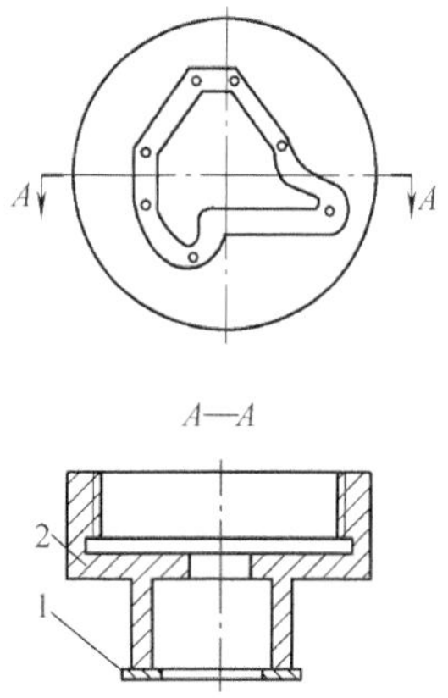

图 5.26　套料阴极工具
1—阴极片　2—阴极体

3. 型腔、型面加工

（1）型腔加工　目前锻模、辊锻模等型腔模，大多采用电火花加工，其加工精度较容易控制，但生产率较低。因此对模具消耗量较大，精度要求一般的矿山机械、拖拉机零部件等的模具制造，采用电解加工是较为合适的。目前实际采用的电解加工主要方法有：非线性电解液、反向流动加工；线性电解液、低压混气加工；非线性电解液、高压混气加工；脉冲电流、振动进给加工等。电解加工锻模可获得较高的生产率和较小的表面粗糙度值，其尺寸精度为 ±0.15 ~ ±0.3mm。采用混气电解加工锻模，可大大简化阴极工具设计，且加工精度可以控制在 ±0.1mm 之内。

（2）型面加工　涡轮发动机、增压器、汽轮机等的叶片，是典型的异形零件。其型面形状复杂，精度要求高，且材料多为耐热或高温合金钢，传统的机械加工难度较大。采用电解加工，在一次行程中就可加工出复杂的叶身型面，生产率高、表面粗糙度值小，因此在生产上已获得普遍的应用。例如，采用套料方法电解加工整体叶轮时，只要把叶轮坯加工好后，就可直接在轮坯上电解加工叶片，加工周期可大大缩短，叶轮强度高，质量好。

4. 电解倒棱去毛刺

机械加工中去毛刺的工作量很大，尤其是去除硬而韧的金属毛刺，费时费事。电解倒棱去毛刺不仅省工、省时、减轻劳动强度、快速高效，而且可对传统加工方法难以或无法加工的部位进行倒棱去毛刺。图 5.27 所示为孔边电解倒角去毛刺示意图。阴极上设有通液孔，阴极底面涂有绝缘层，以避免工件表面的腐蚀。通液孔径须大于工件孔，才能得到规定的倒角尺寸。

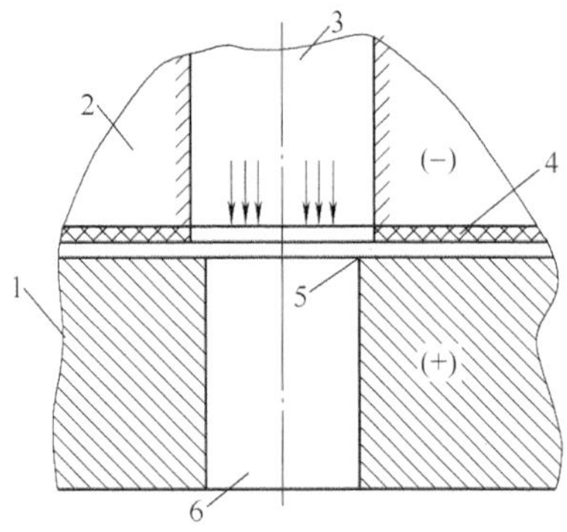

图 5.27　孔边电解倒角去毛刺示意图

1—工件　2—阴极　3—通液孔
4—绝缘层　5—毛刺　6—工件孔

5. 电解抛光

电解抛光是一种表面电化学光整加工方法，用于改善工件的表面粗糙度和表面物理力学性能，而不用于对工件进行形状和尺寸加工。

（1）电解抛光的特点

1）与电解加工的主要区别在于：电极间隙大，电流密度较小，电解液一般不流动，必要时搅拌即可，抛光用阴极，设备简单。

2）电解抛光效率较机械抛光高，不受被加工材料的硬度、强度等性能限制，因而应用广泛。

3）抛光后表面常常生成致密牢固的氧化膜等膜层，且不会产生加工变质层和新的残余应力。

（2）影响抛光质量的因素

1）电解液的成分、比例对抛光质量有着决定性的影响。

2）电参数，主要是阳极电位和阳极电流密度。

3）电解液的温度及其搅拌情况。

4）表面层的金相组织与原始状态。金属组织愈均匀、细密，其抛光效果愈好。对于合金，要选择对合金成分均匀溶解的电解液。表面层预加工状况对于抛光质量也有较大影响，表面粗糙度 Ra 值达到 2.5 ~ 0.8μm 时，电解抛光才有效果；加工到 Ra0.63 ~ 0.20μm 时，则更有利于电解抛光。用硫酸、磷酸、铬酐等复合电解液，可进行小余量抛光；用氯化钠电解液，可进行大余量抛光。抛光前，表面应去掉油污、变质层等。

除此以外，电解抛光的持续时间、阴极材料及形状、极间距离等对抛光质量均有一定影响。

电解加工还可用于工件上刻印文字或标记等方面，即所谓的电解刻印（Electrolytic Marking），具有经济、迅速的特点。

另外电解加工与其他加工方法相结合的电解复合加工，如电解磨削、电解擦削、电解珩磨、电解研磨、超声电解加工、电解电火花研磨加工等方法在硬质合金刀具、量具、模具及特殊零件加工方面显示出很好的综合应用效果，发展、应用也非常迅速。

5.4 阴极沉积加工

利用电化学原理对材料进行加工时，除利用阳极溶解原理的电解去除加工外，利用电化学阴极沉积原理的增材加工，如电镀、电铸等也是电化学加工的主要方式。

电铸、电刷镀和复合镀在原理和本质上都属于电镀工艺的范畴，都是利用电镀液的金属正离子在电场作用下镀覆沉积到工件阴极上去的过程，因而均属于增材加工。但它们之间也有明显的区别，见表5.5。

表5.5 电镀、电铸、电刷镀和复合镀的主要区别

	电 镀	电 铸	电 刷 镀	复 合 镀
工艺目的	表面装饰、防锈蚀	复制、成形加工	增大尺寸，改善表面性能	电镀耐磨镀层等功能镀层；制造超硬砂轮或磨具，电镀带有硬质磨料的特殊复合层表面
镀层厚度	0.001～0.05mm	0.05～5mm或以上	0.001～0.5mm或以上	0.05～1mm以上
精度要求	只要求表面光亮，光滑	有尺寸及形状精度要求	有尺寸及形状精度要求	有尺寸及形状精度要求
镀层牢度	要求与工件牢固粘结	要求与原模能分离	要求与工件牢固粘结	要求与机体牢固粘结
阳极材料	用镀层金属同一材料	用镀层金属同一材料	用石墨、铂等钝性材料	用镀层金属同一材料
镀液	用自配的电镀液	用自配的电镀液	按被镀金属层选用现成供应的涂镀液	用自配的电镀液
工作方式	需要镀槽。工件浸泡在镀液中，与阳极无相对运动	需用镀槽。工件与阳极可相对运动或静止不动	不需镀槽。镀液浇注或含吸在相对运动着的工件和阳极之间	可采用镀槽或其他方式，如镀、电铸、电刷镀等

5.4.1 电铸加工

1. 电铸加工的基本原理

电铸又称为快速电镀，其加工原理如图5.28所示。用导电的原模作阴极，用电铸的金属（如纯铜）作阳极，用电铸材料的金属盐（如硫酸铜）溶液作电铸溶液。在直流电源的作用下，电铸溶液中的金属阳离子在阴极上还原成金属，沉积于原模表面，而阳极金属则源源不断地变成金属离子溶解到电铸液中进行补充，使溶液中金属离子的浓度基本保持不变。当阴极原模电铸层逐渐达到要求的厚度时，与原模分离，即可获得与原模型面凹凸相反的电铸件。

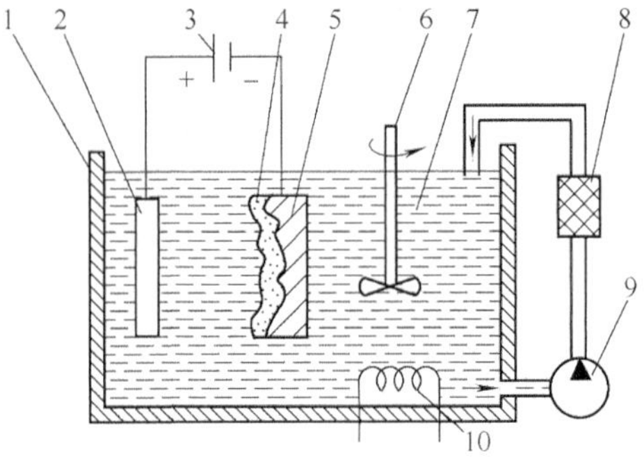

图 5.28　电铸原理图

1—电镀槽　2—阳极　3—直流电源　4—电铸层　5—原模（阴极）
6—搅拌器　7—电铸液　8—过滤器　9—泵　10—加热器

2. 电铸加工的特点和应用范围

（1）电铸加工的主要特点

1）能准确、精密地复制复杂型面和微细纹路。

2）能获得尺寸精度高、表面粗糙度值小的复制品，同一原模生产的电铸件一致性极好。

3）借助石膏、石蜡、环氧树脂等作为原模材料，或直接利用金属原模，可进行复杂零件内、外表面的复制，然后再电铸复制，适应性广泛。

4）通过改变电铸液成分、工作条件及使用添加剂，可获得不同性能要求的电铸层。

5）电铸也存在诸如生产周期长、尖角或凹槽部分铸层不均匀等方面的缺点。

（2）电铸加工的应用范围

1）复制精细的表面轮廓花纹，如唱片模、工艺美术品模、纸币、证券、邮票的印刷版等。

2）复制注射用的模具、电火花型腔加工用的工具电极。

3）制造复杂、高精度的空心零件和薄壁零件，如波导管等。

4）制造表面粗糙度标准样块，反光镜、表盘、异形孔喷嘴等特殊零件。

3. 电铸加工基本设备

电铸的基本设备主要包括：

（1）电铸槽　电铸槽的材料应选用不与电铸溶液起作用而引起腐蚀的材料。外框一般用钢板焊接，内衬铅板、橡胶、聚氯乙烯薄板或其他塑料。小型槽可用陶瓷、玻璃或搪瓷制品，大型的可用耐酸砖衬里的水泥槽。

（2）直流电源　通常采用低电压、大电流，电压为 3～20V 可调，电流密度为 15～30A/dm^2。一般常用硅整流或晶闸管直流电源。

（3）搅拌和循环过滤系统　搅拌的作用可降低浓差极化，加大电流密度，提高加工质量和生产率。搅拌的方法有循环过滤法、压缩空气法、超声振动法和机械法等。

循环过滤的作用是除去溶液中的固体杂质微粒，常用玻璃棉、丙纶丝、泡沫塑料或滤纸芯筒等过滤材料，过滤速度以每小时能更换循环 2～4 次镀液为宜。

（4）加热和冷却装置　由于电铸所需时间较长，在电铸期间要保持电铸液温度基本不变，故需要加热或冷却进行恒温控制。加热的方式有蒸汽、热水、电热或煤气加热。冷却可采用水冷或冷冻机吹风方法。

4. 电铸加工的工艺过程

电铸的主要工艺过程如图5.29所示。

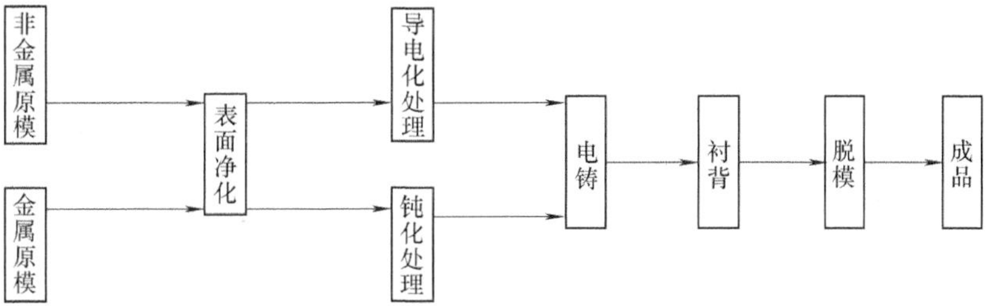

图5.29　电铸的主要工艺过程

（1）原模的材料与设计　制造合格的原模是电铸的第一步。原模按使用次数可以分为临时性原模和耐久性原模。通常，要求精度高、表面粗糙度值小、批量生产时，选用耐久性原模；当精度和表面粗糙度要求不高，或形状复杂、脱模困难时，选用临时性原模。原模的材料可以是不锈钢、碳钢、合金等金属材料，也可以是石膏、石蜡、环氧树脂等非金属材料。若以非金属材料作为原模时，应对其表面作导电化处理。

原模设计时，必须考虑工件的结构、精度、可加工性及脱模工艺等因素。例如，内外棱角应采取尽可能大的过渡圆弧，以免电铸层内棱角处太薄，而外棱角处太厚；原模长度应大于工件长度，即留有8～12mm的加工余量；对耐久性原模，脱模斜度一般为1°～3°；考虑顺利脱模，原模表面粗糙度值要小于$Ra0.4 \sim 0.2\mu m$；外形复杂不能整体脱模的零件，应选用临时性原模或组合式原模等。

（2）原模电铸前的预处理　电铸前预处理的目的是使原模能够电镀和电铸后的工件能顺利脱模。

1）清洗处理。原模电铸前必须进行清洗，以便去掉表面的脏物或油污，保证正常电铸。清洗的方法有有机剂清洗、酸洗、碱洗、阴极电解清洗等。由于电铸有精度和表面粗糙度要求，所以不可用苛性碱或浓酸清洗，以确保原模不受腐蚀。

2）钝化处理。金属原模一般采用在重铬酸盐溶液中进行钝化处理，使之形成不太牢固的钝化膜，以便于电铸后易于脱模。在耐久性原模中，镍及其合金必须钝化；不锈钢和镀铬的原模，由于本身具有钝化膜，故不必再钝化处理。在临时性原模中，铝原模电铸前宜浸锌，预镀铜，以防止原模在电铸液中被腐蚀。对低熔点合金的原模可涂石墨，以免锡粘在电铸件表面上。

3）导电化处理。对非金属原模的表面，电铸前必须进行导电化处理。常用的方法有：以极细的石墨、铜粉或银粉混合少量胶粘剂做成导电胶，均匀涂覆在原模表面上；用真空镀膜或阴极溅射（离子镀）法使表面覆盖一薄层金、银或铂的金属膜；用化学镀的方法，在非金属表面镀上一层银、铜或镍。

（3）电铸　由于电铸层一般较厚，又有物理力学性能等要求，所以要求电铸液沉积速度快，成分简单，便于控制，均镀能力强及净化处理要求高。

电铸常用的金属有铜、镍和铁三种。电铸铜常用的溶液有硫酸盐、氟硼酸盐和焦磷酸盐溶液；电铸镍常用的溶液有硫酸盐、氟硼酸盐和氨基磺酸盐溶液；电铸铁溶液主要有氯化物和氟硼酸盐溶液。

电铸通常生产率较低，时间较长。电流密度过大易使沉积金属的结晶粗大，强度低。一般每小时电铸金属层 0.02 ~0.5mm。

为了保证电铸质量，在电铸过程中要进行连续过滤，并搅拌电铸液。同时要严格控制镀液成分、浓度、pH 值、温度、电流密度等参数，以免电铸层内应力过大导致变形、起皱、开裂或剥落。通常开始时电流宜稍小，以后逐渐增加，中途不宜断电，以免分层。

为了保证电铸层厚薄均匀，对电铸件凸出部分应加屏蔽，凹入部分要加装辅助阳极。

（4）衬背（backing）和脱模（demolding） 某些电铸件，如塑料模具和翻制印制电路板，电铸成形之后需要用其他材料作衬背处理，然后再机械加工到一定尺寸。塑料模具电铸件的衬背方法常为浇铸铝或铅锡合金，印制电路板则常用热固性塑料等。

电铸件与原模的脱模方法有敲打法、加热或冷却胀缩分离法、加热熔化法、化学溶解法及薄刃撕剥法等。

（5）电铸加工的应用 电铸具有极高的复制精度和重复精度，已在航空、仪器仪表、精密机械、模具制造等方面发挥日益重要的作用。

图 5.30 所示为精密微细喷嘴内孔制造过程的示意图。由于喷嘴内孔为微细孔（孔径为 0.2 ~0.5mm），且内孔要求镀铬，采用传统加工方法比较困难。由图 5.30 可知，首先精密车削黄铜型芯，用硬质铬酸进行电沉积，再电铸上一层金属镍，最后将电铸件浸入硝酸类溶液中，溶去黄铜型芯，且不浸蚀镀铬层，因而可得到具有光洁内孔表面硬铬层的精密喷嘴。

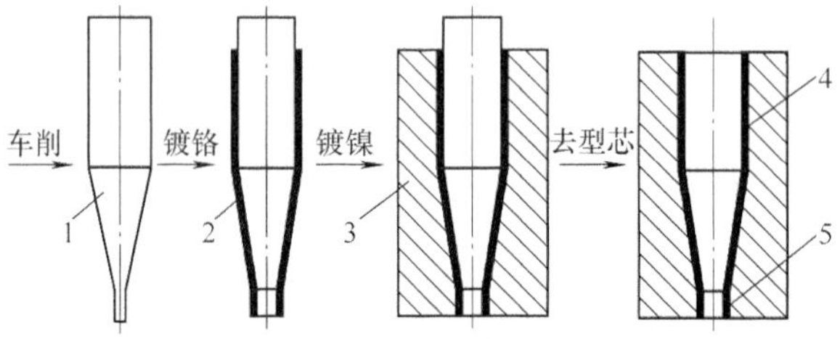

图 5.30 精密微细喷嘴内孔制造过程

1—型芯 2—镀铬层 3—镀镍层 4—内孔镀铬层 5—精密喷嘴

5.4.2 电刷镀加工

1. 电刷镀加工的基本原理

电刷镀（Brush Plating）又称涂镀、刷镀或无槽电镀，是在金属工件表面局部快速电化学沉积金属的新技术，是再制造工程（Remanufacturing Engineering）领域的重要加工技术之一，图 5.31 所示为电刷镀加工原理图。工件接直流电源的负极，镀笔接电源正极，镀笔端部的不溶性石墨电极用外包尼龙布的脱脂棉套包住，并饱蘸镀液（也有加工时直接浇注镀液的），多余的镀液流回容器。刷镀时使浸满镀液的镀笔以一定的相对运动速度在工件表面上移动，并保持适当的压力。在镀笔与工件接触的部位，镀液中的金属离子在电场力的作用下扩散到工件表面，并在工件表面获得电子，被还原成金属原子，结晶成镀层，其厚度可达0.001～0.5mm。

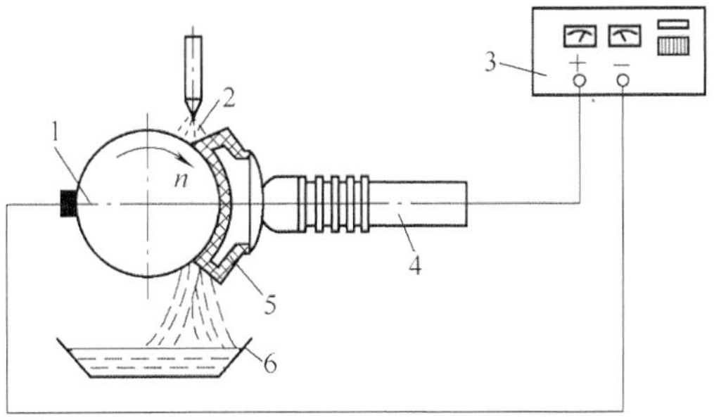

图5.31 电刷镀加工原理

1—工件 2—镀液 3—电源 4—镀笔 5—棉套 6—容器

2. 电刷镀加工的特点和应用范围

电刷镀技术具有无需镀槽、设备轻便、工艺灵活、沉积速度快、镀层种类多、组织致密、结合强度高、适用范围广、镀液稳定、对环境污染小、经济效益高等特点，是机械零件修复和强化的有效手段，尤其适用于大型机械零件的不解体现场修理或野外抢修。但电刷镀一般需要人工操作，劳动强度较大。

电刷镀技术的主要应用范围为：

1）修复零件磨损表面，实施超差产品补救。

2）填补零件表面上的划伤、凹坑、斑蚀等缺陷。

3）大型、复杂、单个小批工件的表面局部镀镍、铜、锌、镉、钨、金、银等防腐层，改善表面性能。

3. 电刷镀设备及镀液

（1）电源 电刷镀与电解、电镀等所用直流电源基本类似。一般电压为3～30V无级可调，电流为30～100A，视所需功率而定。电源上应装有安培小时计，以便自动监控镀层的厚度。直流电源的输出极性应能方便地改变，以便镀前对工件进行活化处理。电源中应有短路快速切断保护和过载保护功能，以防止电刷镀过程中工件偶尔短路而发生损伤或报废事故。

（2）镀笔 镀笔由手柄和阳极两部分组成。阳极采用由不溶性高纯细石墨制成的石墨块，根据工件被镀表面形状选择各种样式的石墨阳极块。在石墨块外面需包裹上一层脱脂棉和一层耐磨的涤棉套。棉花的作用是饱吸贮存镀液，并防止阳极与工件直接接触形成短路和防止阳极上脱落下来的石墨微粒进入镀液。

对窄缝、狭槽、小孔、深孔等表面的电刷镀，可用铂铱合金、不锈钢等做阳极，以提高阳极强度。

（3）镀液 根据所镀金属和用途的不同，镀液有许多种。电刷镀溶液中金属离子含量高，比槽镀高2～5倍，且大多为金属络合物的水溶液，镀液性能稳定。为了对被镀表面进行预处理，镀液中还包括电净液和活化液等。

（4）回转台 回转台可用旧车床进行改造，以实现回转体工作表面的电刷镀。

4. 电刷镀加工的工艺过程

电刷镀加工的整个工艺过程包括镀前表面预加工、除油除锈、电净、活化处理、镀底层、镀工作层（工作层较厚时，要另镀其他金属层交替进行）和镀后清洗、防锈处理等。

（1）表面预加工　去除表面上的毛刺、不平度及疲劳缺陷层，达到基本光整，表面粗糙度值至 $Ra2.5\mu m$ 甚至更小。对深的划伤和腐蚀斑坑要用锉刀、磨条、油石等修整，露出基体金属。

（2）清洗除油、除锈　锈蚀严重的可用喷砂、砂布打磨，油污用少量汽油、丙酮或水基清洗剂擦洗。

（3）电净处理　大多数金属都需用电净液进行电净处理，以进一步除去微观上的油、污，并用水冲洗。电净有色金属和易氢脆的超高强度钢时，工件接正极，使表面阳极溶解；其他钢材的工件接阴极，电净时间为 15～30s。

（4）活化处理　去除工件表面氧化膜、钝化膜或析出的炭黑。活化时间需 30s 左右，活化良好的工件表面应呈均匀银灰色，无花斑，活化后用水冲洗。

（5）镀底层　先用特殊镍、碱铜或低氢脆镉镀液预镀一薄层底层，厚度约为 0.001～0.002mm。

（6）镀尺寸镀层和工作镀层　由于单一金属的镀层随厚度的增加内应力也在增大，结晶变粗，强度降低，过厚时将开裂或剥落。一般单一镀层不能超过 0.03～0.05mm 的安全厚度，快速镍和高速铜不能超过 0.3～0.5mm。如果待镀工件的磨损量较大，则需先刷镀尺寸镀层，最后才镀一层满足工件表面性能要求的工作镀层。

（7）镀后清洗　用自来水彻底清洗已镀表面及邻近部位，用压缩空气或用热风机吹干，并涂上防锈油或防锈液。

5. 电刷镀加工技术的应用与发展

（1）机械零部件损伤的修复　机械零部件的损伤主要有磨损、划伤、锈蚀、凹坑等形式。例如，长 5.7m、重 1.6t 的主轴磨损，长 12m、直径 2m、重 120t 的水轮机发电机主轴的超差，T612A 镗床侧壁导轨被划伤（长 1470mm、深 0.3mm）等，均采用了电刷镀技术进行修复，效果良好，取得较好的技术经济效益。

作为零件的尺寸修复，常选用高速碱铜镀层、致密快速镍镀层等。

（2）改善机械零件表面粗糙度及物理化学性能　例如，在普通碳钢制造的聚氯乙烯塑料模具表面上刷镀 3～10μm 的镍，经过抛光后可使表面粗糙度 Ra 值由原来的 1.5μm 减小到 0.1μm，模具表面呈镜面光泽，提高了制品的质量，减小了注射时的摩擦和磨损。而且由于镀镍层对高温注射时分解出的腐蚀性气体具有良好的抗腐蚀性能，从而大大提高了模具的寿命。目前已有光亮镀层，如镜面镍等。

又如在大型船舶和潜艇的重载齿轮表面刷镀 4～8μm 的铟镀层，可大幅度降低摩擦损耗，提高齿面抗咬合性能，延缓维修周期，经济效益明显。

（3）电刷镀技术的发展　电刷镀技术是近年来发展起来的新技术。有关电刷镀技术的研究和应用正日益深入和扩大。例如，近来研制的 Co-Ni-P 系列电刷镀非晶态镀层在常温和较高温度下具有较高的硬度和良好的耐磨性；电刷镀复合镀层具有良好的综合性能和发展前景；采用摩擦电喷镀技术获得的镀层具有组织致密、晶粒细化、力学性能良好的优点；电刷镀与其他表面技术的复合可获得一些特殊功能的镀层等。

5.4.3 复合镀加工

复合镀（Combined Coating）是指通过金属电沉积的方法，将一种或数种不溶性固体微粒，均匀地夹杂到基质金属镀层中形成的特殊镀层。由于复合镀层具有比一般镀层更优越的使用性能（如耐磨损、自润滑、耐腐蚀、抗高温氧化等），因而研制开发复合镀层已成为现代功能电镀发展的一个重要方向，并在工业生产中获得较为广泛的应用。例如，早在1966年德国已成功地将Ni-SiC复合镀层用于转子发动机缸体型面及部分冲压模具表面处理方面。在英国、日本研制的$Co-Cr_3C_2$复合镀层在干燥空气中大约800℃条件下仍具有优良的耐磨性和抗高温氧化性能，并用于飞机发动机零件的电镀。

复合镀层的基质金属常选用Ni、Co、Cr、Ni-P、Ni-B、Ni-Co、Fe、Cu、Pb、Sn等，其中镍基复合镀层应用较广。

复合镀层中加入的不溶性固体微粒称为分散剂。用作耐磨复合镀层的分散剂主要有SiC、TiC、WC、Al_2O_3等；用作减摩复合镀层的分散剂主要有MoS_2、WS_2、石墨、氟化石墨、云母等；用作磨具复合镀层的分散剂主要有粒度为F240～F360的人造金刚石及立方氮化硼微粉；用作结构材料复合镀层的增强纤维有α-Al_2O_3晶须、SiC晶须及石墨纤维、硼纤维等。

分散剂的粒度一般在几微米到几十微米，尺寸太大不利于悬浮、吸附和复合沉积；尺寸太小容易凝聚成团，故粒度常选择1～10μm。最新研究表明，纳米材料是优良的分散剂，可望将复合镀层提高到一个新水平。

分散剂的加入量直接影响复合镀层工艺质量和镀层性能，通常为每升几十克。分散剂应经过表面酸洗和蒸馏水漂洗几遍。对于憎水性微粒，由于不易在镀液中混合和吸附，所以必须用表面活性剂处理后才能使用。

复合镀层的制备方法主要有电镀、电刷镀、电铸及化学镀等。采用复合镀技术制备复合材料具有无需高温、设备投资少、工艺灵便、镀层种类多、适用范围广、经济效益显著等特点。随着对复合镀技术中有关微粒共沉积机理、强化机理及应用研究的不断深入，复合镀技术作为一项新的表面工程技术必将在工业生产中发挥越来越重要的作用。

思考题与习题

1. 举例说明电极电位理论在电化学加工中的应用。
2. 电解液在电解加工中的主要作用是什么？电解液为何有“线性”和“非线性”之分？
3. 何谓电极极化现象？电极极化主要有哪几种形式？在电解加工中阳极钝化现象是优点还是缺点？举例说明。
4. 试比较分析电解加工与传统机械加工、电火花加工的特点及主要应用。
5. 如何利用平衡间隙理论进行电解加工阴极工具的设计？
6. 影响电解加工精度的主要因素有哪些？如何提高电解加工精度？
7. 若要设计一台电解加工机床，起码要满足哪些基本要求？试分析现代电解加工机床的发展趋势。
8. 电解复合加工的有效形式有哪些？试举例说明其应用特点。
9. 试述电镀加工的特点及应用领域。
10. 试述电铸加工的特点及应用领域。
11. 试述电刷镀加工的特点及应用领域。

12. 电镀、电铸和电刷镀加工三者之间有何异同？

13. 试从原理、机理上来分析电化学加工有无可能发展成为“纳米级加工”或“原子级加工”技术。原则上要采取哪些措施才能实现？

14. 电解加工时，何谓电流效率？它与电能利用率有何不同？如果用12V的直流电源（如汽车蓄电池）作电解加工，电路中串联一个滑动电阻器来调节电解加工时的电压和电流（例如调到两极间隙电压为8V），这样是否会降低电解加工时的电流效率？为什么？

第6章　高能束加工

6.1　概述

高能束加工（High Energy Density Beam Processing，HEDBP）是近年来快速发展的新型特种加工方法，在精密微细加工方面，尤其是在微电子工业领域中得到较多的应用。

1949年，德国首次在0.5mm的不锈钢板上加工出直径为0.2mm的小孔，1957年法国原子能委员会萨克莱核子研究中心开展电子束加工研究，研制出各种电子束加工设备，并成功地将电子束应用于打孔、铣切、焊接、镀膜、熔炼等。我国20世纪60年代初期开始对电子束加工工艺进行研究，目前已在仪器仪表、微电子工业、航空航天部门和化纤等工业中得到应用。电子束打孔、切槽、焊接、电子束曝光、电子束热处理等已陆续进入生产领域。

1960年7月，美国休斯（Hughes）实验室的梅曼用$\phi 6mm \times 45mm$的红宝石固体工作物质，成功地产生了波长为0.6943μm的脉冲激光，从而发明了世界上第一台固体激光器。我国也于1961年在长春研制成功红宝石激光器。

6.1.1　高能束加工概念及特点

离子束（Ion Beam，IB）、电子束（Electron Beam，EB）和激光束（Laser Beam，LB）统称为高能束。高能束流加工以高能量密度束流作为热源与材料作用，从而实现材料去除、连接、生长和改性。高能束流加工具有独特的技术优势，被誉为20世纪先进制造技术之一，受到越来越多的重视，应用领域不断扩大。

高能束加工与其他加工相比较，具有如下特点：

1）加工速度快，热流输入少，对工件热影响极小，工件变形小，易于获得好的加工质量。

2）束流能够聚焦且有极高的能量密度，激光加工、电子束加工可使任何坚硬、难熔的材料瞬间熔融汽化，而离子束加工是以极大的能量撞击零件表面，使材料变形及分离。

3）工具与工件不接触，无工具变形及损耗问题。

4）束流控制方便，易实现加工过程自动化。

高能束加工涉及光学、电学、热力学、冶金学、金属物理、流体物理、材料科学、真空学、机械设计和自动控制以及计算机技术等多个学科。从横向看，高能束流加工技术包括激光加工技术、电子束加工技术、离子束及等离子体加工技术，以及高能束流复合加工技术等；从纵向看，高能束流加工技术包括高能束流焊接、高能束流切割、高能束流打孔、高能束流热处理等领域。

6.1.2　高能束加工方法及分类

经过多年的发展，高能束流加工技术已经成功应用于焊接、表面工程和快速制造等方面，在航空、航天、船舶、兵器、交通、医疗等诸多领域发挥了重要作用。

根据高能束加工的能量来源及特点，其加工方法可分为离子束加工（Ion Beam Machining，IBM）、电子束加工（Electron Beam Machining，EBM）和激光束加工（Laser Beam Machining，LBM）三种。

1. 离子束加工

离子束加工技术主要有四种：离子束刻蚀、溅射镀膜、离子镀和离子注入。前三种加工都是利用粒子的溅射效应，而后一种则是基于注入效应。离子束加工技术作为一种微细加工手段被广泛应用于微电子工业和计算机制造业。

2. 电子束加工

电子束加工有热型和非热型两种。热型加工是利用电子束将材料的局部加热至熔化点或汽化点，适合打孔、切割槽缝、焊接及其他结构的微细加工。非热型加工是利用电子束的化学效应进行刻蚀，以及大面积薄层的微细加工等。

3. 激光束加工

激光束加工主要的应用有打孔、切割、焊接、金属表面的激光强化、微调和存储等。激光对加工对象的材质、形状、尺寸、加工环境的自由度都很大。激光的空间控制性（激光束的入射方向变化、旋转、扫描等）和时间控制性（开、关、脉冲间隔）优异，容易控制，特别适合于自动化加工。激光加工系统与计算机数控技术相结合，可构成高效自动化加工设备，为优质、高效、低成本的加工开辟了广阔的天地。

6.2 离子束加工

6.2.1 离子束加工的基本原理

离子束加工是利用离子束对材料进行成形或改性的加工方法。在真空条件下，将由离子源产生的离子经过电场加速，获得具有一定速度的离子束投射到材料表面，产生撞击效应、溅射效应和注入效应，这就是离子束加工的物理基础。

图 6.1 所示为离子碰撞过程。当入射离子碰到工件表面时，撞击原子、分子发生能量交换。离子失去的部分能量传给工件表面的原子、分子。能量足够大时，使它们从基体材料中分离出来，由此产生工件材料的溅射。其余能量则转换为材料晶格的振动。入射离子与原子、分子碰撞进行能量交换，可以产生一次碰撞或多次碰撞。现以简化的直线上的弹性碰撞为例，由一次碰撞所传递的动能可由下式表示。即

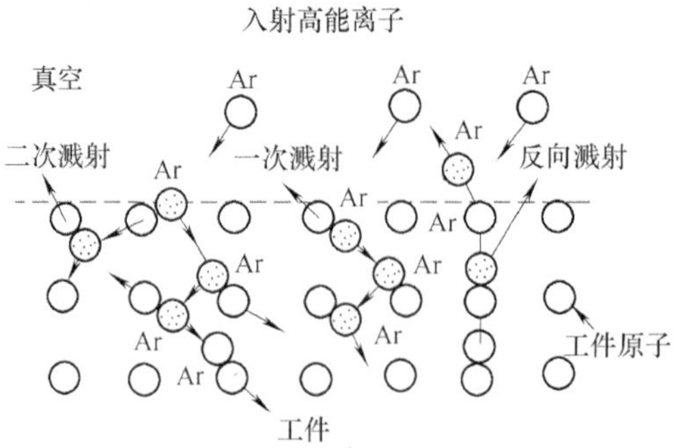

图 6.1 离子碰撞过程

$$E_2 = 4E_1m_1m_2/(m_1+m_2)^2 \tag{6.1}$$

式中 E_1——入射离子的能量（eV）；

E_2——传输给原子、分子的能量（eV）；

m_1——入射离子的质量（g）；

m_2——工件材料原子或分子的质量（g）。

由式（6.1）可知，当 $m_1 \approx m_2$时，$E_2 \approx E_1$，此时加工效果最好。

6.2.2 离子束加工设备

离子束加工的设备包括离子源（离子枪）、真空系统、控制系统和电源系统。对于不同类型的用途，离子束加工设备各有所不同，但离子源是各种设备所共有的关键部分。图6.2所示为采用单独离子源的设备进行各种离子束加工的示意图。

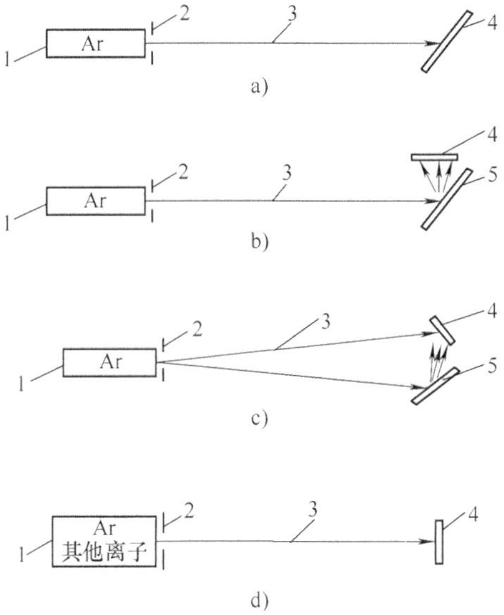

图6.2 各类离子束加工

a）离子刻蚀 b）溅射沉积 c）离子镀 d）离子注入

1—离子源 2—吸极（吸收电子，引出离子） 3—离子束 4—工件 5—靶材

离子源（Ionization Source）又称离子枪，其作用是产生离子束流。基本工作原理是将要电离的气态原子（如氩等惰性气体或金属蒸气）注入电离室，经高频放电、电弧放电、等离子体放电或电子轰击，使气态原子电离为等离子体（即正离子数与负电子数相等的混合体）。采用一个相对于等离子体为负电位的电极（吸极），就可从等离子体中引出正离子束流，而后使其加速射向工件或靶材。根据离子束产生的方式和用途的不同，离子源有很多形式，常用的有考夫曼型离子源和双等离子管型离子源。

等离子体（Plasma Body）是多种离子的集合体。其中有带电粒子（电子、正离子）和不带电粒子（气体原子、受激原子、亚稳原子），并且正负带电粒子的库仑力具有远程性质。由于远程力的作用，等离子体在宏观上呈电中性的凝聚态。等离子体具有高的电导率。气体放电等离子体的电场相当弱，故电子在等离子体中的运动可看做热运动。等离子体的电中性只有在宏观上才有意义。在微观上由于电子在离子周围作无规则的热运动，因此可以在较小范围内偏离电中性，在适当电场作用下，形成离子束。对离子源的要求，首先是离子束有较大的有效工作区，以满足实际加工的需要。有效工作区一般是指均匀性为 ±5% 的区域，均匀性为

$$\sigma = \pm[(j_{max} - j_{min})/(j_{max} + j_{min})] \times 100\% \tag{6.2}$$

式中 j_{max}——束流中最大离子流密度；

j_{min}——束流中最小离子流密度。

中性损失是指通向离子源的中性气体未经电离而损失的那部分流量。中性损失直接给真空系统带来负担，因此希望离子源的中性损失要小。

材料的溅射率与离子束的入射角有关，表面抛光和刻蚀工艺必须严格控制离子束的束散角。束散角定义为包含 95% 束流的离子束边界所张的半角，通常要求束散角小于 12°。由于工件与离子源有一定的距离，离子束发散不但使离子束衰减，还会缩小离子束的均匀区。

双电荷离子因含有双倍能量，会加重基片晶体的损伤，所以通常将双电荷离子的含量控制在 5% 以下。此外，还要求离子源放电损失小，结构简单，运行稳定可靠等。

6.2.3 离子束加工应用

离子束加工的应用范围正在日益扩大，不断创新。目前用于改变零件尺寸和表面物理力学性能的离子束加工有：用于从工件上做去除加工的离子刻蚀加工；用于给工件表面涂覆的离子镀膜加工；用于表面改性的离子注入加工等。

1. 离子束加工的特点

离子束加工技术是作为一种微细加工手段出现的，是制造技术的一个补充，随着微电子工业和微机械的发展获得成功的应用，其特点如下：

1）易于精确控制。由于离子束可以通过电子光学系统进行聚焦扫描，离子束轰击材料是逐层去除原子，离子束流密度及离子能量可以精确控制，所以离子刻蚀可以达到纳米（0.001μm）级的加工精度。离子镀膜可以控制在亚微米级精度，离子注入的深度和浓度也可极精确地控制，因此离子束加工是所有特种加工方法中最精密、最微细的加工方法，是当代纳米加工技术的基础。

2）加工时产生污染少。由于加工在高真空中进行，所以污染少，特别适合于加工易氧化的金属、合金及高纯度半导体材料。

3）加工应力和变形小。离子束加工是一种原子级或分子级的微细加工，其宏观力很小，故对脆性材料、半导体材料、高分子材料都可以加工，对材料适应性强，而且表面质量好。

4）离子束加工设备费用贵，成本高，加工效率低。因此，离子束加工应用范围受到一定的限制。

离子束加工技术主要有四种：离子束刻蚀（Ion Beam Milling）、溅射镀膜（Sputter Coating）、离子镀（Ion Plating）和离子注入（Ion Injection）。前三种都是利用离子的溅射效应，但达到的目的有所不同，最后一种是基于注入效应。

2. 离子束刻蚀

离子束刻蚀是通过带能离子或电子对靶轰击，将靶原子从靶表面移去的工艺过程，也就

是撞击溅射过程。为了避免入射离子与工件材料发生化学反应，必须用惰性元素的离子。氩气的原子序数高，价格便宜，所以通常用氩离子进行轰击刻蚀。由于离子直径很小（约1/10nm），可以认为离子刻蚀的过程是逐个原子剥离的过程，刻蚀的分辨率可达微米级甚至亚微米级，但刻蚀速度很低，剥离速度大约每秒一层到几十层原子。表6.1列出了一些材料的典型刻蚀率。

表6.1 典型刻蚀率

靶材料	刻蚀率/(nm/min)	靶材料	刻蚀率/(nm/min)	靶材料	刻蚀率/(nm/min)
Si	36	Ni	54	Cr	20
AsGa	260	Al	55	Zr	32
Ag	200	Fe	32	Nb	30
Au	160	Mo	40		
Pt	120	Ti	10		

注：条件为1000eV、$1mA/cm^2$垂直入射。

离子束刻蚀以其适于精加工的特点而应用于各个领域，如高精度加工、表面抛光、图形刻蚀、电镜试样制备、石英晶体振荡器，以及各种传感器件的制作等。离子束可以刻蚀金属、半导体、绝缘有机物等材料，尤其适于半导体大规模集成电路和磁泡器件等的微细加工。

（1）高精度加工　离子束刻蚀可达到很高的分辨率，适于刻蚀精细图形，其刻蚀精度仅仅取决于光刻和掩膜。离子束加工小孔的优点是孔壁光滑，邻近区域不产生应力和损伤，能加工出任意形状的小孔，且孔的形状只取决于掩膜的孔形。如在玻璃毛细管的端面加工成一定曲面，而不破坏毛细管的中心孔。加工线宽为纳米级的窄槽是超精微加工的需要。如某零件在10nm的碳膜上，用电子束镀10nm厚的金-钯（60∶40）膜。置于真空系统中，样品表面自然形成一种污染抗蚀剂掩膜，用电子束曝光，显影形成的图形线宽为8nm。然后用氩离子束刻蚀，离子束密度为$0.1mA/cm^2$，离子能量为1keV。另一种是在20nm厚的金-钯上刻出线宽为8nm的图形，深宽比提高到2.5∶10。

（2）图形刻蚀　图形刻蚀主要用于制作磁泡存储器件、硬掩膜、磁头、石英晶体谐振器等，也可作为最后一道工序的精抛光，以消除机械加工所产生的刻痕和表面应力。

1）磁泡存储器件（Magnetic Bubble Storage）。磁泡存储器件依赖于局部磁畴（即磁泡）来存储信息（见图6.3）。玻莫合金图形的刻蚀，是磁泡存储器的关键工艺。离子束刻出的图形，壁角陡直，线宽和间距皆在1μm以下。用离子束刻蚀只要保持入射角的角度，就能

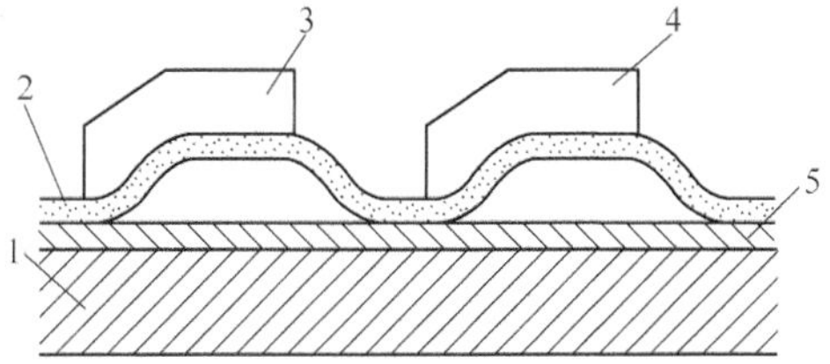

图6.3　磁泡存储器件

1—GGG基片　2—绝缘层　3—玻莫合金　4—铝导体　5—外延层

得到重复的壁角。离子束刻蚀玻莫合金图形时，入射角为60°左右，在工作台旋转条件下，能刻出1μm以下的线条，85°的壁角。目前已研制出线宽为0.2μm，深宽比2：1的磁泡存储器。

2）硬掩膜（Hard Mask）。半导体工业中的掩膜是用玻璃板制作的，尺寸从50mm×50mm到150mm×150mm，板厚为1.5～2.5mm。基板上涂层可以是硬涂层（金属或金属氧化物）或是乳胶板（银卤化物乳胶），在涂层上刻蚀出基片所要求的图形。离子束刻蚀可以得到高度重复的、壁角陡直的图形。在刻蚀细线条铬、氧化铬或氧化铁硬膜时，有极好的工艺重复性。在改变掩膜材料时，工艺流程变化不大，这些是其他刻蚀方法做不到的。用离子能量100～1000eV，离子束流小于1mA/cm^{2}的氩离子束刻蚀铬掩膜板，加工时间为11～13min，而且可以采用多片同时刻蚀的方法。

3）磁头（Magnetic Head）。薄膜磁头的结构与硅器件相似。它总在热氧化硅基片或玻璃基片上制作出多层结构，如铝引线、绝缘层和铁-镍图形。铁-镍合金的刻蚀是关键技术。要刻出密度大、分辨率高、使用可靠的薄膜磁头，非离子刻蚀莫属。

4）石英晶体谐振器（Quartz Crystal Resonator）。石英晶体的谐振频率与其厚度有关。用机械研磨和抛光致薄的晶体，可制作低频器件，但频率超过20MHz以上时，上述工艺已不适用，因为极薄的晶片已不能承受机械应力。采用离子束抛光，可以不受此限制。用氩离子能量为500eV，束流密度0.7mA/cm^2，有效束径8cm的离子束，35°的离子入射角，可以加工出3.3μm厚的石英晶体薄片，其基频可达450～500MHz，等效电阻16～105Ω（基频），Q值提高到4.31×10^4～16×10^4。进一步改进工艺后，加工出基频为700～1000MHz，平均电阻为14.2Ω，平均Q值为45000的谐振器。

5）表面抛光（Surface Polishing）。离子束能完成最后一道工序的精抛光，以消除机械加工所产生的刻痕和表面应力，现已用于光学玻璃的最终精加工。用机械方法对光学零件抛光，会产生应力裂纹，导致光线散射。光线散射会降低光学透明系统的成像效果，在激光系统中散射光会消耗大量的能量。因此在高能量激光系统中，用离子束抛光激光棒和光学元件的表面。只要严格选择溅射参数，可以达到极佳的水平，散射光极小。

采用离子束对光学元件抛光，由于是超精微去除，可以达到均匀一致性，而且避免了工艺过程的污染。

3. 溅射镀膜

20世纪70年代磁控溅射技术的出现，使溅射镀膜（Sputter Coating）进入了工业应用，在镀膜的工艺领域中占有极为重要的地位。

（1）溅射镀膜原理　溅射镀膜基于粒子轰击靶材时的溅射效应，整个溅射过程都建立在辉光放电的基础之上，即溅射离子都来源于气体放电。各种溅射技术采用的放电方式有所不同。直流二极溅射是利用直流辉光放电，三极溅射是利用热阴极支持的辉光放电，磁控溅射是利用环状磁场控制下的辉光放电。

直流二极溅射是利用直流辉光放电使气体电离，产生等离子体区。等离子体中的离子在热运动和电场的加速下飞向阴极，造成阴极表面的溅射。

图6.4所示为一个简单的直流二极溅射装置，相当于一个大型的气体放电管。真空容器内装有两个水冷电极。阴极上安装靶材，阳极上安装基片，也就是镀膜的工件。两电极之间相距5～7cm，真空室内工作压强5Pa左右。

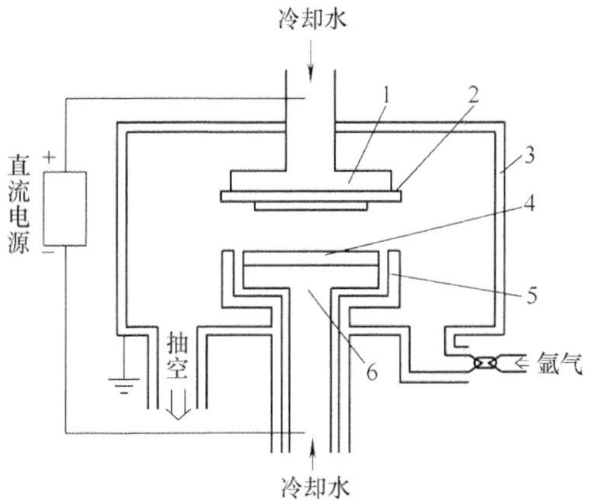

图 6.4 直流二极溅射装置

1—阳极 2—基片台 3—真空室 4—靶材 5—屏蔽罩 6—阴极

三极溅射是利用热阴极发射的电子促使气体电离。将阴极钨丝加热至高温，发射大量热电子。在阴极之间，只要加上几十伏的电压以加速电子，就足以使气体电离为等离子体。靶材置于等离子体中，具有 1～2kV 的负电压。此时，靶材从等离子体中吸收离子，并使其加速向自身轰击，从而产生溅射效应。

由于生产率低、等离子体区不均匀等原因，以上两种溅射方式难以在实际生产中大量应用。而后出现的磁控溅射技术，在工业生产中得到了实际应用。

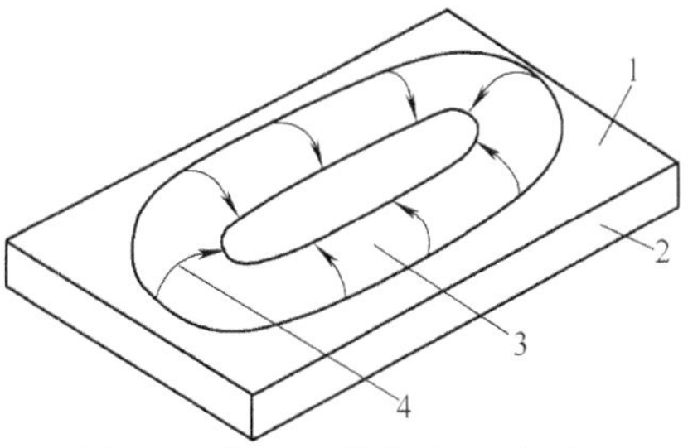

图 6.5 矩形磁控靶的环形磁场

1—靶面 2—靶材 3—跑道区 4—磁力线

与其他溅射技术相比，磁控溅射具有高速、低温、低损耗等优点，即镀膜速度快，基片温升小，没有高能电子轰击基片所造成的损伤。磁控溅射之所以有上述优点，关键在于阴极靶面上有一个环形磁场，如图 6.5 所示。

磁力线由靶面的外沿穿出靶面，然后由中心区域穿入，构成一个环形磁场区。当离子撞击靶面时，除溅射效应外，还发出二次电子。二次电子在电场和磁场的交替作用下，产生一种沿环形区的跳跃式旋转。电子旋转半圈后重新进入阴极暗区，受到电场减速。当电子接近靶面时，速度降为零。此后，周而复始地开始又一个运动周期。电子就这样跳跃式朝 E（电场）$\times B$（磁场）所指的方向漂移，简称为 $E \times B$ 漂移。电子的运动轨迹近似于一摆线(见图 6.6)。

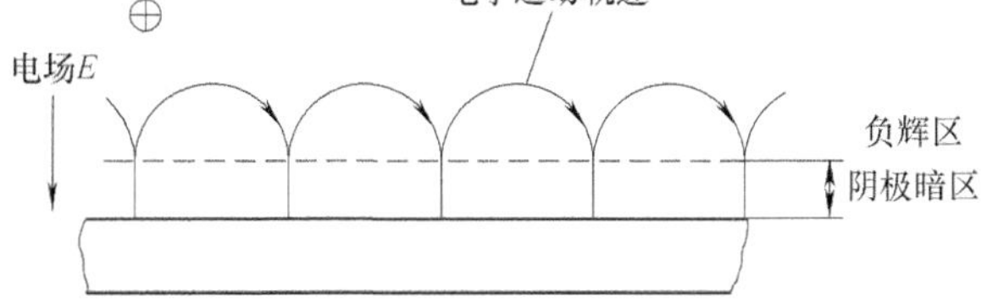

图 6.6 磁控溅射二次电子运动轨迹

电子在这样的运动轨迹之下，多次与气体原子碰撞，导致气体电离，直至电子能量消耗殆尽时，才脱离环状磁场跑道，被阳极、器壁或基片收集。由此可见，到达基片的电子几乎都是低能电子，这就是磁控溅射具有低温、低消耗优点的原因。

磁控溅射时，每个电子能量几乎全部用于电离，这对提高等离子体密度有利，可以获得很高的靶面电流密度。例如，二极直流溅射时，压强为5Pa，溅射电压为2kV，靶面电流密度为5mA/cm^2。而磁控溅射时，压强为0.5Pa，电压降到0.5kV，而电流密度增加到20mA/cm^2。由此可见，磁控溅射可以在低电压和高真空条件下得到高的电流密度。

在高真空条件下，可以减少溅射原子与气体原子的相互碰撞，因而使得更多溅射原子达到基体，有利于提高镀膜速率。

该方法的缺点是不能制备绝缘体膜，而且磁控电极中采用的不均匀磁场会使靶材产生显著的不均匀刻蚀，导致靶材利用率低，一般仅为20%～30%。

（2）溅射镀膜工艺

1）合金膜的镀制。在各种镀膜技术中，溅射最适合于镀制合金膜。合金膜的镀制又可分为三种方法：多靶溅射、镶嵌靶溅射和合金靶溅射。

多靶溅射是采用几个纯金属靶同时对基片进行溅射，调整各靶的功率，就能改变膜材成分。这种方法特别适合于调整合金成分，可以得到成分连续变化的膜材。

镶嵌靶溅射是将各种纯金属靶材，按比例镶嵌在靶面上同时进行溅射。

用合金靶溅射合金膜的关键问题是如何制备合金靶材，可以用合金板材或棒材，也可以用熔化浇注或粉末冶金获取。后两种方法由于可能有空洞和杂质，会影响镀膜质量。合金靶溅射的优点是可以获取与靶材完全一致的膜材，而不需要任何控制措施。

上述各种方法都是采用直流溅射，只适合于导电的靶材。

2）化合物膜的镀制。化合物膜通常是指由金属元素与非金属元素（碳、氮、氧、硼、硫等）的化合物镀成的薄膜。具体方法为直流溅射、射频溅射和反应溅射。

直流溅射（Direct Current Sputtering）法要求靶材能够将从离子轰击过程中得到的正电荷传递给与其紧密接触的阴极，因而该方法只能溅射导体材料，不适于绝缘材料，如碳化物（TaC、TiC、VC、ZrC）、硼化物（MoB、TaB）和硅化物（$MoSi_2$、$TaSi_2$）。这些材料大多数是难熔脆性材料，是用粉末冶金工艺制成的靶材。但由于靶材成本高，利用率低，难以工业应用。

如化合物电阻率很高，不能用直流溅射，而只能用射频溅射（RF Sputtering）。其装置类似于二极溅射，只不过两个电极是接上13.56Hz的射频电源。在射频的交变电场作用下，气体中的电子随之发生振荡，气体原子受震荡电子的碰撞而电离，并获得等离子体。电极之一与机壳相连接地，称之为阳极，用于放置基片。另一电极称为阴极，用于放置靶材。交变电位变化使得靶面在分离时收集电子和离子时，由于电子与离子质量不同，绝缘靶材上收集到的电子数量超过离子，因而呈恒定的负电位。在电源负半周时，与阴极负电位相叠加。正是叠加的负电位使离子加速轰击靶面产生溅射效应，所以可以对绝缘靶材进行溅射。

大规模镀制化合物膜，最适宜的方法是反应溅射（Reactive Sputtering）。反应溅射是在金属靶材进行溅射的同时，通入反应气体，使两者在基片上发生化学反应，得到所需要的化合物薄膜。例如，镀TiN时，靶材为金属Ti，溅射气体为Ar和N_2的混合气体。镀制氧化物时，用Ar和O_2的混合物，镀制碳化物时用C_2H_2（乙炔），镀制硅化物时用SiH_2（硅烷），

镀制硫化物时用 H_2S。

（3）溅射镀膜的应用

1）用磁控溅射在高速钢刀具上镀膜。硬质膜溅射用磁控溅射在高速钢刀具上镀氮化钛（TiN）超硬膜，可以显著地提高刀具的寿命，在工业生产中得到应用。由于 TiN 具有良好的导电性，可以采用直流溅射。但在工业生产中则采用更为经济的反应溅射。直流磁控溅射工艺如下：工件经过超声波清洗后，再经过射频清洗（1kW，2min）。镀膜时的溅射电压为 330～375kV，电流密度为 $44mA/cm^2$，工件与靶面的距离为 4.75cm，工件加 220V 负偏压。通入真空室的氩流量为 $1Pa \cdot m^3/s$，氮流量为 $0.02 \sim 0.06Pa \cdot m^3/s$。氮流量在 $0.03Pa \cdot m^3/s$ 以下时，氮气可以全部溅射到工件上，钛原子发生化学反应而耗尽，镀膜速率为 300nm/min。TiN 膜色泽逐渐由金属光泽变成明亮的金黄色。

TiN 具有耐磨、抗蚀和防粘等作用，用于刀具、模具型腔、轴承或其他活动部位。TiN 有明亮的金黄色，可以用作仿金装饰镀层。

2）固体润滑膜的镀制。在齿轮的齿面上和轴承上溅射镀制二硫化钼润滑膜，其厚度为 0.2～0.6μm，摩擦因数为 0.04。溅射时，采用直流溅射或射频溅射，靶材用二硫化钼粉末压制成形。为保证得到晶态薄膜（此状态下有润滑作用），必须严格控制工艺参数。如用射频溅射二硫化钼的工艺参数为：电压 2.5kV，真空度 1Pa，镀膜速率 30nm/min。为了避免得到非晶态薄膜，基片温度应适当高一些，但不能超过 200℃。

3）欧姆接触的镀制。磁控溅射镀铝或铝合金可用于制备大规模集成电路的欧姆接触层，所适用的合金有 Al-Si（1.2%）、Al-Cu（4%）、Al-Si（1%）等。溅射时，要求靶材纯度高，并严格控制氧、氮杂质气体含量。

4）薄壁零件的镀制。难以机械加工的薄壁零件，通常可以用电铸方法得到。但电铸的材料有很大局限性，纯金属中的钼、二元合金及多元合金电铸都比较困难。用溅射镀膜成薄壁零件的最大特点是不受材料限制，可以制成陶瓷和多元合金的薄壁零件。例如某零件是直径 15mm 的管件，壁厚 63.5μm，材料为 10 元合金，其成分为：Fe-Ni42%-Cr5.4%-Ti2.4%-Al0.65%-Si0.5%-Mn0.4%-Cu0.05%-C0.02%-S0.008%。先用铝棒车成芯轴，而后镀膜。镀膜后，用氢氧化钠的水溶液将铝芯全部溶蚀，即可取下零件。或用不锈钢芯轴表面加以氧化，溅射成膜后，用喷丸方法或者液态冷却方法使之与芯轴脱离。溅射镀制的薄壁管，其壁厚偏差小于 1%（圆周方向）和 2%（轴向），远低于一般 4% 的偏差要求。

5）制备薄膜磁头的耐磨损氧化膜。硬盘磁头进行读写操作时与硬盘表面产生滑动摩擦，为了减小摩擦力及提高磁头寿命，目前磁头正向薄膜化方向发展。绝缘膜和保护膜（即 Al_2O_3、SiO_2 氧化物薄膜）是薄膜磁头主要构成成分。对薄膜磁头耐磨损膜的要求是耐冲击性好，耐磨性好，有适当的可加工性以及加工变形小，通常采用反应溅射法制备该种薄膜。为了防止基片升温过高，溅射镀膜过程中要对基片进行冷却。

6）制备切削刀具和模具的超硬膜。采用普通化学气相沉积技术制备 TiN、TiC 等超硬镀层，温度要在 1000℃左右，这已经超过了高速钢的回火温度，对于硬质合金来说，还可能使镀层晶粒长大。而采用对向靶溅射沉积单相 TiN 薄膜，溅射时间只需 10～15min，基片温度不超过 150℃，得到的 TiN 薄膜硬度最高可达 HV3800。利用非平衡磁控溅射法制备的 TiN 镀膜，通过膜层硬度和临界载荷实验以及摩擦实验，表明膜层硬度已经达到和超过其他离子镀膜的效果。

7）制备光学薄膜。溅射法是目前工业生产中制备光学薄膜的一种主要工艺，长期以来，反应磁控溅射技术主要用于工具表面镀制 TiN 等超硬膜以及建筑玻璃、汽车玻璃、透明导电膜等单层或简单膜层。近年来，光通信、显示技术等方面对光学薄膜的巨大需求，刺激了将该技术用于光学薄膜工业化生产的研究。

4. 离子镀

（1）离子镀的基本原理　离子镀（Ion Plating）也称离子溅射辅助沉积，是在真空蒸镀和溅射镀膜的基础上发展起来的一种镀膜技术。从广义上讲，离子镀是膜层在沉积的同时又受到高能粒子束的轰击。这种粒子流的组成可以是离子，也可以是通过能量交换而形成的高能中性粒子。这种轰击使界面和膜层的性质发生某些变化，如膜层对基片的附着力、覆盖情况、膜层状态、密度，以及内应力等。图 6.7 所示为马托克斯型离子镀的示意图。其镀料离子来源是挂在电阻加热丝上的材料，类似于蒸镀，基片与镀料源之间加有 1 ~5kV 的电压。工作室内通有氩气，气压维持在 1 ~5Pa。其放电过程与溅射完全相同，由此可见离子镀是溅射与沉积两种现象同时存在，导致其优于溅射镀膜和真空蒸镀。

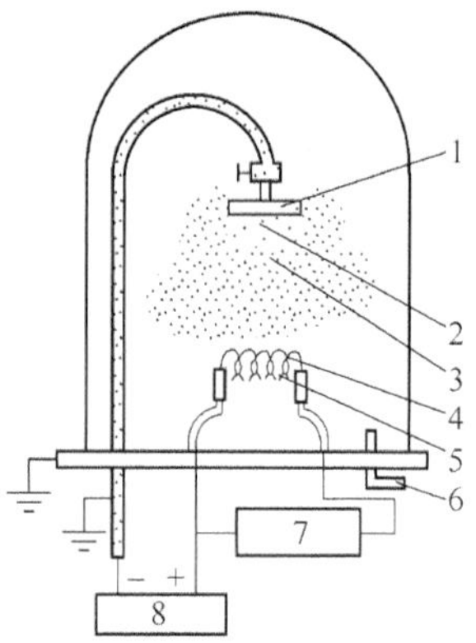

图 6.7　马托克斯型离子镀

1—基片　2—阴极暗区　3—辉光区
4—加热电阻丝　5—镀料　6—进气管
7—加热电源　8—负偏压

离子镀能利用辉光放电所产生的高能粒子流对基片表面溅射清洗，并将洁净的基片表面保留到全过程，因而能获得良好的附着力。另外，离子镀过程中溅射和沉积并存，会导致组分过渡层（伪扩散层）的形成，从而使基片与膜层间的材质不相容性分散到过渡层中，也改善了膜层的附着性能。

离子镀比真空蒸镀的绕镀性好。离子镀时蒸发的镀料粒子，由于工作气体有 1Pa 左右压强，要与气体分子多次碰撞才能到达基片，导致非面对蒸发源的基片上也有镀料沉积。同时，带正电荷的膜料离子会向加有负偏压的基片各处运动而沉积下来。这也是其绕镀性好的原因之一。

离子镀过程中的带能粒子，不仅使膜层附着良好，分布均匀，并且使其质地致密，针孔少。有时还能提高基片的延伸率和抗疲劳性。

由于离子镀的附着力好，使原来在蒸镀中不能匹配的基片材料和镀料，可以用离子镀完成。还可以镀出各种氧化物、氮化物和碳化物的膜层。

（2）离子镀的应用　离子镀工艺是一项新的表面处理技术，由于离子镀膜层具有非常优良的性能，所以越来越受到人们的重视。通过几年的推广，已在产品表面黑化处理、机加工刀具、车辆的零件、光学器材，飞行器的多类产品的零部件（如轴承、摄影器件、涡轮叶片）上应用，用途、功能繁多，作用、目的不一，效果令人满意。

1）耐磨功能膜。为提高刀具、模具或机械零件的使用寿命，而采用反应离子镀来镀一层耐磨材料，如铬、钨、锆、钛、铝、硅、硼等的氧化物、氮化物或碳化物，或多层膜，如 Ti + TiC。烧结碳化物刀具用离子镀工艺镀上一层 TiC 或 TiN，可提高刀具寿命 2 ~10 倍。高速钢刀具镀 TiC 膜后，使用寿命提高 3 ~8 倍。在磨粒磨损方面，镀有 TiC 的不锈钢试件，其耐磨性为硬铬镀层的 7 ~34 倍。目前我国的各种进出口刀具大多经过镀膜工艺处理，国内使用的国产刀具经 TiN 镀膜处理的尚不多见，但已做了大量试验性的工作，获得了很多经验，取得了显著进步，解决了不少实际难题。

2）润滑功能膜。固体润滑膜有很多液体润滑无可比拟的优点。但用浸、喷、刷涂方法成膜，所得膜层不均匀，附着力差。用离子镀可以得到良好的附着润滑膜。其中，非平衡纳米等离子体镀膜法（简称 NCUPP 法）是多弧离子镀范畴内的一种薄膜制备方法，它可镀制出具有良好润滑性能的固体润滑膜，这类薄膜一般由多元素多成分组成，故称之为“多相材料”。具有固体润滑作用的“多相材料”膜打破了金属、无机材料、陶瓷等的界限，一般由 W、Se、Ti、N、Mo、S 等元素进行精细的纳米复合而成。新研制的固体润滑薄膜 TiN ~ MoS_2/Ti 及 TiN ~ MoS_2/WSe_2是典型的多相纳米复合膜，其中的 MoS_2基本上呈准非晶态，掺杂物 Ti 或 WSe_2与 MoS_2多相复合，形成了多相的纳米复合薄膜。这类薄膜的性能特点是摩擦因数低，摩擦噪声小，抗潮湿氧化能力较强，高低温性能好，抗粉尘磨损能力较强及磨损寿命较长。此工艺正在试验研究用作空间机器人的关节润滑膜层，也可能用于旋转系统的座圈滚道、钢球等运动部位的固体润滑膜。采用此工艺不仅可提高运动部位的润滑性能，降低运动时的摩擦阻力，而且可提高其抗腐蚀能力，延长维修周期，减少维修次数。

3）抗蚀功能膜。离子镀所镀覆的抗蚀膜致密、均匀，附着良好。美国道格拉斯公司对螺栓和螺母用离子镀镀上 28μm 厚的铝膜，能经受 2100h 的盐雾实验。在与钛合金零件相连接的钢制品上，采用镀铝代替镀镉后，可避免钛合金零件产生镉脆现象。在原子能工业中，反应装置中的浓缩轴芯的保护层，以离子镀铝层代替电镀镍层，可防止高热下剥离。

4）耐热功能膜。离子镀可以得到优质的耐热膜，如钨、钼、钽、铌、铍，以及氧化铝等。在不锈钢上镀一层 Al_2O_3，可提高基体在 980℃介质中抗热循环和抗蚀能力。在适当的基体上镀一层 ADT-1 合金［35% ~41%（质量分数，下同）铬、10% ~12% 铝、0.25% 钇和少量镍］，有良好的抗高温氧化和抗蚀性能，比氧化铝膜的寿命长 1 ~3 倍，是铬、钴、铝、钇镀层寿命的 1 ~3 倍。用离子镀技术在航空发动机涡轮叶片表面镀制一层耐高温、耐烧蚀、与叶片基体结合牢固、抗冷热气流冲击及结构致密、厚度均匀的高温抗氧化膜层，可大幅度改善叶片的耐烧蚀性能。用它镀的 NiCrAlY 高温抗氧化层已有成功实例，效果令人满意。国外采用离子镀技术制备了优质复合膜层，正研究用于喷气发动机的叶片上。

5）装饰功能膜。由于离子镀所得到的 TiN、TaN、TaC、VN 等膜层都具有与黄金相似的色泽，加上良好的耐磨性和耐蚀性，人们将其作为装饰层。如手表带、表壳、装饰品、餐具等金黄色镀膜装饰已走向市场。

5. 离子注入

（1）离子注入的特点　离子注入（Ion Injection）是采用 5 ~500keV 较高能量的离子束，直接垂直轰击被加工材料的加工方法。由于离子能量相当大，离子就钻进被加工材料的表面层，如图 6.2d 所示。工件表面层含有注入离子后，就改变了化学成分，从而改变了表面层的物理、力学和化学性质。根据不同的目的选用不同的注入离子，如磷、硼、碳、氮等。离子注入工艺比较简单，主要工序为：开动离子注入机，调节参数以得到所需离子种类及价态稳定的离子束流，并使其具有足够的束流强度。再将工件固定在靶室内，将靶室抽到 1.3×10^{-4}Pa 以上的真空度，然后打开注入机与靶室之间的阀门，将调好的离子束流均匀地入射到工件表面。

离子注入工艺所需控制的参数有：靶室真空度、束流强度、注入离子、注入时间（由注入时间和束流强度可算出注入剂量）、离子种类和价态、注入机所加的电压（即离子的能量），以及注入时工件温度。为了保证注入质量，需要注意以下几点：

1）工件表面应光洁，要经过精细磨光、抛光和清洗。

2）靶室真空度应尽可能高，以减少离子束流在传输过程中的损失和形成中子束流，最好采用液态氮冷却的泵或无油泵，以避免油蒸气的污染。

3）工件表面尽可能与离子束保持垂直。

4）工件应尽可能与靶室保持良好的热、电接触，必要时靶室内装专用冷却或加热装置，以控制工件温度。

5）由于离子注入本身属于一种非平衡技术，它可形成与溶解度及扩散性无关的表面合金，可方便地制备出具有确定成分的表面合金。因此，离子注入可作为分析检验合金表面状态与各种合金成分关系的研究方法。不管基体性能如何，它可使表面性能优化，而且可以在低温注入而不产生任何明显的尺寸改变。利用离子注入制造的表面合金没有粘着问题。离子注入的一个根本性缺点在于它是一个直线轰击表面的过程，不适合处理复杂的凹入的表面样品。离子注入的优点和局限性见表6.2。

表6.2　离子注入的优点和局限性

优　点	局　限　性
可超过固溶浓度的极限 制备和扩散无关的合金 常温过程中使用 不牺牲整体性能 没有显著的尺寸变化 可控制注入离子的浓度与深度 可严格地控制和重复	要瞄准 穿透浅 设备和工艺费用较贵

常规的离子注入是带能离子本身打进材料表面，近年来发展出几种新的工艺方法，如图6.8所示。

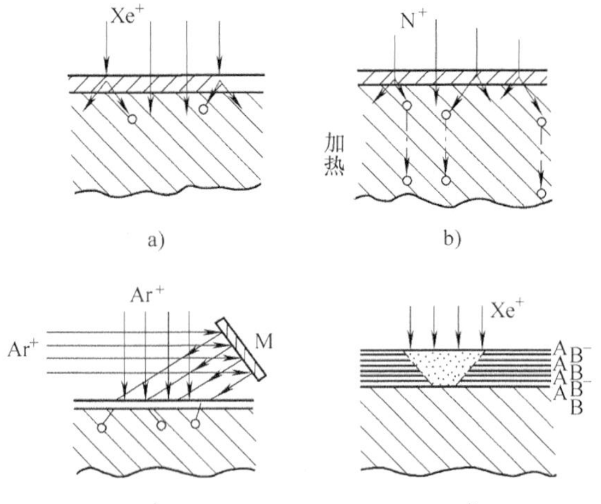

图6.8　几种变异注入方法

a）反冲注入　b）轰击扩散镀层　c）动态反冲　d）离子束混合

反冲注入法是先将希望引进的元素镀在基片上，然后用其他离子轰击镀层，使镀层元素反冲到基体中去。

轰击扩散镀层法与前种方法相似，但附有加热装置，可以同时有热扩散效应，使离子渗入更深。

动态反冲法是一面将元素溅射到基片表面，同时用离子（加 Xe）轰击镀层。

离子束混合法是将元素 A 和 B 预先交替镀在基片上，组成多层薄膜（每层约 10nm），而后用 Xe 轰击，使其混合成均匀膜层。用此方法可以制造非晶态合金。

（2）离子注入的应用　离子注入早期研究的是对金属材料的摩擦和显微硬度的影响，后来转向对金属滑动性能的研究，其结果都成功地实现了工业应用。近十几年来，离子注入在金属和半导体材料的研究和应用发展迅速，并且已扩展到绝缘材料和聚合物方面。

1）在半导体方面的应用

① 硅器件方面的应用。用硼、磷等“杂质”离子注入半导体，从而改变导电形式（P 型或 N 型）和制造一些通常用热扩散难以获得的各种特殊要求的半导体器件。由于离子注入的剂量、注入的区域都可以精确控制，所以成为制作半导体器件和大面积集成电路的重要手段。目前应用情况见表 6.3。

表 6.3　离子注入的应用情况

名称		注入元素	注入能量/keV	注入剂量/(离子/cm^2)
MOS 集成电路	阈值控制	B、P、As	20 ~ 150	$10^{10} \sim 10^{12}$
	P 型硅衬底	B	80 ~ 200	$10^{12} \sim 10^{13}$
	隔离	B、P	50 ~ 200	$10^{12} \sim 10^{14}$
	源、漏	B、P、As	20 ~ 150	$10^{15} \sim 10^{16}$
	防止穿通	B、P	150 ~ 300	$10^{11} \sim 10^{12}$
	电阻	P、As、Sb	100 ~ 200	$10^{13} \sim 10^{14}$
双极集成电阻	基区	B	60 ~ 200	$10^{13} \sim 10^{15}$
	发射区	As	40 ~ 400	$10^{15} \sim 10^{16}$
	隐埋层	As、Sb	100 ~ 400	$10^{15} \sim 10^{16}$
	I^2L 发射区	P	> 500	$10^{12} \sim 10^{13}$
	电阻	B	50 ~ 200	$10^{13} \sim 10^{15}$
	肖特基二极管	P、As、Pb	100 ~ 200	$10^{11} \sim 10^{13}$
	沟道切断环	B	200 ~ 300	$10^{14} \sim 10^{15}$

② 在化合物半导体中的应用。目前已用离子注入制造发光器件，可以提高发光效率，也有人用来制造红外探测器。在光集成电路中注入 H^+ 或 O^+ 形成高阻层来做电学和光学的隔离。

2）表面改性。离子注入改善金属表面性能方面的应用正在形成一个新兴的领域，利用离子注入可以改变金属表面的物理化学性能，可以制造新的合金，从而改善金属表面的抗蚀性能、抗疲劳性能、润滑性能和耐磨性能等，见表 6.4。

表 6.4　离子注入改性

注入目的/基体	离子种类	能量/keV	剂量/离子·cm^{-2}	效果
耐磨性	B、C、Al、Ar、Cr、Fe、Ni、Zn、Ga、Mo、In、Eu、Ce、Ta、Ir	20～100	$>10^{17}$	
耐蚀性	B、C、Ne、N、S、Ar、Co、Cu、Kr、Mo、Ag、In、Sn、Pb	20～100	$>10^{17}$	
摩擦因数	Ar、S、Kr、Mo、Ag、In、Sn、Pb	20～100	$>10^{17}$	
拉伸疲劳/镍	B、C、N	30～60	$10^{16}\sim10^{19}$	最大可提高 127%
弯曲疲劳/AISI1018	B、N	400～550	2×10^{17}	最大可提高 250%
微动磨损疲劳/钛合金	Ba		10^{16}	提高显著
高温疲劳/钛合金	C	150	$(1\sim2)\times10^{16}$	提高显著
腐蚀疲劳/AISI1018	N、Ti、Ta、Mo	30	$10^{15}\sim10^{17}$	降低

离子注入可以提高材料的耐腐蚀性能。如将 Cr 注入 Cu，能得到一种新的亚稳态的表面相，从而改善耐蚀性能。离子注入可以改善金属材料的耐磨性能，如在低碳钢中注入 N、B、Mo 等。在磨损过程中，表面局部温升形成温度梯度，使注入离子向衬底扩散。在材料磨损过程中，不断在表面形成硬化层，提高了耐磨性。

离子注入还可以提高金属材料的硬度，这是因为注入离子及其凝聚物将引起晶格畸变、缺陷增多。如在纯铁中注入 B，其显微硬度可提高 20%。用硅注入铁，可形成马氏体结构的强化层。

离子注入表层后在相对摩擦过程中，被注入的细粒起到了润滑作用，改善了金属材料的润滑性能，提高了材料的使用寿命。如把 C、N 注入碳化钨中，其工作寿命可大大延长。

对 Fe-13Cr-15Ni 试样进行离子注入处理，处理分成单独注入 B 或 N，同时注入 B 和 N，以及同时注入 B、N 和 C。B 离子注入能量为 +400keV，N 离子注入能量为 +550keV，C 离子注入能量为 +400keV。当同时注入 B 和 N 两种元素后，疲劳寿命增幅最大。但同时注入 B、N 和 C 三种离子后，疲劳寿命没有改变或降低。在双离子注入试件中，强化的基体抑制了滑移带的形成，从而提高了疲劳寿命。由于试样本身就具有较高的强度并存在晶界裂纹，当三种离子同时注入后就会促使晶界萌生裂纹，降低了疲劳寿命。

3）在聚合物方面的应用。将离子注入技术应用于聚合物材料，可以使聚合物表面断链、交联，提高聚合物表面的电导率、硬度、耐磨性、介电特性、光电导特性、生物相容性能，使得聚合物材料的应用领域大大扩展。离子注入应用于聚合物材料表面改性还是一门新兴的学科，还有更多的领域有待发掘和探索。随着研究的不断深入，可以预期离子注入将在聚合物表面改性领域发挥越来越重要的作用。

此外，离子注入在光学方面可以制造光波导。例如对石英玻璃进行离子注入，可增加折射而形成光波导。离子注入还用于改善磁泡材料性能，制造超导材料，如在铌线表面注入锡，则表面生成具有超导性 Nb_3Sn 层的导线。离子注入的应用范围在不断扩大，随着离子束技术的进步，现在可以在半真空或非真空条件下进行离子束加工。离子注入金属改性还处于研究阶段，因为其生产效率低、成本高。对于一般光学元件或机械零件的表面改性，还需要进一步深入地开发研究。

6.3 电子束加工

6.3.1 电子束加工的基本原理

如图6.9所示，电子的产生是通过加热发射材料，在热发射效应下，致使电子飞离材料表面。热发射电子在强电场作用下，经过加速和聚焦，沿电场强度相反方向运动，形成高速电子束流。例如，当加速电压为150V时，电子速度可达160000km/s（约为光速的一半）。电子束流通过一极或多极会聚，便形成高能束流。当高能束流冲击工件表面极小面积时，电子的动能大部分瞬间转变为热能，由于光斑直径极小（其直径在微米级或更小），而获得极高的功率密度，可使被冲击部分的材料在几分之一微秒内温度升高到几千摄氏度以上，使材料局部快速汽化、蒸发而实现加工目的。这种利用电子束热效应的加工，称为电子束热加工。

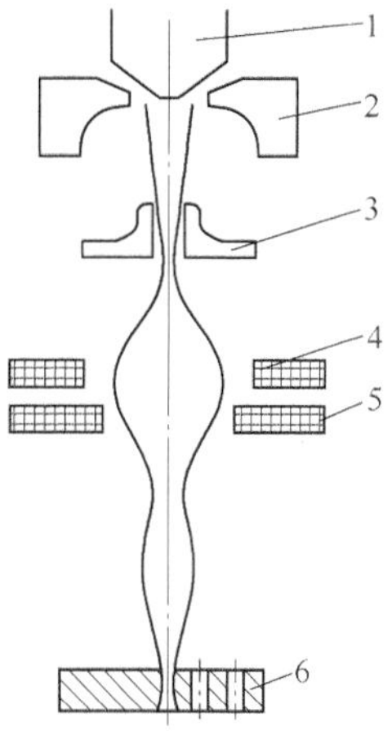

图6.9 电子束加工原理图
1—阴极 2—聚束极 3—阳极
4—聚焦线圈 5—偏转线圈
6—工件

电子束加工（Electron Beam Machining，EBM）的另一种是利用电子束流的非热效应。功率密度较小的电子束流和电子胶（又称电子抗蚀剂）相互作用，电能转化为化学能，产生辐射化学或物理效应，使电子胶的分子链被切断或重新组合而形成分子量的变化，以实现电子束曝光。这种方法与其他后续工艺方法结合，可以在材料表面进行刻蚀细微槽及其他几何形状。

电子束加工具有如下特点：

1）束斑极小。由于电子束能够极其微细地聚焦，甚至聚焦到0.1μm，所以加工面积可以很小，是一种精密微细的加工方法。微型机械中的光刻技术（电子束曝光）可达到亚微米级宽度。

2）能量密度高。在极微小束斑上能达到10.7～10.9W/cm^2，使照射部分的温度超过材料的熔化和汽化温度，去除材料主要靠瞬时蒸发，是一种非接触式加工。工件不受机械力作用，不产生宏观应力和变形。加工材料范围很广，对脆性、韧性、导体、非导体及半导体材料都可以加工。

3）生产率高。电子束的能量密度高，而且能量利用率可达90%以上，所以加工生产率很高。例如，每秒钟可以在2.5mm厚的钢板上加工出50个直径为0.4mm的孔。厚度达200mm的钢板，电子束可以4mm/s的速度一次焊透，这是目前其他加工方法难以达到的。

4）可控性好。可以通过磁场或电场对电子束的强度、位置、聚焦等进行直接控制，所以整个加工过程便于实现自动化。位置控制精度能准确到0.1μm左右，强度和束斑尺寸可达到1%的控制精度。特别是在电子束曝光中，从加工位置找准到加工图形的扫描，都可以实现自动化。在电子束打孔和切割时，可以通过电气控制加工异形孔，实现曲面弧形切割等。

5）无污染。由于电子束加工是在真空中进行，因而污染少，加工表面不氧化，特别适用于加工易氧化的金属及合金材料，以及纯度要求极高的半导体材料。

6）电子束加工需要一套专用设备和真空系统，价格较贵，生产应用有一定的局限性。

6.3.2 电子束加工设备

电子束加工装置的基本结构如图 6.10 所示，主要由电子枪（Cathode-ray Gun）、真空系统、控制系统和电源等部分组成。各种电子束加工设备视其用途不同而稍有差异，如在电子束精微加工中，电子枪还必须具备消像散器等。配置不同，则设备的性能也有所不同。K12M-G11P 型电子束打孔机的主要性能见表 6.5。

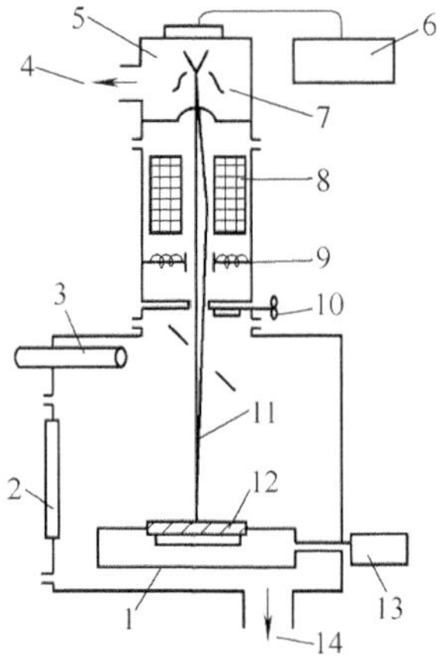

图 6.10 电子束加工装置结构示意图

1—移动工作台 2—带窗真空室门窗 3—观察筒 4、14—抽气 5—电子枪 6—加速电压控制 7—束流强度控制板 8—束流聚焦控制 9—束流位置控制 10—更换工件用截止阀 11—电子束 12—工件 13—驱动电动机

表 6.5 K12M-G11P 型电子束打孔机的主要性能

项目	指标
加速电压/kV	120(稳定度 ±0.5%)
直流输出功率/kW	1.1
单脉冲最大输出功率/kW	12
单脉冲输出能量/J	120
脉冲波形及宽度/μs	方波，50 ~ 20000
电子枪真空度/Pa	10^{-2}
工作室真空度/Pa	1
工作台运动	*X*，*Y*
脉冲当量/mm	0.05，0.001
最大速度/mm/s	100，1.2
z 轴手动调节范围/mm	1 ~ 20
打孔直径/mm	0.1 ~ 1.4
材料最大厚度/mm、最大深径比	≤10，15 : 1
加工精度	孔径 ±5%，位置 ±0.1mm

（续）

项　　目	指　　标
最大打孔速度/s^{-1}	4000
安装总功率/kW	40
冷却水耗量(15～18℃)/(L/h)	150
压缩空气耗量(6～7m^3/h)	1(标准大气压)
机床质量/kg	5500
机床安装尺寸（长/mm×宽/mm×高/mm）	4500×3590×2500

电子枪是获得电子束的装置，它包括电子发射阴极、控制栅极和加速阳极等。阴极经过电流加热发射电子，带负电荷的电子高速飞向带高电位的阳极。在飞向阳极的过程中，经过加速极加速，又通过电磁透镜把电子束聚焦成很小的束斑。

发射阳极一般用钨或钽制成，在加热状态下发射大量电子。小功率时做成丝状阴极，如图6.11a所示。大功率时做成块状阴极，如图6.11b所示。控制栅极为中间有孔的圆筒形，其上加以较阴极为负的偏压，既能控制电子束的强弱，又有初步的聚焦作用。加速阳极通常接地，而阴极为很高的负电压，所以能驱使电子加速。

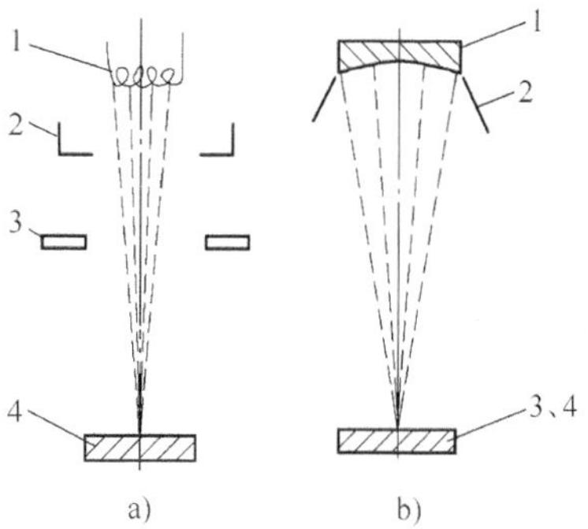

图6.11　电子枪

1—发射电子的阴极　2—控制栅极

3—加速阳极　4—工件

真空系统是为了保证在电子束加工时维持$1.33\times10^{-2}\sim1.33\times10^{-4}$Pa真空度，以避免电子与气体分子之间的碰撞，确保电子的高速运动。此外，加工时金属蒸气会影响电子发射，产生不稳定现象，因此也需要不断地把加工中产生的金属蒸气抽出去。真空系统一般由机械旋转泵和油扩散泵或涡轮分子泵两级组成，先用机械旋转泵把真空室抽至1.4～0.14Pa，然后由油扩散泵或涡轮分子泵抽至0.014～0.00014Pa的高真空度。真空系统还包括真空测量系统。

电子束加工装置的控制系统包括束流通断时间控制、束流强度控制、束流聚焦控制、束流位置控制、束流电流强度控制、束流偏转控制、电磁透镜控制，以及工作台位置控制等。

电子束打孔时，要根据束流强度和工件厚度两个参数选择合适的通断时间。将通断时间输入计算机，由计算机控制束闸实现预定的束流通断。

为了保证加工精度，在加工过程中的束流必须稳定。对束流电流进行测量，并将测量值与预置值进行比较并调整，将束流电流稳定在预置值。用计算机控制时，由于有电流强度反馈控制系统，所以对电源本身稳定值的要求可适度降低。

束流聚焦控制是为了提高电子束的能量密度，使电子束聚焦成很小的束斑，它基本上决定着加工点的孔径或缝宽。聚焦方法有两种：一是利用高压静电场使电子流聚焦成细束；二是利用电磁透镜的磁场聚焦。为了消除像差和获得更细的焦点，常再进行第二次聚焦。

束流位置控制是为了改变电子束的方向。常用电磁偏转来控制电子束焦点的位置。如果使偏转电压或电流按一定程序变化，电子束焦点便按预定的轨迹运动。另外，常在束流强度控制上加上比阴极电位更低的负偏压来实现束流强度控制。

电磁透镜系统的控制目标是稳定电磁透镜的成像性能，控制束流的聚焦焦距以获得直壁孔，并控制打孔深度。

工作台位移控制是为了在加工过程中控制工作台的位置。因为电子束的偏转距离只能在数毫米之内，偏转距离过大将增加像差和影响线性，因此在大面积加工时需要用伺服控制工作台移动，并与电子束的偏转相配合。

电子束加工装置对电源电压的稳定性要求较高，常用稳压设备。这是因为电子束聚焦以及阴极的发射强度与电压波动有着密切关系的缘故。

6.3.3 电子束加工应用

电子束加工包括电子束焊接、打孔、表面处理、熔炼、镀膜、物理气相沉积、雕刻、铣切、切割以及电子束曝光等。其中以电子束焊接、打孔、物理气相沉积，以及电子束表面处理等在工业上的应用最为广泛。随着该项技术的不断发展，它已用于大批量生产、大型零件制造以及复杂零件的加工，尤其是在表面工程应用等方面显示出了其独特的优越性。

1. 电子束打孔

电子束打孔（Electron Beam Drilling）是利用功率密度达 $10^7 \sim 10^8 W/cm^2$ 的聚焦电子束轰击材料，使其汽化而实现打孔。其过程如下：电子束对材料表面层轰击使其熔化并进而汽化，随着表面材料蒸发，电子束进入材料内部。材料汽化形成蒸气气泡，气泡破裂后蒸气逸出，形成孔穴。电子束进一步进入，使孔穴一直扩展到材料贯通。最后，电子束进入下面的辅助材料，使其急剧蒸发，产生喷射，将孔穴周围存留的熔化材料吹出，完成全部打孔的过程。

被打孔材料应贴在辅助材料的上面，当电子束穿透金属材料到达辅助材料时，辅助材料应能急速汽化，将熔化物从束孔中喷出去，形成小孔。由此可见，能否保证打孔质量，辅助材料是很关键的环节。对辅助材料的要求是既含有高蒸发元素，如黄铜粉、硫酸钙等，还要有一定的塑性。典型的环氧辅助材料配方为75%（质量分数，下同）的环氧树脂，15%的黄铜粉和10%的固化剂。

电子束打孔已在生产中实际应用，目前，最小直径可达0.003μm左右。例如喷气发动机套上的冷却孔，机翼吸附屏的孔，不仅孔的密度可以连续变化，孔数达数百万个，而且有时还可以改变孔径，最宜用电子束高速打孔。高速打孔可在工件运动中进行，例如在0.1mm厚的不锈钢上加工直径为0.2mm的孔，速度为300孔/s。

电子束打孔还能加工小深孔，如在叶片上打深度为5mm、直径为0.4mm的孔，孔的深径比大于10∶1。

将工件置于磁场中，适当控制磁场的变化使束流偏移，即可用电子束加工出斜孔。斜孔的倾角在35°~90°之间，甚至可以加工出螺旋孔。

电子束打孔在航空航天工业、电子工业、化纤工业及制革工业中得到应用，现举例如下：

（1）喷气发动机燃烧室罩孔　某喷气发动机燃烧室罩，材料为CrNiCoMoW钢，厚度为1.1mm。共有3478个直径为0.81mm的圆孔分布在外侧球面上，孔径公差为±0.03mm，所有孔中心轴与零件底面垂直。用K12-Q11P型电子束打孔机加工，零件置于真空室中，安装在夹具上作连续转动。加工时以200ms的单脉冲方式工作，脉冲频率为1Hz。

（2）化纤喷丝头孔　零件材料为钴基耐热合金，厚度为4.3～6.3mm。共有11766个直径为0.81mm的圆孔通孔，孔径公差为±0.03mm。零件置于真空室中，安装在夹具上作连续转动。加工时以16ms的单脉冲方式工作，脉冲频率为5Hz。打孔过程中电子束随工件同步偏转，每打一个孔，电子束跳回原位。加工一件只需要40min，而用电火花加工则需要30h，用激光加工也要3h才能完成，而且公差要优于激光加工，且无喇叭口。

图6.12所示为电子束加工的喷丝头异形孔截面的一些实例。出丝口的窄缝宽度为0.03～0.07mm，长度为0.80mm，喷丝板厚度为0.60mm。为了使人造纤维具有光泽，松软有弹性，透气性好，喷丝头的异形孔都是特殊形状。电子束切割复杂型面，切口宽度为3～6μm，边缘表面粗糙度可控制在0.5μm以下。

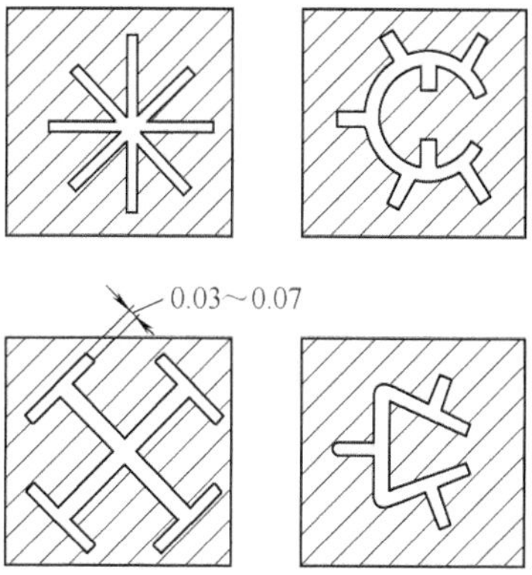

图6.12　电子束加工的喷丝头异形孔

（3）人造革透气孔　人造革的应用已很普及，但人造革透气性很差，穿着很不舒服。用电子束在人造革上打孔可以达到相当好的效果。如以天然革穿着的舒适度为100，微孔聚氨酯革只有55，而用电子束打孔的PVC革可达85。电子束打孔成本比天然革成本低，可替代天然革。加工时，用一组钨杆将电子枪产生的单个电子束分割为200条并行细束，使其在一个脉冲内同时加工出200个孔，效率非常高。因为对孔形无严格要求，人造革在滚筒上旋转时，电子束无须随之转动。如加工1.5mm厚革时，脉冲频率为25Hz，打孔速率为$5000s^{-1}$，滚筒转速为6r/min。

（4）锥孔与斜孔　离心过滤机、造纸化工过滤设备中钢板上的小孔为锥孔（上小下大），这样可防止堵塞，并便于反冲清洗。用电子束在1mm厚不锈钢板上打ϕ0.13mm的锥孔，每秒可打400个。在3mm厚不锈钢板上打ϕ1mm的锥孔，每秒可打20个。燃烧室混气板及某些透平叶片需要大量的不同方向的斜孔，使叶片容易散热，从而提高发动机的输出功率。如某种叶片需要打斜孔30000个，使用电子束加工可廉价地实现。燃气轮机上的叶片、混气板和蜂房消音器等三个重要部件已用电子束打孔代替电火花打孔。

综上所述，电子束打孔的主要特点概括如下：

1）可以加工出各种金属和非金属材料。但加工玻璃、陶瓷、宝石等脆性材料时，由于在加工部位的附近有很大的温差，容易引起变形甚至破裂，所以在加工前或加工时，需用电阻炉或电子束进行预热。

2）生产率极高，其他加工方法无可比拟。

3）能加工各种异形孔（槽）、斜度孔、锥孔，以及弯孔等。

2. 电子束焊接

电子束焊接（Electron Beam Welding）是利用电子束作为热源的一种焊接工艺。当高能量密度的电子束轰击焊件表面时，使焊件接头处的金属熔融，在电子束连续不断地轰击下，形成一个被熔融金属环绕着的毛细管状的熔池，如果焊件按一定速度沿着焊件接缝与电子束相对移动，则接缝上的熔池由于电子束的离开而重新凝固，使焊件的整个接缝形成一条焊缝。它也是电子束加工技术中发展最快、应用最广的一种，已成为工业生产中不可缺少的焊接方法。

（1）电子束焊接的工艺特点

1）焊接深宽比高。电子束斑尺寸小，能量密度高，因而能实现高深宽比焊接。

2）焊接速度高。由于能量集中，熔化和凝固过程快，所以焊接速度快，易于实现高速自动化。

3）热变形小。由于能量集中，热影响区极小，工件变形小，工件产生裂纹的可能性相应减少。

4）焊缝物理性能好。由于焊速快，避免了晶粒粗大，使延展性增加。由于高温作用时间短，碳和其他合金元素析出少，焊缝抗蚀性好。

5）工艺适应性强。电子束焊具有广泛的适应性，能进行变截面焊接。有良好的可达性，可通过束能输送到很深的区域，从而实现狭缝厚材料的深焊。

6）焊接材料范围广。除了可焊接普通的碳钢、合金钢、不锈钢外，更有利于焊接高熔点金属（钽、钼、钨、钛等及其合金）和活泼金属（如锆、铌等），还可焊接异种金属材料和半导体材料以及陶瓷和石英材料。

（2）电子束焊的应用

1）航空航天工业。直径达1500mm的发动机压气机盘，采用分体制造轮毂和轮缘方法，将轮缘分为八段，由八个小锻件加工成扇形，再用电子束将其组合拼焊成压气机盘。

航空发动机某些构件（加高压涡轮机匣、高压承力轴承等）可通过异种材料组合，使发动机在高速运转时，利用材料线膨胀系数不同，完成主动间隙配合，从而达到提高发动机性能、增加发动机推重比、节省材料、延长使用寿命等目的。如将GH4169和GH907两种高温合金零件焊在一体，通过适当工艺参数和工艺措施，以满足异种材料拼焊。因两种材料线膨胀系数相差极大，GH4169是镍基高温合金，而GH907是铁基高温合金，常温下GH4169无磁性，而GH907有磁性，可能影响焊接对中。

可变后掠翼飞机的中翼盒长达6.7m，壁厚12.7～57mm，钛合金小零件可以用电子束焊接制成，共70道焊缝。仅此一项工艺就减轻飞机质量270kg。

大型涡轮风扇发动机钛合金机匣，壁厚1.8～69.8mm，外径2.4m，是发动机中最大、加工最复杂、成本最高的部件，采用电子束焊接后，节约了材料和工时，成本降低了40%。

登月舱的铍合金框架和制动引擎中的64个零部件都采用了电子束焊接。波纹管组合件是航天发动机产品中利用电子束焊接的一个主要部分。航天发动机活门一般采用多层金属波纹管作动密封元件，执行指令时，波纹管组合件的动作部分要工作灵活、无卡滞。尤其在液氢温度下可以显示无可比拟的优点。因此，制造过程中必须保证波纹管组件焊缝气密无泄漏和运动副活动灵活，这就要求波纹管组件要有合理的结构和可靠的生产工艺，其中，制造的关键是波纹管的焊接。真空电子束焊接波纹管的接头强度高，可将焊接的变形量减至最小；精密配合的零件不会出现卡滞、抱死情况；焊缝致密、美观，可靠性高。

2）其他工业。应用电子束焊接技术可以改进机械结构设计，如大型齿轮组件，传统结构是用整体加工或分体加工再用螺栓组合，费工费料且结构笨重。可将齿轮分别加工出来，然后用电子束焊接总成。由于电子束焊接变形小，仅几微米，不影响组件精度，而且啮合好，噪声小，传输转矩大，这已在西方国家汽车工业得到广泛应用。一台多工位的齿轮专用电子束焊机，每小时可以连续焊接300～600套齿轮。

图6.13所示为电子束焊接装甲车的传动鼓轮（40Cr）。传动鼓轮为整体结构时，切削量很

大，成品质量仅为毛坯的1/4。若分解为两个零件加工，而后用电子束焊接可以省工省料。

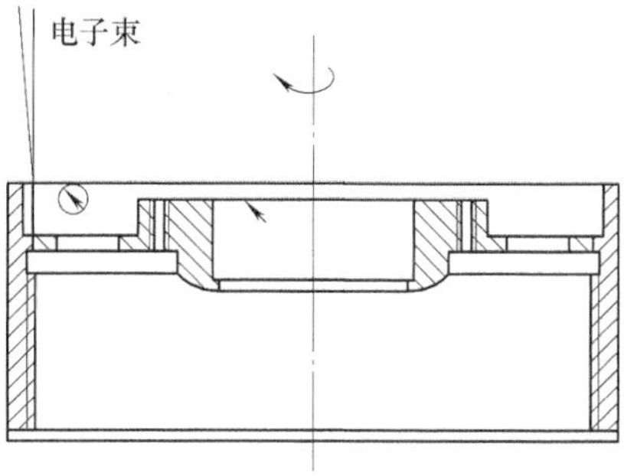

图6.13　电子束焊接鼓轮

在我国，电子束焊接技术已广泛应用于汽车工业、齿轮加工业、精密仪器及电子仪表制造业、电工电能领域和航空航天领域的制造及维修业。在中国南方航空动力机械公司，许多航空发动机关键零部件和民品生产都使用了电子束焊接技术。

在国外，围绕超高能密度装置研制，在设备智能化、柔性化、电子束流特性诊断，束流与物质作用机制，以及非真空电子束焊设备及工艺等方面开展了卓有成效的研究。在日本，加速电压600kV、功率300kW的超高压电子束焊机已问世，一次可焊200mm的不锈钢，深宽比达70∶1。同时，日、俄、德开展了双枪及填丝电子束焊接技术研究。在对大厚度板第一次焊接的基础上，通过第二次填丝来弥补顶部下凹或咬边缺陷；日本采用双枪实现了薄板超高速焊接，反面无飞溅，成形良好。

关于非真空电子束焊接，德国斯图加特大学实现了母材为AlMg0.4 Si1.2的旋转件的填丝焊接，加丝材料为AlMg4.5Mn，送丝速度为35m/min，焊接速度高达60m/min。非真空电子束焊接在汽车制造领域一直备受重视并得到应用。如手动变速器中同步环与齿轮采用非真空电子束焊接，生产率已超过500件/h。最近，德国和波兰的学者共同研制了真空电子束焊接，安装于真空室中的非接触测温装置测量点最小直径为1.8mm，主要用于陶瓷和硬质合金的钎焊，该装置可排除随机的热流干扰，测量精度高。

3. 电子束曝光

集成电路、微电子器件、集成光学器件、表面声波器以及微机械元器件的图形制作技术中，通常将电子束曝光（Electron Beam Exposure，EBE）处理作为刻蚀前置工序。

先利用低功率密度的电子束照射称为电子抗蚀剂的高分子材料，由入射电子与高分子相碰撞，使分子的链被切断或重新聚合而引起分子量的变化，这称为电子束曝光，如图6.14所示。按图形进行电子束曝光，就会在电子抗蚀剂中留下潜像。然后将其放入适当的溶剂中，则由于分子量不同而溶解度不一样，就会使潜像显影出来。与离子束刻蚀或蒸镀工艺结合，就能在金属掩膜或材料表面上制出图形来。

电子束曝光主要分为两类：扫描电子束曝光，又称电子束线曝光；投影电子束曝光，又称电子束面曝光。

由于微型电子器件的图形复杂而精细，而且基片面积大，要求电子束精细聚焦，并能自由移动（扫描），精确地达到规定的位置上，这就是扫描曝光。早期的扫描电子曝光采用圆形束斑。为提高生产率又研制出方形束斑，其曝光面积是圆形束的25倍。后来发展的可变成形束，其曝光速度比方形束又提高2倍以上。扫描电子束曝光线宽在1μm左右，精度在

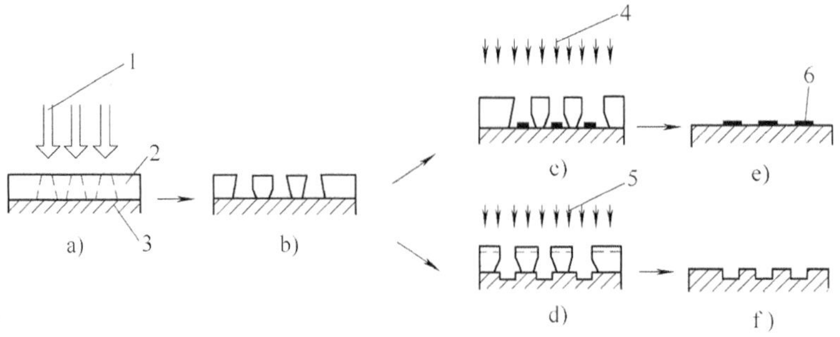

图 6.14 电子束曝光加工过程

a）电子束曝光 b）显影 c）蒸镀 d）离子刻蚀 e）、f）去掉抗蚀剂，留下图形

1—电子束 2—电子抗蚀剂 3—基板 4—金属蒸气 5—离子束 6—金属

±0.1μm。

面曝光是使电子束先通过原版，这种原版是用别的方法制成的比加工目标大几倍的模板。再以 1/5 ~ 1/10 的比例缩小投影到电子抗蚀剂上进行大规模集成电路图形的曝光。它可以在几毫米见方的硅片上安排十万个晶体管或类似的元件。

4. 电子束物理气相沉积技术

电子束物理气相沉积（Electron Beam Physical Vapor Deposition，EB-PVD）是利用高速运动的电子轰击沉积材料表面，使材料升温变成蒸气而凝聚在基体材料表面的一种表面加工工艺。根据该工艺沉积材料的性质，可以使涂层具有优良的隔热、耐磨、耐腐蚀和耐冲刷性能，从而对基体材料有一定的保护作用，因此，被广泛应用于航空、航天、船舶和冶金等工业领域。

由于电子束的产生和传输都是在真空室中进行（电子枪和工作室处于真空），电子束物理气相沉积也是在真空中进行，因此，可以防止涂层的污染和氧化。具有柱状结构的涂层在高温条件下抗剥落的能力较强。在控制工艺条件的前提下，可以使涂层与蒸发材料中的相和元素含量保持一致，这是电子束物理气相沉积的一大优点。而且它还可以蒸发易挥发的材料，例如铝。

EB-PVD 主要应用于飞机发动机的涡轮叶片热障涂层，涂层厚度最大可达 300μm，涂层显微结构明显有利于抗热震性，涂层无需后续加工，空气动力学性能明显优于等离子涂层，因此涂层寿命大大高于等离子喷涂涂层寿命。目前，EB-PVD 还可用于结构涂层，例如叶片和反射镜的冷却槽等也可采用 EB-PVD 方法加工，刀具、带材、医用手术刀、耳机保护膜、射线靶子及材料提纯均可用 EB-PVD 方法进行表面处理。

6.4 激光束加工

6.4.1 激光束加工的基本原理

激光是一种经受激辐射产生的加强光，具有强度高，方向性、相干性和单色性好的特点。利用这些特点，将激光束通过光学系统聚焦成直径小到几微米、能量密度（10^8 ~ 10^{10} W/cm^2）极高的、能产生温度高达 10000℃以上的光斑。当激光照射到工件表面上时，能在极短的时间内使光斑区域中任何可熔化、不可分解的材料熔化、蒸发、汽化而达到加工目的，这种加工方法称为激光束加工（Laser Beam Machining，LBM）。

由于激光具有高亮度、高方向性、高单色性和高相干性等特点，使激光束加工技术及应用领域不断拓展：

1）加工方式多、适应性强。在同一台设备上可完成切割、打孔、焊接、表面处理等多种加工；既可分步加工，又可在几个工位同时进行加工。可加工各种材料，包括高硬度、高熔点、高强度及脆性、柔性材料。既可在大气中，也可在真空中进行加工。

2）加工精度高，质量好。对微型陀螺转子，采用激光动平衡技术，其平衡精度可达百分之一或千分之几微米的质量偏心值。由于高能量密度和非接触式加工，以及作用时间短，因此能量注入速率高。工件热变形小，且无机械变形，对精密小零件的加工非常有利。例如，用激光束焊接金属波纹管及密封继电器，其气密封性可达 $10^{-10}\sim10^{-11}\,cm^3/s$，比原工艺提高几个量级。

3）加工效率高，经济效益好。在某些情况下，用激光束切割可提高效率 8 ~20 倍。用激光束进行深熔焊接的生产效率比传统方法提高 30 倍。用激光束微调薄膜电阻，可提高工效 1000 倍，提高精度 1 ~2 个量级。用激光束强化电镀，其金属沉积率可提高 1000 倍。金刚石拉丝模用机械方法打孔需要 24h，用 YAG 激光器打孔，只需 2s，提高工效 43200 倍。与其他打孔方法相比，激光束打孔的费用节省 25% ~75%，间接加工费用节省 50% ~75%。与其他切割方法相比，激光束切割钢材降低费用 70% ~90%。

4）节约能源与材料，无公害与污染。激光束的能量利用率为常规热加工工艺的 10 ~1000 倍。激光束切割可节省材料 15% ~30%。激光束不产生像电子束那样的射线，无加工污染。

5）加工用的是激光束，无“刀具”磨损及切削力影响的问题。

6.4.2 激光束加工设备

激光束加工设备包括激光器、导光聚焦系统和加工机（激光束加工系统）三大部分。

1. 激光器

激光器（laser）是激光束加工的重要设备，它将电能转变成光能，产生激光束。按工作物质的形态可分为固体、气体、半导体和液体激光器。按激光束输出的方式可分为密封式、纵向流动式和横向流动式激光器。常用于工业加工的激光器见表 6.6。

表 6.6 常用于工业加工的激光器

种类	工作物质	波长/μm	发散角/rad	输出方式	能量或功率	主要用途
固体激光器	红宝石（Al_2O_3，Cr^{3+}）	0.69	$10^{-2}\sim10^{-8}$	脉冲	几焦至几十焦耳	打孔、焊接
	钕玻璃（Nd^{3+}）	1.06	$10^{-2}\sim10^{-8}$	脉冲	几焦至几十焦耳	打孔、焊接
	掺钕钇铝石榴石 YAG（Nd：$Y_3Al_5O_{12}$）	1.06	$10^{-2}\sim10^{-8}$	脉冲	几焦至几十焦耳	打孔、焊接、微调、切割
				连续	100 至几百焦耳	

（续）

种　类	工作物质	波长/μm	发散角/rad	输出方式	能量或功率	主要用途
气体激光器	二氧化碳 CO_2	10.6	$10^{-2} \sim 10^{-8}$	脉冲	几焦耳	打孔、焊接、切割、热处理
				连续	几十瓦至几千瓦	
	氩（Ar^+）	0.5145 0.4880	$10^{-2} \sim 10^{-8}$			光盘刻录存储

对激光器的基本要求是：高效率、长寿命、长期稳定和低运转成本。不同的应用对光束的质量和波长有不同的要求。波长越短，金属表面对激光的吸收越大，见表6.7。激光束经透镜聚焦成一点，其焦点直径接近于激光的波长。

表6.7　金属表面的光吸收率

	Al	Fe	Cu	Mo	Ni	Ag
10.6μm（CO_2）	2%	4%	1%	4%	5%	1%
1.06μm（YAG）	10%	35%	8%	42%	25%	3%
0.248μm（KrF）	18%	60%	70%	60%	58%	77%

就材料加工而言，波长为5μm的CO激光器兼备CO_2激光器与YAG激光器的优点，既达到CO_2激光器的高效运转和高功率输出，又能像YAG激光器那样用光纤传输。所以，CO激光器在材料加工方面有独到之处，实验证明，CO激光器切割低碳钢的效率比CO_2激光器高5倍，切割不锈钢效率高两倍。

2. 导光聚焦系统

根据被加工工件的性能要求，光束经放大、整形、聚焦后作用于加工部位，这种从激光器输出窗口到被加工工件之间的装置称为导光聚焦系统。

导光系统的主要组成部分：激光光束质量监测仪、光闸系统、可见光同轴瞄准系统、扩束系统、光传输转向系统、聚焦系统和工件加工质量监控系统。

导光聚焦系统的关键技术：激光束的变化方式、光路及机械结构的精确设计、光学元件的选择、光学元件的加工工艺及镀膜技术、光束质量的在线监测与控制、自动调焦、被加工工件质量实时监控技术等。

国外产品化的三维激光束加工系统，其光束传输方式有：四轴光扫描、五轴光扫描和机器人一体化的导光聚焦系统。而且，激光束与机器人一体化的导光系统的成本较低。大功率CO_2激光导光系统中，光、机、电、计算机控制、工业机器人等技术综合利用得很成功。小于400W的YAG导光系统多由光导纤维光耦合元件组成，光学透镜以Zn－Sn为主。对高功率的CO_2及YAG激光束正在开发光纤和波导技术，直径为0.5mm的KRS－5光纤已能传输550W功率，效率为每米95%。用于高功率的YAG激光的光纤已在工业中应用，直径为0.55mm、长200m的光纤已用于核电站的焊接，功率为1kW时，损耗10%。

3. 激光束加工设备的发展趋势

目前，激光束加工设备的发展主要体现在数控化和综合化、小型化和组合化，以及高重复性和高可靠性等方面。

（1）数控化和综合化　把激光束与数控技术结合，与先进的光学系统结合，与高精度、自动化的工件装卸、定位系统结合，研制和生产各种加工中心，已成为激光束加工设备发展的一个重要趋势。激光束加工中心的特点是：自动化程度高，能完成多种加工，能加工多种材料和多种规格的产品。例如，美国雷声公司研制的激光束加工中心，采用五坐标数控系统，定位精度为0.0125mm，重复精度为2.5μm，可进行切割、打孔和焊接等。美国阿波罗公司生产的CO_2激光束加工机，既可打孔、焊接，又可进行切割、划线、微调、动平衡等加工。国外激光束加工设备已形成系列化产品，两坐标、三坐标、五坐标（三个相互垂直直线运动自由度和两个角运动自由度）多功能数控激光束加工机已成批应用，有的还加上第六坐标——焦点自动调整。汽车、化工、机械、轻工业等行业广泛采用了多种激光束加工生产线。柔性激光束加工系统是在CAD/CAM基础上实现较灵活的加工，能在同一条生产线上进行多种作业。随着激光束加工技术系统化研究的发展，出现了人工智能最佳化的激光束加工系统（激光束机器人），已研制出三维视觉的闭合回路自动激光束焊接/切割加工设备，这是激光束机器人与规范化激光束加工工艺的结合。

随着消费需求的个体化，产品趋于多样化，已从以往的大批量生产转移到多品种的中小批量生产。在汽车工业中，每一种规格的汽车产量越来越小。例如，日本丰田汽车公司，每种车型每年生产12.5万辆，四年更新换代，共生产50万辆。由于激光束切割比冲压加工成本低，人们希望用高速三维CO_2激光束加工系统来代替传统的金属模具冲压加工方法，以高速生产方式应用于生产线。当前日本已有100多台三维激光束加工设备，其中90%以上用于汽车工业。正在研制的高速三维CO_2激光束加工设备，采用轻型高刚性移动框架和气浮导轨技术，达到70m/s的进给速度。

（2）小型化和组合化　美国控制激光公司研制的用计算机控制的高速轴流激光束加工中心，利用增压器使CO_2气体高速通过激光束放电管，然后在形成闭环回路的热交换器中循环冷却，减少了气体的消耗，更重要的是，可使激光器占地面积减少到原来的1/10，输出功率为500～6000W。1kW的半导体激光器的体积已缩小至$10cm^3$。

把激光束切割和模具冲压两种加工工艺有机地组合成一台机床，称为激光冲床。它兼有激光束切割多功能性和冲压加工高速高效的特点，以完成复杂外形、尖角、细小孔、成形、刻字、划线等加工。这种设备具有计算机控制系统，可以实现加工自动化。当加工批量大、工件形状简单、模具容易制造时，采用冲压。反之，则采用激光束切割，这充分发挥了各自优点，求得加工能力和经济效益的统一。由于上述优点，激光冲床的出现被誉为钣金加工的技术革命。激光冲床在德国、美国、日本、加拿大、意大利等国家得到迅速发展和应用，经济效益显著。据报道，一台激光冲床每小时可创利100美元。日本用激光冲床使钣金加工件生产实现了设计、制造一体化。激光束切割和冲压加工结合组成钣金加工中心，可纳入钣金加工柔性制造系统。

美国本迪克德公司研制出一台激光车床，它是在车床上增设一台500W的CO_2激光器，将车削加工同激光表面处理结合为一体。

把激光束加工技术同柔性机械加工系统有机地结合，扩大了柔性制造系统的加工能力，使之更完善。日本和美国正在加紧研制以激光束加工设备为主的真正柔性制造系统。例如，伊利诺斯理工学院研究所研制的以激光束加工设备为主的柔性制造系统，使工件能在一个地点完成整个加工循环，如切削、成形、连接、热处理、涂层等，最后送入部装或总装站。这是将激光技术与机床、机器人、自动检测及计算机控制结合，组成费用较低的柔性制造系统，既能用于生产单一产品的大批量生产，又能进行各类产品的中小批量生产，以适应产品更新换代周期越来越短的挑战。这是世界上最先进的激光开发项目。

（3）高重复性和高可靠性　激光束加工效率虽然很高，但还有很大的潜力，继续提高激光束的重复频率可进一步提高加工速度。例如，早期的红宝石激光打孔机，重复频率为5次/s，每秒可打孔2.5个。用重复频率为20次/s的YAG激光器，打孔速度可提高到10个/s。目前国外YAG激光器的重复频率已达2000次/s。

美国莱康明公司根据生产计划要求，研制出全自动激光束焊接机，在每天两班制16h完成2500m长的焊缝，焊完9000个接头。即使在一万次循环中仅出现一次停机事故，就意味着几乎天天要修理。所以除了确保质量外，要求整机的故障率低。为了提高工作的可靠性，必须尽可能用软件功能代替机械作用。在整个系统中都要贯彻这一设计思想，系统的各主要部件在设计定型前都要以实际零件的焊接做充分试验，使设备交付后可能出现的问题都暴露出来，并在设计定型前予以解决，以确保工作的长期稳定可靠。

6.4.3　激光束加工应用

1. 激光快速制造

（1）激光快速制造技术（Laser Rapid Manufacturing Technology，LRMT）又称激光快速成型技术，是近20年来制造技术领域的一次重大突破。笼统地讲，快速成型属于添加成型，严格地讲，快速成型应该属于离散/堆积成型，即依据计算机上构成的零件三维设计模型（见图6.15a），利用快速成型机对其进行分层切片，得到各层截面的二维轮廓图（见图6.15b），并按照这些轮廓图（见图6.15c）逐步顺序叠加成三维零件（见图6.15d）。这种新技术的思路源于三维实体被切割成一系列微小单元的逆过程，通过不断地把材料按指定路径添加到未完成的制件上，采用聚合、粘结、熔结、烧结等化学的和（或）物理的手段，有选择性地固化液体或粘结固体材料，从而制作出所要求形状的原型或零部件。

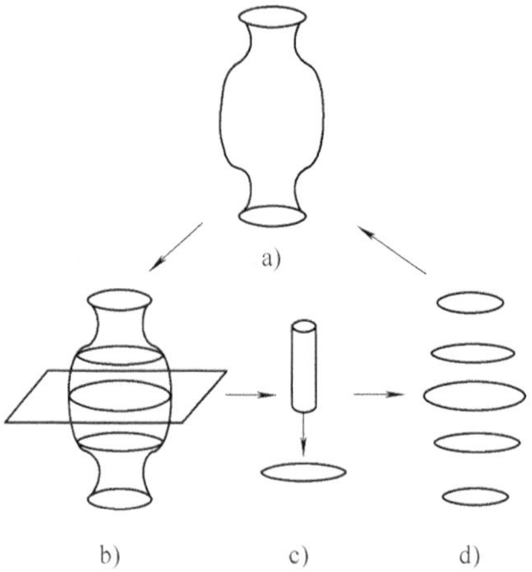

图6.15　激光快速制造的原理

a）零件三维设计模型　b）切片　c）分层自由成型　d）叠加

通常，原型或零件是逐层累积起来，并最终达到设计的式样和性能要求的。激光束快速制造技术是激光技术、精密传动和数控技术、新材料技术、CAD/CAM 技术的集成，它可以自动、直接、快速、精确地将设计思想物化为具有一定结构和功能的原型或直接制造零部件/模具，从而可以对产品设计进行快速评价、修改，有效缩短了产品的研究开发周期，提高企业的竞争能力。它是当前世界上先进的产品开发与快速工具制造技术，其核心是基于数字化的新型制造技术。LRMT 的出现，使制造企业的模型、原型及成型件的制造方式产生深远的影响。

快速制造的技术种类很多，如立体光造型（SLA）、选择性激光束烧结（SLS）、分层实体制造（LOM）、熔化沉积制造（FDM）等，激光快速制造占据了极重要的地位，是目前发展最快、应用最广的技术之一。

（2）选择性激光束烧结的基本原理　选择性激光束烧结的原理如图 6.16 所示。激光束经聚焦后在铺有固体粉末的平面上作 x-y 振镜的运动，在粉末基准面上进行扫描，激光束扫描到的地方，粉末粘结在一起，形成固化层。一层完成后，工作台沿 z 轴下降，然后在固化层上再铺一层粉末，再作 x-y 轴方向扫描及 z 轴下降。循环往复，直至整个零件制作完毕，这样就逐步固化成所需形状的零件。x、y 轴方向扫描运动及 z 方向升降运动的数据，都是由计算机根据零件的 CAD 模型分层切片而得。烧结的固体材料可以是石蜡、塑料、陶瓷、金属粉等。激光束一般采用 50～100W 的 CO_2 和 YAG。

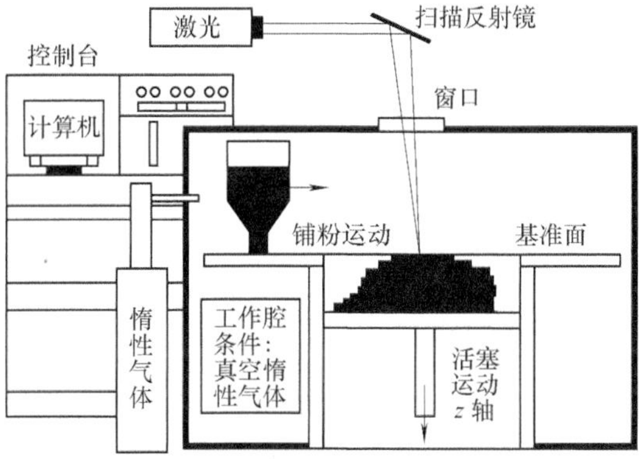

图 6.16　选择性激光束烧结金属粉末示意图

（3）选择性激光束烧结的效果　与传统的加工方法相比，快速制造具有以下突出优点：

1）对零件的复杂性几乎没有任何限制，特别适合于制作具有复杂形状的零件。

2）适合于快速生产零件，使产品迅速投放市场，征求用户意见。产品更新换代容易，生产周期短，成本低。

3）零件生产不需要设计制造工装设备。

快速制造技术能轻易地制造出一些结构十分复杂的用传统方法无法加工的零件，而其造价却与零件的复杂程度无关。当然，其制造成本也几乎与零件的批量无关。而传统的加工方法则不同，小批量或单件的造价昂贵；大批量生产的单价便宜。这主要是由于需要制造特殊的工具，如刀具、模具及专用机床等，这些费用需要大批量来分摊才能使得单价下降。因此，快速制造技术很适合于制造小批量零部件，尤其是一些独特的零部件。

在传统制造方法中，工程师或艺术家思维中的三维产品，需要经过投影变换，分解成一系列二维工程图，然后经过各种加工工序或用手工制造而成。快速制造则不同，思维中是三维产品，设计时就是三维产品，省去了三维与二维间的变换。这不仅缩短了设计时间，而且大大提高了设计人员不断修改设计、不断开发新产品的积极性，使产品尽善尽美。

2. 激光束表面处理技术

（1）激光束表面处理技术概述与分类

1）激光束表面处理技术的概述。随着科学技术的发展，对精密机器及零部件的精度、性能和寿命的要求越来越高，其使用环境也变得更加苛刻，许多机器必须在高压、高温、高腐蚀气体及高真空中工作。例如，航空航天工业对材料的选择及对零件表面性能的要求更为严格，零部件的设计制造不仅要满足静强度要求，而且还要求具有良好的抗疲劳性能。现代飞机的研制更是对结构重量比的要求越来越高，即要求固有应力水平高的结构又具有长寿命和高可靠性。但是，零部件特别是大型结构件，在制造、加工过程中难免会存在裂纹或缺陷，在结构设计时不可避免地存在着应力集中区域，因而易产生不易被人们察觉的灾难性疲劳破坏。所以，材料的表面处理在现代工业产品中越来越重要，尤其是对金属材料的表面强化处理在机械制造行业中显得更为迫切。

为此，人们研究开发了多种表面处理方法，以满足日益增长的需要。传统的金属表面处理方法有：表面硬化法（高频感应淬火、火焰淬火、渗碳淬火及渗氮）、扩散渗透表面处理法（锌扩散渗镀法、铬扩散渗镀法、硅扩散渗镀法及硼化处理等）、金属保护膜法（电镀、熔融浸镀、金属喷镀、化学镀及真空蒸镀）、防锈保护膜法（铅及铝合金的防锈保护膜、镁合金的防锈膜等）、电化学处理（电解抛光和化学抛光、阳极氧化）、喷丸处理、孔冷挤压及干涉配合等技术。这些表面处理技术的广泛应用，产生了显著的经济效益。但也有一定的局限性。从 20 世纪 70 年代以来，高能激光束、离子束及电子束用于材料的表面处理，从而开辟了材料科学中最引人注目、最富有生命力的新领域。

激光束表面处理技术在汽车、机械及航空等工业部门受到广泛的重视和推广，用于处理发动机零部件、回转配合体零件以及涡轮叶片等，在经济效益和项目开发上呈不断上升的趋势。激光束表面处理技术的发展，也改变了传统的新产品开发设计方法，将来从事新产品设计的专家不仅要懂得材料的知识，而且还需要具有丰富的激光束加工知识。零部件经激光束表面强化处理后，其附加值将成倍增加。常用金属材料及零部件经激光束表面处理后，提高了性能，延长了使用寿命，获得了巨大的经济效益。采用激光束表面处理技术具有以下突出优点：激光是一种高密度能源，可快速、局部地加热材料，并实现局部急热和急冷；易于处理高熔点材料、耐热材料及高硬度材料等；可在大气、真空及各种气体环境中进行处理；可改变激光束参数，进行不同的表面处理工艺；工件变形极小，是一种非接触式处理法。

近年来，激光束表面处理技术在模具制造业中的应用也日益加强。在生产过程中，模具表面承受着各种形式的复杂应力，包括摩擦、挤压等，这将限制了模具的使用寿命。研究表明，导致模具的失效多从模具表面开始。为了提高模具的使用寿命，传统的方法是对模具表面进行热处理和使用优质材料做成镶块安装于模具易磨损、破坏的部位（如凹模刃口、圆角部位等），这给模具的制造、安装、调试带来了较多的困难，制造成本也较高。对于大中型覆盖件模具的工作表面，也很难采用传统的热处理方法来对其表面进行强化处理。目前常用的仍然是手工火焰淬火处理，这种方法在很大程度上取决于操作人员的技巧，容易因受热不均造成表面变形，从而影响到模具的使用质量。而采用激光束表面强化技术能有效解决传统强化技术难以实现的技术指标，不但能提高模具表面强化硬度（比常规方法平均高15%～20%），从而提高模具的耐磨性，而且模具表面激光束强化最后一道工序，不必进行后续加工，即工件几乎不变形，这在很大程度上可简化模具制造工艺。

2）激光束表面处理技术的分类。随着大功率激光束的出现，激光束被用于材料的表面改性处理，出现了众多的激光束表面处理新技术。由于激光束表面处理技术是近十几年才发展起来的新技术，所以，目前人们对此还没有形成统一的分类，除了激光束表面处理之外，还有激光束强化、激光束热处理及激光束表面优化等。对于各种激光束表面技术的分类也不尽相同，日本的中村英将激光束表面处理分为表面热处理、表面熔化处理及表面冲击处理三类。日本的安永畅男则将其分成 CVD、PVD、扩散及结构控制四类。其中扩散类包括合金化、陶瓷化及堆焊，结构控制类包括淬火、回火、非晶化、熔融硬化及磁区控制四种。我国一些学者将其分为对材料表面组织本身进行改性的方法及通过包覆进行改性两大类；或分为激光束表面热处理（淬火及退火等）、激光束表面熔化法（表面合金化、非晶化、表面涂覆、细化组织、材料的合成）及表面冲击法（冲击硬化）三大类。但是，根据激光束与物质相互作用所产生的效应不同，可将众多的表面处理技术分成两大类：第一类主要利用激光束产生的力学效应，即激光与材料相互作用所产生的热应力或冲击波来改善材料的性能或形状；第二类主要利用激光与材料相互作用所产生的热效应来改善材料性能的表面处理技术，其又可分为两类，即将材料表面加热到非熔化状态的处理技术和将材料表面加热到熔化状态的处理技术，如图 6.17 所示。

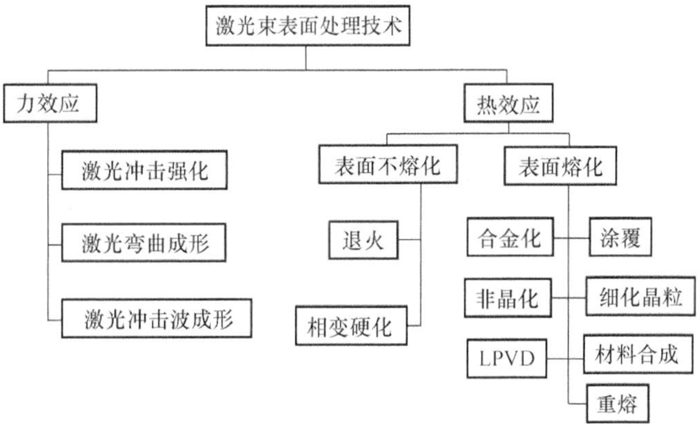

图 6.17 激光束表面处理技术分类

（2）利用力效应的激光束表面处理技术　这类技术有两种：第一种是利用材料热膨胀所产生的热应力使材料发生弯曲塑性变形，称之为激光弯曲成形；第二种是利用在材料内部产生的应力波来改善材料性能，称之为激光束冲击。另外，利用激光束和物质相互作用产生冲击波的压力来实现金属板料的冷塑性成形也正在研究之中。

1）金属的激光束成形。工件经激光束照射后，在材料内部局部地吸收高能量密度的激光束后，产生明显的温度梯度，从而影响了工件的形状精度，这种现象是所有激光束加工中的缺点。激光束成形就是积极地利用这一现象，在不加外力的条件下仅利用热应力使材料塑性变形的新方法。激光束在成形方面的应用可分为激光束辅助成形（Laser Assisted Forming）和激光束成形（Laser Forming）两种。前者是在加工之前用激光束照射加工点，使材料屈服强度降低，塑性提高，从而使塑性加工更容易进行的方法。后者是用高能量密度的激光束照射到材料上，在材料中产生高于材料屈服应力的热应力，在不加外力情况下，只依靠热应力使材料发生塑性变形，而得到所要求形状的加工方法。由于一般的材料有正的热膨胀系数，因此在温度上升的同时加热部分产生膨胀，材料向上凸起。如果在整个区域内变形是在弹性范围之内，那么激光束照射后，材料又可恢复到原来的平面状态。

材料的应力-应变曲线随着温度的变化而变化，温度升高，材料的屈服应力降低。因此在激光束照射中，局部被高温加热的区域产生塑性变形，激光束照射之后，热量向材料内部传导而迅速冷却，使加热部分收缩，由于有塑性变形区存在，因此材料不能恢复到原来的形状，而向下凹陷。最终的变形是两者的叠加。

对于热处理后还需要精密磨削的小型精密零件，如果应用激光束硬化处理，由于急速地加热和冷却产生热应力和相变应力，最终的变形是热应力引起的变形和由于马氏体相变而产生的相变应力变形的叠加。这两者的变形效果是相反的，激光束照射后，前者是向下凹，后者是向上凸。对于激光束硬化处理后材料的宏观变形来说，热应力的作用效果起支配作用。

材料的弯曲角度与所选用的激光束参数及材料本身的特性等因素有关。特别是当材料厚度超过 10mm 时，弯曲角度非常小，几乎不能测定。所以，必须重复进行激光束照射，将每次照射材料产生的热变形量累积起来。激光束照射可以在同一直线上反复进行，也可以用激光束在二维平面上全面扫描。显然，当后者激光束扫描的间隙充分地拉开时，其热变形量为激光束照射一次变形量的积分值。但是在其他情况下，就不能保证 N 次激光束照射所产生的变形量为一次照射变形量的 N 倍。各种纯金属和合金材料都能够激光束成形，并且随着照射条件的不同，弯曲角也不同。例如在 SUS304 冷轧不锈钢板上，以激光束移动速度 10m/min 的条件连续照射 54 次可得到弯曲角 132°45′。在 SUS304 不锈钢板的两面分别用激光束照射可制成波纹板，如果重叠照射，可得到半圆形零件，并可通过改变激光束扫描的重叠量来改变半圆的曲率半径。

影响激光束成形的因素如下：照射激光束的输出功率、激光束直径、光束的能量分布、材料表面对激光束的吸收率、激光束的移动速度、照射次数、材料的密度、热导率、比热容、热膨胀系数、屈服应力、弹性模量、泊松比、加工硬化系数、熔点、破坏应力及材料的尺寸。影响激光束成形的因素大致可分成与激光束有关的项目和与材料有关的项目两大类，其中与材料有关的项目是温度的函数。材料的熔点和破坏应力成为限定激光束成形范围的条件。如果以上变量确定，材料的热变形量可以依据热传导引起的温度分布和热膨胀引起的材料弹塑性变形进行数值分析。

2）激光束冲击。激光束冲击（Laser Shocking）是用高功率短脉冲激光束与物质相互作用，产生强冲击波或应力波，并利用冲击波或应力波来开发各种用途的新技术。激光束冲击一般采用钕玻璃、红宝石及 YAG 高功率激光束装置。激光束冲击具有如下特点：激光束冲击时间短，一般为纳秒量级（10^{-9}s）甚至更短；激光束功率密度高，一般大于 10^{9}W/cm^{2}，有时可达 10^{13}W/cm^{2}；瞬时温度高，工件表面涂料汽化电离可达 10000℃；瞬时压力高，一般超过 10000 个大气压，甚至可高达 15TPa；工件表面温度低，仅 150℃左右，所以可将激光束冲击强化归为冷工艺。

激光束冲击的用途十分广泛，涉及机械制造工业、航空工业、汽车工业、船舶工业、核工业、医疗工业、生物工业、电气工业及半导体工业等领域。但从它的应用特点来看，主要有以下几方面的用途：层裂研究、清除表面污垢、模拟高速撞击、检测、生物工程、尿道结石破碎、材料改性。

1972 年，美国 Fairand 等人首次用激光束冲击强化 7075 铝合金。7075T26 铝合金及未时效 7075 铝合金经激光束冲击后，屈服强度 $\sigma_{0.2}$ 提高 30%。激光束冲击强化有效地提高了材料的疲劳寿命，2024 铝合金经激光束冲击处理后可延寿 4 倍以上。厚 1.5mm 带凹槽的 4340 钢试件，硬度 54HRC，凹槽经激光束冲击后，在 $10^5\sim10^7$ 循环破坏周次范围内，有效截面应力将近提高一倍。1992 年，美国 Vaccri 报道，用激光束冲击处理的激光束设备外形尺寸为 1.2m×1.8m（长×宽），能量 100J 左右，脉冲重复频率达 1Hz。在提高金属材料疲劳寿命方面，激光束冲击已能取代喷丸处理，并称之为“高能喷丸”，特征比较见表 6.8。激光束冲击强化有效地改善了以下材料的力学性能（硬度、耐磨性、拉伸强度、屈服强度、疲劳强度、抗腐蚀性能及疲劳寿命等）：碳钢、合金钢、不锈钢、可锻铸铁、球墨铸铁、铝合金及镍基高温合金等。尤其在提高铝合金疲劳寿命方面取得了巨大的成功。

表 6.8 激光束冲击（高能喷丸）与喷丸处理的比较

参数指标	激光束冲击	喷丸处理
介质	黑色涂料	玻璃丸、陶瓷丸、铸钢丸、铝合金丸、塑料丸、砂子等
覆盖率	100%	≥100%
表面粗糙度	降低 1~2 个等级	增大
尺寸精度	影响较小，约 3~20μm，适合于精加工后的表面处理	小
残余应力	残余应力为材料拉伸强度 $\sigma_{0.2}$ 的函数，最大值约等于 $\sigma_{0.2}$，一般大于 $0.5\sigma_{0.2}$	到目前为止，经研究的所有残余应力的深度均小于激光束冲击处理
强化深度	$5/3H$，0.76~1.27mm	H
可达性	好。由于能精确地控制激光束的大小及调整传输路线，可处理喷丸不能进入的限定区域，如小圆角、凹槽、拐角及盲孔等地方	差
可控性	工艺参数少，易于控制	工艺参数多，控制难度大
环保性	好，清洁无污染	差，飘尘污染（SiO_2 和 Al_2O_3 粉尘），使操作人员和周围居民受到硅肺病的威胁
生产成本	由于能建成柔性自动化生产线，所以可缩短生产周期，降低加工成本	
处理特点	局部区域	大面积表面
止裂效果	好，半圆形凹槽上有 0.5mm 长的裂纹，经激光束冲击后，疲劳寿命提高 4 倍，与没有裂纹未经激光束冲击处理的试件同寿	
柔性	好，十分适合自动化生产与传输线相连构成的柔性生产线	

进入 21 世纪，高能激光束喷丸技术研究水平有了新的突破，应用领域也有了新的拓展。

美国加利福尼亚大学的 Lawrence Livermore 国家重点实验室 Hackel 等人一直从事激光束冲击波技术应用的研究工作，他们用试验的方法对传统的机械喷丸和激光束喷丸产生的残余应力大小和分布对机械零件的疲劳性能进行了研究，发现激光束强化技术产生的残余应力更大、更深，并且在多次试验中发现试验结果具有稳定性和一致性，所以提出了控制残余应力分布来实现板料成形的设想，并已申请了专利，作为一种新的金属板料成形技术，目前该技术已成功成形了具有精确半径的 1in 厚的金属曲面板，而且某些成果已应用于航空涡轮发动机叶片的成形中。

随着科技的进步和工业技术的发展，延长各种类型产品的服务寿命，提高零部件工作的安全性、可靠性，能够主动地、有效地控制破坏问题，以避免突然破坏所带来灾难的需要越来越迫切。于是激光束冲击波技术在航空、航天、汽车、国防装备等方面有着十分重要的意义。

激光束冲击波对裂纹处理工艺是根据高功率激光束与材料相互作用的物理过程，利用激光束产生的等离子体冲击力学效应进行的材料表面处理。激光束冲击波处理工艺一般采用带约束层和吸收层的工艺，材料待处理的表面覆盖一层吸收层，然后在其上覆盖一层透明的约束层（如水、石英玻璃等）。当高功率密度（GW/cm^2 量级）、短脉冲（10～30ns 量级）的激光束通过透明约束层作用于金属表面所涂覆的能量吸收涂层时，涂层吸收激光束能量迅速汽化并几乎同时形成大量的高温（大于 10^4K）、高压（大于 1GPa）等离子体，该等离子体继续吸收激光束能量急剧升温膨胀，然后爆炸形成高强度冲击波作用于金属表面，瞬态冲击压力的作用形成在材料内部传播的冲击波。如果冲击波的压力足够高，材料在短时间内以极高的应变率发生形变和动态屈服，产生冷塑性变形，形成残余应力场，同时伴随位错、孪晶等晶体缺陷的形成，改善材料物理力学性能，如疲劳寿命、硬度、耐磨性和耐蚀性等。当冲击波的峰值压力超过材料的动态屈服强度时，材料便发生塑性变形，并在表面产生平行于材料表面的拉应力。激光束作用结束后，由于激光束区域周围材料的反作用，其力学效应表现为激光束冲击处理后材料表面可以获得较高的残余应力。

激光束冲击改性产生的残余应力可以降低交变载荷中的拉应力水平，使平均应力水平下降，提高疲劳裂纹萌生寿命。同时由于残余压应力的存在，可引起裂纹的闭合效应，有效降低疲劳裂纹扩展的驱动力，延长疲劳裂纹扩展寿命。

激光束冲击波技术特点：利用强激光束与物质相互作用产生强冲击波作用于表面裂纹，这种表面改性和延寿技术具有高压、高能、超快的特点，不仅能有效止裂含裂纹零部件，修复废旧疲劳零部件，而且生产加工过程主要采用激光束光能，对环境没有任何污染，既是一种节约资源的先进制造，又是一种保护环境的绿色制造。它使断裂控制技术更加完善，从而使结构零部件更安全、合理，也更为经济。

由于具备上述特点，激光束冲击波技术在一些特定场合具有以下不可替代的作用：

激光束冲击能在裂纹表面形成深度更深且数值更大的残余压应力影响层。典型激光束加工工艺过程中，激光束作为一种热输出直接作用在材料上，利用的是激光束与材料间的热效应。而与大多数激光束加工工艺不同，激光束冲击改性处理工艺中激光束能量用来产生等离子体冲击波作用在材料表面，是基于激光束力学效应的冷变形强化工艺。

由于激光束的可达性好，光斑大小可调，且能精确控制和定位，激光束冲击改性技术能够处理一些传统工艺不能处理的部位。特别适合对小孔、倒角、焊接和沟槽等部位裂纹进行强化。

激光束冲击改性后，金属裂纹表面留下的冲击坑深度仅为数个微米，基本不改变被处理零部件的表面粗糙度。对于表面形变特别敏感的零部件，冲击改性后无需后续加工。

美国LLNL（劳伦斯-利弗莫尔实验室）的John Ruschau等研究了激光束冲击强化损伤Ti6Al4V叶片，叶片进气孔边有宽0.2mm、长0.9mm的裂纹，在$R=0.1$mm时，新叶片的疲劳强度约650~700MPa，形成裂纹后疲劳强度约下降40%。激光束冲击强化后，叶片的疲劳强度提高到552~595MPa，超过了叶片使用设计要求的379MPa，叶片的疲劳寿命提高了近一倍。2006年，A. King等研究了激光束冲击过程中残余应力分布对Ti6Al4V材料疲劳和磨损寿命的影响，发现相对于常规强化方式，激光束冲击能有效抑制钛合金裂纹扩展速度，疲劳寿命提高达2倍以上。2007年，Omar Hatamleh等用激光束冲击7075T7351振动摩擦焊接件，通过对比激光束冲击和喷丸对7075T7351疲劳裂纹扩展方式的不同影响，发现喷丸处理疲劳寿命提高20%，而激光束冲击后裂纹扩展速度大幅度降低，疲劳寿命提高217%以上。

激光束冲击处理技术对激光器有着特殊的要求，激光束冲击处理技术之所以迟迟得不到广泛应用，是因为现在高功率激光器的性能无法满足工业生产的要求。目前美国研究出的能初步满足工业应有的激光束冲击处理设备，价格十分昂贵。中国科学技术大学等研究出的激光束冲击处理设备，重复频率2~3min一次，也只用于一些直径3mm左右的疲劳小孔的强化，且稳定性有待进一步提高。因而，激光束冲击处理工艺进一步走向应用，需要在高功率激光束冲击处理设备上取得突破，降低成本，实现商品化。目前真正将这项技术用于生产的只有GEAE、LSPT和MIC（美国金属改进公司）等极为少数的公司，且应用范围也极为狭窄，不能充分发挥出激光束冲击改性处理的优势。

（3）利用热效应的激光束表面处理技术

1）激光束淬火（激光束硬化处理，Laser Transformation Hardening）。由于其独特的加热源和热处理机制，具有处理后工件变形小，加热速度快，不需冷却介质，生产率高，可对常规热处理方法难以解决的特殊部位进行硬化，处理后工件具有优良的力学性能，易于实现自动化和节约能源、无污染等优点，近几年，激光束淬火在汽车、农机、工程机械等方面得到广泛应用，已成功地用于齿轮箱、气缸衬表面、胀圈（活塞环）槽、阀座、五十铃汽车发动机挺杆、传动装置同步器中的挡环、仪表零件、油泵零件、液压工作缸、马达轴花键、模具、量具和刀具、涡轮机叶片（材料X20Cr13）等零件的表面硬化处理。

美国激光束硬化代替渗碳处理在航空器件中的AMS6265齿轮能得到显著的经济效益，单件成本降低37%~78%，激光束淬火8650H［0.53%C（质量分数，下同）、0.98%Mn、0.25%Si、0.51%Ni、0.24%Mo］代替渗碳至0.521%的9310钢齿轮，实验结果表明两者硬度相近，耐磨性无区别，抗点蚀疲劳能力接近。激光束淬火的齿轮包括AH-64直升机辅助动力装置的行星齿轮及飞机主传动装置的传动齿轮。由于激光束硬化飞机重载齿轮不需要最后研磨，故可大大降低生产成本，提高生产率。

美国通用汽车公司1987年建成EMD柴油机气缸套激光束热处理生产线，在铸铁缸套内壁处理出宽2.5mm、深0.5mm的螺旋硬化带，并规定缸套必须经激光束处理方可出厂。1971~1976年美国通用汽车公司SAGINAW转向器分厂建成激光束处理车间，在转向器壳体内表面（内径89mm±0.0025mm，偏心不大于0.005mm，长125mm）磨损最严重的部分用激光束处理出四条硬化带，宽 1.52 ~ 2.54mm，深 0.25 ~ 0.35mm，硬度 64HRC，使用寿命提高 10 倍。每件处理时间 18s，淬火费用是高频感应淬火和氮化处理的 1/5。常用材料激光束淬火的效果见表 6.9。

表 6.9 常用材料激光束淬火的效果

材　料	功率/W	光斑表面积/mm	速度/(mm/s)	硬化深度/mm	硬　度
20 钢	500 ~ 1600	2 × 3 ~ 4.5	8 ~ 48	0.2 ~ 1.42	344 ~ 610HV
35 钢	1800 钢	5	12.5 ~ 40	0.4 ~ 1.0	460 ~ 680HV
45 钢	495 ~ 2500	2.5 ~ 11 × 3	8.2 ~ 52	0.17 ~ 2.1	524 ~ 973HV
4Cr5MoV1Si	1800	4	10	0.4	710HV
7Cr7Mo2V2Si	500	3	10	0.35	850HV
25Cr2	600	4 × 4	15	0.2	749HV
30CrMnTi	1000	4.2	20	0.6 ~ 0.72	870HV
30CrMnSiA	1000 ~ 1500	4 ~ 10 × 1.5	8	0.28 ~ 0.49	750 ~ 960HV
30CrMnSiNi2A	1300 ~ 1700	10 × 1.5	10 ~ 20	0.3 ~ 0.58	617 ~ 910HV
35CrMnSi	1800	5	12.5 ~ 40	0.4 ~ 0.8	440 ~ 550HV
40Cr	500 ~ 2000	2.5 ~ 25 × 3	3.15 ~ 20	0.3 ~ 0.98	55HRC ~ 66HV
40CrNiMo	1000	1.5	25	0.7	600 ~ 720HV
42CrMo	152 ~ 1200	3.5	6.6 ~ 55	0.2 ~ 1.1	642 ~ 1150HV
45Cr	550	3	8	0.32	630 ~ 700HV
Cr4V2	800 ~ 1000	4	20 ~ 40	0.25 ~ 0.65	850 ~ 1150HV
Cr12MoV	1300	4	10	0.18	500HV
GCr15	500 ~ 2500	5 × 7 ~ 14.5 × 1.5	8 ~ 50	0.16 ~ 0.65	473 ~ 950HV
W6Mo5	800	4	20	0.9	1000 ~ 1345HV
W18Cr4V	500 ~ 1200	3.5 × 3.5 ~ 9 × 1.5	8 ~ 15	0.1 ~ 0.52	914HV ~ 69HRC
HT150	900	3.5	40	0.3	62HRC
HT200	320 ~ 1450	2.5 ~ 3	3.5 ~ 37	0.09 ~ 1.65	500 ~ 1100HV
QT700-2	750 ~ 1000	3	20r/min，2.3 ~ 8.5r/min	0.29 ~ 0.45	63HRC
P-F 球铁	1000 ~ 1500	5	18.8 ~ 37.7	0.47 ~ 0.85	800 ~ 813HV
球铁	2500 ~ 9000	2 ~ 23 × 25	12.7 ~ 22	0.20 ~ 0.6	55HRC ~ 58HV
A-B 球铁	1500	5	25	0.75 ~ 0.80	808 ~ 813HV
KT350-10	750	2	3.5	0.45	550 ~ 710HV

2）激光束表面涂覆（Laser Surface Coating）。激光束表面涂覆技术经过半个世纪的发展，已完全从实验室进入到实际工业应用，在汽车工业中应用广泛，如缸套、曲轴、活塞环、换向器、齿轮等零部件的热处理，同时在航空航天、石油行业和机械动力行业也应用广泛。

英国某发动机公司已采用微处理机控制的自动送粉激光束涂覆工艺取代手工氩弧堆焊，在涡轮叶片上涂覆钴基合金，改善其高温耐腐蚀性，可得到无气孔、无裂纹、稀释率仅为

1% ~2% 的高性能涂覆层。加工时间从 14min 减到 75s，成本降低 85%；重复性好，加工精确，省去研磨工序，贵重的钴基涂覆合金的消耗量减少 50%。

采用激光束表面涂覆可以修复磨损的轧辊，降低生产成本，也可制作复合辊，即可在普通 45 钢或铸铁基体上涂覆高抗磨耐高温的表面层，一次涂覆厚度可达 10mm，如需加厚还可进一步涂覆到所需的厚度。涂覆层硬度可以根据需要进行调整，甚至达到高耐磨。硬度为 70HRC 的硬质合金辊面质量，涂覆后表面粗糙度值为 *Ra*12. 5 ~3. 2μm，不用后续加工。传统的埋弧堆焊、手工电焊等补焊方法，工艺复杂，而且为后续加工方便，硬度不能太高（40 ~45HRC），故轧辊寿命提高不大。

德国已可用 CO_2激光束把金刚石磨料颗粒熔凝于金属表面。在黄铜、钢和铸铁三种基体上，各涂上混有有机粘合剂平均粒度为 40μm 的金刚石粉末胶，再用 700W 的连续 CO_2激光束熔化涂层表面。当有机粘合剂蒸发后，表面留下一层熔凝金刚石颗粒。在理论上，可制作金刚石表面层厚度为 200μm 的元件。

近年来，国内油田在钻采机械方面也开展了激光束表面涂覆的应用研究。例如，中科院金属研究所与玉门石油机械厂合作，对抽油泵筒内壁利用激光束表面改性进行相变硬化处理，对整筒 45 钢柱塞和球铁钻井泵缸套激光束进行表面淬火，大大提高了这些易损件的耐磨与耐蚀性能，延长了寿命。鉴于激光束表面涂覆涂层的优异性能，激光束表面涂覆技术在油田钻采机械方面存在巨大的应用潜力。

在热能动力工业中，激光束表面涂覆可以用于汽轮机叶片的抗汽蚀和表面高温腐蚀疲劳，电站锅炉的阀门密封面的抗高温腐蚀介质冲蚀、磨损表面强化等，还能代替手工堆焊或等离子喷焊来提高生产效率，降低材料耗量，进一步提高使用性能。

3）激光束表面合金化（Laser Surface Alloying，LSA）。激光束合金化是金属材料表面局部改性处理的一种新方法。激光束合金化技术属于材料表面改性处理的范畴，是指在高能量激光束的照射下，使基体材料的一薄层与根据需要加入的合金元素同时快速熔化、混合，形成厚度为 10 ~100μm 的表面熔化层。熔化层在凝固时获得的冷却速度可达 10^5 ~10^8℃/s，相当于急冷淬火技术所能达到的冷却速度。又由于熔化层液体内存在着扩散作用和表面张力效应等物理现象，使材料表面仅仅在很短的时间内（50μm ~2ms）形成具有要求深度和化学成分的表面合金化层，快速熔化非平衡过程可使合金元素在凝固后的组织达到很高的过饱和度，从而形成普通合金化方法不容易得到的化合物、介稳相和新相，还能在合金化元素消耗量很低的情况下获得具有特殊性能的表面合金。这种合金化层由于具有高于基材的某些性能，从而达到了表面改性处理的目的。

激光束表面合金化的最大特点是只在熔化区和很小的影响区内发生了成分、组织和性能的变化，对基体的热效应可减少到最低限度，引起的变形也极小。它既可满足表面的使用需要，同时又不牺牲结构的整体特性。由于合金元素是完全溶解于表层内，因此所获得的薄层成分是很均匀的，对开裂和剥落等倾向也不敏感。其另一显著特点是所用的激光束功率密度很高（10^4 ~10^8W/cm^2），同时熔化深度由激光束功率和照射时间来控制，在基体金属表面可形成深度为 0. 01 ~2mm 的合金层。由于冷却速度高，所以偏析极小，并且细化晶粒效果显著。

利用合金化技术可使廉价的普通材料表面获得有益的耐磨、耐蚀、耐热等性能，从而可以取代昂贵的整体合金；并可改善不锈钢、铝合金和钛合金的耐磨性能；亦可得到传统冶金方法无法得到的某些特殊材料，如超导合金、表面金属玻璃等。与普通电弧表面硬化和等离子喷涂相比，激光束合金化有以下优越性：

① 激光束辐射能量高度集中，通过空气可以进行远距离传播。

② 是一种快速处理方法，能有效利用能量。

③ 能准确地控制功率密度与加热速度，从而变形小。而电弧硬化和等离子喷涂采用的是不均匀加热和冷却，在急冷过程中有热冲击，造成变形和开裂，往往需要校正和打磨加工。

④ 能使难以接近的和局部的区域合金化，而且利用激光束的深聚焦，在不规则的零件上可得到均匀的合金化深度。

基于上述特点，激光束合金化在金属加工工业中逐渐开始获得各种应用。迄今适合于激光束合金化的基材有碳钢、合金钢、不锈钢、铸铁、钛合金和铝合金，合金元素包括 Cr、Ni、W、Ti、Mn、B、V、Co、Mo 等。

利用激光束表面合金化工艺在一些价格便宜、表面性能差的基体金属表面制出耐磨、耐蚀、耐高温的表面合金，用于取代昂贵的整体合金，节约贵重金属材料和战略材料，使廉价合金获得更广泛的应用，从而大幅度降低成本。另外，它还可用来制造出在性能上与传统冶金方法根本不同的表面合金，例如，国外采用激光束表面合金化工艺研制超导合金 MoN、MoC 和 V_3Si，用来制造表面金属玻璃 FeCrCB、NiNB 等。

激光束合金化技术在生产中的应用实例已屡见不鲜。例如，美国华利夫特兵公司采用大功率激光束涂层技术应用于提高大口径炮筒的耐烧蚀寿命；美国通用汽车公司发动机铝制气门座进行合金化处理，变形量小于或等于 0.13mm，硬度大于 55HRC，在 540℃ 条件下，2h 内无明显软化现象；AVCO 公司采用质量分数为 30% 的 Cr 粉激光束合金化处理汽车发电机排气阀，使其耐磨性、耐蚀性和抗冲击能力得到很大的提高。我国结合石油、化工、冶金、汽车、电力等工业开展了大量的激光束合金化研究工作，有些零件已用于实际生产。

在汽车工业方面，激光束表面合金化工艺有广泛的应用前景，它可以明显改善工件表面的耐磨、耐蚀、耐高温等性能，延长在各种恶劣工作条件下工作的汽车零部件，如轴承、轴承保持架、气缸、衬套、活塞环、凸轮、心轴、阀门和传动构件等的使用寿命，从而提高汽车整体的使用性能。

今后一段时期，激光束合金化技术研究的重点将会在继续深入研究板带材生产工艺的同时，逐步趋向于长型材和铸锻件，由低碳钢向中高碳钢开拓，由低合金工程结构用钢向机械结构用钢、不锈钢、耐热钢、建筑用钢、特殊钢方面延伸。从长远看，汽车、拖拉机、机械制造业是激光束合金化技术重要的应用领域。由此预测，激光束合金化的应用将会产生巨大的经济效益，可以节约材料，节约能源，也符合可持续发展战略。

4）激光束非晶化（Laser Non-crystallization）。激光束非晶化可使工件表面形成厚度为 1～10μm 的玻璃状非晶化组织，具有高强度、韧性、耐腐蚀性、耐磨性、抗氧化性能，而且有独特的电磁性。激光束非晶化的优点是成本低，容易控制及复制，有利于发展新材料。

美国工艺研究中心用激光束表面熔化及快速冷却工艺在航空发动机涡轮盘表面形成非晶化层，使涡轮盘的重量减少 50%，并已应用于 F15 战斗机的 F100 发动机上，使成本显著降低。

自从千瓦级 CO_2 激光器得到广泛应用后，考虑到连续激光束可能达到的大面积和高覆盖率，研究重心自然转向了连续激光束的非晶化。如 Fe-C 合金是常用的工程材料（铸铁和 45 钢），通过在 Fe-C 合金基体表面添加 Si、B 和其他元素，用激光束合金化获得 Fe-C-Si-B 四元共晶层，以此为基础，实现了 Fe-C-Si-B 合金的激光束非晶化。

5）激光束细化晶粒与激光束重熔（Laser Refined Grain and Remelting）。它利用熔化后的组织变化来进行表面硬化，主要应用于铸铁和高碳钢，以提高耐磨性和耐蚀性等。等离子喷涂 $ZrO_2Y_2O_3$层（6% ~20%，质量分数）被广泛地用于陶瓷发动机和涡轮机叶片上，但因等离子喷涂层气孔率高，腐蚀介质易浸入到陶瓷层与过渡层界面上，引起陶瓷层剥落和开裂，工件过早失效。激光束重熔处理可提高陶瓷层的致密度，起到了封孔的作用。等离子喷涂 $ZrO_2Y_2O_3$涂层在 $Na_2HPO_4 \cdot 12H_2O$ 盐中加热到 1200℃，涂层腐蚀严重。激光束重熔后，陶瓷层基本上无腐蚀。因为消除了 m 相，提高了陶瓷层的化学稳定性。

6）激光快速刻花（激光毛化，Laser Texturing）。激光毛化技术是采用高能量、高重复频率的脉冲激光束在聚焦后的负离子照射到轧辊表面实施预热和强化，在聚焦后的聚焦点入射到轧辊表面形成微小熔池，同时由侧吹装置对微小熔池施于设定压力和流量的辅助气体，使熔池中的熔融物按指定要求尽量堆积到熔池边缘形成圆弧形凸台（峰值数）。激光毛化是一种用于轧钢生产的现代高新技术。

激光毛化冷轧辊技术是 20 世纪 80 年代在世界上才发展起来的生产优质冷轧薄钢板的新技术。由于激光毛化技术在加工方法上、在提高成形性能和涂镀后光亮度以及综合生产成本方面都比其他毛化方法具有更大优越性，因此激光毛化技术一问世便受到钢铁企业和使用部门的高度重视。优质冷轧薄板和薄带不仅需要优良的材质，而且对薄板表面质量（如表面粗糙度和形貌）有严格的要求，只有这样才能确保薄板优良的成形性能和表面涂镀性能。由于激光毛化汽车板涂漆后反射映像光泽度高，因此在国外被称为“镜面钢板”，是生产高级轿车面板的优质板材。因此，激光毛化冷轧薄板（带）是汽车、家电、电子和轻工业生产需求的重要原材料。我国于 1990 年开始研究激光毛化技术，先后开发出 YAG 和 CO_2激光毛化技术，成为继比利时、日本、德国之后第四个完全掌握激光毛化冷轧辊新技术并用于规模生产的国家。

目前，我国已将此技术从国外仅应用于冷轧薄板扩展到精密带钢、特殊带钢和冷轧薄板多个领域，这标志着我国的激光毛化技术水平和应用已进入世界先进行列。钢厂采用激光毛化技术的主要效益体现在：提高轧辊寿命，减少换辊时间；提高轧板速度，使产量提高；提高轧板品质，附加值高。由于产品上档次，激光板在市场上销售好，价格高，工厂经济效益显著。如秦皇岛龙腾精密带钢厂，采用激光毛化技术后，4 个月就扭亏为盈，1993 年生产的厚度 0.05 ~1.0mm 系列激光毛化精密带钢，新增产值 2050 万元，其产品质量达到和超过国外同类产品，填补国内空白。天津市冷轧板厂 1995 年产激光毛化冷轧薄板 6.24 万 t，产值 2.7 亿元，其中 3.7 万 t 出口，创汇 1360 万美元，一举成为天津创汇大户，产品供不应求。

进入 21 世纪，激光毛化技术应用于活塞环，减少摩擦，降低磨损。此外，在生物材料表面改性、提高相容性等方面都得到了应用和发展。为了达到较高的加工效率，近年来寻找和尝试了改变高功率激光器脉冲输出的新的调制方法，如采用腔内机械调 Q 的三折腔的尝试，采用射频激励的脉冲 CO_2激光进行毛化的探索。由于热效应和机械稳定性以及毛化效率低下所产生的问题，均没有达到满足工业化生产要求的效果。多棱镜扫描技术由于其高速稳定的特点，被广泛应用于成像扫描、激光束熔覆和表面强化中。基于多棱镜扫描分光技术的

多头 CO_2激光毛化技术，由于相同毛化时间内加工头数增加，因而成倍提高了毛化效率，满足了企业生产效率要求，并取得了良好的生产实践效果。

3. 激光束焊接、切割和打孔

（1）激光束焊接（Laser Welding） 激光束焊接是将高强度的激光束辐射至金属表面，通过激光束与金属的相互作用，金属吸收激光束转化为热能，使金属熔化后冷却结晶形成焊接。

激光束焊接技术具有熔池净化效应，能纯净焊缝金属，适用于相同和不同金属材料间的焊接。激光束焊接能量密度高，对高熔点、高反射率、高热导率和物理特性相差很大的金属焊接特别有利。在汽车、钢铁、船舶、航空、轻工等行业得到了日益广泛的应用。实践证明，采用激光束焊接，不仅生产率高于传统的焊接方法，而且焊接质量也得到了显著的提高。近年来，高功率 YAG 激光器有突破性进展，出现了平均功率 4kW 左右的连续或高重复频率输出的 YAG 激光器，可以用其进行深熔焊，且因为其波长短，金属对这种激光束的吸收率大，焊接过程中受等离子的干扰少，因而有良好的应用前景。

在汽车工业中，激光技术主要用于车身拼焊、焊接和零件焊接。汽车零件中有 50% 以上可以用激光束加工，其中激光束焊接占 40%，见表 6. 10。汽车装配线上汽车车身的激光束切割和焊接，取代传统修边模和电阻焊等方法，节约大量的模具费用，减少总装时间，焊接后的疲劳强度超过点焊，焊缝的冲压性能和耐腐蚀性能也得到提高。美国通用汽车公司汽车零件中已有三千多个采用激光束焊接。美国汽车工业采用激光束焊接技术后，每辆车车身节约成本 100 美元，其中拼焊坯节约 32 美元，激光束切割节约 10 美元，激光束焊接覆盖件及骨架件节约 20 美元，节约钢材 25 美元，节约密封件 3 美元，节约工装费用 10 美元。

表 6. 10　汽车工业中采用激光束技术加工的部分零件

序　号	加工方法	加工部件名称	备　注
1	激光束拼焊	拼板	裁剪板的拼焊，满足汽车对不同钢种、厚度、耐腐蚀性能和强度性能的要求，并且在焊接以后成型
2	焊接	车身，离合器	对车顶和立柱等所有部件均能进行焊接，速度快，强度高，变形小，焊接相容性好，材料消耗少，焊接质量高
3	切割	气囊材料，动力操纵组件	材料边缘密封焊，多层切割同时进行，切割质量保持一致，无切削毛刺，无变形
4	表面处理	凸轮轴，齿轮	局部热处理，变形小，无需矫正
5	打标	内部组件	
6	打孔	油、气孔	

丰田汽车公司凌志牌高级轿车的侧围就是用激光束把 5 块坯料拼焊成一个整体后送进冲压生产线的，奔驰轿车的车顶也是用激光束焊接的。日本汽车厂家采用激光束焊接车内饰板毛坯后，废料率从 24% 降为 10%，材料利用率由 49. 2% 提高到 58. 2%。

拼焊可将不同厚度、材质、强度、冲压性能和不同表面处理状况的数块板坯拼焊在一起，形成冲压成形前的板料毛坯，然后压制成所需的覆盖件，如侧围、底板、内门板、支柱等。其具有以下优点：① 减少零件数量，可以一体成形，提高车身的精度，减少冲压加工设备和工序。② 提高零件结构质量和可靠性。由于采用连续的焊接代替不连续的点焊、铆接，车身的刚度和紧固性得到提高。③ 减轻构件重量。采用不同钢板的拼接，对易腐蚀的部位可采用涂镀层钢板，以提高使用寿命。④ 减少冲模套数、焊接装备和夹具，还可提高部件的尺寸精度，减少焊缝数量和打磨工作量，提高材料利用率。

非同类金属焊接在发电、化工、石油化工、核工业和电子工业中非常普遍。激光束聚焦面积小，定位精度高，因而可以控制基材的熔合比例，控制敏感微结构的形成。对某些特殊的应用而言，激光束焊接在生产率、焊接质量及生产灵活性等方面都比常规的熔解法优越。

发电工业中在温度高于600℃的地方，不能采用铁基低合金钢做高压管（因为其强度和抗氧化性不够），而整个装置都用奥氏体不锈钢也不经济。最佳的设计方案是两种材料并用。与常规电弧焊技术相比（惰性气体焊、电弧焊、埋弧焊等），激光束焊接大大节省了焊接时间、不锈钢用量，而且改善了焊缝质量（减少了脆性晶间相和轴向收缩量，以及残余应力状态等）。

（2）激光束切割（Laser Cutting）激光束切割是利用经聚焦的高功率密度激光束照射工件，使被照射的材料迅速熔化、汽化、烧蚀或达到燃点，同时借助与光束同轴的高速气流吹除熔融物质，从而将工件割开。激光束切割属于热切割方法之一。

激光束切割技术广泛应用于金属和非金属材料的加工中，可大大减少加工时间，降低加工成本，提高工件质量。脉冲激光束适用于金属材料，连续激光束适用于非金属材料，后者是激光束切割技术的重要应用领域。

激光束可切割碳钢的厚度达19mm，薄板切缝0.1mm（氧气辅助）。切割不含镍的马氏体和铁素体钢时，切割质量好，清洁、光滑。板厚小于2mm时，切割速度达4.5m/min以上。大多数合金结构钢和合金工具钢的激光束切边质量好，平直无粘渣。含钨的高速工具钢和热模钢，会有熔蚀和粘渣现象。NEL2500激光器切割铝合金，厚为2mm时，速度为4.5m/min；厚为4mm时，速度为2.3m/min。

塑料（聚合物）、橡胶、木材、纸制品、皮革、天然或合成织物等材料具有很好的激光束切割性能。模切板的厚度为18mm，印刷包装行业使用大量的品种繁多的模切板，以前大多采用锯切的手工制作法，重复性及精度都很差，目前正逐渐被激光束切割所取代。激光束还可以切割石英（可替代金刚石锯，厚10mm，切缝0.5mm）、陶瓷、复合材料等。

（3）激光束打孔（Laser Boring）激光束打孔技术具有精度高、通用性强、效率高、成本低和综合技术经济效益显著等优点，已成为现代制造领域的关键技术之一。许多汽车底盘要配到不同座位和不同传动装置的各种型号汽车上，这需要打出各种不同的孔，如左侧驾驶与右侧驾驶就有不同的安装孔。激光束还可对临时需要的部件增孔。美国通用汽车公司的底盘有89种不同的孔，用常规加工方法很复杂，采用激光束切割的方法只需要5种基本底盘，再用激光束切割，既简化了设计，又节省了模具制造费。

高密度聚氯乙烯树脂制作的灌溉管道用于输水，直接浇灌农作物的根部，可节水2/3～3/4，并增产，这已用于美国西南部、澳大利亚和墨西哥等地。管道以90cm/s的加工速度挤压成形，每隔25～95mm加工一个直径0.5mm的小孔。美国达乌化学公司用250WCO_2激光束打孔（脉冲5～15ms），质量高于钻头打孔（毛边）。在氧化铝、碳化硅、氮化硅和氧化锆上激光束打孔，深宽比达20∶1，甚至可达25∶1（普通加工为2∶1，超声加工4∶1）。如美国西方电气公司用250W连续波CO_2激光器在100mm大的陶瓷上打920个孔，仅需8min（进给速度36mm/s，2个/s）。

用 CO_2 激光器在香烟过滤嘴的两侧打两排小孔，可降低香烟中的有害物质（焦油及 CO 等），一台激光器的光束经光分配器分成 40 路，经 40 个聚焦镜可在过滤纸上同时进行 40 列开孔，纸的移动速度为 1500mm/s。

思考题与习题

1. 试述离子束加工的基本原理，说明离子束加工的特点及其应用场合。

2. 何谓电子束加工？通常电子束加工可分为哪几种？试述其特点及主要应用范围。

3. 试述激光束加工的基本原理，并说明气体激光器和固体激光器有何异同。

4. 激光束切割、焊接和打孔加工中，其激光束参数的选择上有何异同？为什么？

5. 试述激光束快速成形技术的基本原理、特点及其应用范围和发展前景。

6. 激光束表面处理技术有何进展？试结合具体加工与处理，谈谈激光束表面处理技术发展趋势和主要发展方向。

7. 简述激光束焊接的原理及优点。

8. 电子束加工、离子束加工和激光束加工哪种束流和相应的加工工艺能聚焦得更细？最细的焦点直径大约为多少？

9. 从激光束产生的原理来思考和分析，它以后如何被逐步应用于精密测量、加工、表面热处理，甚至激光束信息存储、激光束通信、激光束计算机等领域？这些应用的共同技术基础是什么？可以从中获得哪些启迪？

10. 电子束加工装置和示波器、电视机的原理的异同在哪里？

11. 简述激光束加工技术的特点及其在微细加工领域的主要应用。

12. 试述激光束加工技术在汽车工业中的应用现状、存在的主要问题及发展前景。

第7章　复合加工

7.1　概述

随着科学技术的发展，各种新材料的应用领域不断扩大，国防、航空、尖端工业生产向制造方法和技术提出了新的更高要求，有许多新兴材料加工无法用一种加工手段来解决。因此，人们既不能一味追求“以柔克刚”，发展某种特种加工方法，也不能排斥“以硬对柔”的某些特点，而应从加工的可行性、便捷性、经济性等因素综合考虑，努力探索新的加工方法。于是，复合加工（Combined Machining，CM）方法便逐步形成并得到了快速的发展。

近年来，复合加工一直是国际制造技术研究领域中受到特别重视的一个研究方向。研究重点在于深入揭示复合加工机理、加工设备的研制、加工控制策略的制订、复合加工新概念新方法的探索。

7.1.1　复合加工概念及发展

复合加工是指在同一工位和环境条件下，两种或两种以上不同原理的加工技术同时发生而复合形成的一种新的加工技术。

复合加工集多种能量组合的优点，扬长避短，具有加工质量好、效率高、经济性好等特点，已经成为制造业发展的主流技术。目前，复合加工主要朝着以下四个方向发展：

1）探索新的复合加工方法。以满足工件加工尺寸精度、表面粗糙度或其他表面质量方面的要求为目的，去发展已有的加工方法，组合新的复合加工方式。

2）扩大复合加工应用领域。以提高生产率和扩大加工范围为目的发展复合加工。随着产品要求越来越高，各种新材料、新结构、形状复杂的精密机械大量涌现，迫切需要研究开发新的复合加工方法。

3）开发环保型复合加工技术。环境问题、经济性问题也会限制一部分加工方法的使用，而具有“绿色”特征的复合加工会得到优先发展。以人为本的绿色复合加工技术是发展的必然趋势。

4）复合加工技术的自动化、柔性化、集成化和智能化。信息科学、控制理论和自动化技术的快速发展及其与复合加工技术相结合，将带动和促进复合加工技术朝着自动化、柔性化、集成化和智能化方向发展。

7.1.2　复合加工方法及分类

复合加工是先进制造工艺的重要组成部分，它融合集成了多学科基础理论，涉及复杂的基础科学问题。复合加工过程中，热、光、电、化学、电化学、机械等能量形式交互作用。由多种技术组分构成的复合加工中的每一技术组分有着各自的基础理论，而复合后的技术不仅沿袭着这些基础理论，而且产生了新的加工机理，引发出新的基础科学问题。

已有的复合加工技术大致分为两种形式：一是每一种技术组分都直接参与材料去除；二

是一种技术组分承担去除材料的任务，而其他技术组分通过改变加工状态来辅助去除材料。大多数复合加工为两种技术的复合，其中某一种技术为主导技术，另一种技术为辅助技术。已经发展的复合加工形式主要有超声电解加工（Ultrasonic Assisted Electrochemical Machining）、电解磨削（Electrochemical Grinding，ECG）、电解珩磨（Electrolytic Honing，ECH）、电化学电火花复合加工（Electrochemical Electro discharge Machining，ECDM）、电火花磨削（Electro discharge Grinding，EDG）、磁力研磨（Magnetic Abrasive Finishing）、超声辅助放电加工（Ultrasonic Vibration Assisted，EDM）和化学机械抛光（Chemical Mechanical Polishing，CMP）等。

复合加工可按能量形式进行分类，例如可将电解磨削、电解珩磨等归为电化学机械加工；也可以按主导技术来确定复合加工技术的结构体系，例如可将基于电化学阳极溶解的各种复合加工技术归为一类。

目前，复合加工的分类还没有明确的规定，现根据加工时主要的作用形式和能量来源不同，对复合加工方法进行分类，见表7.1。

表7.1　常用复合加工方法分类表

加工方法	主要能量来源及形式	作用形式	符号
复合切削加工	机械、声、磁、热能	切削	
复合电解加工	电化学、机械能	切蚀	
超声复合加工	声、电、热能	熔化、切蚀	
电解电火花磨削加工	电、热、机械能	离子转移、熔化、切削	MEEC
电化学腐蚀加工	电化学、热能	熔化、汽化腐蚀	ECE
电化学电弧加工	电化学能	熔化、汽化腐蚀	ECAM

除此之外，还可以按以传统加工方法为主与特种加工方法结合，以特种加工方法为主与传统加工方法结合，特种加工方法之间结合来分类。

无论是以传统加工为主，还是以特种加工方法为主或特种加工方法之间的复合加工，只要其能量来源、作用形式不同，其加工特点、应用范围就不一样，每种复合加工都具有一定的特点。为了更好地应用和发挥各种复合加工的最佳功能和效果，必须依据加工工件的材料、尺寸、形状、精度、生产率、经济性等条件做具体分析，合理选用复合加工的方法和方式。

7.2　复合切削加工

复合切削加工（Cutting Base Combined Machining）是以传统的切削或磨削为主的复合加工技术，其投入少，容易实施，可获得事半功倍的效果，具有很大的开发潜力和应用前景，受到国内外学者、企业界的高度重视。目前以超声振动切削、磁化切削、低（高）温切削和磨削相结合等工艺方法应用较多，在改善工件表面质量、提高加工效率、扩大加工范围等方面，已获得独特而明显的技术经济效益。

7.2.1　超声振动切削

超声振动切削（Ultrasonic Vibration Cutting）与电火花加工、电解加工、激光束加工等特种加工相比，前者不依赖于材料的导电性，又没有热物理作用，这变得超声加工技术在硬脆材料，尤其是非金属硬脆陶瓷材料加工方面得到广泛的应用。随着压电材料及电力电子技术的发展，微细超声加工技术、旋转超声铣削技术、超声辅助特种加工技术等成为超声加工研究领域的热点，其中，超声振动切削的研究、应用更为成熟。

1. 超声振动切削的基本原理和特点

（1）超声振动切削的基本原理　超声振动装置（见图7.1）包括超声振动系统和刀具系统。超声振动系统由超声波发生器、换能器、变幅杆组成；刀具系统包括切削刀具和支撑调节机构。当启动超声波发生器磁化电源时，供给镍磁致伸缩式换能器一定的超声频电流及磁化用直流电流，在换能器线圈内产生交变的超声频磁场和恒定的极化磁场，使换能器产生同频的纵向机械振动能，同时传递给变幅杆，并将振幅放大到预定值，推动谐振刀杆进行振动切削。换能器、变幅杆、刀杆与发生器输出的超声电频率均处于谐振状态，形成一个谐振系统（Harmonic Oscillator），其固定点都应在位移的节点上。

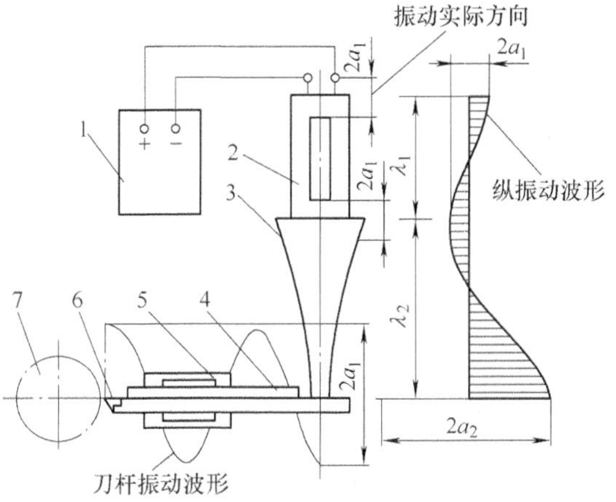

图7.1　超声振动切削示意图

1—超声发生器　2—换能器　3—变幅杆　4—谐振刀杆　5—节点压块　6—刀头　7—工件

（2）超声振动切削的特点

1）切削力小，切削功率消耗低。超声振动切削改善了切削状况，使其切屑具有与母材大致相同的硬度和抗拉强度，无毛刺。切屑变形系数明显减小。一般切削45钢变形系数从0.5减小到0.2，切削铝的变形系数从1减到0.2。据日本的统计资料介绍：超声振动切削力小，仅为传统的1/20～1/3；超声振动钻削的扭矩为传统钻削的1/4左右；超声振动攻丝的扭矩为传统攻丝的1/8～1/3。

2）工件加工精度高，表面粗糙度值低。用硬质合金刀具对淬硬高速钢（64～65HRC）进行6次端面车削精度试验，结果其尺寸误差平均为3μm。在转速20000r/min的瑞士精密车床上，将不锈钢棒料（$D=1$mm）一次车到$D=0.5$mm，车削时间均为180min，结果超声振动车削的工件偏差为－0.001～＋0.002mm，传统车削的工件偏差为＋0.008mm。表7.2分别给出了振动切削与传统切削（磨削）加工不同材料零件平面度的对比，一般前者比后者提高3～8倍。

表 7.2 不同加工方法工件平面度的对比 （单位：μm）

加工方法 平面度 工件材料	超声振动刨削	传统切削（铣、刨、研、磨）
铸铁平板	5.3	20（刨削）
石平板	3	5.7（研磨）
铝		56（铣削）
硬铝	2	65（铣削）
黄铜	2	22（铣削）
碳素钢	3	28（铣削）
镍铬钢	3	15（磨削）

用卧式车床超声振动车削铝、黄铜、不锈钢，其工件圆度公差均可在 1.5μm 之内；超声振动镗削材料为铜及其铜合金、硬铝、碳素钢，其被加工孔的圆度公差可达 2μm，圆柱度为 1.5μm/280mm。国外的实验研究表明，超声振动切削完全可以实现平面度、平行度、圆度公差近似为零的精密加工。

超声振动切削在一定的切削速度范围内，加工工件的表面粗糙度值均低于相对应的传统加工，甚至可用刀具切削达到磨削或研磨的表面粗糙度。例如，超声振动车削 45 钢，工件表面粗糙度 *Ra* 值可从传统车削的 6.3μm 降低到 0.3μm；用宽刃刨刀超声刨削铝、黄铜、碳素钢材料的零件，工件表面粗糙度 *Ra* 值可达到 0.05μm；用硬质合金刀具镗削铸铁件，用金刚石刀具超声车削淬硬钢工件的表面粗糙度 *Ra* 值均可达到 0.05μm。

3）刀具寿命高。试验和应用表明：超声振动车、钻、镗等加工方法，可延长刀具寿命。其中，钻削可延长 17 倍，车削不锈钢件可延长 40～60 倍。如此大的效应是因为超声振动车削刀具的磨损主要发生在刀具后面，选择合适的切削参数，可使后面的磨损减小到普通车削的 1/3；传统钻削时钻头通常会在切削刃的外缘发生严重磨损，而超声振动钻削的钻头沿切削刃只有轻微磨损，可以认为超声激励改变了钻头磨损的形式，使之有利于提高刀具寿命。

4）加工范围广。振动切削加工的范围很广：① 可加工淬硬钢、不锈钢、钛及其合金等传统切削难加工的金属、非金属材料；② 适合深小孔、薄壁件、细长杆、低刚度和形状复杂、要求较高零件的加工；③ 适合高精度、低表面粗糙度值等精密零件的精密加工；④ 适合钻孔、铰孔、攻螺纹、锯切、拉削等排屑、断屑比较困难的切削加工。

5）生产率高。超声振动钻削铝材，在 2000r/min 时，可比传统钻削提高 10 倍以上；而钻削冷轧钢、钛合金、铝合金材料可分别提高 1～4 倍；超声振动车削铝、钨钒钢、碳素钢、镁合金硅酸盐材料，可分别比传统车削提高 2～4 倍；而镗削铝、碳素钢材料可比传统镗削提高 1.5 倍。除此之外，由于超声振动切削工件表面无毛刺，表面粗糙度值低，一般可省去或减轻后续工序修毛刺等光整加工，进一步提高了生产率。用不同加工方法钻削不锈钢件时的进给速度对比如图 7.2 所示，相同零件不同钻削方法的生产

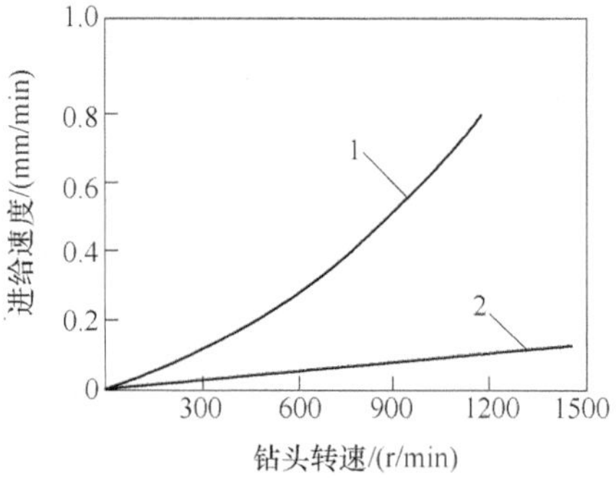

图 7.2 不同钻削方法进给速度的对比
1—超声振动钻削 2—普通钻削

率对比见表7.3。

表7.3 不同钻削方法的生产率对比

工序	传统切削		超声振动切削	
	切削参数	时间/min	切削参数	时间/min
钻0.75mm直径孔	178r/min，0.007mm/r	6.42	178r/min，0.011mm/r	4.08
扩钻1.44mm直径孔	93r/min，0.010mm/r	8.60	93r/min，0.015mm/r	5.81
粗镗	t=0.050mm，187r/min s=0.004mm/r 9刀共进给44mm	58.80	t=0.100mm，347r/min s=0.009mm/r 4刀共进给20mm	6.40
精镗	200r/min，0.005mm/r	8.00	400r/min，0.005mm/r	4.00
外圆粗车	420r/min，0.007mm/r 共进给20mm	6.80	420r/min，0.007mm/r 共进给20mm	6.80
外圆半精车	420r/min，0.007mm/r	5.44	省去	
外圆精车	420r/min，0.007mm/r	2.72	420r/min，0.007mm/r	2.72
合计		96.78		29.81

6）排屑顺利。随着自动化生产的不断发展，切屑处理的问题越来越引起人们的关注。在加工不锈钢、耐热钢、铁合金等难加工材料时，切屑的处理问题显得尤为突出。在超声振动切削中选择合理的振动参数和切削参数，在一定范围内，不论加工何种工件材料，都能稳定可靠地断屑，避免切屑对刀具的缠绕。超声振动钻孔时，根据实际加工需要，适当控制振动频率、振幅以及频率与转速的比例关系，可以按照需要控制切屑的大小和形状。细碎的切屑可以避免钻削深孔时的切屑堵塞现象，即使在小直径深孔加工中，也可以实现自动进给，生产效率可以提高几倍至十几倍，加工孔的表面质量和精度也明显提高。

7）提高切削液的使用效果。普通切削加工中，切削液难以进入切削区域，切削液仅在切削刃的外围间接地起冷却作用。超声振动切削时，切削过程是断续发生的，当刀具与工件分离时，切削液进入切削区，进行充分的冷却和润滑。在刀具切入时，切削液被强力挤压，形成瞬间高压，使切削液直接渗到刀具与切屑之间，提高了切削液的使用效果。当刀、屑分离时，切削液会在瞬时真空的泵汲作用下进入刀、屑之间的空隙，充分发挥其润滑作用。

8）提高工件已加工表面的耐磨性、耐腐蚀性。超声振动切削时，在一个周期内的切削长度L是很小的。例如，用速度$v=0.1\text{m/min}$、频率$f=20\text{kHz}$、振幅$A=15\mu\text{m}$的参数进行超声振动切削时，$L=0.08\mu\text{m}$，即1mm宽度内有上万条刀痕。由于刀具是按正弦规律变化的，在加工面上形成的细小刀痕如同二次再加工时形成的花格式网状条纹。数量如此巨大的花纹均匀密布在工件表面上，使工件在使用时形成较强的油膜，对提高滑动面的耐磨性有重要作用。

2. 超声振动切削的应用

超声振动切削经过多年的发展，已经日趋成熟，作为一种精密加工和难切削材料加工中的新技术，与各种传统切削工艺相结合形成的各种复合切削加工技术得到广泛应用。目前，在国内外应用较多的主要有：① 难加工材料切削。如耐热钢、钛合金、恒弹性合金、高温合金、不锈钢、冷硬铸铁、工程陶瓷、复合材料和花岗岩等。② 加工淬硬钢及超硬零件，能得到很高的加工精度和表面质量。用硬质合金刀具可以很轻松地加工硬度达 60HRC 以上的淬硬钢零件，如高速钢、轴承钢等；用 PCD 刀具加工硬质合金，可以大大提高刀具寿命。③ 成形切削。利用成形切削刀具加工各种类型的轮廓曲面及内外球面、过渡圆弧、锥面等。④ 细长杆件及薄壁件车削加工。⑤ 超细直径零件车削加工。⑥ 超精密加工。

下面介绍几种超声振动切削试验及其效果。

（1）医用精密接骨螺钉的超声振动车削　在医疗器械行业中，广泛采用具有防锈、防腐性能和相当塑性、强度的锻造不锈钢件。但是由于这种材料的韧性大，热导率低，高温强度高，切削变形大，加工硬化现象严重，加之医用接骨螺钉的规格多，牙型特殊，几何尺寸小，使用普通车削方法加工该种零件废品多，生产率低，形成加工中的“瓶颈”。

为此，采用超声振动车削加工接骨螺钉（见图 7.3），材料为 CrNi4Mo3，锻件，车削用刀片材料为 YG6 或 YG8，刀尖圆弧半径 $r_\varepsilon=0.3\sim0.5\text{mm}$。

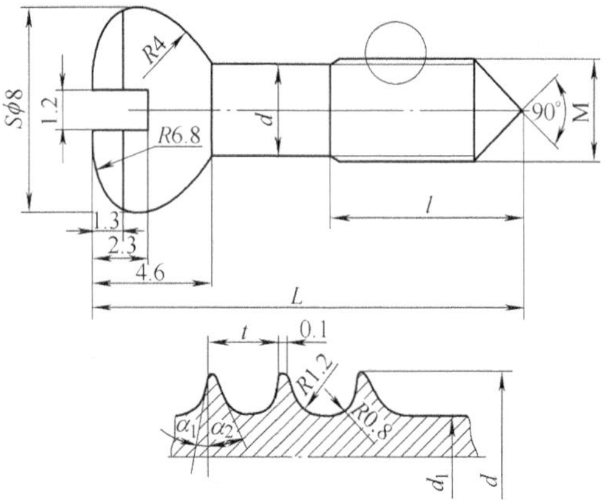

图 7.3　医用精密接骨螺钉

振动参数：频率 $f=23\text{kHz}$，振幅 $A=10\mu\text{m}$。

切削参数：切削速度 $v=2.4\text{m/min}$，切削深度 $a_p=0.2\text{mm}$，进给量视螺距而定，机床为 C616 车床，冷却液为 15% 的乳化液。

车削结果：工件表面粗糙度 Ra 值稳定地达到 $0.4\mu\text{m}$，加工精度完全符合技术要求，加工过程质量稳定，工效提高了 3 倍。

（2）超声振动磨削　用传统磨削加工不锈钢、钛合金、高温合金等难磨削材料时，常会出现砂轮堵塞和工件表面的磨削烧伤，严重影响加工质量，甚至无法加工。而采用超声振动磨削时，砂轮的磨粒由于振动，不像普通磨削单纯沿切削面切线方向前进，砂粒在作切线运动的同时，还受到每秒钟万次左右的振动，去冲击被加工表面。此高频振动产生的“空化”作用（是指当工具端面以很大的加速度离开工件表面时，加工间隙内形成负压和局部真空，在工作液体内形成很多微空腔，当工具端面以很大的加速度接近工件表面时，空泡闭合，引起极强的液压冲击波，可以强化加工过程的现象），促使切削液进入切削区，甚至磨削表面的微裂缝中，改善了磨削区的工作状况。同时形成各磨粒切削长度截短的机理，磨屑很细，很短；能保持磨粒锋利，防止容屑空间堵塞。一般比普通磨削降低切削力 30% ~ 60%，降低切削温度，提高加工效率 1 ~ 4 倍。

超声振动磨削按照砂轮的振动方式不同可分为纵向振动和扭转振动。前者是直接利用换能器和变幅杆在超声波发生器的作用下，产生纵振动进行磨削，一般用于平面磨削；后者利用磁致伸缩换能器在超声波发生器的作用下，直接产生扭转振动，经扭转变幅杆放大后用于磨削的方法，一般多用于内、外圆磨削。超声振动磨削具有结构紧凑、成本低、易推广应用等优点。

在国外，超声振动装置除应用于金属、非金属材料的加工，在医疗方面也得到很好的应用。如牙科用的磨齿装置，可保持磨粒锋利，防止砂轮堵塞；超声振动磨齿时的脉冲作用力，可对神经产生不敏感性效果，有利于减轻病痛；砂轮振动产生的动应力，将影响砂轮的硬度，这种随振动频率和振幅变化的砂轮等效硬度能方便医生根据病人的实际状况选择最佳磨齿条件。

（3）超声波振动镗削　小孔振动镗削是超声波振动镗削典型的应用实例。切削条件：振动频率 29kHz，振幅 18μm，输出功率 50W，刀片材料是硬质合金圆弧尖刀（$\gamma_n \approx$ 0.3mm），进给量 0.08mm/r，主轴转速 220 r/min，切削液：机油 + 定子油。加工精度见表 7.4。

表 7.4　超声波振动镗削加工精度

测　　点	x 方向直径/mm	y 方向直径/mm
1	15.399	15.398
2	15.400	15.398
3	15.397	15.397
4	15.396	15.396
5	15.396	15.397

从表 7.4 可以看出，超声振动镗削能够对薄壁零件的内表面进行精密加工，达到 2μm 的圆度误差，是因为工件转速低，切削力小，夹紧力小，同时也是脉冲切削力效果和镗杆刚性化的综合作用结果。

7.2.2　磁化切削加工

所谓磁化切削（Magnetic Cutting），是一种基本不需要增加投资，尽可能利用原有的机床和一般切削工具，仅将工件或刀具或两者同时处于被磁化的条件下进行切削加工的方法。实验和应用表明：磁化切削简单易行，可提高刀具寿命，且效果明显。近年来，国内这方面研究的重点基本上放在研制刀具的磁化处理装置、与未处理的刀具作对比性试验等方面，并取得一定效果。

1. 磁化切削的形式及工作原理

磁化切削的形式较多，通常按磁化对象、磁化对刀具和切削加工的关系、磁化时电流的性质以及是否加磁性材料分为四类。

1）磁化对象可分为刀具磁化、工件磁化及刀具—工件一体磁化共三种形式。

图 7.4 所示为刀具磁化。此方法的优点是切削区磁场大，通用性好，应用范围广，但刀具伸出较长会影响刀具切削时的动刚度。

图 7.5 所示为工件磁化。此方法的缺点是耗电较多，不方便，影响工件的动刚度，一般应用较少。

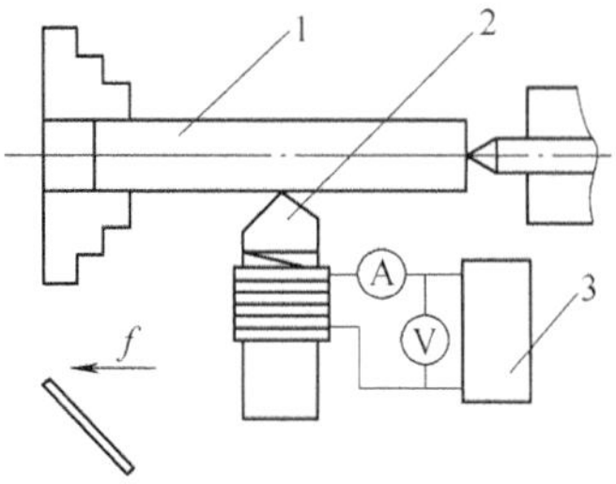

图 7.4　刀具磁化示意图

1—工件　2—刀具　3—电源

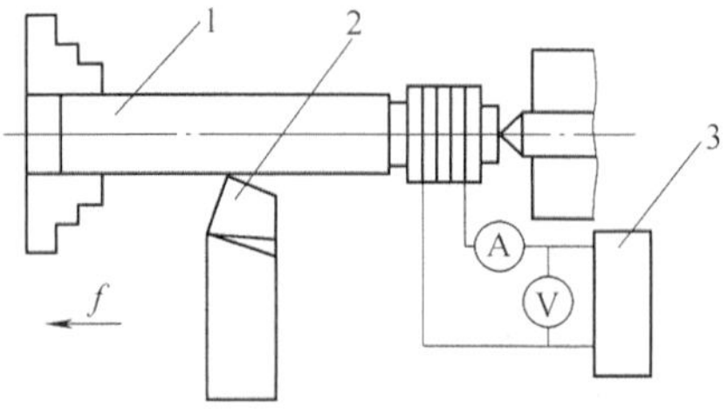

图 7.5　工件磁化示意图

1—工件　2—刀具　3—电源

图 7.6 所示为刀具—工件一体磁化。

2）磁化与切削加工的关系可分为机外磁化和在机磁化两种形式。图 7.7 所示为机外磁化。将刀具预先在磁化装置上处理后，再进行切削比较方便。通常，整体高速钢刀具机外磁化效果较好，一次性磁化即可；而焊接式、机夹式硬质合金刀具往往需要增加磁化数次。

在机磁化是指在切削过程中对刀具、工件两者同时磁化，可以通过改变电流大小、线圈匝数来控制磁感强度，其优点是有利于磁场稳定，缺点是安装复杂，易吸附切屑。

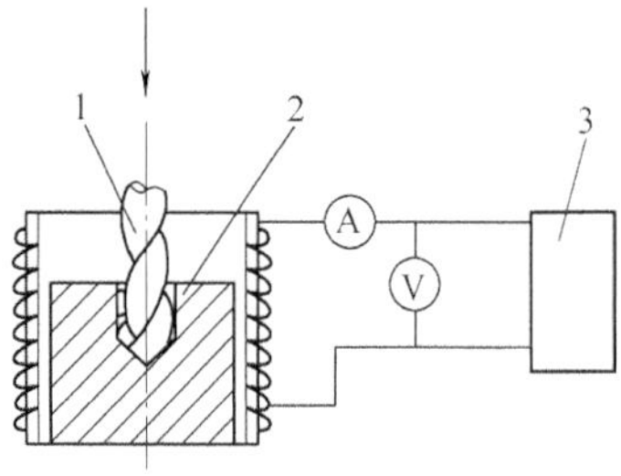

图 7.6　刀具—工件一体磁化

1—工件　2—刀具　3—电源

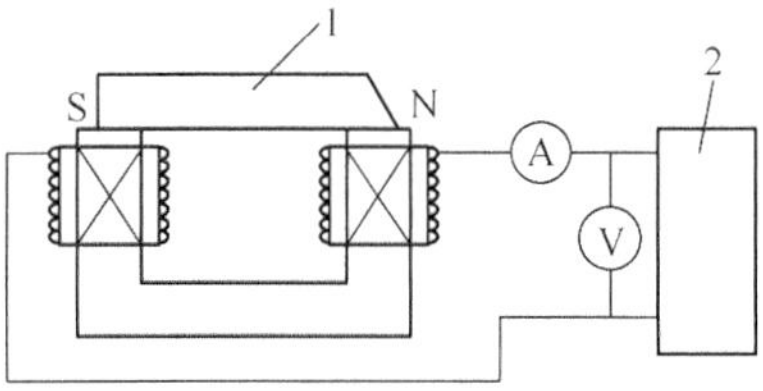

图 7.7　机外磁化

1—刀具　2—电源

3）按磁化时的电源不同可分为直流磁化（DC Magnetization）、交流磁化（AC Magnetization）和脉冲磁化（Impulse Magnetization）。直流磁化控制方便，应用较广，但磁化时间长，耗电量大（见图 7.8）；交流磁化电路简单，成本低，但因有涡流损耗，耗电量也较大；而脉冲磁化耗电少，磁化时间短，但结构复杂，成本高。

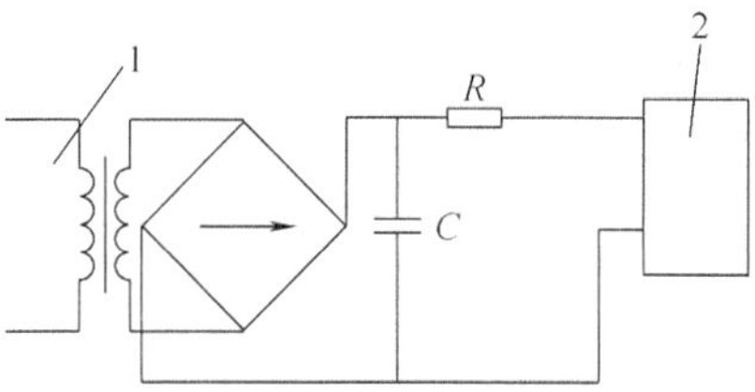

图 7.8　直流磁化

1—电源　2—磁化装置

4）按是否加磁性材料还可以分为装置磁化和固有磁化。

2. 磁化切削的工艺效果

国内外的试验研究和应用表明，磁化切削具有以下效果：

（1）减少切削力与功率消耗　经北京某厂测定，磁化切削比普通切削可减少电流消耗量 25%；四川某厂采用 45 钢零件试验，用高速钢刨刀加工，当进给量与切削深度相同，切削速度分别是 17.9m/min、36.5m/min 时，磁化切削功率分别减少 33%、32%。

（2）刀具寿命长　采用磁化切削，可明显降低切削温度，减少了刀具磨损，根据被加工材料不同，可提高刀具寿命 2～5 倍，提高工效 10 倍左右。

（3）降低工件表面粗糙度值和提高加工精度　在相同的刨削条件下，传统刨削的工件表面粗糙，且有毛刺，而磁化刨削则表面光滑无毛刺。如用高速钢刨刀加工方钢（170HB）时，一般可使其表面粗糙度值由 $Ra12.5 \sim 25\mu m$ 降低至 $Ra3.2 \sim 6.3\mu m$。试验表明：加工时工件受到磁场引力作用，此引力方向相反于径向切削力 F_y，从而减少或消除 F_y 力所产生的变形。当车削细长轴、磨削细长轴时，相当于安装了“磁力跟刀架”，有利于消除或减少此类加工引起的鼓形误差。

（4）装置简单，安全可靠，成本低　通常切削加工时刀具的磁场强度仅为 10^{-2}T，对机床、工件、操作者均无不良影响。

3. 磁化切削机理

有关磁化切削加工可显著提高刀具寿命和降低切削功率的机理，目前尚无成熟的理论，现有文献的观点也不尽一致，综合实验和应用的情况可以认为，提高加工效果的主要依据在于：

1）刀具在强磁场内磁化时，会使材料结构发生变化，内部的磁分子排列整齐，使工件变为电磁铁，形成磁场与磁力线，减少磁化前内部磁分子之间的拉力。根据磁力线的特性，每根磁力线又产生了相互排斥的力，对加工十分有利。

2）磁化处理可使高速钢产生磁致伸缩强化或磁致扩散硬化而提高刀具寿命。受过磁化处理的高速钢不仅含有大量的磁化物，而且可使碳化物的分布更均匀，从而改善高速钢的强度特性。此外，较强的磁场引起工件的磁致伸缩，使其硬度显著降低，也改善了材料的切削加工性。

3）磁化切削时，沿磁力线方向作用着一个磁场力，此力力图将刀具和切屑分离，在切屑根部产生弯矩，不同程度改变了切削合力的大小和方向。一般沿剪切面上的力减小，剪切角增大，切屑变形减少。

4）磁场可减小切削振动，降低切削温度（中速切削时一般可降低10% ~30%），从而改善切削条件，提高刀具寿命。

表 7.5 列举了国内外进行磁化切削实验研究与应用的部分实例。

表 7.5　磁化切削实验研究与应用实例

序号	工件材料	刀具材料	加工方法	磁化参数	切削条件				实验或应用效果	单位或国家
					v/(m/min)	f/(mm/r)	a_p/mm	切削液		
1	45 钢	YT15	外圆车削	ϕ(0.4 ~0.8mm)漆包线，600 匝，36V，2 ~3A	230.7	0.8	5.0	干切	刀具寿命提高1 ~1.5倍	洛阳第一拖拉机厂
2	渗碳钢（表面58 ~62HRC）		端面车削	ϕ0.6mm 漆包线，415 匝，8 ~12V	n = 1200m/min	0.1	0.2		寿命提高 0.5 ~1.0 倍	永定机械厂
3	铸铁	YG6	车削		54 ~68	0.65			寿命提高 0.5 ~1.3 倍	大连工矿车辆厂

（续）

序号	工件材料	刀具材料	加工方法	磁化参数	切削条件				实验或应用效果	单位或国家
					v/(m/min)	f/(mm/r)	a_p/mm	切削液		
4	20钢	YT14	外圆车削	直流线圈5A，交流电压220V，Bi=240匝	35	0.06	0.4			长春光机学院
5	45钢(热轧 HBW = 187~200)	W18Cr4V	外圆车削	直流磁化，B=570匝	15~35	0.25~1.0	1.0~2.5	乳化液	寿命提高1.5~3倍	大连铁道学院
6	40Cr (HBW = 200~220)	W18Cr4V	钻削(ϕ8)		27	0.17	4.0 孔深2.5	乳化液	钻头寿命提高0.7~1.5倍	
7	1Cr18Ni9Ti	W18Cr4V	钻削(ϕ8)		15	0.14	4.0	5%的乳化液	刀具寿命提高1倍	苏联
8	结构钢和合金钢	W18Cr4V		27A，220V，Bi=340m					钻头寿命提高0.5~1.0倍	苏联
9	40Cr	W18Cr4V	车削	$B=5.2\times10^{-2}$T	20	0.55	0.5	干切	刀具寿命提高2.67倍	东南大学

7.2.3 低（高）温切削加工

低（高）温切削加工（Cryogenic Cutting or Heating Cutting）的研究始于20世纪50年代。近年来在国内外已取得迅速发展，尤其是低温切削不锈钢、钛合金、高强度钢等难加工材料的加工取得良好的效果，在超精密加工方面也取得一定的成果。低温切削的关键是低温技术，必须开发出制冷量大、温度低、冷却速度快的制冷设备。另外在低温切削条件下对刀具的几何参数、切削用量等进行优选，确定出最佳参数。

1. 低温切削加工的形式与基本原理

低温切削加工（Cryogenic Cutting）是利用二氧化碳、液氮或气体等低温介质，使工件或工具、切削区处于冷却状态进行切削加工的方法。一般将低温切削分为：低温区（0~-30℃）、超低温区（-50℃以下）及亚常温区（2~6℃），其中低温区较常用。低温切削的主要形式有以下几种：

（1）浸液冷却法　浸液冷却法是将被加工件浸在低温的液体中进行切削加工。如将固态二氧化碳（干冰）置于酒精中，可得到-60℃的低温液体；将液氮大量注入酒精中，可得到-90℃的低温液体。

（2）喷射冷却法　将低温流体直接浇注或喷射到切削区进行冷却加工的方法称为喷射冷却法。图7.9所示为利用高压罐中的液体二氧化碳通过喷嘴进行冷却的情况。图7.10所示为采用液氮或液体二氧化碳从外部冷却工件的方法。美国有关专家曾在研究中将液体二氧化碳装在容器内，用软管导向刀具与工件切削区，导管的端口直径为0.55mm，喷口的气流量为4.08kg/min，喷出后吸收大量的热，车削时在离喷嘴7.6mm处测得温度为-74℃，铣削时也有-63℃。

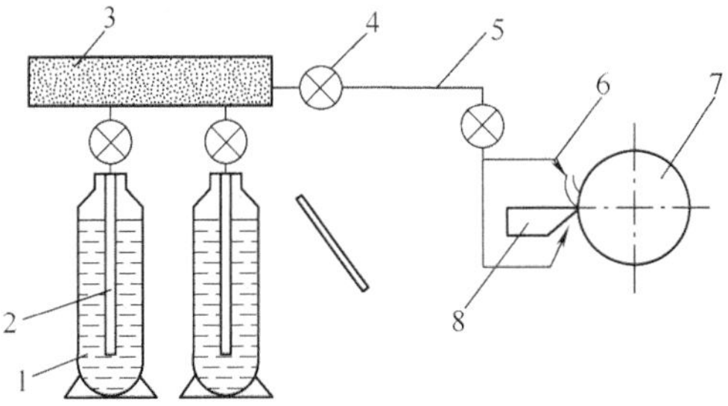

图7.9 二氧化碳喷射冷却工作原理

1—标准高压罐 2—虹吸管 3—吸湿剂（硅胶） 4—气门 5—管路 6—喷嘴 7—工件 8—车刀

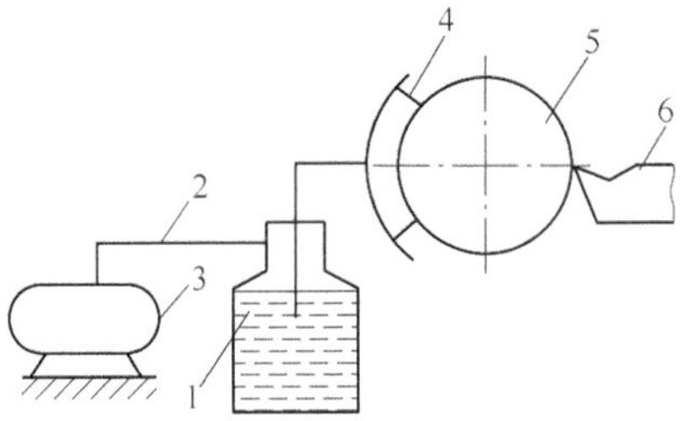

图7.10 采用液氮或液体二氧化碳冷却工件

1—空压机 2—空气 3—液氮 4—雾化喷嘴 5—工件 6—车刀

上述两种方法虽然能有效地得到低温，但成本较高，除一些特殊零件工艺应用外，一般应用较少。

（3）刀具冷却法 刀具冷却法是将冷源直接提供给刀具内部，对刀具进行循环冷却并在线加工的一种低温加工方法。由于刀尖始终保持低温状态，所以能有效提高刀具寿命，保持零件加工的尺寸精度。该种方法使用比较方便，成本低，因而应用较广。

（4）工件冷却法 如图7.11所示，工件冷却法是利用电子冷冻卡盘夹固冷却工件，即工件的夹固与冷却采用冰冻的方法。一般利用半导体温差制冷原理制成电子冷冻卡盘；一级电堆可将温度降至-30℃，二级电堆可将温度降至-70℃；在电子冷冻卡盘降温的同时，用特殊配制的液膜冰将工件冰冻夹固在卡盘上，便可进行低温切削加工。

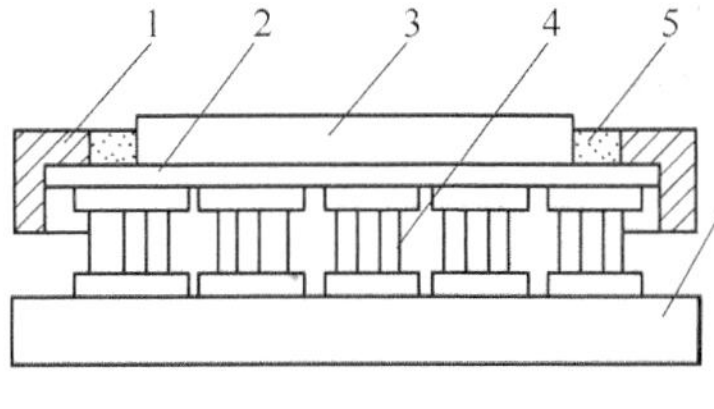

图7.11 电子冷冻装置

1—工件 2—液膜冰 3—冷极板 4—绝热套 5—半导体电偶对 6—散热器

通常，工业用材料的切削加工与力学性能密切相关，而后者往往随温度的变化而不同。

当温度升高时，材料的硬度、强度会降低；温度降低时，绝大多数材料会变脆，塑性降低，某些金属材料还存在明显的冷脆现象。一般体心立方晶格材料（如钢等），在 -20℃左右所需的冲击能和冲击力比 20℃要小得多；面心立方晶格材料（如铝、铜等）的低温冲击能和冲击力与常温相比，基本上没有变化，如图 7.12 所示。由此可见，低温切削加工适合碳素钢等体心立方晶格材料。

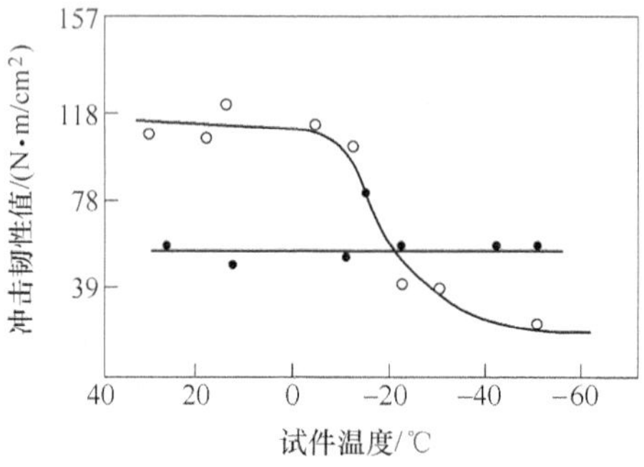

图 7.12　温度变化对金属材料冲击韧性值的影响

○—碳素钢　●—黄铜

金属材料发生低温脆化时抗拉强度及屈服强度提高，金属的力学性能受到金属内部晶格位错的影响，在低温下金属内部位错热能低，所以引起塑性变形的应力通常比在室温下引起的塑性变形大，因而提高了金属的强度。影响脆性转变温度的主要因素是金属的结晶构造。低温脆性是由孪生引起的龟裂所产生的，体心立方晶格的金属引起滑移所需的屈服应力随温度升高而急剧增大，孪生应力因温度不同而产生的变化不大。在低温脆性临界温度下孪生优先发生，孪生应力比滑移应力低，产生脆化。而面心及密排六方结构的金属孪生应力比滑移应力高得多，即使在低温，强度也增加，塑性却大部分保持不变，故不产生低温脆性。对于具有体心立方晶格的金属材料而言，若能找到低温脆性点，就可以取得低温切削的良好效果。一般碳钢的脆性点在 -15 ~ -25℃之间。

2. 低温切削的工艺效果

低温切削技术主要有两大特点：一是可改善难加工材料的切削加工性；二是能提高零件的加工精度与加工表面质量。试验与应用表明，低温切削有以下工艺效果：

（1）切削力小　对于具有低温脆性的金属材料，切削力可降低 20% ~25%，如图 7.13 所示。

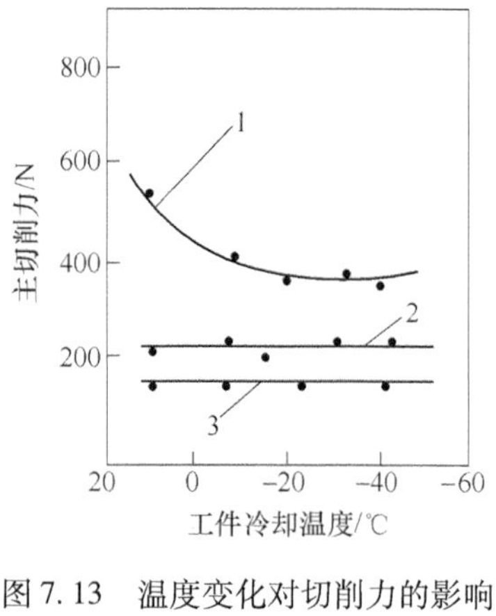

图 7.13　温度变化对切削力的影响

1—碳素钢　2—黄铜　3—硬铝

（2）低切削温度、提高刀具寿命　低温切削的本质与一般室温情况下的切削基本相同，其特点是刀具与工件的接触区温度低，刀具磨损过程中的热化学过程大大削弱，材料分子的吸附、粘结和扩散作用降低，因而提高了刀具的使用寿命，使之有可能选用较大的切削用量，从而提高切削效率。一般将刀尖温度冷却到 -25 ~ -30℃时，可降低切削区温度 150℃左右，提高刀具寿命 3 倍左右。

（3）降低工件表面粗糙度值、提高加工精度　低温切削材料（如碳素钢）时，一般当其工件为 -20℃时，基本上不产生积屑瘤，当工件温度低于 -20℃时，不仅积屑瘤消失，而且改变了切削区的摩擦状态，从而大大降低工件表面粗糙度值，改善了被加工表面变质层情况，容易达到较高的加工精度。一般低温切削碳素钢可降低零件表面粗糙度 1 ~2 级，如图 7. 14 所示，表面残余应力仅为传统切削的 1/2，甚至更小。

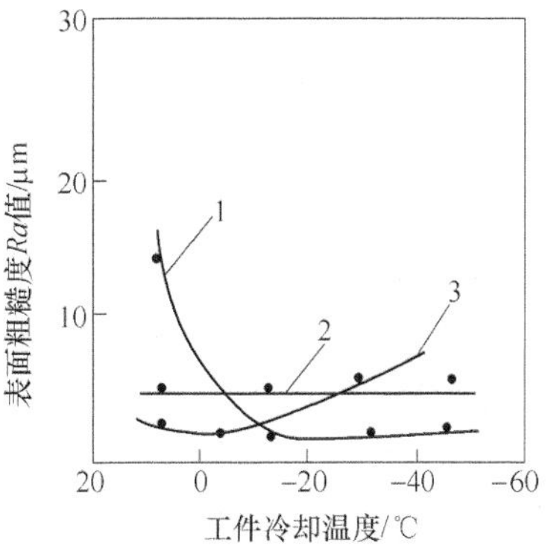

图 7. 14　工件冷却温度变化对工件表面粗糙度的影响

1—碳素钢　2—黄铜　3—硬铝

3. 低温切削加工技术的应用

综上所述，低温切削加工特别适用于以下几方面：

1）有低温脆性的体心立方晶格材料，如钢铁等。

2）对于热导率极低的非金属材料及复合材料，切削加工时，由于其热导率低，切削热产生后不易传递而集聚，造成加工困难，甚至无法加工。低温切削热固性塑料、合成树脂、石墨制品、橡胶和玻璃纤维制品等材料时，均有显著的优越性。

3）一些难加工的不锈钢、钛合金、高强度钢、高强度耐热合金等材料，使用低温加工具有独特的优点，国外已广泛应用。

4）利用电子冷冻卡盘夹持工件进行切削与磨削加工时，有利于消除加工变形，可进行精密加工和薄壁、易变形件的加工。

4. 加热（高温）切削

（1）加热切削（Heating Cutting）加工的基本原理　加热切削是对难加工材料进行切削的一种方法，它是通过各种方式，在切削过程中对被切削材料进行加热，使切削区、工件表层或整体达到一个合适的温度后再进行切削的加工方法。其目的是使被加工材料的硬度、强度下降，而易于产生塑性变形，因而可减少切削力和振动，提高金属切除率，延长刀具寿命，减小工件的表面粗糙度值。

有关专家在室温下用高速钢刀具做试验，结果表明：刀具寿命与刀—屑接触面的摄氏温度的 20 次方成反比。现已证明高温不一定降低刀具寿命，有两种方法可达到相同的目的：一种是冷却刀具，提高其寿命；另一种是加热工件，使材料软化和易于切削，因而提高刀具寿命。

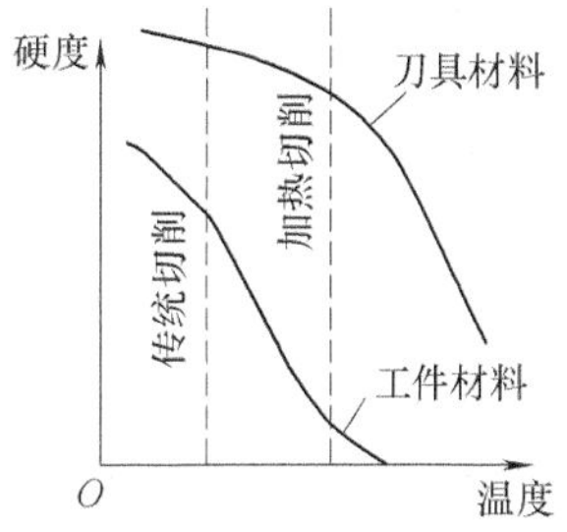

图 7. 15　加热切削中温度和硬度的关系

加热切削原理如图 7. 15 所示，在高温作用下，刀具材料的硬度比工件材料的温度下降得要缓慢，并且在高于一定温度后二者的硬度差更大，对切削有利。

目前，加热切削的加热方式主要有毛坯预加工前的整体加热和用于粗加工的等离子弧感应加热，以及用于半精、精加工的导电加热和激光束加热。试验表明：加热切削一般能降低切削力 5% ~20%，降低表面粗糙度值 0. 5 ~3. 5μm。但由于导电加热切削的刀—工具回路中通有数百安培的电流，当刀具切入、切出工件或切削间断表面时，因电流的突变会在刀具和工件间形成电火花或电弧等放电现象而烧坏工件、刀具。因此，在导电加热的实际应用中，还有导电加热切削过程中的灭弧保护、新型电加热装置、热切削过程控制等问题有待进一步研究。

（2）加热切削的关键技术　加热切削的关键技术在于如何有效实施加热。目前，一般的目标是加热到难加工材料熔化前处于软化的温度。加热切削所用热源，如通电加热、焊炬加热、整体加热、火焰和感应局部加热及导电加热，通称为一般热源。另一加热形式是由外部热源提供热流引起材料的性质发生改变，如激光束加热、等离子加热、电加热等，它们的共同优点是热量集中，温升快，可以实现局部加热。无论采用何种加热方法，都应满足下列基本条件：

1）尽可能只对工件的剪切变形区加热，其余部分应不被加热或少加热，以防工件的热变形及金相组织改变。

2）能提供足够热量并保持温度恒定。

3）装置的安装、调整、使用均应方便、可靠、安全。

4）装置应结构简单，便于维护，费用低。

（3）加热切削技术的应用　加热切削主要在以下领域有着广泛的应用前景：

1）实现难加工材料的切削加工，并提高切削加工质量。

2）对于低碳钢、纯金属等材料的切削，可以减小加工表面粗糙度值。

3）对于常用金属材料，如45钢的切削，因为切削力降低，可节省能源消耗。

4）可有效解决机修作业中高硬度堆焊层的难切削问题。

5）在航空工业等尖端科学的制造技术中有独特的作用。

加热切削技术除应用于难加工金属材料外，近年来对陶瓷等非金属硬脆材料的切削也得到了发展。用乙炔焰把陶瓷材料加热到1000℃以上进行切削，能得到如同切削金属一样的效果。其主要表现是：切屑为连续状态，消除了积屑瘤和鳞刺，加工表面光亮，切削力下降，波动量也减小，加工过程平稳，刀具寿命得到提高。但与加工金属材料相反，在高温区，刀具的磨损量随加热温度上升而下降。

5. 亚干式冷却切削法

亚干式冷却切削（Micro-dry Cooling Cutting）是一种环境友好的切削加工冷却方法。传统切削加工中使用的切削液给环境带来了污染，并对操作者的健康有所损害。由于环境保护提出的要求，使采用传统切削液发生的相关费用约占生产加工总费用的16%。这些原因使环境友好的冷却切削方法受到人们的重视、研究和开发。

亚干式冷却切削是指用一定压力的低温或亚低温气体，采用适量的冷却介质（冷却液或纯水、润滑油等），以射流冲击方式进入切削区进行金属切削的冷却切削方法。有试验表明，亚干式冷却切削有以下特点：

1）亚干式切削是一种优于其他切削的先进切削方法，随着切削热、切削力的上升，其效果愈显著。

2）亚干式切削能保持被加工零件的尺寸稳定性，显著地提高刀具使用寿命和减小工件的表面粗糙度 Ra 值，但其冷却时的方式对冷却效果有很大影响。

3）冷风的温度与冷却效果之间并不存在线性关系，且并不是冷风温度越低，冷却效果越好，从生产成本、效率综合考虑，有一个集成本与冷却效果的温度临界值，准确的临界值需要深入的试验研究。

4）亚干式切削技术可防止环境污染。

7.3 电解机械复合加工

电解机械复合加工（Combined Electro - chemical and Mechanical Machining）是利用电解作用与机械切削或磨削作用相结合而进行的复合加工。它比电解加工易获得较好的加工精度和表面粗糙度，比机械切削（磨削）加工易获得较高的生产率。近年来电解复合加工方面的研究一直比较活跃，而且比较成熟，常用于生产的主要有电解磨削、电解珩磨、电解研磨光整加工等。

7.3.1 复合电解磨削

复合电解磨削（Combined Electrolytic Grinding）是电解和磨削加工复合形成的加工方法。电解是主要的，所要去除的材料都要进行电解加工，而磨削则主要在电解中起活化作用，其主要作用是把被蚀而又不能及时溶解的材料去除掉。

(1) 复合电解磨削的基本原理　复合电解磨削所用的阴极工具是含有磨粒的导电砂轮，电解磨削过程中，金属材料主要是靠电化学作用腐蚀去除，导电砂轮起磨去电解产物阳极钝化膜和整平工件表面的作用。

图7.16所示为电解磨削原理图。导电砂轮1与直流电源的阴极相连，被加工工件2（硬质合金车刀）接阳极。它在一定的压力下与导电砂轮相接触，加工区域中送入电解液3，在电解和机械磨削的双重作用下，完成车刀的后面的加工。

图7.17所示为电解磨削加工过程原理图。图7.17中，1为砂轮磨粒，2是导电砂轮结合剂铜或石墨，3为被加工工件，4为电解产物（阳极钝化薄膜），间隙中被电解液充满。电流从工件3通过电解液5而流向砂轮，形成通路，于是工件（阳极）表面的金属在电流和电解液的作用下发生电解作用（电化学腐蚀），被氧化成为一层极薄的氧化物或氢氧化物薄膜4（阳极薄膜）。但阳极薄膜迅速被导电砂轮中磨粒刮除，在阳极工件上又露出新的金属表面并被继续电解。这样电解作用和刮除薄膜的磨削作用交替进行，工件被连续加工，直至达到要求的尺寸精度和表面粗糙度。

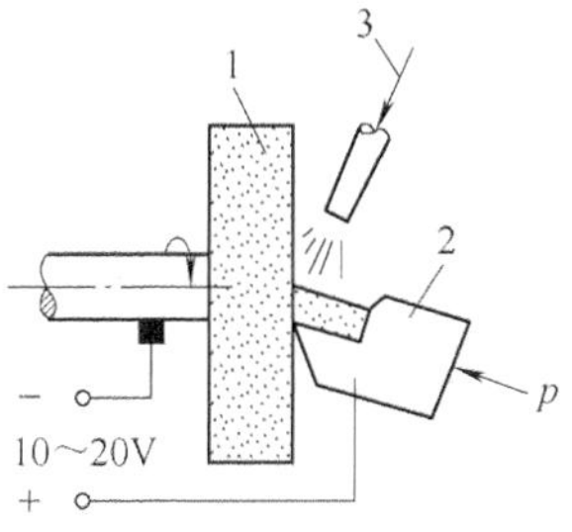

图7.16　电解磨削原理图
1—导电砂轮　2—工件　3—电解液

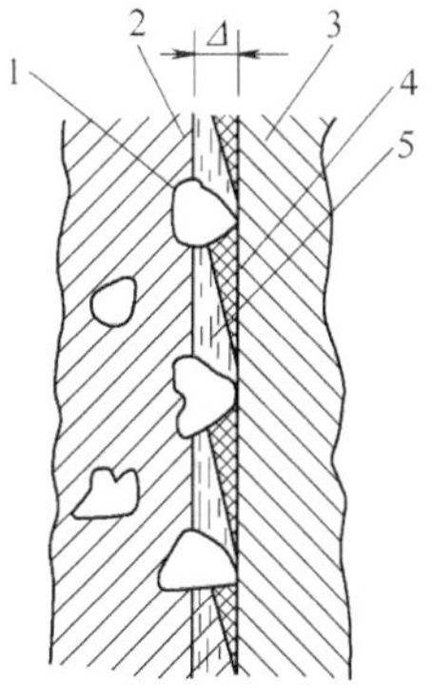

图7.17　电解磨削加工过程原理图
1—磨粒　2—结合剂　3—工件
4—阳极薄膜　5—电极间隙及电解液

（2）复合电解磨削的特点　复合电解磨削与机械磨削及电解加工相比，具有以下特点：

1）加工范围广，加工效率高。由于主要是电解作用，和工程材料的力学性能关系不大，因此，只要选择合适的电解液，就可以用来加工任何高硬度、高韧性的金属材料。加工硬质合金时，与普通的金刚石砂轮磨削相比，电解磨削的加工效率要高3～5倍。

2）工件的加工精度和表面质量高。由于砂轮只起刮除阳极薄膜的作用，磨削力和磨削热都很小，不会产生磨削裂纹和烧伤现象，因而能提高加工表面质量和加工精度，一般表面粗糙度值可优于$Ra0.16\mu m$。

3）砂轮的磨损量小。普通刃磨时，碳化硅砂轮磨削硬质合金的磨损量为硬质合金质量的4～6倍，电解磨削时仅为硬质合金切除量的50%～100%；与普通金刚石砂轮磨削相比，电解磨削砂轮的损耗速度仅为他们的1/10～1/5，可显著降低成本。

4）对机床、工具腐蚀相对较小。由于电解磨削是靠砂轮磨粒来刮除具有一定硬度和粘度的阳极钝化膜，因此电解液中不能含有活化能力很强的活性离子（如Cl^-），一般使用腐蚀能力较弱的$NaNO_3$、$NaNO_2$等为主的电解液，以提高电解成形精度和有利于机床、工具的防锈和防蚀。

（3）影响复合电解磨削的主要因素及作用机理

1）电化学当量。按照法拉第定律，单位电量理论上所能蚀除的金属量为电化学当量，如铁的电化学当量为$133m^3/(A\cdot h)$。由于复合电解磨削仍主要利用电极的阳极溶液作用，故可以根据需要去除的金属量来计算所需的电流和时间。考虑到电解时阳极上可能有气体被电解析出，多损耗电能，以及磨削时的机械作用和实际金属的多元素化，导致电流的效率与理论值不同。这使电解蚀除速度和金属量有了差别（尤其在晶格边缘），它是造成表面粗糙度增大的原因之一。

2）电解液。从理论上讲，使用强电解质（如NaCl水溶液）会提高生产率。但是阳极溶解速度过高，会使工件尖角变圆，不易控制加工精度和表面质量。要获得高精度的零件，在加工过程中工件表面应生成一层结构紧密、均匀的、保护性能良好的低价氧化物。一般钝性电解液形成的阳极钝化膜不易受到破坏，因此加工中常用硼酸盐、磷酸盐等弱电解质含氧酸盐的水溶液。在加工硬质合金时，因为硬质合金的氧化物易溶于碱性溶液中，要得到较厚的阳极钝化膜，不应采取高pH值的电解液，一般取pH=7～9为宜。

电解磨削用电解液的选择，应考虑以下五方面的要求：① 能够使金属表面生成结构紧密、粘附力强的钝化膜，以获得良好的尺寸精度和表面粗糙度；② 导电性好，以获得高生产率；③ 不锈蚀机床及工夹具；④ 对人体无危害，确保人身健康；⑤ 经济效果好，价格便宜，来源丰富，在加工中不易消耗。

要同时满足上述五方面的要求是困难的。在实际生产中，往往针对不同产品的技术要求、不同的材料，选用最佳的电解液。实验证明，亚硝酸盐适用于硬质合金的电解磨削。

电解磨削硬质合金的电解液见表7.6。实际生产中，常常还有硬质合金和钢料的组合件，需要同时进行加工，这就要求选用适合电解磨削“双金属”的电解液。电解磨削硬质合金和钢组合材料的“双金属”电解液见表7.7。表7.8为磨削低碳钢和中碳钢的电解液。

表 7.6 电解磨削硬质合金用电解液

序号	电解液及其质量分数		电流效率(%)	电流密度/(A/cm²)	加工表面粗糙度 *Ra* 值/μm
1	$NaNO_2$	9.6%	80 ~ 90	10	0.1
	$NaNO_3$	0.3%			
	Na_2HPO_4	0.3%			
	$K_2Cr_2O_7$	0.1%			
	H_2O	89.7%			
2	$NaNO_2$	3.8%	70		
	Na_2HPO_4	1.4%			
	$Na_2B_4O_7$	0.3%			
	$NaNO_3$	0.3%			
	H_2O	94.2%			
3	$NaNO_2$	7.0%	85		
	$NaNO_3$	5.0%			
	H_2O	88.0%			
4	$NaNO_2$	10%	90		
	$NaKC_4H_4O_6$	2%			
	H_2O	88%			

表 7.7 “双金属”电解液

电解液及其质量分数		电流效率(%)	电流密度/(A/cm²)	表面粗糙度（硬质合金）
$NaNO_2$	5.0%	70	10	*Ra*0.1μm
Na_2HPO_4	1.5%			
$NaNO_3$	0.3%			
$K_2B_4O_7$	0.3%			
H_2O	92.9%			

表 7.8 磨削低碳钢和中碳钢的电解液

电解液及其质量分数		电流效率(%)	电流密度/(A · cm²)	加工表面粗糙度
Na_2HPO_4	7%	78	10	*Ra*0.4μm
$NaNO_3$	2%			
$NaNO_2$	2%			
H_2O	89%			

在电解液中，亚硝酸钠的主要作用是导电、氧化和防锈。硝酸盐的作用主要是提高电解液的导电性，其次是硝酸根离子有可能还原为亚硝酸根离子，以补充电解反应过程中亚硝酸根的消耗。磷酸氢二钠是弱酸强碱盐，使溶液呈弱碱性，有利于氧化钴、氧化钨和氧化铁的溶解；磷酸氢根离子还能与钴离子配（络）合，生成钴的磷酸盐沉淀，有利于保持电解液的清洁。重铬酸盐（$K_2Cr_2O_7$）和亚硝酸盐一样，都是强钝化剂，而且可以防止金属正离子

或金属氧化物在阴极上沉积。硼砂（$Na_2B_4O_7$）作为添加剂，使工件表面生成较厚的结构紧密的钝化膜，在一定程度上对工件棱边和尖角起了保护作用。酒石酸盐（$NaKC_4H_4O_6$）是钴离子的良好配合剂，有利于电解液的清洁，促进钴的溶解。

3）砂轮。复合电解磨削所用的导电砂轮一般由铜粉和氧化铝磨料加压成形后烧结而成，其主要作用是作为电解时的阴极和磨削时刮除钝化薄膜。

复合电解磨削加工中，对生产率和加工质量影响最大的因素是砂轮与工件加工表面间的电极间隙，即磨料颗粒高于砂轮导电基体表面的高度。这种高度是在砂轮使用以前进行所谓“反电解”处理得到的。具体做法是将砂轮接电源正极，相当于工件，另用一铜片接电源负极，相当于工具。将砂轮和铜片一起放入电解液中，并将铜片与砂轮保持一定间隙，让砂轮慢慢转动。这样可将砂轮的导电基体电解 0.01～0.1mm，露出磨粒颗粒。根据粗精加工要求的不同，可控制磨粒高于砂轮导电基体表面的高度。一般取间隙 0.025mm 左右。

从磨削的机械因素考虑，机床的成形运动精度、夹具精度、磨轮精度以及磨料的种类（金刚石、碳化硅、氧化铝等）、粒度和粘结剂、磨削压力都对电解磨削的结果产生影响。从理论上讲，复合电解时砂轮的磨削对象是阳极钝化膜，和砂轮的粒度、硬度、速度关系不大。实际上，由于砂轮上各点磨粒不在同一圆周上，砂轮主轴总存在圆跳动，磨削时的电解量和进给量很难恰好相等，致使砂轮磨料也常会对工件材料本身直接磨削，其材料去除量约占电解磨削总量的10%～50%。因此，砂轮诸参数对电解磨削加工的生产率和工件质量仍有一定影响。一般情况下，磨粒愈细，愈能均匀地去除凸起部分的钝化膜；另一方面使加工间隙减少，两种因素都有益于减小表面粗糙度值。但磨粒过细，加工间隙过小，容易引起火花，反而降低表面质量。

与砂轮工作性能有关的另一个因素是磨削压力。因为电解磨削时常常不是刚性进给，而是靠弹簧和重锤来施加压力的，磨削压力过大，工作间隙减少，磨粒磨损加快，对加工质量不利；磨削压力太小，难以去除钝化膜。一般取磨削压力为 0.1～0.3MPa。

磨轮（阴极）与工件间的导电面积、工作台往复速度的增加，通过的电量愈多，单位时间的金属去除率愈大。因此，从提高生产率角度考虑，应尽可能增加两极之间的导电面积。但外圆磨削时，工件和砂轮之间的接触面积较小，常采用“中极法”。中极法电解磨削原理图如图 7.18 所示。由图 7.18 可见，在普通砂轮之外再附加一个中间电极作为阴极，工件接正极，砂轮不导电，电解作用在中间电极和工件之间进行，砂轮只起刮除钝化膜的作用，从而大大增加了导电面积，提高生产率。如果利用多孔的中间电极往工件表面喷射电解液，则生产率可更高。采用中极法的不足之处在于加工中要按照工件直径的不同更换中间电极。

在工件往复运动的磨削过程中，由于两极之间的接触面积逐渐减少或逐渐增加，引起电流密度相应变化，会造成表面电解不均匀，也会影响加工的成形精度。

4）电参数。工作电压是影响表面粗糙度的主要因素。工作电压低，工件表面溶解速度慢，钝化膜不易被穿透，因而溶解作用只在表面凸处进行，有利于提高精度。精加工时应选用较低的工作电压，但不能低于合金中元素的最高分解电压。一般加工 WC－Co 系列硬质合金时工作电压不低于1.7V（因 Co 分解电压为1.2V，WC 为1.7V），加工 TiC－Co 系列硬质合金时不低于3V（因 TiC 的分解电压为3V）。工作电压过低，电解作用减弱，生产率低；工作电压过高，加速阳极溶解，但表面不易整平，甚至会引起火花或电弧放电。两者都使表

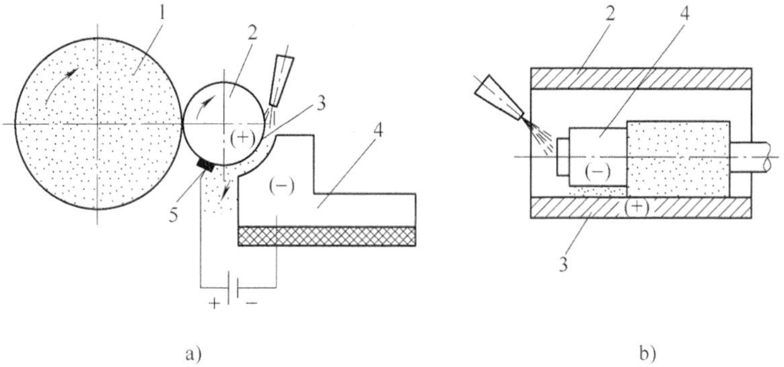

图 7.18 中极法电解磨削原理图

1—普通砂轮 2—工件 3—钝化膜 4—中间电极 5—导电刷

面质量恶化。

电流密度过高，电解作用过强，表面粗糙度值增大；而电流密度过低，机械作用过强，也会使表面粗糙度变差。因此，电解磨削时电流密度的选择应使电解作用和机械作用配合恰当。一般粗加工的工作电压较高，取 10 ~ 20V，电流密度为 50 ~ 200A/cm^2；精加工时工作电压降为 5 ~ 12V，电流密度为 5 ~ 50A/cm^2。注意应根据实际情况和要求适当选择。

实践证明：电解磨削结束时，切断电源进行短时间（1 ~ 3min）的机械磨削，可有效地改善工件被加工表面的粗糙度和光亮度。

5）被加工材料的性质。对合金成分复杂的材料，由于不同金属元素的电极电势不同，阳极溶解速度也不同，特别是电解磨削硬质合金和钢料的组合件时，问题更为严重。因此，要研究适合多种金属同时均匀溶解的电解液配方，这是解决多金属材料电解磨削的主要途径。

6）机械因素。电解磨削过程中，阳极表面的活化主要是靠机械磨削作用。因此，机床的成形运动精度、夹具精度、磨轮精度对加工精度的影响是不可忽视的。其中，电解磨轮占有重要地位，它不但直接影响加工精度，而且影响到加工间隙的稳定。电解磨削时的加工间隙是由电解磨轮保证的，为此，除了精确修整砂轮外，砂轮的磨料应选择较硬的、耐磨损的。采用中极法磨削时，应保持阴极的形状正确。

（4）电解磨削用设备 电解磨削用的设备主要包括直流电源、电解液系统和电解磨床。

电解磨削用的直流电源要求有可调的电压（5 ~ 20V）和较硬的外特性。最大工件电流一般视加工面积大小和所需生产率可取 10 ~ 1000A 不等。只要功率许可，一般可以和电解加工的直流电源设备通用。

供应电解液的循环一般选用小型离心泵，但最好是耐酸、耐腐蚀的，还应该有过滤和沉淀电解液杂质的装置。电解过程中有时会产生对人体有害的气体（如一氧化碳等），因此在机床上最好设计强制抽气装置或中和装置，否则至少应在空气较流通的地点操作。

电解液的喷射一般都用管子和扁喷嘴，喷嘴接在砂轮的上方，向工作区域喷注电解液。电解磨床与一般磨床相仿，在没有专用磨床时，也可以用其他磨床改装。

为了减轻和避免机床的腐蚀，机床与电解液接触的部分应选择耐蚀性好的材料。机床主轴应保证砂轮工作面的振摆量不大于0.02mm，否则不仅磨削时接触不均匀，而且无法保证合理的电极间隙。

（5）复合电解磨削的应用　电解磨削由于集中了电解加工和机械磨削的优点，生产中经常用来磨削一些高硬度材料的零件。如各种硬质合金刀具、量具，挤压拉丝模，轧辊，普通磨削难以加工的小孔、深孔、薄壁筒、细长杆件等。

用氧化铝导电砂轮电解磨削硬质合金车刀和铣刀，刃口半径可小于0.02mm，表面粗糙度 *Ra* 值可达1.6～0.1μm，且平直度也比普通砂轮磨削效果好。

用金刚石导电砂轮磨削加工精密丝杠用的硬质合金成形车刀，刃口非常锋利，表面粗糙度 *Ra* 值可达0.016μm。所用电解液为亚硝酸钠（9.6%）、硝酸钠（0.3%）、磷酸氢二钠（0.3%）的水溶液（均为质量分数）。加入少量的甘油可以改善表面粗糙度。工作电压为6～8V，加工时的压力为0.1MPa。实践证明：采用电解磨削加工的效率不仅比单纯用金刚石砂轮磨削提高2～3倍，而且大大节省了金刚石砂轮，一个金刚石导电砂轮可用5～6年。

硬质合金轧辊如图7.19所示。采用金刚石导电砂轮进行电解成形磨削，轧辊的型槽精度为±0.02mm，型槽位置精度为±0.01mm，表面粗糙度为 *Ra*0.2μm，工件表面不会产生微裂纹，无残余应力，加工效率高，并大大提高了金刚石砂轮的使用寿命，其磨削比可达138（磨削量/磨轮损耗量）。

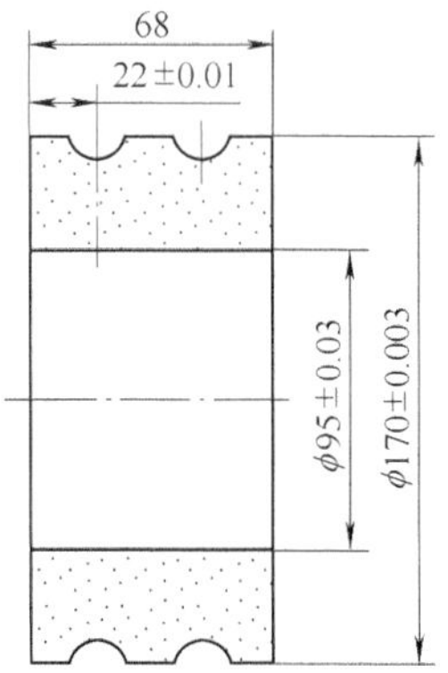

图7.19　硬质合金轧辊

所采用的导电磨轮为金属（铜粉）结合剂的人造金刚石磨轮，磨料粒度为60～1000筛号，外圆磨轮直径为 ϕ300mm，磨削型槽的成形磨轮直径为 ϕ260mm。

电解液成分为亚硝酸钠（9.6%）、磷酸氢钠（0.3%）、酒石酸钾钠（0.1%）、其余为水（均指质量分数）。粗磨的加工参数为：电压12V，电流密度15～25A/cm^2，磨轮转速2900r/min，工件转速0.25r/min，一次进刀深度2.5mm。精加工的加工参数为：电压10V，工件转速16r/min，工作台移动速度0.6mm/min。

复合电解磨削的生产率，一般每100A电流可达0.16cm^3/min的金属量，最终磨削精度可达±0.005mm，外表面圆角半径可达0.25～0.38mm。

7.3.2　复合电解珩磨

1. 复合电解珩磨的基本原理及特点

复合电解珩磨（Combined Electrolytic Honing）是指电解与珩磨相结合的复合加工。所用的阴极工具是导电的珩磨条（或珩磨轮）。可在普通的珩磨机床及珩磨头经稍加改装，增设电解液循环系统和直流电源，以电解液替代珩磨液，工件接电源阳极，珩磨条（或珩磨轮）接阴极，形成电解加工回路，即构成复合电解珩磨加工系统，如图7.20所示。加工时，珩磨头和工件之间的运动关系仍保持原珩磨机的运动，其加工原理如同上节电解磨削所述。

复合电解珩磨与普通珩磨相比，具有以下特点：

1）加工效率高。复合电解珩磨是普通珩磨加工的3～5倍；加工精度高，表面粗糙度值可小于 *Ra*0.1μm。

2）电参数调节范围大。为获得良好的加工质量，除正确选择电参数外，还应选择电解

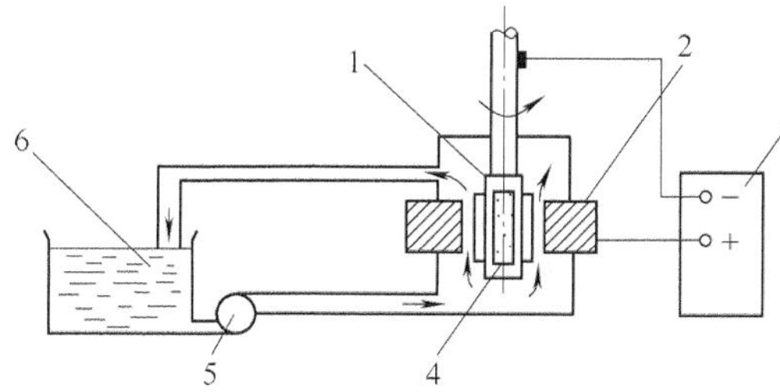

图 7.20 复合电解珩磨结构原理

1—珩磨头（阴极） 2—工件（阳极） 3—直流电源 4—珩磨条 5—泵 6—电解液

能力较弱、非线性特性较好、能产生较厚钝化膜的电解液。

3）珩磨头既是磨削工具，又是电解加工的工具电极，必须保证导电能力（可制成导电砂条或砂条与金属基体间隔制作）。当珩磨头与工件之间充满电解液和具有一定极间电压的情况下，保证形成电解加工回路，才能产生电解珩磨的效果。

4）磨条损耗小，排屑容易，冷却性能好，热应力小，工件无毛刺。

2. 复合电解珩磨的应用

复合电解珩磨主要用于普通珩磨难以加工的高硬度、高强度、高精度的小孔、深孔、薄壁筒、齿轮等零件。图 7.21 所示为电解珩磨加工深孔示意图。

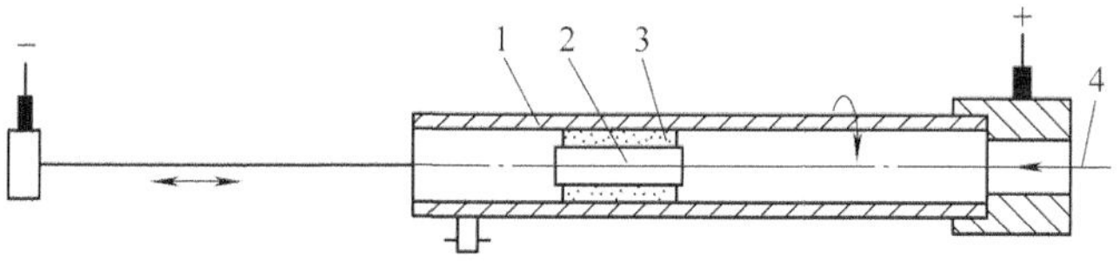

图 7.21 电解珩磨加工深孔示意图

1—工件 2—珩磨头 3—磨条 4—电解液

齿轮的电解珩磨已在生产中得到应用，它的生产率比机械珩齿高，珩轮的磨损量也少。电解珩轮是由金属齿片和珩轮齿片相间而组成的，如图 7.22 所示，金属齿片的齿形略小于珩轮齿片的齿形，从而使其保持一定的加工间隙。

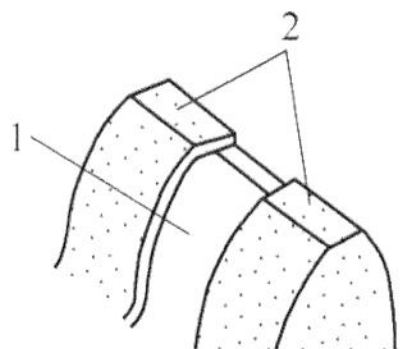

图 7.22 电解珩齿用电解珩轮

1—金属齿片 2—珩轮齿片

复合电解珩磨的主要工作参数如下：

电源：电压 3 ~ 30V，电流密度为 0.2 ~ 1A/cm^2。

电解液：成分和浓度为 $NaNO_3$（240g/L，21%，指质量分数，下同）、NaCl（120g/L，11%），温度 38℃，压力为 500 ~ 1000kPa，流量 951L/min，间隙大小为 0.076 ~ 0.25mm。

7.3.3 电解研磨复合光整加工

电解研磨复合光整加工（Hybrid Electrolytic Buffing）在 20 世纪 80 年代已广泛用于三维型面的光整加工，国内亦将此技术用于大型轧辊、化工容器型腔等零件的加工。

1. 电解研磨复合抛光

（1）电解研磨复合抛光的基本原理和特点 电解研磨复合抛光是把电解加工与机械研

磨结合在一起构成的一种新加工方法，如图 7. 23 所示。电解研磨抛光加工采用钝化型电解液。由于工件的加工表面高低不平，电解研磨复合加工时高处的钝化膜首先被磨粒刮除，露出的金属表面又会重新被电解溶解，溶解的同时又产生了新的钝化膜。低处的金属钝化膜因磨粒刮削不到而得以保留，这样就保护了低处的金属不被电解。这个过程不断循环进行，使得工件表面整平效率迅速提高，表面粗糙度值迅速降低。

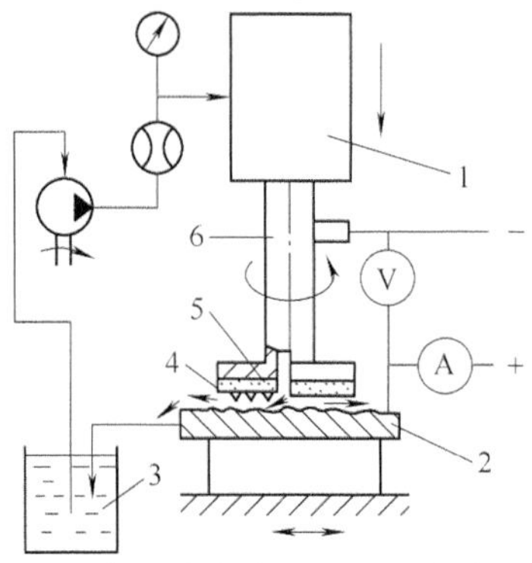

图 7. 23　电解研磨复合抛光（固定磨料方式）

1—回转装置　2—工件　3—电解液
4—珩磨材料　5—工具电极　6—主轴

电解研磨按磨料是否粘固在弹性合成无纺布上可分为固定磨粒加工和流动磨粒加工两种。固定磨粒加工是将磨粒粘在无纺布上之后包覆在工具阴极上，无纺布的厚度即为电解间隙。当工具阴极与工件表面充满电解液并具有相对运动时，工件表面将依次被电解，形成钝化膜，同时，受到磨粒的研磨作用，实现复合加工。流动磨粒电解研磨加工时的工具阴极只包覆弹性无纺布，极细的磨粒则悬浮在电解液中。因此，磨粒研磨轨迹就更加杂乱而无规律，这正是获得镜面的主要原因。加工方式、磨料粒度与表面粗糙度的关系如图 7. 24 所示。

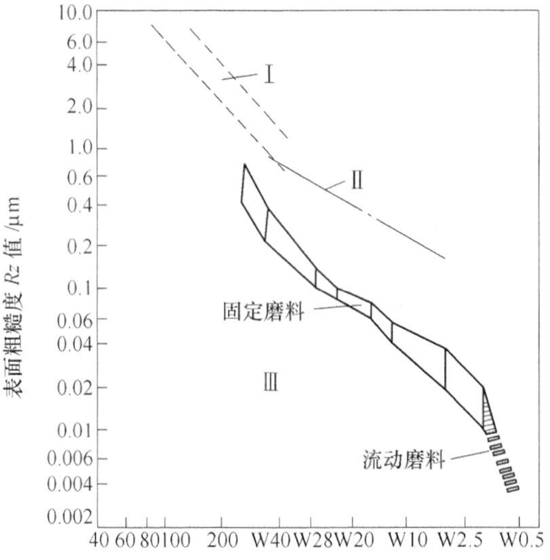

图 7. 24　加工方式、磨料粒度与表面粗糙度的关系

Ⅰ—机械抛光　Ⅱ—精密研磨　Ⅲ—电解研磨

电解研磨复合加工比单纯的电解加工和单纯的机械研磨质量都好，而且研磨速度快，整平加工过程时间短。几种加工技术的加工效果比较如图 7. 25 所示。

（2）电解研磨复合抛光的机理

1）电解液。电解液的成分、浓度是影响研磨抛光表面质量的主要原因。选用钝化型电解液，加工不同材料的工件须配制不同电解液，电解液应具有加工效率高、经济、安全、对

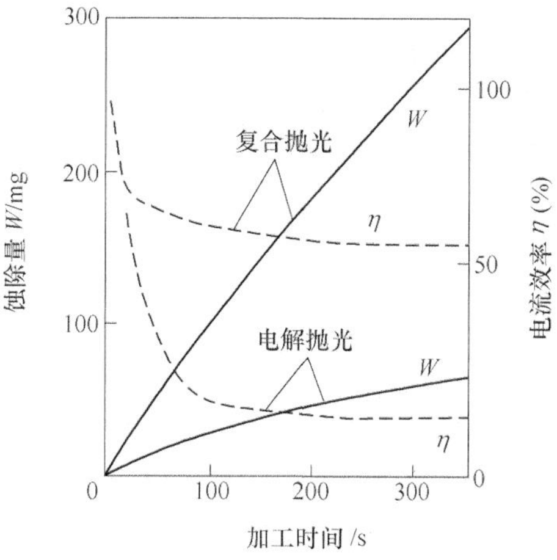

图 7.25 几种加工技术的加工效果比较

设备腐蚀小的特点，才能加工出高质量的表面。必要时可添加合适的活性剂、络化剂，以改善抛光性能和速度。

通常碳钢、合金钢、不锈钢进行电解研磨复合抛光时选用 20%（指质量分数）的 $NaNO_3$ 作电解液。

2）加工电压。电压过高，会使被加工表面的表面粗糙度值增大，严重时会出现点蚀和过腐蚀现象；加工电压过低，将降低加工效率，有可能变成机械研磨为主，使工件表面质量下降。因此，加工电压的选取要参考工件的原始粗糙度和所选用的电解液等参数，通过工艺试验确定。一般在 3 ~ 15V 范围内选取。通常，粗抛光时，加工电压应选大一些，以提高抛光速度；精抛时应尽量选用低电压，以提高表面质量。

3）无纺布厚度、粘接的磨粒尺寸及磨粒含量。无纺布是电解研磨复合加工的重要工具，其疏密厚薄影响电解作用的强弱，对其厚度、弹性、强度、耐水性都有一定的要求，而且在加工过程中其性能应保持稳定。磨粒尺寸不但影响抛光效率，更重要的是会影响加工表面粗糙度。一般情况下，粗加工时选用较粗的磨粒，以便快速去除加工余量；中等粗糙度加工时，选用的磨粒要小一些，通常选用 1000 筛号以上的磨粒；镜面加工时，可以使用粒度在 2000 筛号以上的磨粒，甚至不用磨粒而直接使用致密均匀的无纺布。若采用流动磨料进行加工，在将磨粒混入电解液之前，必须将磨粒进行过滤，以提高研磨质量。

4）抛光头的工艺参数。抛光头的工艺参数主要指抛光头对工件的压力、抛光头的转速和抛光头的进给速度等诸因素对加工件表面质量的影响。工具阴极与工件之间保持适当的压紧力是获得高加工效率、低表面粗糙度值的重要条件。由于电解研磨复合加工使用的是富有弹性的尼龙无纺布，因而只有在一定的压力下才能使其紧贴于工件表面，从而进行具有一定效率的研磨加工。压力过大，将会引起抛光头的振动，影响抛光头和工件表面的良好接触，造成工件表面腐蚀不均；压力过小，抛光效率低。一般压紧力取 10 ~ 50kPa，粗抛光取大值，精抛光取小值。如果进行手工操作，则应以手感平稳无振动为宜。

抛光头转速与抛光头进给速度构成磨粒运动轨迹，直接影响工件的表面质量。在一定转速下，若进给速度慢，则运动轨迹密，研抛效果好；进给均匀，工件表面不会产生不均匀条纹。一般抛光头的速度不宜过高，以免出现干磨或磨损不均，通常取抛光头转速为 200 ~

300r/min。若抛光头直径大，则转速取小值；直径小一些，转速则应适当提高，以调整到抛光处于最佳状态。在实际电解研磨复合加工过程中，磨粒是均匀分布在工具阴极无纺布上的，因此当工具阴极旋转时，各点的进给速度相同，但线速度不同。因此，进给速度越快，研磨运动轨迹越稀疏，则研磨效果越差；相反，进给速度越慢，研磨运动轨迹越密集，则研磨效果越好。

有关资料表明：上述诸因素中，决定表面粗糙度的主要因素是磨粒的大小及机械研磨状态，而决定研磨抛光效率的主要因素是电解作用。只有两者很好配合，才能有效地进行电解研磨复合抛光。

（3）电解研磨复合抛光应用　电解研磨可以对碳钢、合金钢、不锈钢进行加工。一般选用质量分数为20%的 $NaNO_3$ 作电解液，电解间隙为 1～2mm，电流密度一般为 1～2A/cm^2。这种加工方法目前已应用于金属冷轧轧辊、大型船用柴油机轴类零件、大型不锈钢化工容器内壁以及不锈钢太阳能电池基板的镜面加工。

喷丝板是喷丝头上的重要零件，材料为铁基不锈钢，厚度为 1.5mm，圆盘外直径为 250mm，内径为 100mm，在内外圆中间部位用数控机床钻 4000 多个孔，有关尺寸如图 7.26 所示，加工后表面粗糙度值为 *Ra*0.09μm，并去除两孔端毛刺。

喷丝板材料韧性好，用机械方法去毛刺不但费时，而且不易去除干净。用电解研磨复合抛光加工只需 10min，不仅使表面粗糙度达到 *Ra*0.08μm，而且毛刺去除得很干净。

在模具加工行业中，为了提高最终模具表面的光整度以及去除电火花终加工后留下的表面变质层及拉应力，常采用人工操作的电解研磨装置，如图 7.27 所示。

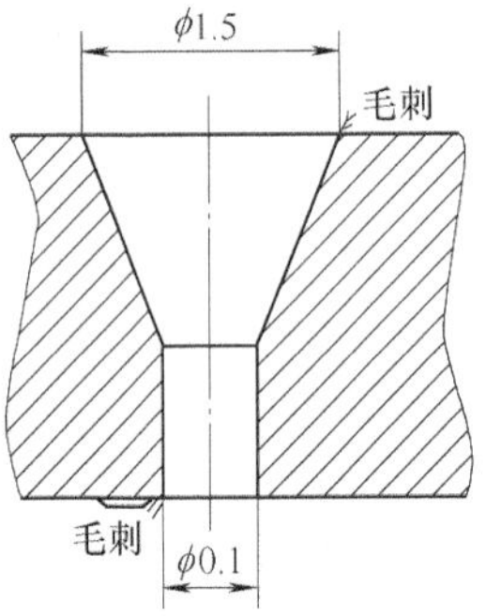

图 7.26　喷丝板上的小喷丝

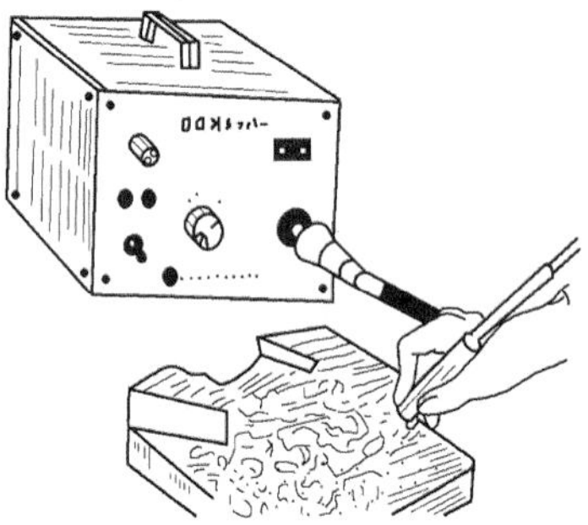

图 7.27　电解研磨的手动工具

2. 磁性磨料研磨加工和磁性磨料电解研磨加工

磁性磨料研磨加工（Magnetic Abrasive Machining，MAM）又称磁力研磨或磁磨料加工，它和磁性磨料电解研磨加工（Magnetic Abrasive Electrochemical Machining，MAECM）是近十年来才发展起来的光整加工工艺技术，在精密仪器制造业中已得到日益广泛的应用。

（1）基本原理　磁性磨料研磨的原理在本质上和机械研磨相同，只是磨料是导磁的（或增加阳极溶解作用），磨料作用于工件表面的磁磨力是由磁场形成的。

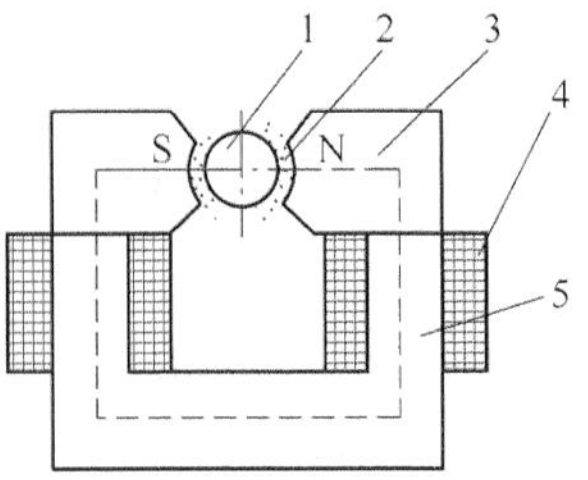

图 7.28　磁性磨料研磨加工原理图

1—工件　2—磁性磨料　3—磁极　4—励磁线圈　5—铁心

图 7.28 所示为对圆柱表面进行磁性磨料研磨加工的原理示

意图。在垂直于工件圆柱面轴线方向附加一磁场，在 S、N 两磁极之间加入磁性磨料，磁性磨料吸附在磁极和工件表面上，并沿磁力线方向排列成有一定柔性的“磨料刷”。工件一边旋转，一边作轴向振动。磁性磨料在工件表面轻轻刮擦、挤压、窜滚，从而将工件表面上极薄的一层金属及毛刺切除，使微观不平度逐步整平。

图 7.29 所示为磁性磨料电解研磨原理示意图。它是将磁性磨料研磨光整加工和电解加工的阳极溶解作用复合的一种加工方法。其目的是加速阴极工件表面的整平过程，提高工艺效果。

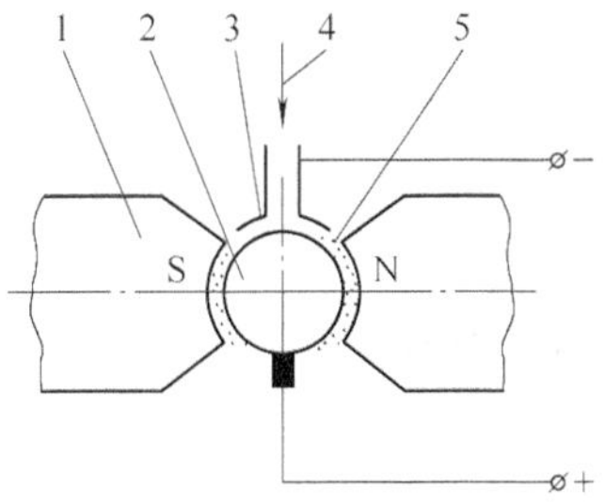

图 7.29 磁性磨料电解研磨原理示意图

1—磁极 2—工件 3—阴极及喷嘴 4—电解液 5—磁性磨料

其加工原理是工件接直流电源正极，阴极接直流电源负极，电解液经阴极通孔流到工件表面，在垂直于工件轴线且与电力线成90°的方向，和磁性磨料研磨一样加上直流电源强磁场，使其在磁极与工件之间形成的强磁场中，沿磁力线方向排列成一定柔性的“磨料刷”。磁性磨料电解研磨的表面光整效果是在以下三重因素作用下产生的：

1）化学阳极溶解作用。阳极工件表面的金属原子在电场及电解液的作用下失去电子成为金属离子溶入电解液，或在金属表面形成氧化膜或氢氧化膜，即钝化膜，微凸处比凹处的这一氧化过程更为显著。

2）磁性磨料的刮削作用。实际上主要是刮除工件表面的金属钝化膜，而不是刮金属本身，使露出新的金属原子不断阳极溶解。

3）磁场的加速和强化作用。电解液中的正、负离子在磁场中受到洛仑兹力作用，使离子运动轨迹复杂化。当磁力线方向和电力线方向垂直时，离子按螺旋线轨迹运动，增加了运动长度，从而增加了电解液的电离度，促进了电化学反应，降低了浓差变化。

（2）主要工艺特点 磁性磨料电解研磨加工中的阳极溶解作用和前述电解复合加工基本一样，而在此复合加工中的机械作用是采用磁力光整加工的，因此该工艺具有以下特点：

1）由于磁性磨料在磁场中能根据工件形状自动形成加工磨具，故可加工任意复杂形状的表面，具有良好的适应性。

2）通过改变磁感应强度来控制作用力，因此加工具有可控性，尤其是可根据需要调节磁性磨料的保持力。

3）由于磁力光整加工属于柔性加工，且磁极与工件表面之间的间隙可在几毫米范围内可调，所以复合加工工艺使用的装置可用普通低精度的或已用过的机床改造，可大大降低加工所需的设备成本。

（3）设备和工具 一般都是用台钻、立钻或车床等改装或者设计专用夹具装置。目前还没有定型的商品化机床生产厂。

小型零件的磁力系统可采用永磁材料，以节省电能消耗；大中型零件的磁力系统则用导磁性较好的软钢、低碳钢或硅钢片制成磁极、铁心回路，外加励磁线圈并通以直流电，即成为电磁铁。

磁性磨料是将铁粉或铁合金（如硼铁、锰铁或硅铁）的粉和磨料（如氧化铝或碳化硅、碳化钨等）加入粘结剂搅拌均匀后加压烧结经粉碎而成的。也可将铁粉和磨料混合后用环氧树脂等粘结成块，然后粉碎、筛选成不同粒度。磨料在研磨过程中始终吸附在磁极间，一般不会流失，但研磨日久后磨粒会破碎变钝，且磨料中混有大量金属微屑变脏而需更换。至于磁性磨料电解研磨，则还应有电解加工用的低压直流电源和相应的电解液及泵、箱等循环浇注系统。

（4）应用　磁性磨料研磨加工和其电解研磨加工，适用于导磁材料的表面光整加工、棱边倒角和去毛刺等。既可用于加工外圆表面，也可用于平面或内孔表面甚至齿轮齿面、螺纹和钻头等复杂表面的研磨抛光，如图7.30所示。对发动机的摩擦副零件（包括曲轴、凸轮轴、活塞、活塞销、气缸套、连杆、各种齿轮、轴瓦、摇臂轴、进排气门、气门弹簧等）磁性研磨加工后，即可获得以下明显效果：

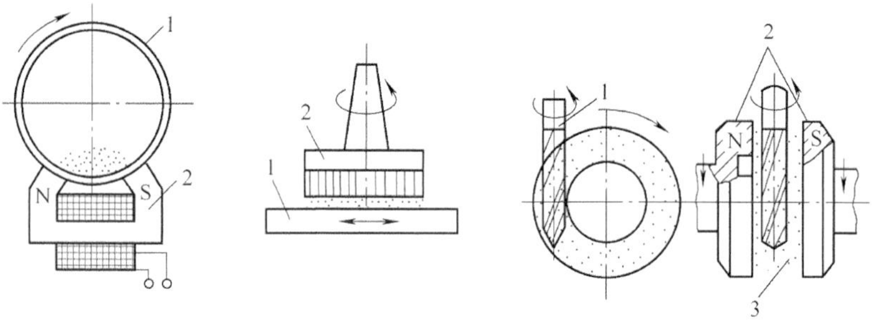

图7.30　磁性磨料研磨应用实例

a）研磨内孔　b）研磨平面　c）研磨钻头复杂表面

1—工件毛坯　2—磁极　3—磁性磨料

1）毛刺被彻底清除。如齿轮啮合噪声小了2dB。

2）尖角锐边钝化。例如弹簧两端平面原有割手的感觉，光整后手感柔和；活塞的环槽、活塞环的锐边得到$R<0.1$mm的圆角，这对于缸套磨合及降低机油消耗意义重大。

3）去除锈蚀及氧化层。如凸轮轴零件开档轴段的发蓝、变色被全部清除。

4）光整后的零件表面光亮夺目，手感光滑柔和。

5）表面粗糙度值大幅度下降，在原基础上分别提高0.5～1.5个等级，电镜观察（如气缸套）表面形貌由尖锐的锯齿形变成钝化的丰满形表面。

6）零件外形发生了以微米计的尺寸变化（一般变化1～2μm），但不影响几何精度。

7）零件表面物理性能得到改善：显微硬度提高3%～1 0%，表面残余拉应力改变为均匀的压应力，细化表面组织，增加耐磨层厚度8～15倍。

8）经高倍扫描电子显微镜观察，零件表面呈现微观鱼鳞坑形的加工纹理，这比环纹、网纹更有利于储油；加上表面粗糙度Ra值低，尖角、毛刺彻底清除，从而提高了零件抗疲劳强度、耐磨性和抗腐蚀性。

9）零件的机械加工表面及非加工表面全部得到光整，完成传动件的初期磨损，提高零件清洁度，使整机清洁度指标大大提高。例如，全部摩擦副零件经过光整后发动机装配质量明显提高，出厂磨合期可缩短40%以上。某厂4D30YB型柴油机磨合期由原来的2.5h缩短到50min（油样光谱分析结果），从而获得巨大的经济效益和社会效益。

实际应用时，工件转速常取200～2000r/min，并根据工件直径进行调整，工件轴向频率可达10～100Hz，振幅可在0.5～5mm之间，并结合工件大小和光整加工要求而定。

7.4 超声电火花（电解）复合加工

超声加工（Ultrasonic Machining）的加工精度和表面粗糙度都比电火花、电解加工好，甚至一些经过电火花加工后的淬火钢、硬质合金冲模，最后还常用超声抛磨进行光整加工。但其生产率低，如果将超声和电火花或电解等加工方法相结合进行复合加工，将会有效地解决硬质合金、耐热合金等超硬金属材料超声加工速度低、工具损耗大等问题。

7.4.1 超声电火花复合加工

超声电火花加工（Ultrasonic Assisted Electro Discharge Machining）是指辅以超声振动的复合放电加工。目前，实用的主要有超声电火花复合打孔和超声电火花复合抛光，多用于小孔、窄缝、异形孔及表面的光整加工。

1. 超声电火花复合打孔

（1）超声电火花复合打孔的原理　超声与电火花复合加工小孔、窄缝及精微异形孔，是将超声声学部件夹固在电火花加工机床主轴头下部，电火花加工用的方波脉冲电源（RC线路脉冲电源也可）加到工具和工件上（精加工时工件接正极），加工时主轴作伺服进给，工具端面作超声振动。当不加超声时，电火花精加工的放电脉冲利用率为3%～5%，加上超声振荡后，电火花精加工时的有效放电脉冲利用率可提高到50%以上，从而提高生产率2～20倍，愈是小面积、小用量加工，相对生产率提高的倍数愈多。随着加工面积和加工用量（脉宽、峰值电流、峰值电压）的增大，工艺效果逐渐不明显，与不加超声时的指标相接近。图7.31所示为超声放电加工原理图。

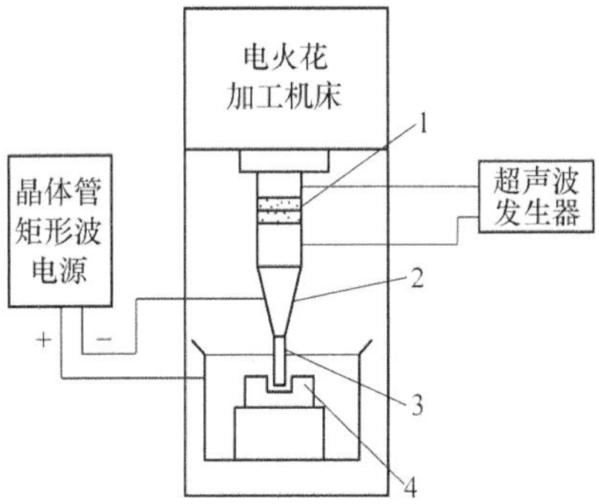

图7.31　超声放电加工原理图

1—压电陶瓷　2—变幅杆

3—工具电极　4—工件

超声电火花复合微细加工时，超声功率和振幅不宜大于1μm，否则将引起工具端面和工件瞬时接触频繁短路，导致电弧放电。

（2）超声电火花复合打孔的工艺与应用效果

1）提高加工深度和加工速度。在同样条件下打孔，超声电火花复合打孔的深度是电火花打孔深度的3倍以上。加工直径为0.25mm的孔时，超声电火花复合打孔的极限深度为10mm以上，深径比高达40以上。超声电火花复合打孔与电火花打孔相比，当孔深为0.4mm时，前者所需加工时间是后者的1/5～1/4；当孔深增加到1mm时，前者加工时间是后者的1/12～1/10。

2）提高打孔精度和降低孔的表面粗糙度值。表7.9表明，超声电火花复合打孔的尺寸精度、几何精度和孔的表面粗糙度明显优于电火花打孔。

表 7.9 不同打孔方法加工质量的对比

加工方法	尺寸精度/mm	圆度/mm	同轴度/mm	垂直度/mm	表面粗糙度 *Ra* 值/μm
电火花打孔	±0.01 ~ ±0.02	0.01	0.05	1	3.2 ~ 0.20
超声电火花复合打孔	±0.01	0.005	0.03	小于 1	0.8 ~ 0.10

3）超声电火花复合打孔已广泛用于微细孔加工，可加工孔径为 $\phi(0.05 \sim 0.4)$ mm、深度为 0.5 ~ 10mm、尺寸精度为 ±0.005 ~ ±0.01mm、表面粗糙度为 *Ra*3.2 ~ 0.10μm 的孔。

2. 超声电火花复合抛光

（1）超声电火花复合抛光（Ultrasonic Assisted Electro Discharge Buffing）的工作原理 超声电火花复合抛光完全不同于传统的机械抛光。它是依靠超声抛磨和火花放电的综合效应来达到光整工件表面的。抛光时，工件接电源正极，工具头接电源负极，在工具和工件之间通乳化液（见图 7.32）。抛光过程中工具对工件表面的抛磨和放电腐蚀是连续而交错地进行的。超声抛磨的"空化"效应使工件表面软化并加速分离剥落；与此同时，促使电火花放电的分散性大大增加，其结果是进一步加快工件表面的均匀蚀除。此外，"空化"作用还会增强介质液体的搅动作用，及时排除抛光产物，从而减少了金属产物放电的机会，提高了放电能量的利用率。

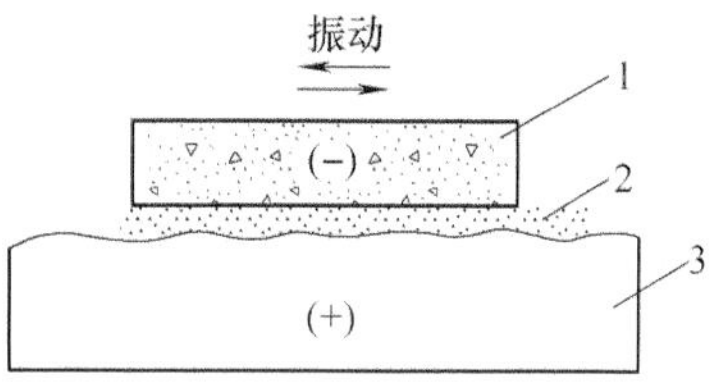

图 7.32 超声电火花复合抛光
1—工具 2—乳化液 3—工件

（2）超声电火花抛光机理

1）工作液（Working Solution）。工作液的优劣直接影响抛光速度、加工质量和抛光的顺利进行。工作液有乳化液、去离子水、洗涤液等，其中乳化液最有效。一般乳化液由基础油、乳化剂、洗涤剂、爆炸剂、润滑剂、防锈剂、光磨剂等组成。其中，基础油、乳化剂、爆炸剂、洗涤剂尤为重要，应优先配比，合理选择。

2）工作电压（Operating Voltage）。工作电压是指工具与工件之间的空载电压。工作电压的大小直接影响抛光效率和工件表面粗糙度。由于超声电火花复合抛光的放电间隙微小，所以工作电压可以很低，较易获得所需的工件表面。一般取 30V 以下，粗抛时取大值，精抛时取小值。

3）工作压力（Operating Pressure）。工作压力是指抛光工具对工件被加工表面的压力，其大小影响工件表面质量。一般粗抛时工作压力调大，有利于提高抛光速度；精抛时压力宜小，以免损伤工件表面。

4）工具振动频率（Tool Vibration Frequency）。工具系统包括压电晶体及其附件、变幅杆、工具。工具的振动频率是指工具系统的谐振频率。影响工具振动频率的因素主要有：工具与变幅杆连接的牢固程度，由工具与工件接触所组成的新系统的振动频率，以及工作压力等。频率的大小不仅影响抛光速度，也影响被加工工件的表面质量，所以应调整到最佳状态。

（3）超声电火花复合抛光的应用 超声电火花复合抛光技术的最大特点是加工效率高，抛光效率比超声机械抛光高 3 倍以上，主要用于小孔、窄缝、小型精密表面的微细加工，工件表面粗糙度值可低于 *Ra*0.16μm。

7.4.2 超声电解加工

超声电解加工（Ultrasonic Assisted Electrolytic Machining）是指辅以超声振动的复合电解

加工，目前多用于难加工材料的深小孔及表面光整加工，主要有超声电解复合加工和超声电解复合抛光。

1. 超声电解复合加工

图7.33所示为超声电解复合加工小孔的示意图。工件5接直流电源6的正极，工具3（钢丝、钨丝或铜丝）接负极，工件与工具之间施加6～18V的直流电压，采用钝化性电解液混合磨粒作电解液，被加工表面在电解液中产生阳极溶解，电解产物阳极钝化膜被超声频振动的工具和磨粒破坏，由于超声振动引起的“空化作用”加速了钝化膜的蚀除和磨粒电解液的循环更新，促进了阳极溶解过程的进行，从而使加工质量显著提高。表7.10给出了部分材料超声电解复合加工与超声加工的对比。

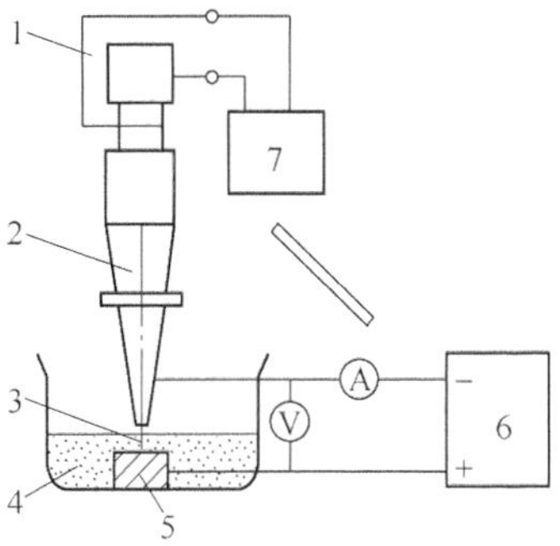

图7.33　超声电解复合加工小孔
1—换能器　2—变幅杆　3—工具
4—电解液和磨料　5—工件
6—直流电源　7—超声波发生器

表7.10　超声电解复合加工与超声加工的对比

加工材料	复合加工					超声加工			
	频率/kHz	双振幅/μm	电流密度/(A/cm²)	加工速度/(mm/min)	工具损耗(%)	频率/kHz	双振幅/μm	加工速度/(mm/min)	工具损耗(%)
5CrNiW淬火钢	17.3	100	32	0.3	46	17.5	100	0.1	206
耐热合金	17.9	98	32	0.25	57	17.5	98	0.12	171
耐热合金	18.1	100	32	0.24	51	18.1	100	0.13	209
耐热合金	18.5	53	32	0.08	57	18.7	53	0.04	180
T15K6	18.8	53	30	0.2	50	18.8	53	0.08	100

注：试验条件：加工面积22mm²；磨料碳化硼；静压力68g/mm²；磨料悬浮液浓度1.25（磨料与水的质量比）；电解液浓度：30%（质量分数）的食盐水溶液。

2. 超声电解复合抛光

（1）超声电解复合抛光的过程　在光整加工中，利用导电油石或镶嵌金刚石颗粒的导电工具，对工件表面进行超声电解复合抛光加工，更有利于改善表面粗糙度。如图7.34所示，用一套声学部件使工具头产生超声振动，并在超声变幅杆上接直流电源的阴极，在被加工工件上接直流电源阳极。电解液由外部导管导入工作区，也可以由变幅杆内的导管流入工作区。于是在工具和工件之间产生电解反应，工件表面发生电化学阳极溶解，电解产物和阳极钝化膜不断地被高频振动的工具头刮除并被电解液冲走。这种方法由于有超声波作用，使油石的自砺性好，电解液在超声波作用下的“空化作用”使工件表面的钝化膜去除加快，这相当于增加了金属表面活性，使金属表面凸起部分优先溶解，从而达到光整的效果。

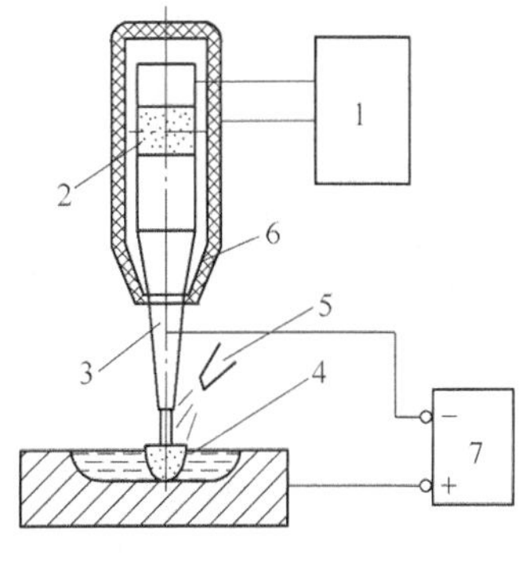

图7.34　超声电解复合抛光
1—超声波发生器　2—压电陶瓷换能器
3—变幅杆　4—导电油石　5—电解液喷嘴
6—工具手柄　7—直流电源

（2）关于超声电解抛光速度和质量的分析

1）电解液。电解液是影响抛光速度和抛光质量的主要因素，因此，必须根据工件材料进行优选。一般，超声电解抛光主要用于高合金钢和模具型腔加工。工作时可选择具有抛光质量好、无毒、性能稳定的钝性电解液，即 $NaNO_3$ 水溶性电解液。$NaNO_3$ 电解液的质量分数为 20% 左右。为了改善抛光质量，应加入合适的添加剂。

2）工作电压。工作电压是指加工时的电源电压，它直接影响工件表面质量。通常，工件表面原始粗糙度值高，工作电压应高些，以获得较高的加工速度；精抛时，工作电压尽量取低些，以便容易得到高加工质量和低表面粗糙度值。目前，国内超声电解加工表面粗糙度可达 $Ra0.1 \sim 0.05\mu m$。故粗抛时选工作电压 6 ~ 15V，精抛时选工作电压 5V 左右。工作电压过高，工件表面容易出现点蚀；工作电压过低，抛光效率低，表面质量差。此外，选择工作电压时还应考虑电解液的浓度、工具对工件的压力等。

3）输出功率。选择输出功率，主要考虑工件表面粗糙度、工具对工件的压力、抛光时工具与工件的接触面积、抛光速度等。当工件表面原始粗糙度值高，抛光阻力大，则输出功率要大些，以提高加工效率；当工具对工件的压力一定时，工具对工件的接触面积增大，抛光阻力势必增大，则需相应地增加输出功率，否则难以正常抛光。

4）工具材料的成分及品质。超声电解复合抛光工具常用的是导电锉和导电油石。导电锉是在金属基体上镀一层磨料制成的，为了延长工具的使用寿命，通常镀的都是金刚石磨料。导电油石是磨料用金属胶粘剂制成的，常用磨料有 $SiCA1_2O_3$。在精密超声电解复合抛光时，使用的磨料要进行严格选择，要保证磨粒均匀，不能混入大颗粒的磨料，否则会在工件表面出现不均匀的条纹，破坏表面的完整性。导电油石不能有微细裂纹，否则在高频振动下会因为产生应力集中而断裂。

导电锉使用的磨粒要严格处理，以保证镀层均匀又不含大颗粒磨料。为了保证镀层牢固，需要将磨料进行化学处理。

实践证明，磨料粒度的大小与加工表面粗糙度有关。磨料颗粒大，工件加工表面粗糙度值大。要获得 $Ra0.09\mu m$ 以下粗糙度的表面，必须选用 1000 筛号以上的磨料。

7.5 电解电火花磨削加工

电解电火花磨削加工是国外 20 世纪 80 年代中期开发成功，并用于生产的一种复合加工新工艺。它是由机械磨削（Mechanical Grinding）、电解加工（Electrolysis）、电火花加工（Electrical Discharge）复合（Combined）的加工方法，又称 MEEC 法。通过求最佳加工条件，对工件施加最佳加工能量，以最大限度地发挥被复合加工方法的优点。近年来对 MEEC 法又作了重大改进，派生出新的 MEEC 法。

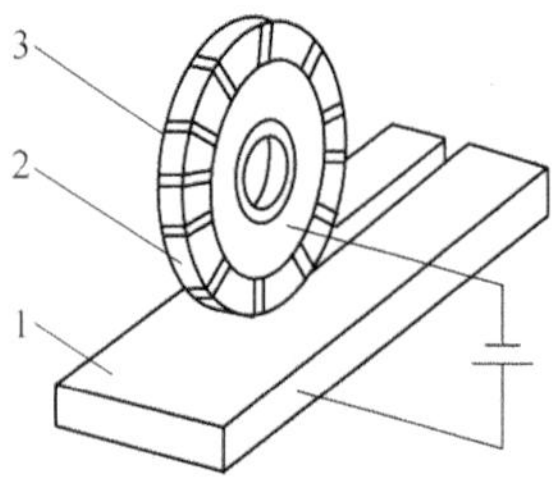

图 7.35　MEEC 法磨削的基本原理
1—工件　2—不导电部分
3—导电部分

1. MEEC 法

（1）MEEC 法磨削的基本原理　MEEC 法所用装置由加工电源、磨轮、工作液、主轴经绝缘处置的各种研磨机床等组成。磨轮由导电和不导电两部分用树脂粘结而成。不导电部分与一般砂轮相同（见图 7.35）。工作液是具有导电性的质量分数为 0.5% ~1% 的电解液。加工时，工件接电源的正极，使用25～50V的直流电源；当磨轮转动，不导电部分与工件接触时，磨粒对工件产生机械磨削作用，而导电部件与工件接近时，被喷射到砂轮和工件间的磨削液便产生电解作用。当导电部分离开工件的瞬间会发生火花放电而产生电火花加工的作用。通过磨轮反复不停地旋转，在磨削、电解、电火花三者交替的共同作用下，使加工质量和加工效率大幅度提高。

（2）MEEC法的特点与应用

1）MEEC法的电源有两种加工方式，可根据不同的工件状态进行选择。在每种加工方式下可设定工件的加工条件（直流、交流，最大电压、电流等），还可以进行通电、输出水平的微调。

2）MEEC的工作液应为低浓度的特殊电解液，可发挥电解、放电、机械磨削时的润滑作用，且对机床无腐蚀。

3）具有高速、高精度的加工效果，对硬脆、难切削材料亦能如此。

4）工件被加工后，无机械损伤，不产生材料物理力学性能降低的变质层。

MEEC法可用于切割、成形研磨、平面研磨、圆柱研磨及用薄片砂轮切割窄槽。被加工对象的材料，除各种钢铁外，还可以加工铁硅铝磁性合金、硬质合金、聚晶金刚石、立方氮化硼烧结体、玻璃、导电或不导电陶瓷等难切削材料。

2. 新MEEC法

（1）新MEEC法的基本原理和特点　新MEEC法是在MEEC法的基础上对MEEC装置作了重大改进的成果。主要改进有：一是增设了修整砂轮用的电极；二是改用可分别在砂轮与工件间，以及砂轮和修整砂轮用电极间广泛变换包括波形在内的各种电参数的新电源；三是将砂轮的结构按工件材料的导电与否分成两类。图7.36所示为用于磨削导电材料的砂轮及MEEC磨削装置示意图，像早期所有的砂轮一样，其外圈上的各导电部分都只有数毫米宽。图7.37所示为用于磨削不导电材料的砂轮及MEEC磨削装置示意图。由于工件不导电，因此在磨削区附近设置了电极，甚至以喷嘴作为电极，借以通过电解液形成放电回路。至于砂轮，其外圈上的大部分是导电部分，以延长加工过程中的电解作用时间。正因为新的MEEC磨削装置增设了修整砂轮用电极，而且对于砂轮来说是负极，因此它能在加工过程中通过由电解形成的放电回路持续产生火花放电和阳极溶解作用，不断去除附着在砂轮上的碎屑，从而更有利于保持砂轮的锋利性。

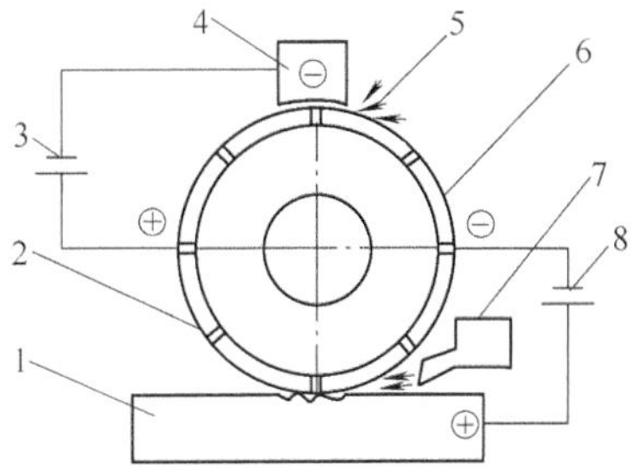

图7.36　用于磨削导电材料的砂轮及MEEC磨削装置

1—工件　2—导电部分　3—修整砂轮用电源　4—修整砂轮用电极　5—喷液　6—不导电部分　7—喷嘴　8—加工电源

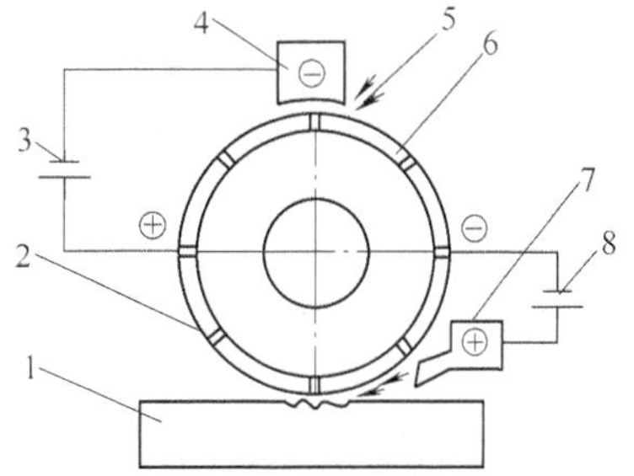

图7.37　用于磨削不导电材料的砂轮及MEEC磨削装置

1—工件　2—不导电部分　3—修整砂轮用电源　4—修整砂轮用电极　5—喷液　6—导电部分　7—喷嘴　8—加工电源

新 MEEC 法的加工电源（见图 7.38）可将 50～60Hz 的工频交流电，或经全波整流的脉冲直流电的每半周波形变成平滑直流部分和成组脉冲部分，且可对前后两个半周中的平滑部分的幅值（e，h），以及成组脉冲部分的脉冲间隔（f，i）和脉冲最大幅值（g，j）分别进行调节，然后再把每半周中的两部分合成起来，这样就能将半个周波的参数调节得宜于 MEEC 磨削而施加在工件和砂轮间；同时将另外半个周波的参数调节得宜于修整砂轮而施加在砂轮和修整砂轮用的电极之间。这就等于有了“加工电源”（又称“第一电源”）和“修整砂轮用电源”（又称“第二电源”）这两个可以广泛调节输出波形和参数的电源。

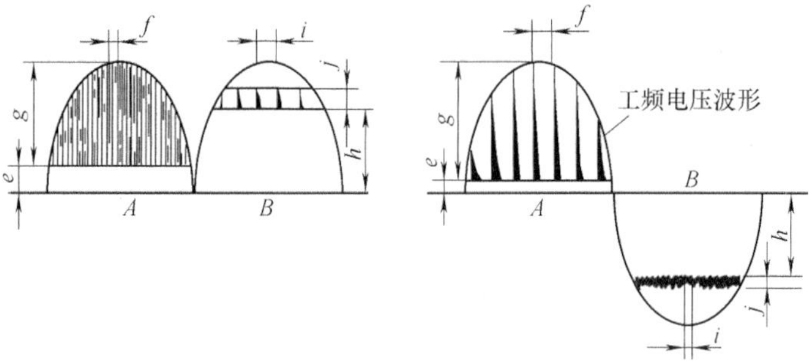

图 7.38　MEEC 磨削用的电源工作原理图

由于新 MEEC 法在加工中持续不断地对砂轮进行修整，使磨轮磨粒对工件表面有适当的凸出，也使磨轮中的导电部分对工件表面的间隔有一适当值进行电解和放电加工，从而充分发挥了机械磨削、电解和放电的复合作用。

（2）新 MEEC 法的应用　经过上述改进，再加上专用磨削液的改良，新 MEEC 法的工艺效果更为显著。图 7.39 和图 7.40 分别对比了用新的 MEEC 法和早期的 MEEC 法，以及单纯的机械磨削方法，在氮化硅（Si_3N_4）上切割 0.5mm 窄槽时的切割速度和主电动机的负载功率。

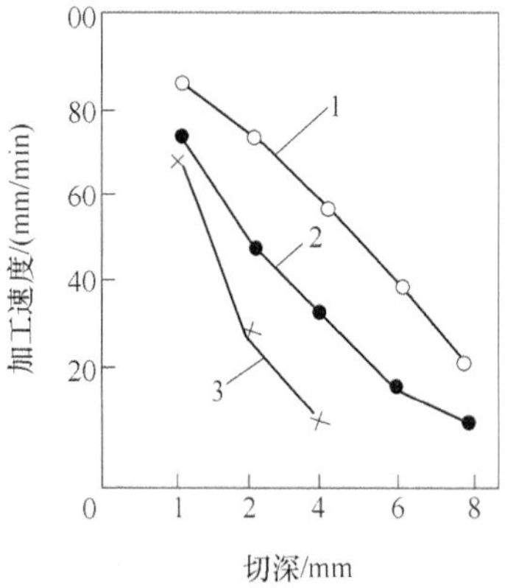

图 7.39　割槽时的切割速度对比

1—机械磨削　2—MEEC 法加工

3—MEEC 法加工并修整

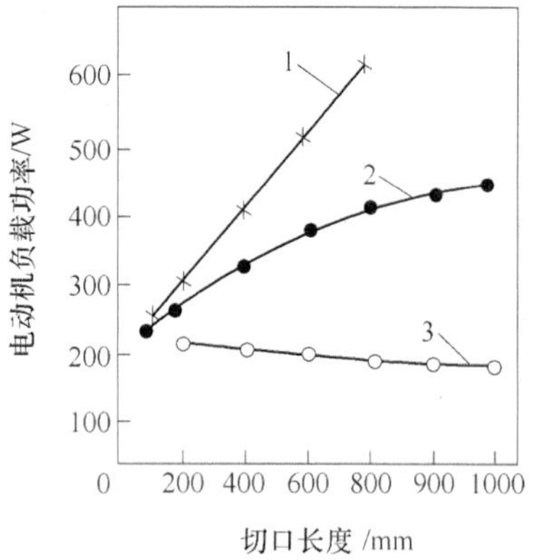

图 7.40　割槽时的主电动机负载功率对比

1—MEEC 法加工并修整　2—MEEC 法加工

3—机械磨削

应用表明，用 MEEC 法比通常同等要求的磨削可提高效率 60%，用新 MEEC 法则可提高 400%。而磨轮的磨耗比，新 MEEC 法仅比 MEEC 法大 30%。可见，新 MEEC 法是行之有效的。

伴随着特种加工技术的发展，在计算机技术、电力电子技术、网络技术以及航天、航空、模具制造等高新技术推动下，复合加工技术正在向更深更广的层次、领域发展，国内外在复合加工方面已做了或正在进行许多方面的研究，譬如：

1）微细电火花磨削（铣削）加工，可以加工出 $\phi 2.5\mu m$ 的微细轴和 $\phi 5\mu m$ 的微细孔。

2）截取新 MEEC 法加工的特点，研究非导电材料的超声波（充气）和电化学、电火花的复合加工，如图 7.41 和图 7.42 所示。

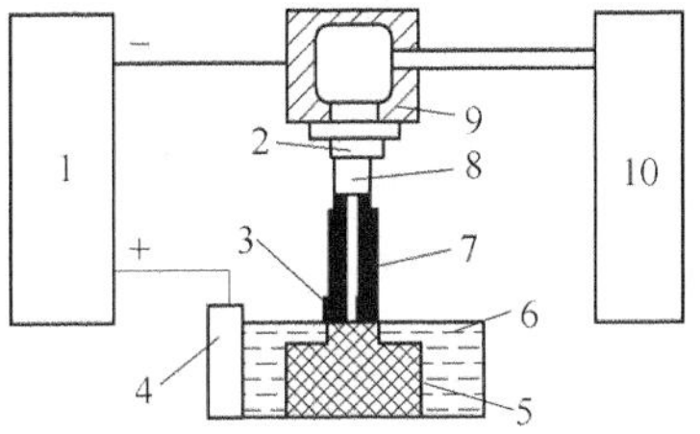

图 7.41 充气、电化学、电火花复合加工

1—脉冲电源 2—电极夹头 3—气体膜 4—辅助电极 5—工件 6—电解液 7—绝缘层 8—工具电极 9—充气气室 10—充气装置

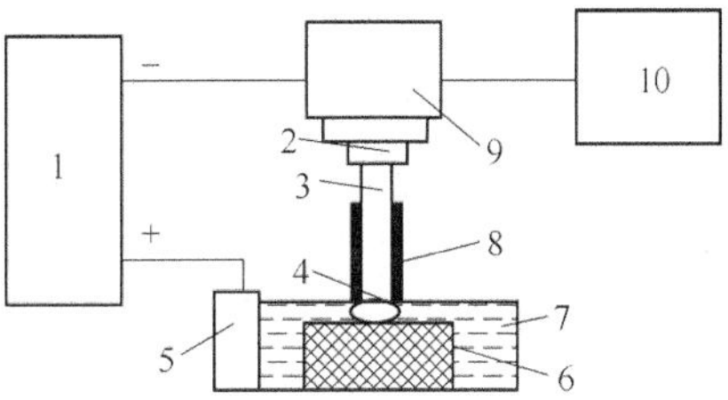

图 7.42 超声波、电化学、电火花复合加工

1—脉冲电源 2—电极夹头 3—工具电极 4—气体膜 5—辅助电极 6—工件 7—电解液 8—绝缘层 9—超声波振动头 10—超声波发生器

3）微细旋转超声加工，可以加工出 $\phi 5\mu m$ 的微孔。

4）三维摇动电解刮削技术，如图 7.43 所示。

5）激光束辅助电解液流加工，如图 7.44 所示。

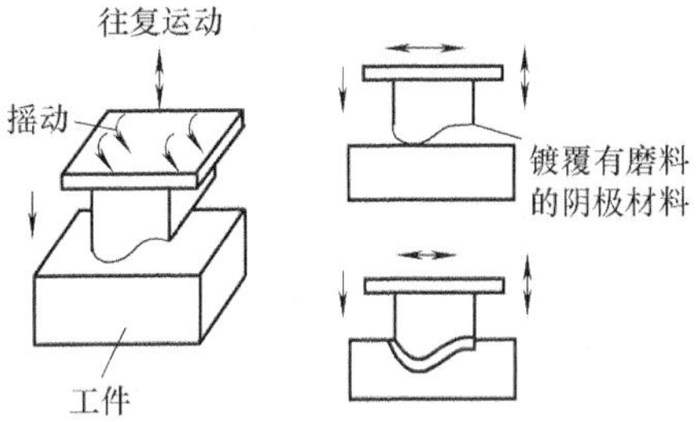

图 7.43 摇动电解刮削技术

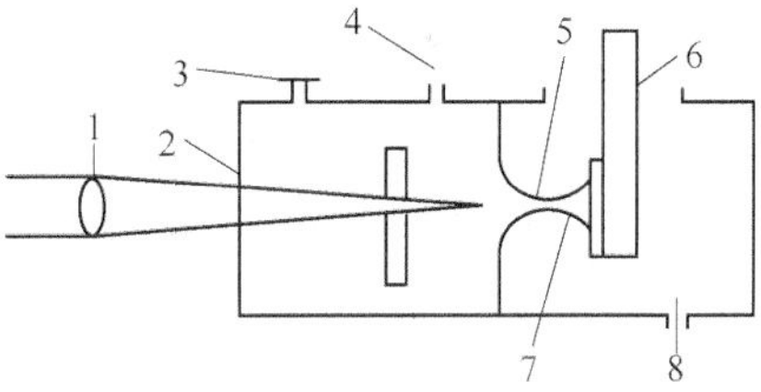

图 7.44 激光束辅助电解液流加工

1—光学系统 2—石英窗口 3—空气搅拌 4—电解液入口 5—喷嘴 6—工件夹具 7—电解液流（激光） 8—到电解液系统

此外，模糊控制、数控控制、网络技术正在渗透和推动已有和未来的复合加工；电火花、电化学、超声、磁、机械加工等多种能量的复合加工技术正成为新的研究热点，具有广阔的社会效益和经济前景。

7.6 其他复合加工方法简介

1. 超声调制激光束加工

超声调制激光束加工（Ultrasonic Modulation of Laser Processing）是超声与激光束加工复合的一种加工方法，是把激光谐振腔的全反射镜安装在超声波换能器和变幅杆的端面上，当用全反射镜作超声振动时，由于谐振腔长度的变化和多普勒效应，可输出的激光脉冲尖峰波形由原来不规则、较平坦的排列，调制、细化成多个尖峰激光脉冲，有利于加工的稳定性和可靠性。

采用超声调制激光束加工，可以增加打孔深度，改善孔壁的表面粗糙度，提高激光束打孔的效率。

2. 电火花磨削

电火花磨削（Electric Spark Grinding）加工时，工件与电极的运动方式与普通磨削加工时工件与砂轮的运动方式类似。电火花磨削加工依靠火花放电的能量来实现，不存在机械切削作用。按成形运动和功用不同，电火花磨削常可分为电火花平面磨削、电火花内圆磨削、电火花成形磨削和电火花小孔磨削等。平面或成形电火花磨削如图 7.45 所示。

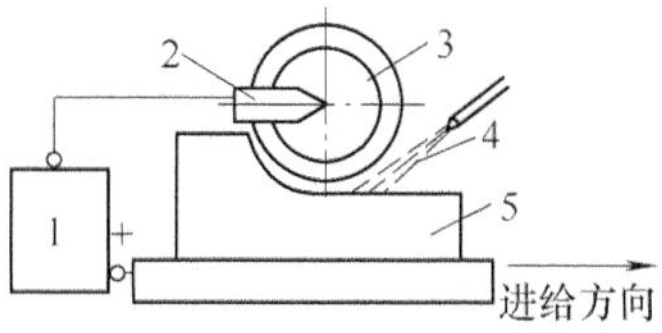

图 7.45　平面或成形电火花磨削
1—脉冲电源　2—电刷　3—磨轮
4—工作液　5—工件

电火花磨削主要用于硬质合金、高温合金和双金属复合材料的加工。与机械磨削相比，电火花磨削可提高生产率 1 ~ 2 倍。

3. 磨料水射流加工

磨料水射流（Abrasive - Water Jet，AWJ）加工技术是近年来发展较快的一种高新技术，它是在水射流加工（Water Jet Machining，WJM）的基础上引入了磨料射流加工（Abrasive Jet Machining，AJM），是集两种加工技术的优点于一身的复合加工技术。

20 世纪 70 年代初，美国首先发明了高压水射流切割机，主要用于切割若干种类的非金属材料。同时期石油工业实现用磨料泥流钻井。随后，湿磨料喷射诞生。20 世纪 80 年代出现了高压水中加入磨料的 AWJ 切割机，1983 年后混合式 AWJ 切割在美国进入实用阶段，1987 年英国流体力学研究协会首次提出前混合式 AWJ，使该项技术获得突破性进展。

AWJ 切割的基本原理是用高压水加速具有一定微刃和硬度的磨粒，使其以一定角度冲击物体表面或以高速磨料流体沿物体表面研磨，实现对物料的切割，其实质是一个直径不断变化的液体砂轮对工件的冲蚀和磨削。AWJ 切割系统如图 7.46 所示。目前 AWJ 切割所使用的磨料主要有氧化铝、碳化硅玻璃等，喷嘴材料是高硬、高耐磨的蓝宝石。显而易见，AWJ 切割加工对工艺无特殊要求，可以从任何部位开始切割，噪声很小，切口整齐，几乎无热影响区。

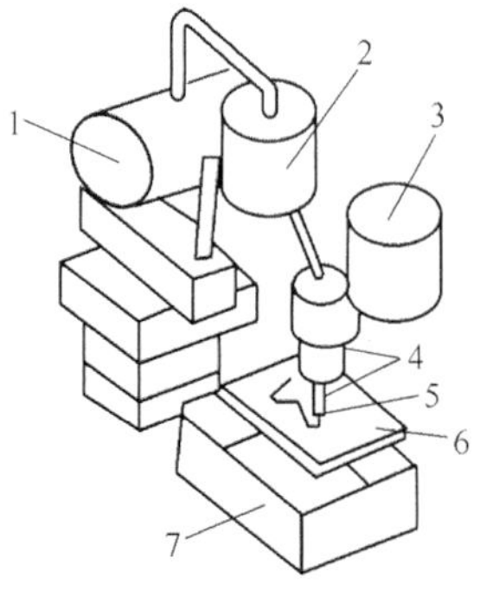

图 7.46　磨料水射流切割
1—液压系统　2—高压水
3—磨料　4—切割头　5—喷口
6—工件　7—收集器

随着对 AWJ 加工设备在设计上的不断改进和性能的改善，AWJ 加工技术获得了越来越广泛的应用。AWJ 加工技术不仅可用于切割，而且扩展到车削、钻削和铣削等，可以加工金属材料、合成材料和非金属材料，特别适用于热敏、硬质和高脆材料及由于材料的厚度太大而不能采用激光和等离子加工的情况。

4. 基于机械化学作用的超精密研磨

基于机械化学作用的超精密研磨（Ultra Precision Grinding）是在微粉粒子的撞击和研磨液的化学作用下产生研磨作用，去除工件表面的微量材料。该方法经济性好，生产率高，不仅可达到很高的表面粗糙度等级，而且加工的几何精度也很高，并在被加工表面几乎不产生变质层，这对微电子功能材料的加工有很重要的应用价值。其加工原理如图 7.47 所示。

研磨盘上浇铸有锡层，圆周方向切槽，用金刚石刀具来研磨盘端面，使其具有较高的平面度并呈镜面。研磨盘与工件轴以 20 ~ 200 r/min 的转速作高精度旋转，工件固定在工件轴上，工件轴与研磨盘主轴的转动方向相同。在液体动压效应的作用下，使工件以几微米的上浮间隙悬浮在研磨盘上，工件在研磨液的化学作用及微粉粒子的撞击下产生研磨作用。

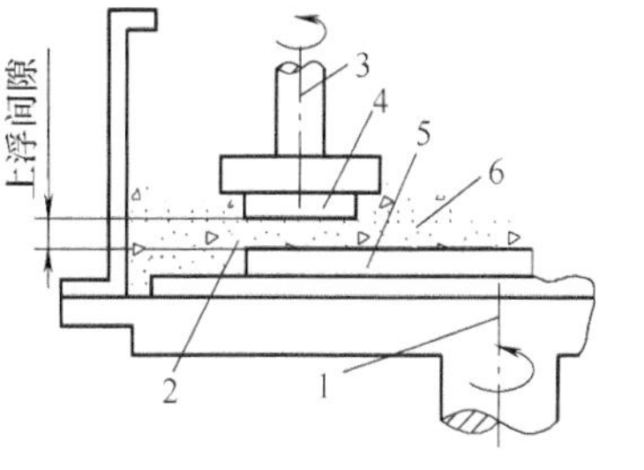

图 7.47 基于机械化学作用的超精密研磨加工

1—主轴 2—微粉粒子 3—工作轴 4—工件 5—研磨盘 6—研磨液

由日本名古屋工业技术研究所生产的 SP46 超精密研磨机就是典型的一台基于机械化学作用的超精密研磨机。该机使用 0.02μm 的 SiO_2 微粉粒子加工硅片，表面粗糙度值可达到 2nm，残余应力几乎为零。在该机上研磨直径为 100mm，厚度为 30mm 的 BK7 光学玻璃，平面度可达到 0.031μm，表面粗糙度 R_{MS}（均方根偏差）可达到 3.8 nm。由于该研磨法对材料的去除率较低，所以要求被加工件的毛坯本身有一定的精度与表面质量。在研磨前，被加工件的精度应控制在平面度 2 ~ 3μm，表面粗糙度 R_{MS}0.1 ~ 0.2μm 的范围内，否则有可能造成无法实现研磨的恶果，酿成工件的损坏。

5. 在线电解修锐磨削

在线电解修锐磨削（Electrolytic In-process Dressing，ELID）工艺由日本理化研究所的大森整教授开发。它利用非线性电解修整作用和金属结合剂超硬砂轮表层氧化物绝缘层对电解抑制作用的动态平衡，对砂轮进行连续的修锐和修整，使砂轮磨粒获得恒定的凸出量，从而实现稳定、可控、最佳的磨削过程，适合于对硬脆材料进行超精密镜面磨削。

ELID 磨削技术以其效率高、精度高、加工表面质量好、加工装置简单以及加工适应性广等特点，在日本已广泛用于电子、机械、光学、仪表、汽车等领域。我国哈尔滨工业大学等多家研究单位也对该项技术进行了多年的研究，已经成功地在平面、内圆和外圆磨床上实现了多种难加工材料的精密镜面磨削。

图 7.48 所示为平面磨削 ELID 基本原理示意图。电源正极通过电刷连接到导电砂轮的中心（这可减少电刷的磨损），而电源的负极安装到砂轮表面相应的位置，砂轮与负极的间隙在 0.1 ~ 0.3mm 范围内调整，喷嘴中喷出具有电解功能的磨削液，充满正负极间隙之间，在直流脉冲电源的作用下，整个系统保持电解的状态，使电解砂轮表面的结合剂溶解，自动去除结合剂，露出掩埋的磨粒。这种修整持续进行，保证在加工过程中砂轮始终有凸出的磨粒用以维持砂轮的锋利状态，从而使工件表面能有效地达到镜面效果。

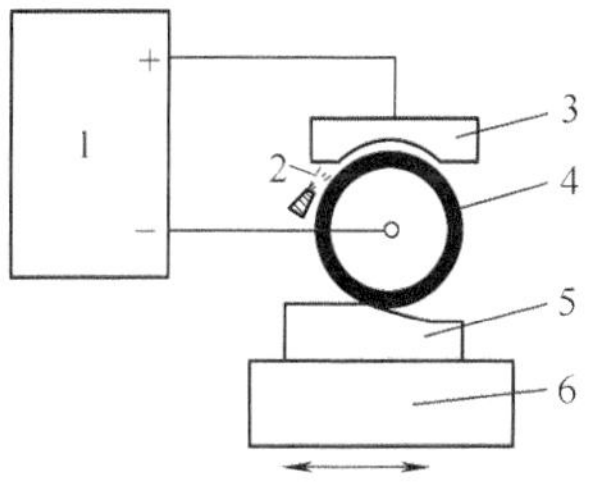

图 7.48 ELID 加工原理

1—电源 2—磨削液 3—电极 4—铸铁纤维结合剂砂轮 5—工件 6—工作台

6. 超声数控分层仿铣加工

对于三维曲面的型腔，采用成形工具进行超声成形加工时，由于工具损耗严重，加工间隙中悬浮磨料不均匀，从而影响复杂型面的加工精度，而采用超声旋转加工只能加工圆形孔和简单型腔。为此，国内外许多学者开展了三维轮廓型面精密旋转超声加工技术的研究。

最近，出现了借鉴快速成型技术中分层制造思想和利用数控铣削运动的超声数控分层仿铣加工方法（Ultrasonic CNC Layered Milling Machining），简称超声仿铣加工。

利用简单工具超声分层铣削加工三维陶瓷工件的加工装置如图 7.49 所示。该装置采用截面为圆形、方形、管状等简单形状的金属或石墨工具，像铣刀一样在数控机床上实现三维型腔的超声旋转铣削加工。机床本体采用数控立式铣床的框架结构，x、y 轴都采用交流伺服电动机驱动，精密滚珠丝杠螺母传动，x、y 轴联动使工作台带动工件完成 x、y 平面的加工轨迹。另一台交流电动机驱动换能器、变幅杆、工具头作整体旋转运动，z 轴伺服电动机驱动旋转电动机、换能器、变幅杆、工具头一起作 z 向进给运动。x、y、z 三轴伺服电动机由计算机控制。借助压力传感器实时检测工具和工件间的加工压力，并以压力信号实现对 z 轴恒定加工压力的伺服控制。伺服电动机光电编码器反馈的位置信号与压力传感器反馈的信号，使整个系统构成双闭环控制。通过循环的压力反馈、数值比较以及控制进给实现 z 轴的在线补偿，从而保证加工精度。

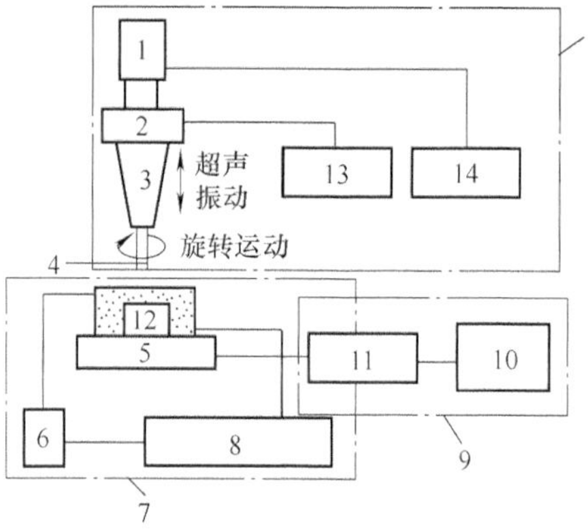

图 7.49　超声分层仿铣加工装置

1—电动机　2—换能器　3—变幅杆　4—工具　5—工作台　6—泵　7—工作液系统　8—磨料工作液槽　9—控制系统　10—计算机　11—驱动卡　12—工件　13—发生器　14—驱动器　15—超声旋转装置

数控仿铣采用以下的加工模式和工具补偿策略：

1）采用工具端面加工方式，使工具损耗只发生在端面。

2）采用类似快速成型的分层加工模式，使工具的损耗补偿在每层内进行。

3）合理优化加工路径，使工具端面损耗均匀一致，完成每一层加工后，工具端面仍然保持平面形状。

超声数控分层仿铣采用简单工具分层加工，由于每层厚度很小，使工具磨损只产生在端面，极大地简化了工艺过程，使工艺规律的建模简单可行。同时由于工具损耗的补偿是在每一平面层的加工过程中进行的，简化了数控工具补偿的难度，从而能保证加工过程的可控性以及被加工工件的精度。这种加工技术的研究成功，将会有效地解决超声成形加工由于工具损耗严重、加工间隙中悬浮磨料不均匀从而影响复杂型面的加工精度问题，因此，可以用于那些传统成形加工有困难，甚至无法加工的工件，特别是具有三维型腔的零件，为陶瓷等硬脆材料的推广应用提供有力的技术支持，将是硬脆材料加工的新发展方向。

7. 断续磨削—机械脉冲放电复合加工

通过图 7.50 所示的设备可以有效地把金刚石砂轮的断续磨削加工和机械脉冲放电加工结合起来，实现断续磨削—机械脉冲放电复合加工（Intermittent Grinding-Mechanical Electrical Discharge Machining)。

在断续磨削—机械脉冲放电复合加工中，电源为直流电源，其正负两极分别与工件和特制的工具相连接，特制工具的圆周（或端面）上均匀相间地分布着不导电的金刚石磨块和导电的工具电极。在复合加工时，特制工具旋转，金刚石磨块对工件进行断续磨削，导电的工具电极和工件之间进行脉冲放电，实现旋转工具电极机械脉冲放电加工。特制的工具不断旋转，断续磨削和放电加工不断交替进行，实现断续磨削—机械脉冲放电复合加工。

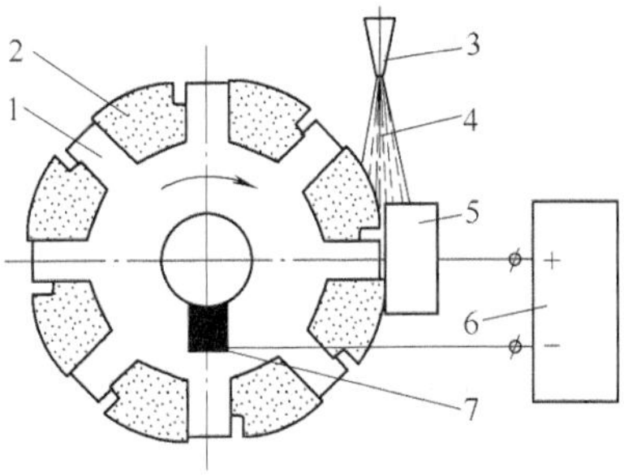

图 7.50 断续磨削—机械脉冲放电复合加工

1—工具电极 2—金刚石磨块 3—工作液喷嘴 4—工作液 5—工件 6—直流电源 7—电刷

断续磨削—机械脉冲放电复合加工导电的工程陶瓷材料具有加工效率较高、工件加工表面质量较好、磨削比较大等优点。该复合加工技术综合了放电加工和开槽金刚石砂轮断续磨削加工的特点，在加工过程中放电加工和断续磨削加工互为有利条件，保证了加工过程的稳定性。

在复合加工过程中，特制工具上的工具电极对陶瓷工件进行放电加工，以液相、气相和热应力破碎的方式蚀除陶瓷材料（工具电极的旋转运动带动了极间液体介质作运动，减少了处于熔化、汽化状态下工件材料的重新冷凝量)，减小了后续磨块的磨削量，使磨削力减小，磨削比增大。

放电加工作用后，放电点凹坑底部和边沿残留有部分从熔融状态重新冷凝的工件材料，这部分材料组织较疏松或因冷凝收缩形成表面微细裂纹，其硬度和强度明显低于基体工件材料的硬度和强度，因此有利于后续磨块的磨削加工。放电加工产生的微观热裂纹削弱了工件表层材料的强度，有利于后续磨块的磨削加工，并且可以阻止断续磨削产生的裂纹向工件基体深处的扩展，使工件加工表面质量得以提高。磨块将放电加工产生的热影响层磨除，并把电蚀产物从加工区全部排出，为后续电极对工件材料的放电加工创造有利的条件，防止放电点的集中，使放电点得以正常转移，提高了电脉冲的利用率。

8. 磁浮置研磨加工

磁流体研磨的方式较多，其中典型的是磁浮置研磨加工（Maglev Abrasive Machining)，其原理如图 7.51 所示。使用三个以上的永久磁铁（不同于电磁，其不需消耗电能)，且相邻磁铁的极性不同，由此产生的等磁力线在中心磁铁上方呈凹形，添加的磨粒就悬浮在此处。在工件的旋转作用下，磨粒与工件间就产生磨削作用。当要增加磨粒浮置力时，可增大垂直方向的磁场梯度。当要增大保持力时，可增加水平方向的磁场梯度。影响磁流体研磨质量和效率的因素有粘度、温度、磨粒大小、磨粒添加率、外加磁场强度和磁流体的磁感应强度。

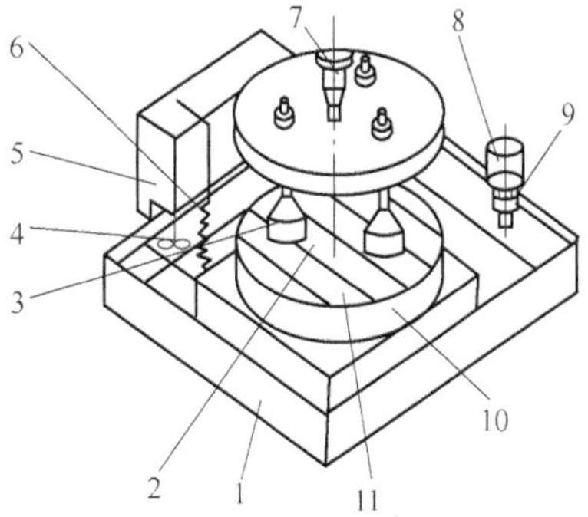

图 7.51 典型磁浮置研磨装置

1—水槽 2—工件 3——夹持器 4—搅拌棒 5—温度调节器 6—热电偶 7—主轴 8—冷机槽 9—电磁阀 10—容器 11—磁性液体和磨粒混合液

图 7.51 所示为典型磁浮置研磨装置图。目前已在航空、航天、车辆、电子、仪表等精密零件的研磨中得

到应用，最近还有用于光学透镜、弯管内孔等复杂形状研磨加工的报道。其表面粗糙度值最低可达到 *Ra*0. 04μm，去除率可将近 0. 3μm/min。

9. 超声振动辅助气中放电加工

一般认为，绝缘性的工作液介质（如煤油等）是电火花加工不可缺少的，在加工过程中起着压缩放电通道、冷却、排屑等作用。但煤油等矿物油是高分子碳氢化合物，具有挥发性，对操作工人的健康不利，对环境有害。此外，由于是可燃性液体，如果操作不当容易发生火灾，存在安全隐患。在放电加工过程中，煤油等高分子碳氢化合物发生热分解，析出有害气体和碳的微粒，污染环境并影响加工过程的稳定性。

在工作液介质方面，近年来的研究热点是如何提高加工效率和加工质量，并减少对环境的污染。在提高加工效率方面，主要采取工作液介质中通入氧气等方式，大大提高了加工效率。在提高加工表面质量方面，主要采取在工作液介质中混粉等方式来实现镜面加工。在减少对环境的污染方面，主要采用酒精（Alcohol）、液氮（Liquid Nitrogen）等为工作液介质，使环境污染的状况得到明显改善，但设备复杂、操作不便等问题难以解决。如何提高电火花加工效率、加工精度和加工质量，并减少对环境的污染，是目前面临的主要问题。

近年来，M. Kunieda 教授等人对高压气体介质中的电火花脉冲放电加工技术进行了开创性的研究，采用管状工具电极，以高压气体为介质。工作时，管状电极旋转，高压气体从管状电极中喷出进行电火花加工。气体介质电火花加工安全，不污染环境，电极损耗率非常低，选择合适的气体时，加工表面再凝固层非常小，为电火花脉冲放电加工技术开辟了一条新的途径。

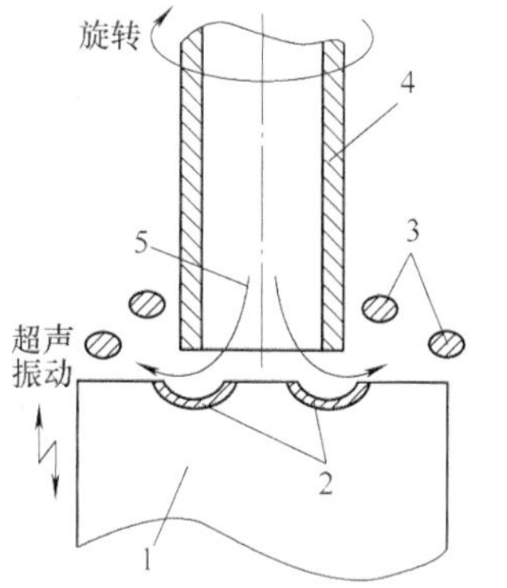

图 7. 52　超声振动辅助气中放电加工

1—工件　2—局部熔化区　3—碎屑　4—工具电极　5—气体流

图 7. 52 所示为超声振动辅助气中放电加工（Ultrasonic Vibration Assisted EDM）。固定在主轴头上的工具电极与固定在工作台上的工件分别与高频脉冲电源两个输出端相连接。放电加工时，主轴头带动中空薄壁管状的工具电极高速旋转，同时在电极中间通以高压气体介质。工作台固定在超声变幅杆的端部，工件随着工作台一起进行超声频振动。放电产生的瞬时高温使工件和工具电极表面材料局部熔化和汽化，高速流动的气体将加工碎屑带走。

随着科学技术的发展，各种新的复合加工技术不断涌现，其应用将产生良好的经济效益和社会效益。

思考题与习题

1. 什么是复合加工？常见的复合加工方法有哪些？
2. 简述超声振动切削的作用机理、优缺点和应用范围。
3. 简述磁化切削加工的作用机理、优缺点和应用范围。
4. 简述低温和高温切削加工的作用机理、优缺点和应用范围。
5. 简述复合电解磨削的作用机理、优缺点和应用范围。
6. 简述复合电解珩磨的作用机理、优缺点和应用范围。
7. 简述电解研磨复合光整加工的作用机理、优缺点和应用范围。

8. 简述超声电火花复合加工的作用机理、优缺点和应用范围。

9. 简述超声电解加工的作用机理、优缺点和应用范围。

10. 简述 MEEC 法、新 MEEC 法的作用机理、优缺点和应用范围。

11. 在电解复合加工、MEEC 法、磁性磨料电解研磨等复合加工中，对钝化膜各有什么要求？为什么？在工艺上应采取哪些措施才能满足上述要求？

12. 磨料水射流加工的工作原理是什么？如何提高它的工作效率？

13. 从原理、机理上分析，复合加工有无可能发展成为“纳米级”加工？如果有，应采取哪些措施才能实现？

14. 试设计一种新的复合加工，填补目前复合加工所缺，并说明其技术上的可行性和市场的需求状况。

15. 试述复合加工技术在汽车工业中应用上存在的主要问题及发展前景。

参考文献

[1] 国家自然科学基金委员会工程与材料科学部. 机械与制造科学 [M]. 北京：科学出版社，2006.

[2] 袁哲俊，王先逵. 精密和超精密加工技术 [M]. 2 版. 北京：机械工业出版社，2007.

[3] 王先逵. 精密加工技术实用手册 [M]. 北京：机械工业出版社，2001.

[4] 王贵成，张银喜. 精密与特种加工 [M]. 2 版. 武汉：武汉理工大学出版社，2003.

[5] 刘战强，黄传真，郭培全. 先进切削加工技术及应用 [M]. 北京：机械工业出版社，2005.

[6] 庞滔，郭大春，庞楠. 超精密加工技术 [M]. 北京：国防工业出版社，2000.

[7] 王贵成. 金属切削毛刺（青年科学家文库）[M]. 长春：吉林科学技术出版社，1997.

[8] 李伯民，赵波. 现代磨削技术 [M]. 北京：机械工业出版社，2004.

[9] 刘晋春，赵家齐，赵万生. 特种加工 [M]. 北京：机械工业出版社，1999.

[10] 曹凤国. 电火花加工技术 [M]. 北京：化学工业出版社，2005.

[11] 赵万生. 先进电火花加工技术 [M]. 北京：国防工业出版社，2003.

[12] 赵万生，刘晋春，等. 实用电加工技术 [M]. 北京：机械工业出版社，2002.

[13] 赵万生. 特种加工技术 [M]. 北京：高等教育出版社，2001.

[14] 王振龙，等. 微细加工技术 [M]. 北京：国防工业出版社，2005.

[15] 井上洁. 放电加工的原理 [M]. 帅元伦，于学文，译. 北京：国防工业出版社，1983.

[16] 卢存伟. 电火花加工工艺学 [M]. 北京：国防工业出版社，1988.

[17] 王建业，徐家文. 电解加工原理及应用 [M]. 北京：国防工业出版社，2001.

[18] Rolf Schuster，Viola Kirchner，Philippe Allongue，et al. Electrochemical Micromachining [J]. Science，2000(289)：98-101.

[19] 张建华，张勤河，贾志新. 复合加工技术 [M]. 北京：化学工业出版社，2005.

[20] 孔庆华. 特种加工 [M]. 上海：同济大学出版社，1997.

[21] 张辽远. 现代加工技术 [M]. 北京：机械工业出版社，2002.

[22] 王瑞金. 特种加工技术 [M]. 北京：机械工业出版社，2011.

[23] 左敦稳. 现代加工技术 [M]. 北京：北京航空航天大学出版社，2005.

[24] 白基成，郭永丰，刘晋春. 特种加工技术 [M]. 哈尔滨：哈尔滨工业大学出版社，2006.

[25] P C 潘戴，H S 沙恩. 现代加工方法 [M]. 董梅萼，译. 北京：国防工业出版社，1987.

[26] E M 鲁米扬采夫，A Д 达维多夫. 金属电解加工工艺 [M]. 刘友轩，译. 北京：国防工业出版社，1989.

[27] 郭东明，刘战强，蔡光起，等. 中国先进加工制造工艺与装备技术中的关键科学问题 [J]. 数字制造科学，2005，3(4)：1-36.